教育部高等学校电子信息类专业教学指导委员会规划教材
高等学校电子信息类专业系列教材·新形态教材

嵌入式Linux系统开发

基于ARM处理器通用平台

（第2版）

冯新宇　蒋洪波　程坤　编著

清華大學出版社
北京

内 容 简 介

本书系统论述了基于 ARM 处理器的嵌入式 Linux 系统开发的原理、方法与实践。全书共 14 章，包括 Linux 概述与系统管理、Linux 编程工具及网络配置、Linux 脚本编程、Linux 内核开发基础和 Linux 驱动开发基础与调试等内容。

本书融汇作者在 Linux 系统教学、科研和实际项目研发中的经验，实践性强。在内容编排上，按照读者学习的一般规律，结合大量实例讲述，使读者能高效地掌握嵌入式 Linux 系统的基本原理和应用方法。本书既可作为高等院校相关专业的教材，也可作为从事嵌入式系统开发人员的参考用书。

图书在版编目（CIP）数据

嵌入式Linux系统开发：基于ARM处理器通用平台/ 冯新宇，蒋洪波，程坤编著. —2版. —北京：清华大学出版社，2023.08（2024.8重印）
高等学校电子信息类专业系列教材·新形态教材
ISBN 978-7-302-62670-1

Ⅰ. ①嵌… Ⅱ. ①冯… ②蒋… ③程… Ⅲ. ①Linux操作系统－高等学校－教材 Ⅳ. ①TP316.85

中国国家版本馆CIP数据核字（2023）第024029号

策划编辑：盛东亮
责任编辑：钟志芳
封面设计：李召霞
责任校对：时翠兰
责任印制：刘 菲

出版发行：清华大学出版社
网　　址：https://www.tup.com.cn, https://www.wqxuetang.com
地　　址：北京清华大学学研大厦 A 座　　邮　　编：100084
社 总 机：010-83470000　　邮　　购：010-62786544
投稿与读者服务：010-62776969，c-service@tup.tsinghua.edu.cn
质 量 反 馈：010-62772015，zhiliang@tup.tsinghua.edu.cn
课 件 下 载：https://www.tup.com.cn,010-83470236
印 装 者：三河市龙大印装有限公司
经　　销：全国新华书店
开　　本：185mm×260mm　　印　　张：28.25　　字　　数：691 千字
版　　次：2017 年 10 月第 1 版　　2023 年 9 月第 2 版　　印　　次：2024 年 8 月第 2 次印刷
印　　数：1501～2500
定　　价：80.00 元

产品编号：097158-01

高等学校电子信息类专业系列教材

序

FOREWORD

我国电子信息产业占工业总体比重已经超过 10%。电子信息产业在工业经济中的支撑作用凸显，更加促进了信息化和工业化的高层次深度融合。随着移动互联网、云计算、物联网、大数据和石墨烯等新兴产业的爆发式增长，电子信息产业的发展呈现了新的特点，电子信息产业的人才培养面临着新的挑战。

（1）随着控制、通信、人机交互和网络互联等新兴电子信息技术的不断发展，传统工业设备融合了大量最新的电子信息技术，它们一起构成了庞大而复杂的系统，派生出大量新兴的电子信息技术应用需求。这些“系统级”的应用需求，迫切要求具有系统级设计能力的电子信息技术人才。

（2）电子信息系统设备的功能越来越复杂，系统的集成度越来越高。因此，要求未来的设计者应该具备更扎实的理论基础知识和更宽广的专业视野。未来电子信息系统的设计越来越要求软件和硬件的协同规划、协同设计和协同调试。

（3）新兴电子信息技术的发展依赖于半导体产业的不断推动，半导体厂商为设计者提供了越来越丰富的生态资源，系统集成厂商的全方位配合又加速了这种生态资源的进一步完善。半导体厂商和系统集成厂商所建立的这种生态系统，为未来的设计者提供了更加便捷却又必须依赖的设计资源。

教育部 2020 年颁布了新版《高等学校本科专业目录》，将电子信息类专业进行了整合，为各高校建立系统化的人才培养体系，培养具有扎实理论基础和宽广专业技能的、兼顾“基础”和“系统”的高层次电子信息人才给出了指引。

传统的电子信息学科专业课程体系呈现“自底向上”的特点，这种课程体系偏重对底层元器件的分析与设计，较少涉及系统级的集成与设计。近年来，国内很多高校对电子信息类专业课程体系进行了大力度的改革，这些改革顺应时代潮流，从系统集成的角度，更加科学合理地构建了课程体系。

为了进一步提高普通高校电子信息类专业教育与教学质量，推动教育与教学高质量发展，教育部高等学校电子信息类专业教学指导委员会开展了“高等学校电子信息类专业课程体系”的立项研究工作，并启动了“高等学校电子信息类专业系列教材”（教育部高等学校电子信息类专业教学指导委员会规划教材）的建设工作。其目的是推进高等教育内涵式发展，提高教学水平，满足高等学校对电子信息类专业人才培养、教学改革与课程改革的需要。

本系列教材定位于高等学校电子信息类专业的专业课程，适用于电子信息类的电子信息工程、电子科学与技术、通信工程、微电子科学与工程、光电信息科学与工程、信息工程及其相近专业。经过编审委员会与众多高校多次沟通，初步拟定分批次建设约 100 门核心课程教材。本系列教材将力求在保证基础的前提下，突出技术的先进性和科学的前沿性，体现创新教学和工程实践教学；将重视系统集成思想在教学中的体现，鼓励推陈出新，采用“自顶向下”的方法编写教材；将注重反映优秀的教学改革成果，推广优秀的教学经验与理念。

为了保证本系列教材的科学性、系统性及编写质量，本系列教材设立顾问委员会及编审委员会。顾问委员会由教指委高级顾问、特约高级顾问和国家级教学名师担任，编审委员会由教育部高等学校电子信息类专业教学指导委员会委员和一线教学名师组成。同时，清华大学出版社为本系列教材配置优秀的编辑团队，力求高水准出版。本系列教材的建设，不仅有众多高校教师参与，也有大量知名的电子信息类企业支持。在此，谨向参与本系列教材策划、组织、编写与出版的广大教师、企业代表及出版人员致以诚挚的感谢，并殷切希望本系列教材在我国高等学校电子信息类专业人才培养与课程体系建设中发挥切实的作用。

吕志伟 教授

第2版前言

PREFACE

近年来，“嵌入式系统原理及应用”课程在全国多所高校都有开设，我们编写的最早的一本教材《ARM9 嵌入式开发基础与实例进阶》在 2012 年由清华大学出版社出版，本书也是在此基础上经过多年的教学和科研积累重新编写完成的。“嵌入式系统原理及应用”课程在不同的学校，教学内容差异很大，授课的侧重点也不同，如单片机（51、STM32）、微机原理、操作系统都可以归到嵌入式系统范畴。典型的嵌入式产品开发涉及内容很广，一本书很难覆盖。从近几年学生的就业情况来看，嵌入式应用软件开发、驱动开发、硬件设计的工作岗位较多，而且对应的领域呈现专业细分趋势。基于此，在教学过程中我们试图给学生一个全面的学习线路，让学生沿着这条线路学习，深入了解嵌入式领域。传统的嵌入式开发包括硬件设计、板级支持、应用程序开发、驱动程序开发等。

本书的内容主线：嵌入式操作系统 Ubuntu 的使用→应用程序开发→内核→简单驱动程序开发。因为学时限制，对于大部分开设该课程的院校，其授课内容只能到第 9 章网络编程，这些内容相当于嵌入式系统学习的入门知识。而后面的内容，如内核、驱动程序开发，对于嵌入式系统整个体系又非常重要。通过前 9 章的课堂学习，部分学生觉得适合学习这门课，想继续该领域的研究，这些学生可以利用开发板完成内核驱动等相关知识的学习，掌握其核心内容。这次改版删除了比较难的知识点：块设备驱动和网络设备驱动。这些知识点涉及内容较多，限于篇幅，无法讲述清楚，对于已经熟练掌握了字符设备驱动的学生建议参考更为专业的资料学习。

本书第 2 版与第 1 版相比，主要的改动如下：一是操作系统由“红帽 5”改为 Ubuntu 操作系统，目前 Ubuntu 操作系统在实际应用中更为普遍，支持也更友好，本书中所有的代码均用 Ubuntu 重新编译，同样适用于不同的 ARM 处理器平台；二是所有的代码在 i.MX8 平台验证通过，该平台由北京博创智联科技有限公司提供，i.MX8 平台属于嵌入式人工智能教学科研平台，对于嵌入式的后续学习，如深度学习、人工智能和算法相关的课程都可以使用；三是结合现代教学手段讲解，书中重要知识点通过微课视频的方式呈现，让初学者快速上手，同时还提供程序代码、教学大纲、教学课件、开源工具、实验指导等配套资源。

嵌入式系统开发涉及内容较多，只要坚持学习，有疑问之处通过多种方式解决，举一反三，相信一定能够掌握。

本书第 1~5 章由蒋洪波编写，第 6~9 章由程坤编写，第 10~14 章由冯新宇编写，全书由冯新宇负责统编，第 4~9 章视频讲解内容由程坤录制完成，其他视频内容由冯新宇录制完成。

在本书再版过程中得到了北京博创智联科技有限公司的大力支持，该公司提供了全套的实验平台，感谢蒋辉军研发总监的技术支持，陆海军总经理、张经纬副总经理的协调配合。特别感谢清华大学出版社盛东亮编辑多年给予的支持。

感谢广大读者的支持，希望本书对您的学习和工作有所帮助，也希望您把对本书的意见和建议反馈给我们。

作　者

2023 年 7 月

第1版前言

PREFACE

嵌入式系统及其应用是一个庞大的知识体系，笔者在多年的授课过程中，也很难选择一本合适的书作为本科生的授课教材。结合课堂讲稿和学生的部分毕业设计内容，以及在学生学习过程中经常遇到的问题，笔者整理成本书——《嵌入式 Linux 系统开发——基于 ARM 处理器通用平台》，之所以这么命名，是打破了以前 ARM9 体系或者 ARM11 体系的框架。Linux 操作系统在 ARM9 之上的处理器均有较好的兼容，读者稍加修改，代码就能应用，所以命名时就回避了某一款处理器的限定。关于嵌入式有太多的内容可以介绍，本书侧重应用，并介绍了当前嵌入式的发展。

嵌入式系统无疑是当前热门、很有发展前途的 IT 应用领域。嵌入式系统用在某些特定的专用设备上，通常这些设备的硬件资源（如处理器、存储器等）非常有限，并且对成本很敏感，有时还对实时响应等要求很高。特别是随着消费家电的智能化，嵌入式更突显重要。像我们平时常见的手机、PDA、电子字典、可视电话、数字相机、数字摄像机、机顶盒、高清电视、游戏机、智能玩具、交换机、路由器、数控设备或仪表、汽车电子、家电控制系统、医疗仪器、航空航天设备等都是典型的嵌入式系统。

嵌入式系统是软硬件结合的产品，从事嵌入式开发的人员主要分为如下两类。

一类是无线电相关专业出身的人员，如电子工程、通信工程等专业出身的人员，主要从事硬件设计，有时需要开发一些与硬件关系密切的底层软件（如 BootLoader、Board Support Package）、初级的硬件驱动程序等。他们的优势是对硬件原理非常清楚，不足是他们更擅长定义各种硬件接口，但对复杂的软件系统往往力不从心（如嵌入式操作系统原理和复杂的应用软件等）。

另一类是软件、计算机专业出身的人员，主要从事嵌入式操作系统和应用软件的开发。如果学软件的人员对硬件原理和接口有较好的掌握，也完全可以编写 BSP 和硬件驱动程序。嵌入式硬件设计完成后，各种功能就全靠软件来实现。嵌入式设备的增值很大程度上取决于嵌入式软件，设备越智能，系统越复杂，软件的作用也就越关键，这是目前的发展趋势。

目前，国内外嵌入式的相关人才都很稀缺。一方面，该领域入门门槛较高，不仅要了解较底层的软件（如操作系统级、驱动程序级软件），对软件专业水平要求较高（如嵌入式系统对软件设计的时间和空间效率要求较高），而且还必须熟悉硬件的工作原理，所以非专业 IT 人员很难切入这一领域；另一方面，该领域较新，发展太快，很多软、硬件技术出现时间不长或正在出现（如 ARM 处理器、嵌入式操作系统、MPEG 技术、无线通信协议等），掌握这些新技术的人较少。嵌入式人才稀缺的根本原因可能是大多数人无条件接触该领域，这需要相应的嵌入式开发板和软件，另外需要有经验的人员进行开发流程的指导。

与企业计算等应用软件的开发人员不同，嵌入式领域人才的工作强度通常较低，收入却很高。而从事企业应用软件的IT人员，开发完这个用户的系统，又要去开发下个用户的系统，并且每个用户的需求和完成时间都必须按客户要求改变，往往疲于奔命，重复劳动。相比而言，开发嵌入式系统的公司，都有自己的产品计划，按自己的节奏行事，所开发的产品通常是通用的，不会因客户的不同而修改（或只是对软件进行一些小修补）。某一型号的产品开发完成后，往往有较长的一段空闲时间，可进行充电和休整。另外，从事嵌入式软件开发的人员的工作范围相对狭窄，所涉及的专业技术范围比较小（如ARM、RTOS、MPEG、802.11等），随着时间的累积，经验也逐渐累积，寥寥数语的指导就足够让初学者琢磨半年。如果从事应用软件开发，可能不同的客户的软件开发平台也完全不同，这会使得开发工作也相对更加辛苦。

嵌入式开发更注重的是练习，而嵌入式系统开发设计最难的是入门，所涉及知识较多，初学者很难从纷杂的知识中快速上手学习，现在市面上用于嵌入式开发的学习板比比皆是，价格都比较低廉，读者可以购买一款相对通用的开发板，按照书中的操作练习，一步一步进行嵌入式开发的学习。任何知识的学习都是由浅入深，由感性认识到理性认识，掌握了本书的内容，相信读者一定能够掌握嵌入式入门开发的基本要领。

本书主要由冯新宇编写。此外，第11~15章由蒋洪波编写。参与编写的还有杨昕宇、刘宇莹、刘琳、史殿发、孟莹等。

感谢广州碾展公司的技术支持！感谢您选择了本书，希望我们的努力对您的工作和学习有所帮助，也希望您把对本书的意见和建议反馈给我们。

作　者

2017年4月

知识结构

CONTENT STRUCTURE

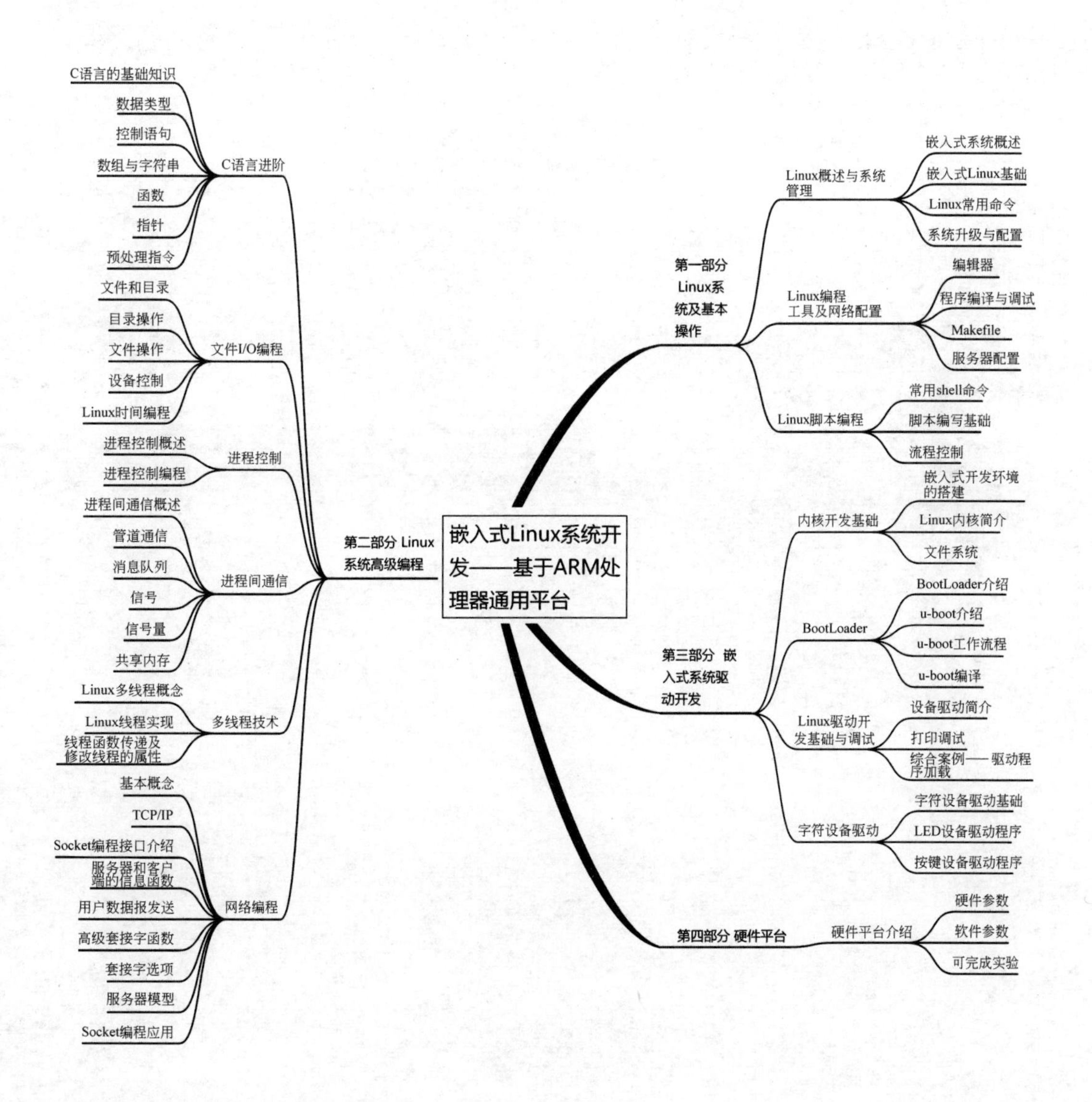

目录
CONTENTS

第一部分　Linux 系统及基本操作

第二部分 Linux 系统高级编程

第三部分 嵌入式系统驱动开发

第四部分 硬 件 平 台

视频目录

VIDEO CONTENTS

视 频 名 称	时长/分	视频二维码位置
第 1 集 VMware 安装步骤	4	1.2.2 节节首
第 2 集 Ubuntu 操作系统安装	9	1.2.2 节节尾
第 3 集 Linux 指令操作 1	52	1.3.1 节节首
第 4 集 Linux 指令操作 2	70	1.3.3 节节首
第 5 集 vi 和 gcc 讲解	71	2.2.1 节节首
第 6 集 gdb 调试	22	2.2.3 节节首
第 7 集 samba 配置	34	2.4.1 节节首
第 8 集 nfs 服务器	14	2.4.2 节节首
第 9 集 TFTP 服务器	6	2.4.3 节节首
第 10 集 samba 多机实验操作扩展	5	2.5 节习题 5
第 11 集 nfs 多机实验操作扩展	5	2.5 节习题 6
第 12 集 脚本开篇介绍	6	3.1 节节首
第 13 集 脚本编程 1	25	3.1 节节末
第 14 集 脚本编程 2	28	3.3 节节首
第 15 集 数据类型	54	4.2.1 节节首
第 16 集 输入输出函数	32	4.2.7 节节首
第 17 集 控制语句	54	4.3.1 节节首
第 18 集 数组与字符串	33	4.4.1 节节首
第 19 集 函数	24	4.5.1 节节首
第 20 集 指针概述	35	4.6.1 节节首
第 21 集 指针数组	44	4.6.4 节节首
第 22 集 函数指针	43	4.6.5 节节首
第 23 集 目录操作	16	5.2.1 节节首
第 24 集 文件操作	20	5.3.1 节节首
第 25 集 设备控制	15	5.4.1 节节首
第 26 集 Linux 时间编程	23	5.5.1 节节首
第 27 集 进程控制概述	20	6.1.1 节节首
第 28 集 进程控制编程	33	6.2.1 节节首
第 29 集 管道通信	25	7.2.1 节节首
第 30 集 消息队列	10	7.3.1 节节首

续表

视 频 名 称	时长/分	视频二维码位置
第 31 集 信号	20	7.4.1 节节首
第 32 集 信号量	12	7.5.1 节节首
第 33 集 共享内存	10	7.6.1 节节首
第 34 集 Linux 线程实现	15	8.2.1 节节首
第 35 集 线程函数传递	15	8.3.1 节节首
第 36 集 网络编程基本概念	30	9.1.1 节节首
第 37 集 TCP/IP	15	9.2.1 节节首
第 38 集 基本网络函数介绍	15	9.3.1 节节首
第 39 集 服务器和客户端	9	9.4.1 节节首
第 40 集 高级套接字函数	11	9.5.1 节节首
第 41 集 服务器模型	22	9.8.1 节节首

第一部分
Linux 系统及基本操作

第 1 章 Linux 概述与系统管理

CHAPTER 1

随着计算机技术的发展，嵌入式 Linux 系统在嵌入式处理器中的应用越来越广泛，熟练使用 Linux 系统后，才可能在嵌入式开发领域得心应手。本章从嵌入式系统的基本概念入手，在了解嵌入式系统的发展和应用的基础上，阐述 Linux 系统的安装和使用方法，使读者对 Linux 常用命令和系统的管理方法有一个全面的认识。

1.1 嵌入式系统概述

嵌入式系统是以应用为中心，以计算机技术为基础并且软硬件可裁剪的，适用于应用系统对功能、可靠性、成本、体积、功耗有严格要求的专用计算机系统。

嵌入式系统是把计算机直接嵌入应用系统中，它融合了计算机软硬件技术、通信技术和微电子技术。随着微电子技术和半导体技术的高速发展，超大规模集成电路技术和深亚微米制造工艺已十分成熟，从而使高性能系统芯片的集成成为可能，并推动着嵌入式系统向最高级构建形式，即片上系统 SoC（System on Chip）发展，进而促使嵌入式系统更深入、更广阔的应用。嵌入式技术的快速发展不仅使其成为当今计算机技术和电子技术的一个重要分支，同时也使计算机的分类从以前的巨型机、大型机、小型机和微型机变为通用计算机和嵌入式计算机（即嵌入式系统）。

1.1.1 嵌入式系统的发展趋势

1971 年，Intel 公司推出了第一款微处理器 4004，从此揭开了嵌入式系统发展的序幕。经过几十年的发展，随着计算机技术、电子技术以及微处理器工艺的不断进步，嵌入式系统也进入了一个高速发展的阶段。由于计算机软件技术的发展和嵌入式处理器性能的不断提高，在 20 世纪 80 年代开始出现各种各样的商用嵌入式操作系统。这些操作系统大部分是为专用微处理器而开发的，其中许多嵌入式操作系统已经被广泛应用。早在 2001 年，我国发布的《当前优先发展的高技术产业化重点领域指南》就已经把嵌入式系统纳入优先发展的行业里，并指出其近期产业化的重点是“开发生产嵌入式操作系统、嵌入式软件系统开发测试平台、嵌入式软件系统的微处理器、智能化产品与设备，形成规模化生产能力”。纵观这几十年的发展过程，嵌入式系统大致可以分成如下 3 个发展阶段。

（1）单片机阶段：这个阶段的嵌入式系统并没有嵌入式操作系统的支持，主要以功能简单的单片机为核心，实现一些控制、采集或是监控的功能。开发者只能通过简单的汇编语言编程实现对嵌入式系统的控制，系统功能较为单一。

（2）嵌入式 CPU 和嵌入式操作系统阶段：这个阶段已经出现了一些功能强大、价格低廉的嵌入式微处理器和多种嵌入式操作系统。嵌入式系统功能较第一阶段有了很大的增强，可以支持多种设备，同时因为有了嵌入式系统的支持，嵌入式系统的开发及应用更加方便。这时的嵌入式系统已经广泛应用于国防、工农业、交通等多个领域。

（3）SoC 和网络阶段：片上系统（SoC）是当今微处理器的发展趋势，它将包括 CPU 及多种外设控制器的专用系统集成在一块芯片上。基于 SoC 的嵌入式系统功能更为强大，成本和功耗越来越低，同时面积也越来越小，可以更多地应用于人们的日常生活中。同时随着网络的发展，嵌入式系统已经支持网络功能，开发与应用更加方便。

随着我国日益增长的嵌入式系统应用产品市场需求，嵌入式系统的产值也在不断增长，尤其是在医疗仪器设备、家电、汽车、通信、交通、金融、工业自动化等领域表现突出。

1.1.2 嵌入式系统的特点

嵌入式系统既然是计算机系统，同样由三部分构成：处理器、存储器和输入/输出设备。此外，还得有将这三部分连接起来的“总线”。这是所有计算机系统的共性，但与以 PC 为代表的通用计算机系统比较，嵌入式系统有它的特殊性，其特点概括如下：

（1）嵌入式系统一般面向特定应用，具有体积小、低功耗、成本低、集成度高等优点，将通用的中央处理器中许多由板卡完成的功能集成到芯片内部，从而使嵌入式系统的设计趋于小型化、专业化，大大增强了移动功能以及网络的紧密性。

（2）嵌入式系统是一个资金密集、技术密集、高度分散、不断创新的知识融会的系统。因为它是将先进的计算机技术、通信网络技术、半导体工艺、电子技术与各领域的具体应用相结合的产物。

（3）系统精简。嵌入式系统一般没有系统软件和应用软件的明显区分，不要求其功能设计及实现上过于复杂，这样一方面利于控制系统成本，另一方面利于实现系统安全。

（4）嵌入式系统一般有较长的生命周期。嵌入式系统和具体应用有机结合在一起，它的升级换代也和具体产品同步进行。

（5）嵌入式系统的软件代码要求高质量和高可靠性、高实时性。为了提高执行速度和系统可靠性，软件一般都固化在存储器芯片或处理器内部的存储器中，而不存储在外部的磁盘等载体中。通常嵌入式系统还需要适应恶劣的环境和突然断电等情况。与通用计算机比较，嵌入式系统还具有专用性、成本敏感性及较高的可靠性。

1.1.3 嵌入式系统的组成

嵌入式系统早期主要应用于军事及航空航天等领域，以后逐步应用于工业控制、仪器仪表、汽车电子、通信和家用消费电子类等领域。随着互联网的发展，新型的嵌入式系统正朝着信息家电和 3C 产品方向发展。嵌入式系统采用量体裁衣的方式把所需的功能嵌入各种应用系统中。嵌入式系统主要由嵌入式硬件系统和嵌入式软件系统组成。

（1）嵌入式硬件系统主要包括嵌入式处理器、存储器、嵌入式外围硬件设备等。

① 嵌入式处理器：是嵌入式系统的核心。嵌入式处理器与通用处理器最大的区别在于：嵌入式处理器大多工作在为特定用户群设计的系统中。

② 存储器：存储器分为静态易失性存储器（RAM、SRAM）、动态存储器（DRAM、SDRAM）、非易失性存储器（ROM、EPROM、EEPROM、Flash）。

③ 嵌入式外围硬件设备：包括串口、以太网接口、USB、音频接口、液晶显示屏、摄像头等。

（2）嵌入式软件系统主要包括底层驱动、操作系统、应用程序。

① 底层驱动：实现嵌入式系统硬件和软件之间的接口。

② 操作系统：实现系统的进程调度、任务处理。操作系统的核心是嵌入式处理器。目前流行的操作系统包括 Linux、μC/OS-II、Windows CE、VxWorks 等。

③ 应用程序：实现系统功能的应用。

1.1.4 典型嵌入式操作系统

国际上用于信息电器的嵌入式操作系统大约有 40 种。目前，市场上非常流行的嵌入式操作系统产品，包括 3Com 公司下属子公司的 Palm OS（全球占有份额达 50%）以及微软公司的 Windows CE（全球占有份额不超过 29%）。在美国市场，Palm OS 更以 80%的占有率远超 Windows CE。开放源代码的 Linux 操作系统近几年异军突起，市场占有份额逐渐增加，特别是在消费类电子相关领域。

1．Palm OS

Palm 是 3Com 公司的产品，其操作系统为 Palm OS。Palm OS 是一种 32 位的嵌入式操作系统。Palm 提供了串行通信接口和红外线传输接口，利用它们可以方便地与其他外部设备通信、传输数据；它还拥有开放的 OS 应用程序接口，开发商可根据需要自行开发所需的应用程序。Palm OS 是一套具有强开放性的系统，现在有大约数千种专门为 Palm OS 编写的应用程序，从程序内容上看，小到个人管理、游戏，大到行业解决方案，Palm OS 无所不包。在丰富的软件支持下，基于 Palm OS 的便携式笔记本功能得以不断扩展。

2．Windows CE

Windows CE 是微软开发的一个开放的、可升级的 32 位嵌入式操作系统，是基于便携式笔记本类的电子设备操作系统。它是精简的 Windows 95。Windows CE 的图形用户界面相当出色。其中，CE 中的 C 代表袖珍、消费、通信能力和伴侣；E 代表电子产品。与 Windows 95/98、Windows NT 不同的是，Windows CE 是所有源代码全部由微软自行开发的嵌入式新型操作系统，其操作界面虽来源于 Windows 95/98，但 Windows CE 是基于 Win32 API 重新开发的、新型的信息设备平台。Windows CE 具有模块化、结构化和基于 Win32 应用程序接口以及与处理器无关等特点。Windows CE 不仅继承了传统的 Windows 图形界面，并且在 Windows CE 平台上可以使用 Windows 95/98 上的编程工具（如 Visual Basic、Visual C++等）、函数、界面网格，绝大多数的应用软件只需简单的修改和移植就可以在 Windows CE 平台上继续使用。

3．Linux

Linux 是一个类 UNIX 的操作系统，两种操作系统的基本操作无异。Linux 系统起源于芬兰一位名为 Linus Torvalds 的计算机爱好者，现在已经是最为流行的一款开放源代码的操作系统。Linux 从 1991 年问世到现在，已经发展成为一个功能强大、设计完善的操作系统。Linux 系统不仅能够运行于 PC 平台，还在嵌入式系统方面大放光芒，在各种嵌入式操作系统迅速发展的情况下，Linux 系统逐渐形成了可与 Windows CE 等嵌入式操作系统抗衡的局面。目前正在开发的嵌入式系统中，49%的项目选择 Linux 作为嵌入式操作系统。Linux 已成为嵌入式操作系统的理想选择。

Palm OS、Windows CE、Linux 这三种嵌入式操作系统各有不同的特点、不同的用途。Linux 比 Palm OS 和 Windows CE 更小、更稳定，并且 Linux 是开放的操作系统，在价格上极具竞争力。三种嵌入式操作系统的比较如表 1-1 所示。

表 1-1　三种嵌入式操作系统的比较

比较项目	Palm OS	Windows CE	Linux
大小	核心占几十 KB，整个嵌入式系统也不大	核心占 500KB 的 ROM 和 250KB 的 RAM。整个 Windows CE 操作系统，包括硬件抽象层、Windows CE Kernel、User、GDI、文件系统和数据库，大约共 1.5MB	核心从几十 KB 到 500KB。整个嵌入式系统最小只有 100KB 左右，并且以后还将越来越小
可开发定制	可以方便地开发定制	用户开发定制不方便，受 Microsoft 公司限制较多	用户可以方便地开发定制，可以自由卸装用户模块，不受任何限制
互操作性	互操作性强	互操作性比较强，Windows CE 可通过 OEM 的许可协议用于其他设备	互操作性很强
通用性	适用于多种处理器和多种硬件平台	适用于多种处理器和多种硬件平台	不仅适用于 x86 芯片，还可以支持 30 多种处理器和多种硬件平台，开发和使用都很容易
实用性	比较好	比较好	很好
应用领域	应用领域较广，特别适用于便携式笔记本的开发	应用领域较广，Windows CE 是为新一代非传统的 PC 设备而设计的，这些设备包括便携式笔记本、手持笔记本以及车载计算机等	由于 Linux 内核结构及功能等原因，嵌入式 Linux 应用领域非常广泛，特别适于进行信息家电的开发

1.2　嵌入式 Linux 基础

Linux 是一种适用于 PC 的计算机操作系统，并且适用于多种平台，Linux 系统越来越受到用户的欢迎，很多人开始学习 Linux。Linux 系统之所以会成为目前受关注的系统之一，主要原因是免费使用，以及系统的开放性，用户可以随时取得程序的源代码，这对于程序开发人员来说是很重要的。除了这些，它还具有以下优势：

（1）跨平台的硬件支持。

（2）丰富的软件支持。

（3）多用户多任务。

（4）可靠的安全性。

（5）良好的稳定性。

（6）完善的网络功能。

1.2.1 Linux 发行版本

Linux 本身指的是操作系统内核，也就是一个操作系统最核心的部分。它支持大多数PC 及其他类型的计算机平台，Linux 操作系统和 Windows 系列操作系统的发布方式不一样，它不是一套单一的产品。各种发行版本以自己的方案提供 Linux 操作系统，即从内核到桌面的全套应用软件，以及该发行版本的工具包和文档，从而构建出一套完整的操作系统软件。目前常用的 Linux 发行版本包括 Red Hat Linux/Fedora Core、Debian 和 Ubuntu 等。

1．Red Hat Linux/Fedora Core

这是最出色、用户最多的 Linux 发行版本之一，同时也是国内用户最熟悉的发行版。Linux 如今在各领域蓬勃发展，而不仅是黑客社区交流技术的工具，Red Hat（红帽）Linux 功不可没。它创建的 rpm 软件包管理器为用户提供了安全方便的软件安装/反安装方式，也是目前 Linux 界最流行的软件安装方式。目前，红帽 Linux 工程师认证 RHCE 和微软工程师认证 MSCE 一样炙手可热，含金量甚至比后者还要高。Red Hat 公司在 2003 年发布了 Red Hat 9.0，之后转向了支持商业化的 Red Hat Enterprise Linux（RHEL）的开发。目前嵌入式系统开发使用 RHEL5 版本较多。

2．Debian

在很多社区，Debian 是现在讨论相当热烈的 Linux 发行版。它至今坚持由开源社区的黑客按照 GNU 的思想以更完善、更开放、更自由的原则独立发布，不含任何商业性质。Debian 主要包括 Woody、Sarge 和 Sid 三款产品。

（1）Woody 是非常稳定安全的系统，但稳定性的苛刻要求也导致它不会使用软件的最新版本，它非常适合于服务器的运行。

（2）Sarge 上则运行了版本比较新的软件，但稳定性不如 Woody，它比较适合普通用户。

（3）Sid 保证了软件是最新的，但不能保证这些最新的软件在系统上的稳定运行，尽管这些软件可能也是以稳定版本的形式发布，它适合于乐于追求新软件的爱好者。

3．Ubuntu

Ubuntu 在 2005 年 10 月 18 日被 Linux Journal 杂志的读者选为最喜欢的 Linux 发行版。它是基于 Debian 体制的新一代 Linux 操作系统，继承了 Debian 的一切优点，并提供了更易用、更人性化的使用方式。截至本书出版，Ubuntu 的最新版本为 21.04。

4．SUSE

这是著名的Novell公司旗下的Linux发行版，发行量在欧洲占第一位。它使用的是 YaST 的软件包管理方式，拥有最华丽的 Linux 界面，是目前国内服务器领域用户群使用比较广泛的 Linux 系统。

5．国内 Linux 发行版

国内的 Linux 厂商以做服务器为主。最著名的应该是红旗 Linux，也单独发行了红旗 Linux 免费下载的桌面版。红旗 Linux 在桌面领域主要致力于模仿 Windows 的界面和使用方法，以吸引更多的 Windows 用户转入。虽然也是使用 rpm 的包管理体系，但安装软件可以使用类似 Windows 的向导方式。此外，系统安装的界面和 Windows XP 几乎一样，KDE 桌面也做成模仿 Windows 的主题和文件浏览方式，甚至包括对 Windows 键的支持，这种倾向于模仿 Windows 的做法见仁见智。

微课视频

1.2.2 Linux 定制安装

个人 PC 可以安装独立的 Linux 操作系统，也可以采用虚拟机在 Windows 平台上安装 Linux 系统。对于嵌入式系统开发的初学者来说，采用在 Windows 平台安装虚拟机，在虚拟机上再安装 Linux 是比较合理的。一方面，如果计算机中仅有 Linux 操作系统，对于常用应用软件的安装和使用会带来一定的麻烦；另一方面，很多应用程序在 Linux 操作系统下并不支持，在嵌入式系统开发工作中也需要使用 Windows 操作系统的环境。基于此，采用虚拟机安装 Linux，对于开发和应用都比较方便。本节以 Ubuntu 操作系统为例，讲解 Linux 操作系统定制安装的方法。具体操作步骤如下：

（1）在计算机上安装 VMware Workstation 16 Pro 版本的虚拟机，该软件安装过程与一般软件安装无异。读者可以从官网[①]获取该软件的试用版本。安装完成后启动该软件，双击 Windows 的应用程序，打开虚拟机，会出现如图 1-1 所示界面。

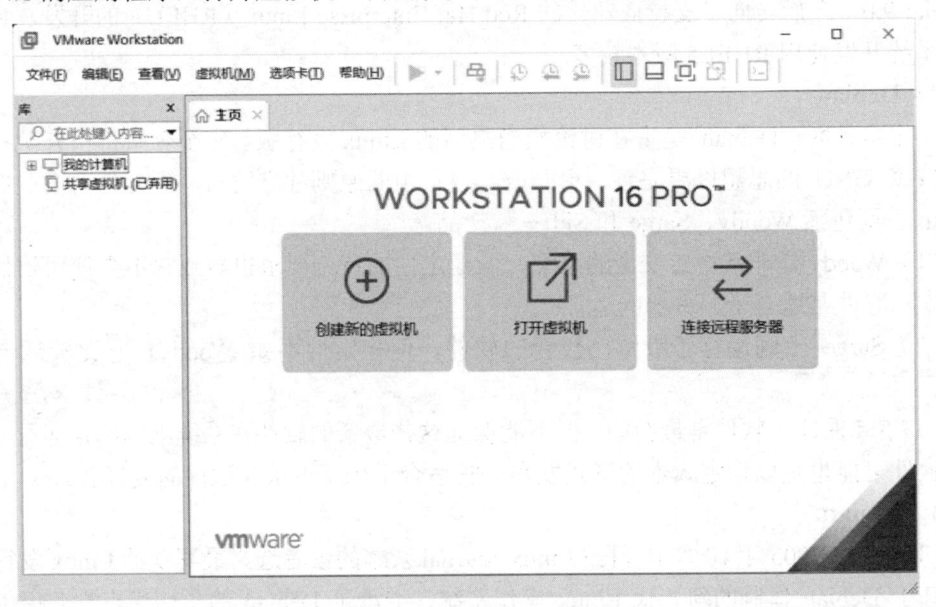

图 1-1 虚拟机启动界面

（2）单击“文件（F）”下拉菜单中的“新建虚拟机（N）”选项，出现如图 1-2 所示界面。该界面默认有两个选项：典型和自定义配置。典型配置是软件已经完成了虚拟机相关的大部分硬件配置，用户仅需要简单设置就可以完成安装。自定义配置是用户可以根据自身的计算机配置情况选择自定义方式安装。

（3）单击“下一步”按钮，出现虚拟机安装路径配置界面，如图 1-3 所示。

图 1-3 中标记①处可以选择操作系统的安装位置，如本书 D:\软件\linux\ubuntu-18.04.1-desktop-amd64.iso。读者可以从官网免费获取各种版本的操作系统：https://cn.ubuntu.com/download。

① 官网地址为：https://www.vmware.com/cn/products/workstation-pro/workstation-pro-evaluation.html。

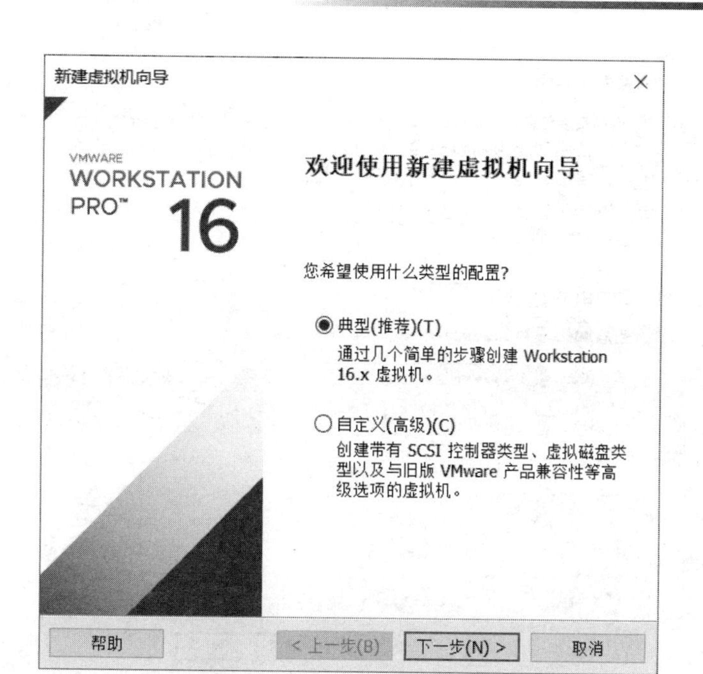

图 1-2 “新建虚拟机”选项

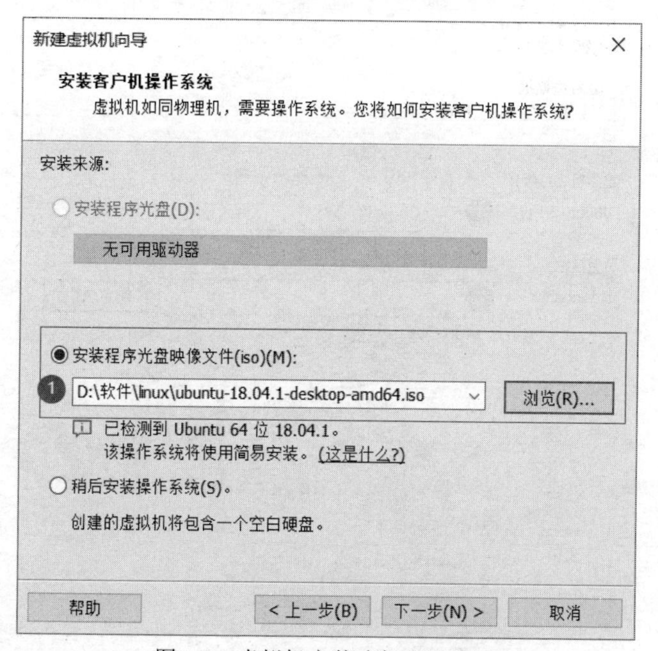

图 1-3 虚拟机安装路径配置界面

（4）单击“下一步”按钮，出现如图 1-4 所示界面。

图 1-4 中标记①处可设置操作系统全名；标记②处可设置操作系统用户名；标记③处可设置密码，本书设置密码为 123456；标记④处为确认密码。

（5）单击“下一步”按钮，出现如图 1-5 所示界面，用于设置用户操作虚拟机名称（见标记①处）和位置（见标记②处）参数。

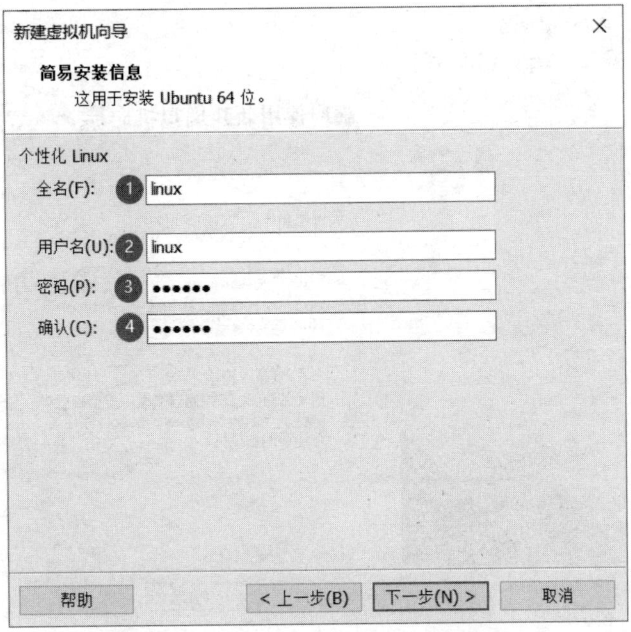

图 1-4　设置用户名和密码等参数

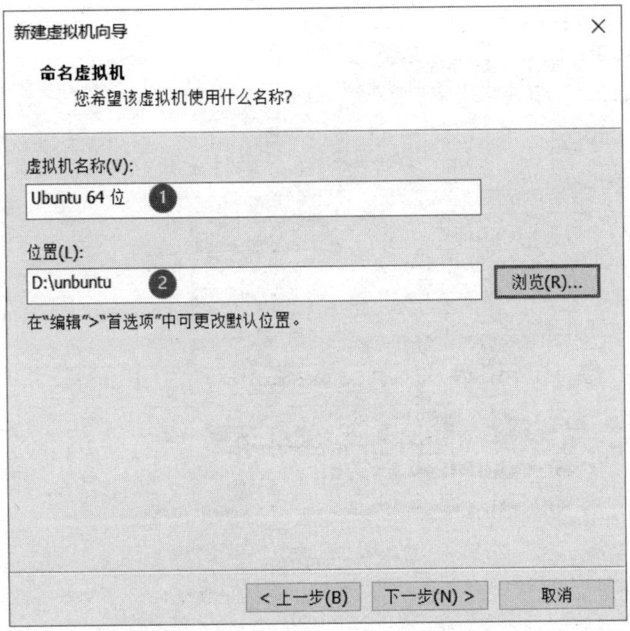

图 1-5　用户操作虚拟机名称①和位置②参数

（6）单击“下一步”按钮，在出现的如图 1-6 所示界面中，选择要安装系统的最大磁盘大小。

在图 1-6 中标记①处选择 40GB；标记②处选择系统存储形式，有“将虚拟磁盘存储为单个文件”和“将虚拟磁盘拆分为多个文件”两个选项，这里选择默认的“将虚拟磁盘拆分为多个文件”。

（7）单击“下一步”按钮，在出现的如图 1-7 所示界面中，虚拟机配置向导完成，单击“完成”按钮后，虚拟机开始安装。

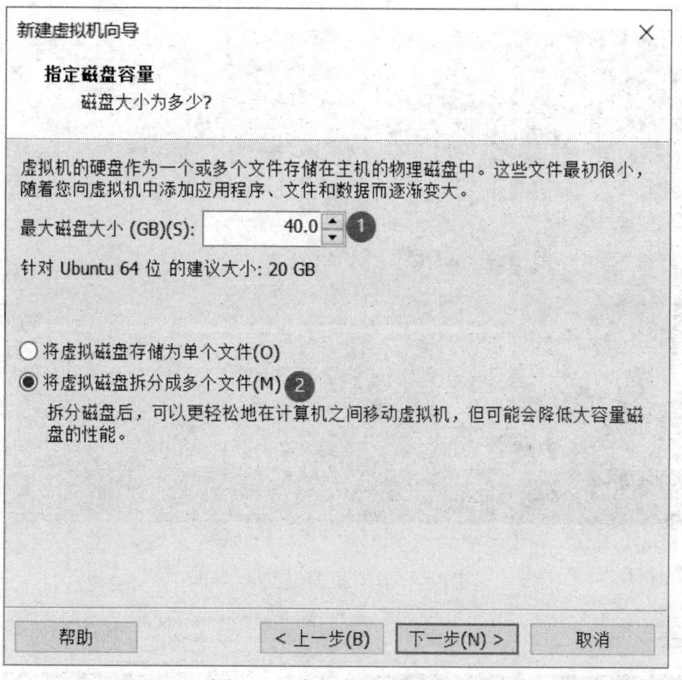

图 1-6　虚拟机存储设置

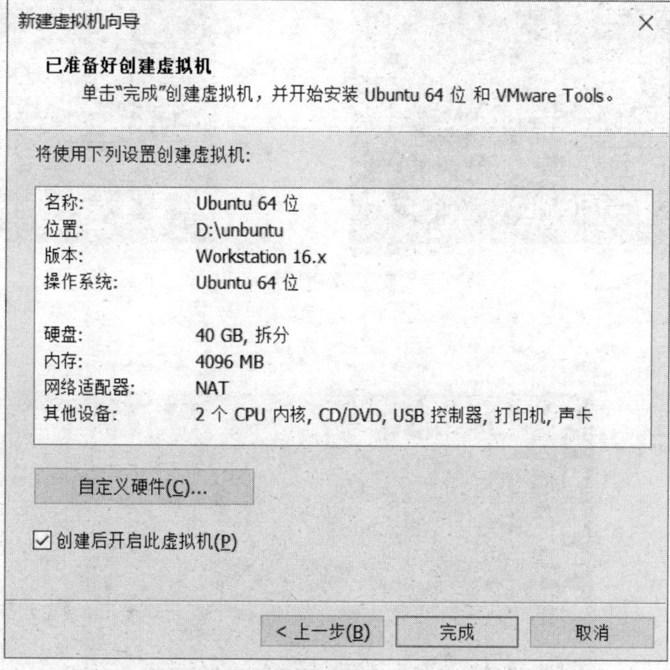

图 1-7　虚拟机配置向导完成

（8）如图 1-8 所示为虚拟机安装过程界面。

（9）第一次安装时间较长，等待安装结束后自动重启，界面如图 1-9 所示，单击用户名 linux，输入密码 123456，系统启动成功，如图 1-10 所示。

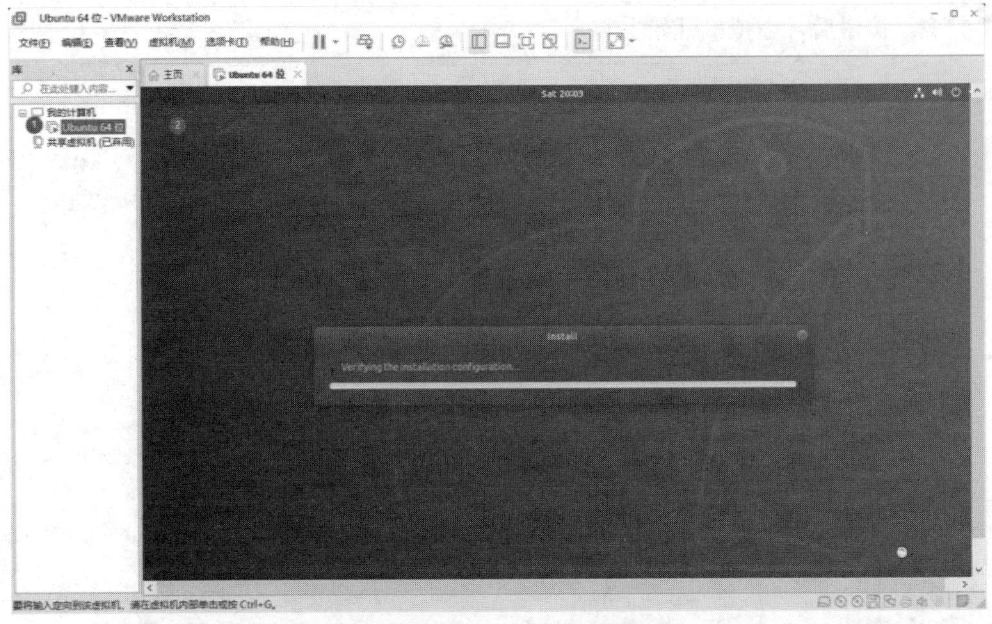

图 1-8　虚拟机安装过程界面

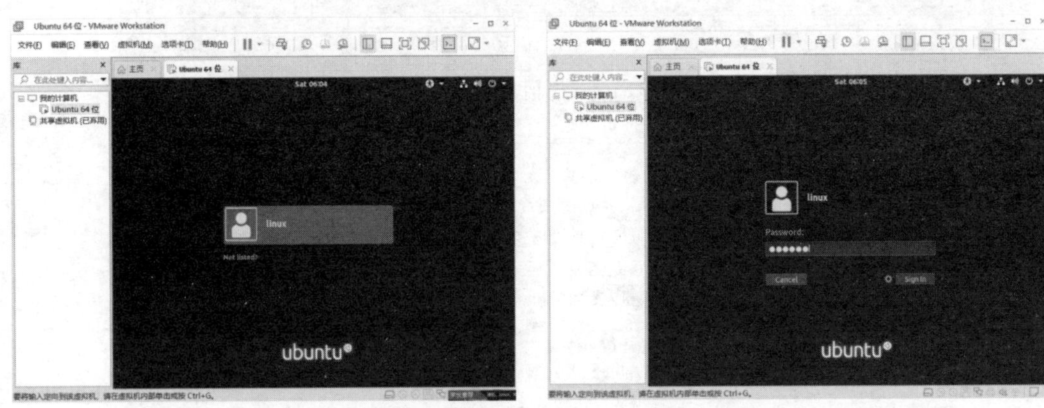

图 1-9　安装成功后启动界面

图 1-10　成功启动界面

微课视频

1.3 Linux 常用命令

Linux 是一个高可靠、高性能的系统，而所有这些优越性只有在直接使用 Linux 命令行时才能充分地体现出来。Linux 系统安装完成后，就可以进入与 Windows 类似的图形化界面了。这个界面就是 Linux 图形化界面 X 窗口系统的一部分。X 窗口系统仅是 Linux 上的一个软件，它不是 Linux 自身的一部分。虽然现在的 X 窗口系统已经与 Linux 整合得相当好了，但还不能保证绝对的可靠性。另外，X 窗口系统是一个相当耗费系统资源的软件，它会大大降低 Linux 的系统性能。因此，若是希望更好地享受 Linux 所带来的高效及高稳定性，建议读者尽可能地使用 Linux 的命令行界面，也就是 shell 环境。

由于 Linux 中的命令非常多，要全部介绍几乎是不可能的。因此，本书只介绍嵌入式系统开发过程中常用的命令，命令的具体参数设置和含义不一一列出，由于同一类命令有很大的相似性，因此，读者通过学习本书中所列的命令，可以很快地掌握其他命令，这些最常用的命令在嵌入式系统开发过程中起到抛砖引玉的作用。

在 Ubuntu 系统中，命令是通过终端实现的，右击（单击鼠标右键）选择 Open Terminal（打开终端）选项，首先设置 root 用户密码，密码仍然设置为 123456，具体操作如下：

```
1.  linux@ubuntu:~$ sudo passwd root
2.  [sudo] password for linux:
3.  Enter new UNIX password:
4.  Retype new UNIX password:
5.  passwd: password updated successfully
6.  linux@ubuntu:/home$ su
7.  Password:
8.  root@ubuntu:/home#
```

说明：Linux 系统中很多命令需要在 root 用户下操作，Ubuntu 系统启动默认不是 root 用户，为了学习方便，需要把用户切换到 root 用户下操作。

（1）启动终端后，系统默认为普通用户，通过$符号可以判断当前终端登录的用户为普通用户，系统默认超级用户为 root 用户，第一次使用 root 用户，需要设置密码，方法为在终端下输入 sudo passwd root（见代码第 1 行），然后按回车键。

（2）这时会提示用户输入 Linux 用户密码（第 2 行），在安装过程中设置为 123456，再一次按回车键后，提示用户输入 root 用户密码（第 3 行），初学者为了防止密码混淆，可以都设置为 123456，按回车键后，再一次确认 root 密码（第 4 行）（注意，这里并没有显示******字符，在终端中设置密码，默认是不显示*字符），代码第 5 行提示用户设置密码成功。

（3）代码第 6 行在当前$提示符后输入 su，表示切换 root 用户（或者输入 su root），按回车键后，输入 root 密码：123456（第 7 行），这时切换到 root 用户，注意这时提示符变为#（第 8 行）（也可以理解#表示当前用户为 root 用户）。

微课视频

1.3.1 系统管理相关命令

1. useradd 命令

功能：添加用户。

用法：useradd [选项] 用户名。

参数（选项中对应的参数）：useradd 命令常用参数如表 1-2 所示。

表 1-2 useradd 命令常用参数

选 项	参 数 含 义
-g	指定用户所属的群组
-m	自动建立用户的登入目录
-n	取消建立以用户名称为名的群组

2. passwd 命令

功能：设置账户密码。

用法：passwd 用户名。

示例 1.3.1-1 添加 test 用户，设置密码。打开终端，具体操作如下：

```
1.  root@ubuntu:~# useradd -m test
2.  root@ubuntu:~# passwd test
3.  Enter new UNIX password:
4.  Retype new UNIX password:
5.  passwd: password updated successfully
6.  root@ubuntu:~#
```

程序分析：

第 1 行 利用 useradd 命名添加 test 用户。

第 2 行 利用 passwd 命令设置账户密码，两次确认后添加新用户成功。

3. su 命令

功能：切换用户。

用法：su [选项] [用户名]。

参数：su 命令常用参数如表 1-3 所示。

表 1-3 su 命令常用参数

选 项	参 数 含 义
-，-l，--login	为该用户重新登录，大部分环境变量和工作目录都以该用户为主，若没有设定用户，默认情况是 root
-m，-p	执行 su 时，不改变环境变量
-c，--command	变更用户账号，执行命令后再变回原来用户

示例 1.3.1-2 利用 su 命令进行用户切换。实现从 root 用户切换到 test 用户，再切换回 root 用户。打开终端，具体操作如下：

```
1.  root@ubuntu:/# su test
2.  $ ls
```

```
3.  bin   dev  initrd.img      lib64       mnt   root  snap   sys  var
4.  boot  etc  initrd.img.old  lost+found  opt   run   srv    tmp  vmlinuz
5.  cdrom home  lib            media       proc  sbin  swapfile  usr
6.  $ su root
7.  Password:
8.  root@ubuntu:/#
```

程序分析：

第 1 行　引导符为#，说明当前用户为 root 用户，用 su 命令切换到 test 用户。

第 2 行　切换到 test 用户后，利用 ls 命令查看当前用户目录内容，第 3~5 行为 test 用户目录内容。

第 6 行　利用 su 命令切换到 root 用户（也可以直接输入 su），按回车键后，提示输入密码。

第 7 行　输入密码按回车键后切换到 root 用户。

细心的读者会发现，从普通用户切换到 root 用户需要输入密码，从 root 用户切换到普通用户不需要输入密码。

1.3.2　文件管理相关命令

1. ls 命令

功能：查看目录。

用法：ls [选项] [目录或文件]。

参数：ls 命令常用参数如表 1-4 所示。

表 1-4　ls 命令常用参数

选　　项	参 数 含 义
-l	单列输出
-a	列出目录（文件夹）中所有文件，包括以“.”开头的隐藏文件
-d	将目录名像其他文件一样列出，而不是只列出目录的内容
-f	不排序目录内容，按它们在磁盘上存储的顺序列出

示例 1.3.2-1　利用 ls 命令显示/home/linux 目录下的目录与文件（不包含隐藏文件）。打开终端，具体操作如下：

```
root@ubuntu:/home/linux# ls
Desktop    Downloads         Music     Public     Videos
Documents  examples.desktop  Pictures  Templates
```

示例 1.3.2-2　利用 ls 命令显示/home/linux 目录下的所有目录与文件(包含隐藏文件)。打开终端，具体操作如下：

```
1.  root@ubuntu:/home/linux# ls -a
2.  .              .config      .ICEauthority   .profile
3.  ..             Desktop      .local          Public
4.  .bash_history  Documents    .mozilla        .sudo_as_admin_successful
5.  .bash_logout   Downloads    Music           Templates
```

```
6.  .bashrc        examples.desktop  .pam_environment    Videos
7.  .cache         .gnupg            Pictures            .xinputrc
```

程序分析：

第1行 输入命令关键字-a，显示所有文件，包含隐藏文件，也可以输入 ls -a /home/linux。

第2~7行 为该目录的内容，比示例 1.3.2-1 多了很多文件。

示例 1.3.2-3 利用 ls 命令显示/home/linux 目录下的文件与目录的详细信息。打开终端，具体操作如下：

```
root@ubuntu:/home/linux# ls -l
total 44
drwxr-xr-x  2 linux linux 4096 Jan  8 06:05 Desktop
drwxr-xr-x  2 linux linux 4096 Jan  8 06:05 Documents
drwxr-xr-x  2 linux linux 4096 Jan  8 06:05 Downloads
-rw-r--r--  1 linux linux 8980 Jan  8 04:56 examples.desktop
drwxr-xr-x  2 linux linux 4096 Jan  8 06:05 Music
drwxr-xr-x  2 linux linux 4096 Jan  8 06:05 Pictures
drwxr-xr-x  3 linux linux 4096 Jan  9 04:40 Public
drwxr-xr-x  2 linux linux 4096 Jan  8 06:05 Templates
drwxr-xr-x  2 linux linux 4096 Jan  8 06:05 Videos
```

示例 1.3.2-4 利用 ls 命令显示/home/linux 目录下的文件与目录，按修改时间顺序。打开终端，具体操作如下：

```
root@ubuntu:/home/linux# ls -c
examples.desktop    Desktop    Downloads  Pictures   Videos
Public              Documents  Music      Templates
```

2. cd 命令

功能：改变工作目录。

用法：cd 目录名。

说明：不加参数时，默认切换到用户主目录，即环境变量 HOME 指定的目录，如 root 用户的 HOME 变量为/root，那么 cd 命令不带参数时便切换到/root 目录下。

绝对路径是从根目录开始的，如/root 或/home/linux。相对路径是相对于当前路径来说的，假如当前目录在/home/linux，那么前面的/home/linux 的相对路径就是../linux，即当前目录的上级目录下的 linux 目录。常用特殊符号如表 1-5 所示。

表 1-5 常用特殊符号

特殊符号	含义
~	表示用户主目录，即 HOME 变量指定的目录，如 root 用户的主目录为/root
-	表示前一个工作目录
..	表示上级目录
.	表示当前目录

示例 1.3.2-5 cd 命令综合运用。打开终端，具体操作如下：

```
1.  root@ubuntu:/home# cd ..
```

```
2.  root@ubuntu:/# cd
3.  root@ubuntu:~# cd /home
4.  root@ubuntu:/home# cd -
5.  /root
6.  root@ubuntu:~# cd /home/linux
7.  root@ubuntu:/home/linux#
```

程序分析：

第 1 行 输入命令，空格后面“..”，按回车键后，返回上一层目录。

第 2 行 直接输入 cd，按回车键后，直接返回用户主目录。

第 3 行 输入 cd 加路径，进入相应的文件位置。

第 4 行 输入 cd-表示进入当前工作目录。

第 5 行 /root 为当前工作目录。

第 6 行 进入子目录。

3. cp 命令

功能：复制命令。

用法：cp [选项] 源文件或目录 目标文件或目录。

参数：cp 命令常用参数如表 1-6 所示。

表 1-6　cp 命令常用参数

选　项	参 数 含 义
-a	保留链接、文件属性，并复制子目录
-d	复制时保留链接
-f	删除已经存在的目标文件而不提示
-i	在覆盖目标文件之前给出提示，要求用户确认，回答 y 时，目标文件将被覆盖，而且是交互式覆盖
-p	此时 cp 命令除复制源文件的内容外，还将把其修改时间和访问权限也复制到新文件中
-r	若给出的源文件是一个目录文件，cp 命令将递归复制该目录下所有的子目录和文件，此时目录文件必须为一目录名

示例 1.3.2-6　利用 cp 命令将主目录下 initrd.img 文件复制到/tmp 目录下。打开终端，具体操作如下：

```
1.  root@ubuntu:~# cd ..
2.  root@ubuntu:/# ls
3.  cdrom home lib             media       proc sbin swapfile usr
4.  boot  etc  initrd.img.old lost+found  opt  run  srv      tmp vmlinuz
5.  bin   dev  initrd.img     lib64       mnt  root snap     sys var
6.  root@ubuntu:/# cp initrd.img /tmp
7.  root@ubuntu:/# ls /tmp
8.  config-err-UccBwY
9.  initrd.img
10. ssh-m8hEt1bX2sGd
```

程序分析：

第1行 利用cd ..命令切换到主目录。

第2行 利用ls命令查看主目录内容。

第3~5行 显示主目录内容。

第6行 利用复制命令（cp）实现复制操作。将该目录中initrd.img文件复制到tmp文件夹中。

第7行 利用ls命令查看tmp文件夹下有了initrd.img文件，说明复制成功。

示例1.3.2-7 利用cp命令将/home/linux目录下的Music文件夹复制到Public文件夹中。打开终端，具体操作如下：

```
1.  root@ubuntu:/home/linux# ls
2.  Desktop    Downloads         Music     Public     Videos
3.  Documents  examples.desktop  Pictures  Templates
4.  root@ubuntu:/home/linux# cp -r Music Public
5.  root@ubuntu:/home/linux# ls Public
6.  Music
7.  root@ubuntu:/home/linux#
```

程序分析：

第1行 利用ls命令查看当前目录内容。

第2~3行 显示当前目录内容。

第4行 利用复制命令（cp）实现复制操作，复制文件夹需要加-r。将该目录中Music文件夹复制到该目录的Public文件夹中。

第5行 利用ls命令查看Public文件夹下，如有了Music文件夹，说明复制成功。

4. mv命令

功能：移动或更名。

用法：mv [选项] 源文件或目录 目标文件或目录。

参数：mv命令常用参数如表1-7所示。

表1-7 mv命令常用参数

选项	参数含义
-i	若mv操作将导致对已存在的目标文件的覆盖，此时系统询问是否重写，并要求用户回答y或n，这样可以避免误覆盖文件
-f	禁止交互操作。在mv操作要覆盖某个已有的目标文件时不给任何指示，在指定此选项后，i选项将不再起作用

示例1.3.2-8 利用mv命令将/home/linux目录下的examples.desktop移动到/home/linux/Public文件夹下。打开终端，具体操作如下：

```
1.  root@ubuntu:/home/linux# ls
2.  Desktop    Downloads         Music     Public     Videos
3.  Documents  examples.desktop  Pictures  Templates
4.  root@ubuntu:/home/linux# mv examples.desktop  /home/linux/Public/
5.  root@ubuntu:/home/linux# ls /home/linux/Public/
6.  examples.desktop  Music
7.  root@ubuntu:/home/linux# ls
```

```
8.  Desktop Documents Downloads Music Pictures Public Templates Videos
9.  root@ubuntu:/home/linux#
```

程序分析：

第 1 行 利用 ls 命令查看当前目录内容。

第 2~3 行 显示当前目录内容。

第 4 行 将该目录中 examples.desktop 文件移动到该目录的 Public 文件夹中。利用移动命令（mv）实现该操作，注意/home/linux/Public/采用绝对路径方式，在同一个文件夹下采用相对路径也能实现，如：mv examples.desktop Public。

第 5 行 利用 ls 命令查看 Public 文件夹下是否有了 examples.desktop 文件，如有，则说明操作成功。

第 6 行 新的 Public 文件夹内容。

第 7 行 查看源文件夹，examples.desktop 文件已经不在了，说明该命令操作成功。

示例 1.3.2-9 利用 mv 命令将/home/linux 目录下的 examples.desktop 移动到/home/linux/Public 文件夹下，同时修改名字为 1234。打开终端，具体操作如下：

```
1.  root@ubuntu:/home/linux# ls
2.  Desktop   Downloads        Music    Public    Videos
3.  Documents examples.desktop Pictures Templates
4.  root@ubuntu:/home/linux# mv examples.desktop /home/linux/Public/1234
5.  root@ubuntu:/home/linux# ls
6.  Desktop Documents Downloads Music Pictures Public Templates Videos
7.  root@ubuntu:/home/linux# ls Public/
8.  1234  Music
9.  root@ubuntu:/home/linux#
```

注意第 4 行，与示例 1.3.2-8 不同，该例子用 mv 实现了文件的移动和重命名。

5. mkdir 命令

功能：创建目录。

用法：mkdir [选项] 目录名。

参数：mkdir 命令常用参数如表 1-8 所示。

表 1-8 mkdir 命令常用参数

选项	参 数 含 义
-m	对新建目录设置存取权限
-p	可以是一个路径名称，若此路径中的某些目录不存在，再加上此选项后，系统将自动建立好那些不存在的目录

示例 1.3.2-10 利用命令 mkdir 在/home 目录下创建 doc 文件夹。打开终端，具体操作如下：

```
root@ubuntu:/home/linux# ls
Desktop   Downloads        Music    Public    Videos
Documents examples.desktop Pictures Templates
root@ubuntu:/home/linux# mkdir doc
root@ubuntu:/home/linux# ls
```

```
Desktop  Documents  examples.desktop  Pictures  Templates
doc      Downloads  Music             Public    Videos
```

示例 1.3.2-11　利用命令 mkdir 创建/home/linux/dir1/dir2 目录，如果 dir1 不存在，先创建 dir1。打开终端，具体操作如下：

```
root@ubuntu:/home/linux# mkdir -p dir1/dir2
root@ubuntu:/home/linux# ls
Desktop  doc        Downloads         Music     Public     Videos
dir1     Documents  examples.desktop  Pictures  Templates
root@ubuntu:/home/linux# ls dir1
dir2
root@ubuntu:/home/linux#
```

6. touch 命令

功能：新建一个不存在的文件或者用来修改文件时间戳。

用法：touch　[选项]　文件名。

参数：touch 命令常用参数如表 1-9 所示。

表 1-9　touch 命令常用参数

选　项	参 数 含 义
-r	把指定文档或目录的日期时间统设成与参考文档或目录相同的日期时间
-t	按指定时间修改文件的访问时间，其他时间没有更新
-d	修改文件的访问时间

示例 1.3.2-12　在当前工作目录创建hello.c文件，并修改时间与dir1.rar相同的时间戳。打开终端，具体操作如下：

```
1.  root@ubuntu:/home/linux# ls
2.  Desktop  doc        Downloads         Music     Public     Videos
3.  dir1     Documents  examples.desktop  Pictures  Templates
4.  root@ubuntu:/home/linux# touch hello.c
5.  root@ubuntu:/home/linux# ls
6.  Desktop  doc        Downloads         hello.c  Pictures  Templates
7.  dir1     Documents  examples.desktop  Music    Public    Videos
8.  root@ubuntu:/home/linux# touch -r hello.c  dir1.rar
9.  root@ubuntu:/home/linux# ls -l
10. total 68
11. drwxr-xr-x 2 linux linux  4096  Jan  8 06:05 Desktop
12. drwxr-xr-x 3 root  root   4096  Jan  9 06:05 dir1
13. -rw-r--r-- 1 root  root  10240  Jan  9 06:07 dir1.rar
14. -rwxrw---x 1 root  root      0  Jan  9 06:07 hello.c
```

7. rm 命令

功能：删除文件或目录。

用法：rm [选项]　文件或目录。

参数：rm 命令常用参数如表 1-10 所示。

表 1-10　rm 命令常用参数

选　项	参数含义
-i	进行交互式删除
-f	忽略不存在的文件，但从不给出提示
-r	指示 rm 命令将参数中列出的全部目录和子目录均全部删除

示例 1.3.2-13　利用 rm 命令删除/home/linux 目录下的 1234 文件。打开终端，具体操作如下：

```
1. root@ubuntu:/home/linux# ls
2. 1234      Documents  examples.desktop  Pictures  Templates
3. Desktop  Downloads  Music             Public    Videos
4. root@ubuntu:/home/linux# rm 1234
5. root@ubuntu:/home/linux# ls
6. Desktop    Downloads         Music     Public    Videos
7. Documents  examples.desktop  Pictures  Templates
8. root@ubuntu:/home/linux#
```

程序分析：

第 1~3 行　首先查看当前目录下内容。

第 4 行　利用 rm 命令直接删除 1234 文件。

第 5~7 行　查看当前目录下，如无 1234 文件，则执行删除命令操作成功。

示例 1.3.2-14　利用 rm 命令删除/home/linux 目录下的 doc 目录。打开终端，具体操作如下：

```
root@ubuntu:/home/linux# ls
Desktop  Documents  examples.desktop  Pictures  Templates
doc      Downloads  Music             Public    Videos
root@ubuntu:/home/linux# rm -r doc
root@ubuntu:/home/linux# ls
Desktop    Downloads         Music     Public    Videos
Documents  examples.desktop  Pictures  Templates
```

8. pwd 命令

功能：查看当前路径。

用法：pwd[选项]。

参数：pwd 命令常用参数如表 1-11 所示。

表 1-11　pwd 命令常用参数

选　项	参数含义
-l	打印逻辑上的工作目录
-p	打印物理上的工作目录

示例 1.3.2-15　利用 pwd 命令显示当前工作目录的绝对路径。打开终端，具体操作如下：

```
root@ubuntu:/home/linux# pwd
/home/linux
```

9. chmod 命令

功能：改变访问权限。

用法：chmod [who] [+|-|=] [mode] 文件名。

参数：chmod 命令常用参数如表 1-12 所示。

表 1-12 chmod 命令常用参数

选　项	参 数 含 义
-c	若该文件权限确实已经更改，才显示其更改动作
-f	若该文件权限无法被更改，也不显示错误信息
-v	显示权限变更的详细资料
who	who 表示文件的所属组，u 表示文件拥有者（owns），群组的其他用户用 g（group）表示，其他用户用 o (other) 表示，所有类型用户用 a(all)表示
mode	模式主要有读(r)、写(w)和执行(x)，也可以用数字表示，即读(4)、写(2)、执行(1)

示例 1.3.2-16 利用 chmod 命令给 hello.c 文件的拥有者群组用户加上写的权限。打开终端，具体操作如下：

```
1.  root@ubuntu:/home/linux# ls -l
2.  total 52
3.  drwxr-xr-x 2 linux linux 4096 Jan  8 06:05 Desktop
4.  drwxr-xr-x 3 root  root  4096 Jan  9 06:05 dir1
5.  drwxr-xr-x 2 root  root  4096 Jan  9 06:04 doc
6.  drwxr-xr-x 2 linux linux 4096 Jan  8 06:05 Documents
7.  drwxr-xr-x 2 linux linux 4096 Jan  8 06:05 Downloads
8.  -rw-r--r-- 1 linux linux 8980 Jan  8 04:56 examples.desktop
9.  -rw-r--r-- 1 root  root     0 Jan  9 06:07 hello.c
10. drwxr-xr-x 2 linux linux 4096 Jan  8 06:05 Music
11. drwxr-xr-x 2 linux linux 4096 Jan  8 06:05 Pictures
12. drwxr-xr-x 3 linux linux 4096 Jan  9 04:40 Public
13. drwxr-xr-x 2 linux linux 4096 Jan  8 06:05 Templates
14. drwxr-xr-x 2 linux linux 4096 Jan  8 06:05 Videos
15. root@ubuntu:/home/linux# chmod g+w hello.c
16. root@ubuntu:/home/linux# ls -l
17. total 52
18. drwxr-xr-x 2 linux linux 4096 Jan  8 06:05 Desktop
19. drwxr-xr-x 3 root  root  4096 Jan  9 06:05 dir1
20. drwxr-xr-x 2 root  root  4096 Jan  9 06:04 doc
21. drwxr-xr-x 2 linux linux 4096 Jan  8 06:05 Documents
22. drwxr-xr-x 2 linux linux 4096 Jan  8 06:05 Downloads
23. -rw-r--r-- 1 linux linux 8980 Jan  8 04:56 examples.desktop
24. -rw-rw-r-- 1 root  root     0 Jan  9 06:07 hello.c
25. drwxr-xr-x 2 linux linux 4096 Jan  8 06:05 Music
26. drwxr-xr-x 2 linux linux 4096 Jan  8 06:05 Pictures
27. drwxr-xr-x 3 linux linux 4096 Jan  9 04:40 Public
28. drwxr-xr-x 2 linux linux 4096 Jan  8 06:05 Templates
29. drwxr-xr-x 2 linux linux 4096 Jan  8 06:05 Videos
```

程序分析：

第 9 行 为 hello.c 文件权限修改之前，第 24 行为 hello.c 文件权限修改之后。

第 15 行 表示对所在群组赋予写的权限。

示例 1.3.2-17 利用 chmod 命令将文件 hello.c 的访问权限改变为文件所有者可读可写可执行，与文件所有者同组的用户可读可写，其他用户可执行（用数字表示）。打开终端，具体操作如下：

```
1.  root@ubuntu:/home/linux# chmod 761 hello.c
2.  root@ubuntu:/home/linux# ls -l
3.  total 52
4.  drwxr-xr-x 2 linux linux 4096 Jan  8 06:05 Desktop
5.  drwxr-xr-x 3 root  root  4096 Jan  9 06:05 dir1
6.  drwxr-xr-x 2 root  root  4096 Jan  9 06:04 doc
7.  drwxr-xr-x 2 linux linux 4096 Jan  8 06:05 Documents
8.  drwxr-xr-x 2 linux linux 4096 Jan  8 06:05 Downloads
9.  -rw-r--r-- 1 linux linux 8980 Jan  8 04:56 examples.desktop
10  -rwxrw---x 1 root  root     0 Jan  9 06:07 hello.c
11. drwxr-xr-x 2 linux linux 4096 Jan  8 06:05 Music
12  drwxr-xr-x 2 linux linux 4096 Jan  8 06:05 Pictures
13. drwxr-xr-x 3 linux linux 4096 Jan  9 04:40 Public
14. drwxr-xr-x 2 linux linux 4096 Jan  8 06:05 Templates
15. drwxr-xr-x 2 linux linux 4096 Jan  8 06:05 Videos
16. root@ubuntu:/home/linux
```

程序分析：

第 1 行 对 hello.c 文件权限修改，用数字的方式，761 三个数字分别对应文件拥有者、拥有者群组和其他用户。7（4+2+1）表示文件的拥有者有读写执行的权限；6（4+2+0）表示群组用户具有读写权限；1（0+0+1）表示其他用户具有执行权限。

第 10 行 修改之后的文件权限，跟修改之前对比，文件的权限属性发生了变化。

10. df 命令

功能：查看磁盘使用情况。

用法：df [选项]。

示例 1.3.2-18 利用 df 命令以字节为单位显示磁盘使用情况。打开终端，具体操作如下：

```
root@ubuntu:/home/linux# df -k
Filesystem     1K-blocks    Used Available Use% Mounted on
udev             1978280       0   1978280   0% /dev
tmpfs             401572    2020    399552   1% /run
/dev/sda1       41020640 6187768  32719440  16% /
tmpfs            2007844       0   2007844   0% /dev/shm
tmpfs               5120       4      5116   1% /run/lock
tmpfs            2007844       0   2007844   0% /sys/fs/cgroup
/dev/loop0         35584   35584         0 100% /snap/gtk-common-themes/319
/dev/loop1         13312   13312         0 100% /snap/gnome-characters/103
/dev/loop2          2432    2432         0 100% /snap/gnome-calculator/180
```

```
/dev/loop3       89088      89088          0 100% /snap/core/4917
/dev/loop4       14848      14848          0 100% /snap/gnome-logs/37
/dev/loop5      144384     144384          0 100% /snap/gnome-3-26-1604/70
/dev/loop6        3840       3840          0 100% /snap/gnome-system-monitor/51
tmpfs           401568         16     401552   1% /run/user/121
tmpfs           401568         28     401540   1% /run/user/1000
```

11. du 命令

功能：查看目录大小。

用法：du [选项] 目录。

示例 1.3.2-19 利用 du 命令以字节为单位显示 dir1 这个目录的大小。打开终端，具体操作如下：

```
root@ubuntu:/home/linux# ls
Desktop  doc        Downloads         hello.c  Pictures  Templates
dir1     Documents  examples.desktop  Music    Public    Videos
root@ubuntu:/home/linux# du -b dir1
4096    dir1/dir2
8192    dir1
root@ubuntu:/home/linux#
```

微课视频

1.3.3 备份压缩相关命令

tar 命令

功能：打包与压缩。

用法：tar [选项] 目录或文件。

参数：tar 命令常用参数如表 1-13 所示。

表 1-13 tar 命令常用参数

选 项	参 数 含 义
-c	建立新的打包文件
-r	向打包文件末尾追加文件
-x	从打包文件中解出文件
-o	将文件解开到标准输出
-v	处理过程中输出相关信息
-f	对普通文件操作
-z	调用 gzip 压缩打包文件，与-x 联用时调用 gzip 完成解压缩
-j	调用 bzip2 压缩打包文件，与-x 联用时调用 bzip2 完成解压缩
-Z	调用 compress 压缩打包文件，与-x 联用时调用 compress 完成解压缩

示例 1.3.3-1 利用 tar 命令将/home/dir1 目录下的所有文件和目录打包成一个 dir1.tar 文件。打开终端，具体操作如下：

```
root@ubuntu:/home/linux# ls
Desktop  doc        Downloads         hello.c  Pictures  Templates
dir1     Documents  examples.desktop  Music    Public    Videos
```

```
root@ubuntu:/home/linux# tar cvf dir1.rar dir1
dir1/
dir1/dir2/
root@ubuntu:/home/linux# ls
Desktop  dir1.rar  Documents  examples.desktop  Music     Public    Videos
dir1     doc       Downloads  hello.c           Pictures  Templates
```

示例 1.3.3-2 把 dir1.rar 文件复制到/home/test 文件夹下，用 tar 命令解压该文件。打开终端，具体操作如下：

```
1.  root@ubuntu:/home/linux# rm -r dir1
2.  root@ubuntu:/home/linux# ls
3.  Desktop   doc        Downloads         hello.c  Pictures  Templates
4.  dir1.rar  Documents  examples.desktop  Music    Public    Videos
5.  root@ubuntu:/home/linux# tar xvf dir1.rar
6.  dir1/
7.  dir1/dir2/
8.  root@ubuntu:/home/linux# ls
9.  Desktop  dir1.rar Documents  examples.desktop  Music  Public  Videos
10. dir1     doc      Downloads  hello.c           Pictures  Templates
11. root@ubuntu:/home/linux#
```

程序分析：

第 1 行 先删除 dir1 文件夹。

第 5 行 解压 dir1.rar。

第 6~7 行 解压过程文件。

第 10 行 新解压的 dir1 文件夹。

示例 1.3.3-3 利用 tar 命令将/home/dir1 目录下的所有文件和目录打包并压缩成一个 dir1.tar.gz 文件。打开终端，具体操作如下：

```
root@ubuntu:/home/linux# tar cvzf dir1.tar.gz dir1
dir1/
dir1/dir2/
root@ubuntu:/home/linux# ls
Desktop  dir1.rar     doc        Downloads         hello.c  Pictures  Templates
dir1     dir1.tar.gz  Documents  examples.desktop  Music    Public    Videos
```

示例 1.3.3-4 把 dir1.tar.gz 文件复制到/home/test 文件夹下，用 tar 命令解压该文件。打开终端，具体操作如下：

```
root@ubuntu:/home/linux# ls
Desktop  dir1.rar     doc        Downloads         hello.c  Pictures  Templates
dir1     dir1.tar.gz  Documents  examples.desktop  Music    Public    Videos
root@ubuntu:/home/linux# rm -r dir1
root@ubuntu:/home/linux# tar xvzf dir1.tar.gz
dir1/
dir1/dir2/
root@ubuntu:/home/linux# ls
```

```
Desktop dir1.rar    doc       Downloads         hello.c Pictures Templates
dir1    dir1.tar.gz Documents examples.desktop Music    Public   Videos
```

1.3.4 网络通信相关命令

1. ifconfig 命令

功能：网络配置。

用法：ifconfig [选项] [网络接口]。

参数：ifconfig 命令常用参数如表 1-14 所示。

表 1-14 ifconfig 命令常用参数

选 项	参 数 含 义
-interface	指定的网络接口名
up	激活指定的网络接口
down	关闭指定的网络接口
broadcast address	设置接口的广播地址
point to point	启用点对点方式
address	设置指定接口设备的 IP 地址
netmask address	设置接口的子网掩码

```
1.  root@ubuntu:/home/linux# ifconfig
2.  Command 'ifconfig' not found, but can be installed with:
3.  apt install net-tools
4.  root@ubuntu:/home/linux# apt install net-tools
5.  Reading package lists... Done
6.  Building dependency tree
7.  Reading state information... Done
8.  The following NEW packages will be installed:
9.  net-tools
10. 0 upgraded, 1 newly installed, 0 to remove and 0 not upgraded.
11. Need to get 194 kB of archives.
12. After this operation, 803 kB of additional disk space will be used.
13. Get:1 http://us.archive.ubuntu.com/ubuntu bionic/main amd64 net-tools
    amd64 1.60+git20161116.90da8a0-1ubuntu1 [194 kB]
14. Fetched 194 kB in 1min 6s (2,956 B/s)
15. Selecting previously unselected package net-tools.
16. (Reading database ... 126371 files and directories currently installed.)
17. Preparing to unpack .../net-tools_1.60+git20161116.90da8a0-1ubuntu1_
    amd64.deb ...
18. Unpacking net-tools (1.60+git20161116.90da8a0-1ubuntu1) ...
19. Processing triggers for man-db (2.8.3-2) ...
20. Setting up net-tools (1.60+git20161116.90da8a0-1ubuntu1) ...
```

程序分析：

第 1 行 本例中使用 ifconfig 命令查看网络配置情况。

第 2 行 由于软件安装方式不同，有的安装包没有完全安装，提示用户可以安装该命令。

第 3 行　为安装方法，用户可以根据提示进行安装，这也是 Ubuntu 系统安装软件的主要方式。

第 4 行　利用 apt 安装相关的网络配置工具。

第 5~20 行　为该安装包的安装过程。

示例 1.3.4-1　利用 ifconfig 命令配置网卡的 IP 地址为 192.168.1.1。打开终端，具体操作如下：

```
1.  root@ubuntu:/home/linux# ifconfig
2.  ens33: flags=4163<UP,BROADCAST,RUNNING,MULTICAST>  mtu 1500
3.          inet 192.168.230.131  netmask 255.255.255.0  broadcast 192.168.1.1
4.          inet6 fe80::22a2:19c3:2e4c:cf9e  prefixlen 64  scopeid 0x20<link>
5.          ether 00:0c:29:95:06:35  txqueuelen 1000  (Ethernet)
6.          RX packets 2678  bytes 845335 (845.3 KB)
7.          RX errors 0  dropped 0  overruns 0  frame 0
8.          TX packets 2175  bytes 234385 (234.3 KB)
9.          TX errors 0  dropped 0 overruns 0  carrier 0  collisions 0
10. lo: flags=73<UP,LOOPBACK,RUNNING>  mtu 65536
11/            inet 127.0.0.1  netmask 255.0.0.0
12.            inet6 ::1  prefixlen 128  scopeid 0x10<host>
13.            loop  txqueuelen 1000  (Local Loopback)
14.            RX packets 909  bytes 69435 (69.4 KB)
15.            RX errors 0  dropped 0  overruns 0  frame 0
16.            TX packets 909  bytes 69435 (69.4 KB)
17.            TX errors 0  dropped 0 overruns 0  carrier 0  collisions 0
18. root@ubuntu:/home/linux# ifconfig ens33 192.168.1.1
19. root@ubuntu:/home/linux# ifconfig
20. ens33: flags=4163<UP,BROADCAST,RUNNING,MULTICAST>  mtu 1500
21.            inet 192.168.1.1  netmask 255.255.255.0  broadcast 192.168.1.255
22.            inet6 fe80::22a2:19c3:2e4c:cf9e  prefixlen 64  scopeid 0x20<link>
23.            ether 00:0c:29:95:06:35  txqueuelen 1000  (Ethernet)
24.          RX packets 2682  bytes 845887 (845.8 KB)
25.          RX errors 0  dropped 0  overruns 0  frame 0
26.          TX packets 2185  bytes 235970 (235.9 KB)
27.          TX errors 0  dropped 0 overruns 0  carrier 0  collisions 0
28. lo: flags=73<UP,LOOPBACK,RUNNING>  mtu 65536
29.          inet 127.0.0.1  netmask 255.0.0.0
30.          inet6 ::1  prefixlen 128  scopeid 0x10<host>
31.          loop  txqueuelen 1000  (Local Loopback)
32.          RX packets 911  bytes 69559 (69.5 KB)
33.          RX errors 0  dropped 0  overruns 0  frame 0
34.          TX packets 911  bytes 69559 (69.5 KB)
35.          TX errors 0  dropped 0 overruns 0  carrier 0  collisions 0
```

程序分析：

第 1 行　输入 ifconfig 命令，显示当前计算机网络主要配置信息，其中第 2 行 ens33 表示网卡名称，lo 为回环接口。

第 2~9 行 给出了网络配置的详细信息，也是我们在 Windows 操作系统中比较熟悉的网络配置信息，如 IP 地址、子网掩码、网关等。

第 18 行 说明如何修改 IP 地址，对应不同版本的 Linux 操作系统网卡名称会有不同，如 eth0、eth1、ens33、ens160 等，经过修改后，第 21 行演示的是修改后的 IP 地址。

示例 1.3.4-2 利用 ifconfig 命令暂停网卡工作。打开终端，具体操作如下：

```
1.  root@ubuntu:/home/linux# ifconfig ens33 down
2.  root@ubuntu:/home/linux# ifconfig
3.  lo: flags=73<UP,LOOPBACK,RUNNING>  mtu 65536
4.            inet 127.0.0.1  netmask 255.0.0.0
5.            inet6 ::1  prefixlen 128  scopeid 0x10<host>
6.            loop  txqueuelen 1000  (Local Loopback)
7.            RX packets 917  bytes 69979 (69.9 KB)
8.            RX errors 0  dropped 0  overruns 0  frame 0
9.            TX packets 917  bytes 69979 (69.9 KB)
10.           TX errors 0  dropped 0 overruns 0  carrier 0  collisions 0
```

程序分析：

第 1 行 停止网卡的工作。

第 2 行 网卡停止工作后，在此使用 ifconfig 命名，网卡相关信息已经没有了，只有回环信息。

示例 1.3.4-3 利用 ifconfig 命令恢复网卡的工作。打开终端，具体操作如下：

```
1.  root@ubuntu:/home/linux# ifconfig ens33 up
2.  root@ubuntu:/home/linux# ifconfig
3.  ens33: flags=4163<UP,BROADCAST,RUNNING,MULTICAST>  mtu 1500
4.         inet 192.168.230.131  netmask 255.255.255.0  broadcast 192.168.230.255
5.         inet6 fe80::22a2:19c3:2e4c:cf9e  prefixlen 64  scopeid 0x20<link>
6.         ether 00:0c:29:95:06:35  txqueuelen 1000  (Ethernet)
7.         RX packets 2714  bytes 849784 (849.7 KB)
8.          RX errors 0  dropped 0  overruns 0  frame 0
9.          TX packets 2260  bytes 245120 (245.1 KB)
10.         TX errors 0  dropped 0 overruns 0  carrier 0  collisions 0
11. lo: flags=73<UP,LOOPBACK,RUNNING>  mtu 65536
12.           inet 127.0.0.1  netmask 255.0.0.0
13.           inet6 ::1  prefixlen 128  scopeid 0x10<host>
14.           loop  txqueuelen 1000  (Local Loopback)
15.           RX packets 944  bytes 71620 (71.6 KB)
16.           RX errors 0  dropped 0  overruns 0  frame 0
17.           TX packets 944  bytes 71620 (71.6 KB)
18.           TX errors 0  dropped 0 overruns 0  carrier 0  collisions 0
```

2. netstat 命令

功能：查看网络状态。

用法：netstat [选项]。

示例 1.3.4-4 利用 netstat 命令查看系统中所有的网络监听端口。打开终端，具体操作如图 1-11 所示。

```
root@ubuntu:/home/linux# netstat -a
Active Internet connections (servers and established)
Proto Recv-Q Send-Q Local Address           Foreign Address         State
tcp        0      0 localhost:domain        0.0.0.0:*               LISTEN
tcp        0      0 localhost:ipp           0.0.0.0:*               LISTEN
tcp6       0      0 ip6-localhost:ipp       [::]:*                  LISTEN
udp    28416      0 localhost:domain        0.0.0.0:*
udp        0      0 0.0.0.0:bootpc          0.0.0.0:*
udp        0      0 0.0.0.0:ipp             0.0.0.0:*
udp    10496      0 0.0.0.0:mdns            0.0.0.0:*
udp        0      0 0.0.0.0:38545           0.0.0.0:*
udp6       0      0 [::]:37880              [::]:*
udp6   47936      0 [::]:mdns               [::]:*
raw6       0      0 [::]:ipv6-icmp          [::]:*                  7
Active UNIX domain sockets (servers and established)
Proto RefCnt Flags       Type       State         I-Node   Path
unix  2      [ ACC ]     STREAM     LISTENING     32673    @/tmp/.ICE-unix/1269
unix  3      [ ]         DGRAM                    20484    /run/systemd/notify
unix  2      [ ]         DGRAM                    32382    /run/user/1000/systemd/notify
unix  2      [ ]         DGRAM                    28937    /run/user/121/systemd/notify
unix  2      [ ACC ]     SEQPACKET  LISTENING     20512    /run/udev/control
```

图 1-11　利用 netstat 命令查看系统中所有的网络监听端口

3. grep 命令

功能：查找字符串。

用法：grep [选项] 字符串。

参数：grep 命令常用参数如表 1-15 所示。

表 1-15　grep 命令常用参数

选　项	参 数 含 义
-c	只输出匹配行计数
-I	不区分大小写
-h	查询多文件时不显示文件名
-l	查询多文件时，只输出包含匹配字符的文件名
-n	显示匹配行及行号
-s	不显示不存在或无匹配文本的错误信息
-v	显示不包含匹配文本的所有行

示例 1.3.4-5　利用 grep 命令在当前目录及其子目录中，查找包含 history 字符串的文件。打开终端，具体操作如图 1-12 所示。

```
root@ubuntu:/home/linux# grep  "history" ./ -rn
Binary file ./.cache/mozilla/firefox/oxni0mkh.default/startupCache/webext.sc.lz4 matches
Binary file ./.cache/mozilla/firefox/oxni0mkh.default/startupCache/scriptCache-current.bin
 matches
Binary file ./.cache/mozilla/firefox/oxni0mkh.default/startupCache/scriptCache-child.bin m
atches
Binary file ./.cache/mozilla/firefox/oxni0mkh.default/startupCache/scriptCache.bin matches
./.bashrc:11:# don't put duplicate lines or lines starting with space in the history.
./.bashrc:15:# append to the history file, don't overwrite it
./.bashrc:18:# for setting history length see HISTSIZE and HISTFILESIZE in bash(1)
./.bashrc:97:alias alert='notify-send --urgency=low -i "$([ $? = 0 ] && echo terminal || e
cho error)" "$(history|tail -n1|sed -e '\''s/^\s*[0-9]\+\s*//;s/[;&|]\s*alert$//'\'')"'
./.mozilla/firefox/oxni0mkh.default/extensions.json:1:{"schemaVersion":26,"addons":[{"id":
"activity-stream@mozilla.org","syncGUID":"{983f613d-c2c2-4df5-ac4c-64135f5b2096}","locatio
n":"app-system-defaults","version":"2018.06.29.1026-fa231556","type":"extension","updateUR
L":null,"optionsURL":null,"optionsType":null,"aboutURL":null,"defaultLocale":{"name":"Acti
vity Stream","description":"A rich visual history feed and a reimagined home page make it
easier than ever to find exactly what you're looking for in Firefox.","creator":null,"home
pageURL":null},"visible":true,"active":true,"userDisabled":false,"appDisabled":false,"inst
```

图 1-12　利用 grep 命令查找包含 history 字符串的文件

示例 1.3.4-6 利用 grep 命令查看所有端口中用于 tcp 的端口。打开终端，具体操作如下：

```
root@ubuntu:/home/linux# netstat -a | grep tcp
tcp        0      0 localhost:domain        0.0.0.0:*               LISTEN
tcp        0      0 localhost:ipp           0.0.0.0:*               LISTEN
tcp6       0      0 ip6-localhost:ipp       [::]:*                  LISTEN
```

1.3.5 其他常用命令

1. mount 命令

功能：挂载文件系统。

用法：mount [选项] 设备源 目标目录。

参数：mount 命令常用参数如表 1-16 所示。

表 1-16 mount 命令常用参数

选 项	参 数 含 义
-a	依照/etc/fstab 的内容装载所有相关的硬盘
-l	列出当前已挂载的设备、文件系统名称和挂载点
-t	将后面的设备已指定类型的文件格式装载到挂载点上。常见的类型主要有 vfat、ext3、ext2、nfs 等
-f	通常用于除错，它会使 mount 不执行实际挂载上的动作，而是模拟整个挂载上的过程

示例 1.3.5-1 利用 mount 命令将光驱挂载到/home/linux/dir1 目录下。打开终端，具体操作如下：

```
1.  root@ubuntu:/home/linux# mount /dev/cdrom  /home/linux/dir1
2.  mount: /home/linux/dir1: WARNING: device write-protected, mounted read-only.
3.  root@ubuntu:/home/linux# ls dir1
4.  boot casper dists EFI install  isolinux  md5sum.txt  pics  pool  preseed
    README.diskdefines  ubuntu
```

程序分析：

第 1 行 通过 dev 目录下光驱设备名挂载，这个目录中包含了所有 Linux 系统中使用的外部设备。

第 2 行 提示光驱是只读类型。

第 3~4 行 查看 dir1 文件夹，可以看到光驱内容已经映射到该目录下。

2. umount 命令

功能：卸载文件系统。

用法：umount 目标目录。

示例 1.3.5-2 利用 umount 命令取消光驱在/mnt 下的挂载。打开终端，具体操作如下：

```
1.  root@ubuntu:/home/linux# umount /dev/cdrom
2.  root@ubuntu:/home/linux# ls dir1
3.  dir2
4.  root@ubuntu:/home/linux#
```

卸载操作后，再一次查看该目录，已经回到初始状态。

3. find 命令

功能：查找文件。

用法：find 路径 name “文件名”。

示例 1.3.5-3　利用 find 命令在当前目录及其子目录中寻找名为 i 开头的文件。打开终端，具体操作如下：

```
1.  root@ubuntu:/home/linux# ls
2.  Desktop dir1.rar   doc     Downloads        hello.c Pictures Templates
3.  dir1    dir1.tar.gz Documents examples.desktop Music Public Videos
4.  root@ubuntu:/home/linux# find ./ -name 'i*'
5.  ./.cache/ibus
6.  ./.cache/gnome-software/icons
7.  ./.cache/mozilla/firefox/oxni0mkh.default/OfflineCache/index.sqlite
8.  ./.cache/ibus-table
9.  ./.config/ibus
10. ./.local/share/gnome-settings-daemon/input-sources-converted
11. ./.local/share/icc
12. ./.local/share/ibus-table
13. ./.mozilla/firefox/oxni0mkh.default/storage/default/about+home/idb
14. ./.mozilla/firefox/oxni0mkh.default/storage/default/about+newtab/idb
15. ./.mozilla/firefox/oxni0mkh.default/storage/permanent/chrome/idb
```

4. top 命令

功能：动态查看 CPU 使用。

用法：top[选项]。

参数：top 命令常用参数如表 1-17 所示。

表 1-17　top 命令常用参数

选项	参 数 含 义
-c	切换显示模式，并有两种模式：一种只显示执行文件的名称，另一种是显示完整的路径与名称
-n	更新的次数，完成后将会退出 top
-b	批量模式，搭配 n 参数一起使用，可以用来将 top 的结果输出到文件内
-i	不显示任何闲置（idle）或无用（zombie）的进程

示例 1.3.5-4　使用 top 命令查看系统中的进程对 CPU、内存等的占用情况。打开终端，具体操作如图 1-13 所示。

5. ps 命令

功能：查看进程。

用法：ps [选项]。

参数：ps 命令常用参数如表 1-18 所示。

```
root@ubuntu:/home/linux# top

top - 16:52:37 up  6:10,  1 user,  load average: 0.00, 0.01, 0.00
Tasks: 273 total,   1 running, 203 sleeping,   0 stopped,   0 zombie
%Cpu(s):  0.3 us,  0.2 sy,  0.0 ni, 99.4 id,  0.0 wa,  0.0 hi,  0.0 si,  0.0 st
KiB Mem :  4015692 total,  1581920 free,  1425644 used,  1008128 buff/cache
KiB Swap:  1942896 total,  1942896 free,        0 used.  2323144 avail Mem

  PID USER      PR  NI    VIRT    RES    SHR S  %CPU %MEM     TIME+ COMMAND
 1745 linux     20   0  806184  40156  28296 S   5.9  1.0   0:16.84 gnome-termin+
 5337 root      20   0   51316   4168   3400 R   5.9  0.1   0:00.02 top
    1 root      20   0  225328   8988   6612 S   0.0  0.2   0:02.99 systemd
    2 root      20   0       0      0      0 S   0.0  0.0   0:00.01 kthreadd
    4 root       0 -20       0      0      0 I   0.0  0.0   0:00.00 kworker/0:0H
    6 root       0 -20       0      0      0 I   0.0  0.0   0:00.00 mm_percpu_wq
    7 root      20   0       0      0      0 S   0.0  0.0   0:00.14 ksoftirqd/0
    8 root      20   0       0      0      0 I   0.0  0.0   0:01.21 rcu_sched
    9 root      20   0       0      0      0 I   0.0  0.0   0:00.00 rcu_bh
   10 root      rt   0       0      0      0 S   0.0  0.0   0:00.00 migration/0
   11 root      rt   0       0      0      0 S   0.0  0.0   0:00.05 watchdog/0
   12 root      20   0       0      0      0 S   0.0  0.0   0:00.00 cpuhp/0
   13 root      20   0       0      0      0 S   0.0  0.0   0:00.00 cpuhp/1
   14 root      rt   0       0      0      0 S   0.0  0.0   0:00.05 watchdog/1
   15 root      rt   0       0      0      0 S   0.0  0.0   0:00.00 migration/1
   16 root      20   0       0      0      0 S   0.0  0.0   0:00.15 ksoftirqd/1
   18 root       0 -20       0      0      0 I   0.0  0.0   0:00.00 kworker/1:0H
   19 root      20   0       0      0      0 S   0.0  0.0   0:00.00 kdevtmpfs
   20 root       0 -20       0      0      0 I   0.0  0.0   0:00.00 netns
   21 root      20   0       0      0      0 S   0.0  0.0   0:00.00 rcu_tasks_kt+
   22 root      20   0       0      0      0 S   0.0  0.0   0:00.00 kauditd
   24 root      20   0       0      0      0 S   0.0  0.0   0:00.04 khungtaskd
```

图 1-13　使用 top 命令查看系统中的进程对 CPU、内存等的占用情况

表 1-18　ps 命令常用参数

选　项	参 数 含 义
-ef	查看所有进程及其 PID、系统时间、命令详细目录、执行者等
-aux	除可显示-ef 所有内容外，还可显示 CPU 及内存占用率、进程状态
-w	显示加宽并且可以显示较多的信息

示例 1.3.5-5　利用 ps 命令查看系统中的所有进程。打开终端，具体操作如图 1-14 所示。

```
root@ubuntu:/home/linux# ps aux
USER        PID %CPU %MEM    VSZ   RSS TTY      STAT START   TIME COMMAND
root          1  0.0  0.2 225328  8988 ?        Ss   10:41   0:03 /sbin/init auto
root          2  0.0  0.0      0     0 ?        S    10:41   0:00 [kthreadd]
root          4  0.0  0.0      0     0 ?        I<   10:41   0:00 [kworker/0:0H]
root          6  0.0  0.0      0     0 ?        I<   10:41   0:00 [mm_percpu_wq]
root          7  0.0  0.0      0     0 ?        S    10:41   0:00 [ksoftirqd/0]
root          8  0.0  0.0      0     0 ?        I    10:41   0:01 [rcu_sched]
root          9  0.0  0.0      0     0 ?        I    10:41   0:00 [rcu_bh]
root         10  0.0  0.0      0     0 ?        S    10:41   0:00 [migration/0]
root         11  0.0  0.0      0     0 ?        S    10:41   0:00 [watchdog/0]
root         12  0.0  0.0      0     0 ?        S    10:41   0:00 [cpuhp/0]
root         13  0.0  0.0      0     0 ?        S    10:41   0:00 [cpuhp/1]
root         14  0.0  0.0      0     0 ?        S    10:41   0:00 [watchdog/1]
root         15  0.0  0.0      0     0 ?        S    10:41   0:00 [migration/1]
root         16  0.0  0.0      0     0 ?        S    10:41   0:00 [ksoftirqd/1]
root         18  0.0  0.0      0     0 ?        I<   10:41   0:00 [kworker/1:0H]
root         19  0.0  0.0      0     0 ?        S    10:41   0:00 [kdevtmpfs]
root         20  0.0  0.0      0     0 ?        I<   10:41   0:00 [netns]
root         21  0.0  0.0      0     0 ?        S    10:41   0:00 [rcu_tasks_kthre
root         22  0.0  0.0      0     0 ?        S    10:41   0:00 [kauditd]
root         24  0.0  0.0      0     0 ?        S    10:41   0:00 [khungtaskd]
root         25  0.0  0.0      0     0 ?        S    10:41   0:00 [oom_reaper]
root         26  0.0  0.0      0     0 ?        I<   10:41   0:00 [writeback]
root         27  0.0  0.0      0     0 ?        S    10:41   0:00 [kcompactd0]
root         28  0.0  0.0      0     0 ?        SN   10:41   0:00 [ksmd]
root         29  0.0  0.0      0     0 ?        SN   10:41   0:00 [khugepaged]
root         30  0.0  0.0      0     0 ?        I<   10:41   0:00 [crypto]
```

图 1-14　利用 ps 命令查看系统中的所有进程

6. kill 命令

功能：杀死进程。

用法：kill [选项] 进程号。

参数：kill 命令常用参数如表 1-19 所示。

表 1-19　kill 命令常用参数

选　项	参 数 含 义
-s	将指定信号发送给进程
-p	打印出进程号，但并不送出信号
-l	列出所有可用的信号名称

示例 1.3.5-6　在一个终端运行命令 top，然后另一个终端运行命令 ps aux，查看命令 top 产生的进程号，并使用 kill 命令杀掉这个进程。打开终端，具体操作如下：

```
root@ubuntu:/home/linux# ps -aux | grep top
1.  linux  1584  0.0  2.3 1009716 95340 tty2   Sl+  10:42  0:04 nautilus-desktop
2.  root   5359  0.0  0.0  21536  1152 pts/0   S+   17:01  0:00 grep --color=auto
    top
3.  root@ubuntu:/home/linux# kill -s SIGKILL 1584
```

7. man 命令

功能：查看命令或者函数的使用信息。

用法：man 命令名。

示例 1.3.5-7　使用 man 命令查看 grep 命令的使用方法，如图 1-15 所示。

```
GREP(1)                        User Commands                        GREP(1)

NAME
       grep, egrep, fgrep, rgrep - print lines matching a pattern

SYNOPSIS
       grep [OPTIONS] PATTERN [FILE...]
       grep [OPTIONS] -e PATTERN ... [FILE...]
       grep [OPTIONS] -f FILE ... [FILE...]

DESCRIPTION
       grep  searches  for  PATTERN  in  each  FILE.   A  FILE of "-" stands for
       standard input.  If no FILE is  given,  recursive  searches  examine  the
       working  directory,  and  nonrecursive  searches read standard input.  By
       default, grep prints the matching lines.

       In addition, the variant programs egrep, fgrep and rgrep are the same  as
       grep -E,   grep -F,   and  grep -r,  respectively.   These  variants  are
       deprecated, but are provided for backward compatibility.

OPTIONS
   Generic Program Information
       --help Output a usage message and exit.

       -V, --version
              Output the version number of grep and exit.

   Matcher Selection
       -E, --extended-regexp
              Interpret PATTERN as an  extended  regular  expression  (ERE,  see
              below).
```

图 1-15　使用 man 命令查看 grep 命令的使用方法

使用#man grep 打开终端，操作结果如图 1-16 所示。

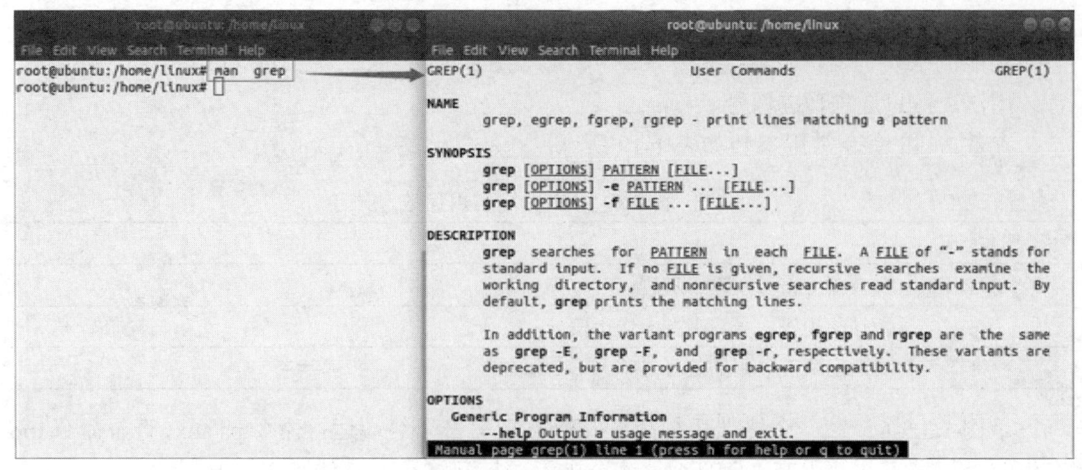

图 1-16　操作后的结果

1.4　系统升级与配置

Ubuntu 系统经常遇到安装新工具或者系统升级，系统默认从 http://us.archive.ubuntu.com/ubuntu/服务器更新，国内的用户下载速度较慢，通过修改 sources.list 文件，改变服务器路径，提高下载运行速度。目前国内有很多镜像服务器，如中国科技大学、清华大学等，这些镜像服务器可以有效地提高下载安装速度。在管理员登录状态下，具体操作方法如下：

（1）首先将系统源文件备份，避免操作错误，导致源文件丢失。

```
cp /etc/apt/sources.list /etc/apt/sources.list.bak
```

（2）编辑源文件。

```
vi /etc/apt/sources.list
```

（3）将源文件内容删除，添加如下内容：

```
deb http://mirrors.ustc.edu.cn/ubuntu/ xenial main restricted universe multiverse
deb http://mirrors.ustc.edu.cn/ubuntu/ xenial-security main restricted universe multiverse
deb http://mirrors.ustc.edu.cn/ubuntu/ xenial-updates main restricted universe multiverse
deb http://mirrors.ustc.edu.cn/ubuntu/ xenial-proposed main restricted universe multiverse
deb http://mirrors.ustc.edu.cn/ubuntu/ xenial-backports main restricted universe multiverse
deb-src http://mirrors.ustc.edu.cn/ubuntu/ xenial main restricted universe multiverse
deb-src http://mirrors.ustc.edu.cn/ubuntu/ xenial-security main restricted universe multiverse
deb-src http://mirrors.ustc.edu.cn/ubuntu/ xenial-updates main restricted universe multiverse
```

```
deb-src http://mirrors.ustc.edu.cn/ubuntu/ xenial-proposed main restricted universe multiverse
deb-src http://mirrors.ustc.edu.cn/ubuntu/ xenial-backports main restricted universe multiverse
```

（4）运行更新。

```
sudo apt-get update
```

1.5 习题

1．什么是嵌入式系统？

2．常用的嵌入式系统有哪几种？它们各自的优缺点是什么？

3．在计算机上，采用虚拟机的方法安装 Linux 操作系统。

4．把 U 盘插在 PC 上，用 fdisk 命令查看盘符，然后用 mount 命令把 U 盘挂载到虚拟机上。

第 2 章 Linux 编程工具及网络配置

CHAPTER 2

编写一段代码，首先是程序录入，其次是程序编译，最后是程序调试。完成这几步工作的主要工具是 vi、gcc 和 gdb。

本章首先介绍这三个工具，使读者在 Linux 下编程调试就像在 Windows 下一样轻松自如。其次还介绍程序管理工具——make 工程管理器。make 工程管理器通过读入 Makefile 文件内容执行了大量的编译工作，提高了工作效率。最后完成系统的网络配置，并熟悉 Ubuntu 操作系统的使用。

2.1 编辑器

Linux 系统提供了一个完整的编辑器家族系列。按功能可以分为两大类：行编辑器（Ed、Ex）和全屏幕编辑器（vi、emacs）。行编辑器每次只能对一行进行操作，使用起来很不方便；而全屏幕编辑器可以对整个屏幕进行编辑，用户编辑的文件直接显示在屏幕上，从而避免了行编辑器的不直观的操作方式，便于用户学习和使用，具有强大的功能。本节主要介绍 vi 编辑器的使用，vim 相当于 vi 的增强版，使用方法一致。emacs 编辑器留给读者自学，Ed 编辑器和 Ex 编辑器使用较少，这里不再赘述。

2.1.1 vi 编辑器介绍

vi 编辑器是 Linux 系统的第一个全屏幕交互式编辑程序，它从诞生至今一直得到广大用户的青睐，历经数十年仍然是人们主要使用的文本编辑工具，足以见其生命力之强，而强大的生命力来源于其强大的功能。

vi 编辑器有如下三种模式：命令行模式、插入模式及底行模式。

1．命令行模式

用户在使用 vi 编辑器编辑文件时，最初进入的是一般命令行模式。在该模式中，用户可以通过上、下移动光标进行删除字符或整行删除等操作，也可以进行复制、粘贴等操作，但无法编辑文字。

2．插入模式

在该模式下，用户才能进行文字的编辑输入，用户可按 Esc 键回到命令行模式。

3．底行模式

在该模式下，光标位于屏幕的底行。用户可以进行文件保存或退出操作，也可以设置编辑环境，例如寻找字符串、列出行号等。

2.1.2 vi 编辑器的各模式功能键

下面介绍 vi 编辑器的各模式功能键。

（1）命令行模式常见功能键如表 2-1 所示。

表 2-1 命令行模式常见功能键

功 能 键	含 义
i	切换到插入模式，此时光标位于开始输入文件处
a	切换到插入模式，并从当前光标所在位置的下一个位置开始输入文字
O	切换到插入模式，且从行首开始插入新的一行
Ctrl+b	屏幕往“后”翻动一页
Ctrl+f	屏幕往“前”翻动一页
Ctrl+u	屏幕往“后”翻动半页
Ctrl+d	屏幕往“前”翻动半页
0（数字 0）	光标移到本行的开头
G	光标移动到输入文件的最后
nG	光标移动到第 n 行
$	光标移动到所在行的“行尾”
n<Enter>	光标向下移动 n 行
/name	在光标之后查找一个名为 name 的字符串
?name	在光标之前查找一个名为 name 的字符串
x	删除光标所在位置的“后面”一个字符
dd	删除光标所在行
ndd	从光标所在行开始向下删除 n 行
yy	复制光标所在行
nyy	复制光标所在行开始的下面 n 行
p	将缓冲区内的字符粘贴到光标所在的位置（与 yy 搭配）
u	恢复前一个动作

（2）插入模式的功能键只有一个 i，按 Esc 键返回命令行模式。

（3）底行模式常见功能键如表 2-2 所示。

表 2-2 底行模式常见功能键

功 能 键	含 义
:w	将编辑的文件保存到磁盘中
:q	退出 vi（系统对做过修改的文件会给出提示）
:q!	强制退出 vi（对修改过的文件不作保存）
:wq	存盘后退出
:w [filename]	另存一个名为 filename 的文件
:set nu	显示行号，设定之后，会在每行的前面显示对应行号
:set nonu	取消行号显示

示例 2.1.2-1 vi 使用演示。

vi 的操作命令较多，下面演示的操作是在嵌入式系统开发过程中经常用到的步骤。如编辑程序、查看文档、修改配置文件等操作。

（1）在当前目录下输入命令 vi hello.c，创建名为 hello.c 的文件。打开终端，操作如下：

```
root@ubuntu:/home/linux/chapter2# vi hello.c
```

创建之后的文件如图 2-1 所示，hello.c 处于命令行模式。

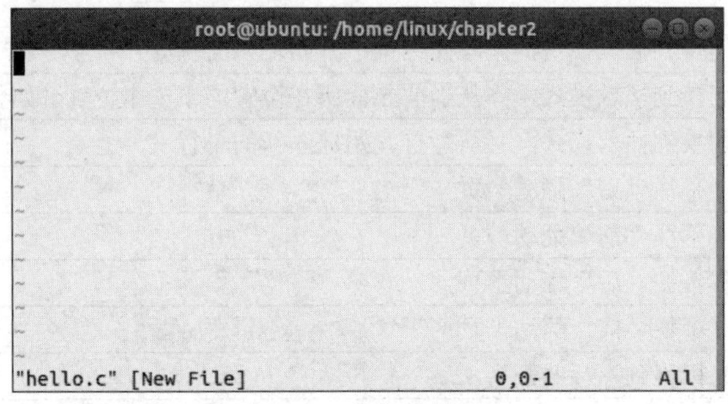

图 2-1 命令行模式

（2）按 i 键进入插入模式，如图 2-2 所示，标记①处显示--INSERT--，表示插入模式。

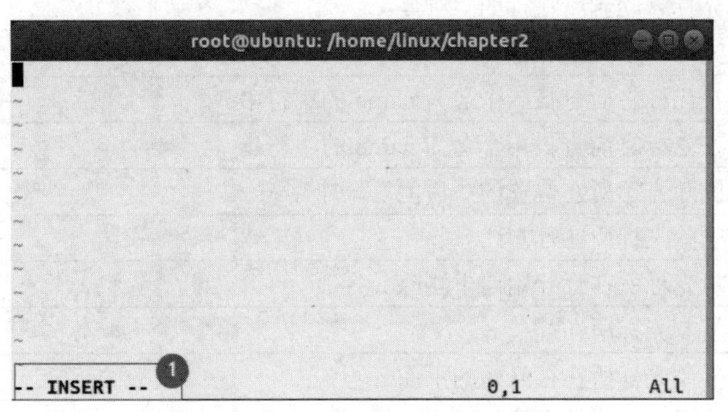

图 2-2 按 i 键进入插入模式

（3）在插入模式下输入一段程序，如图 2-3 所示。

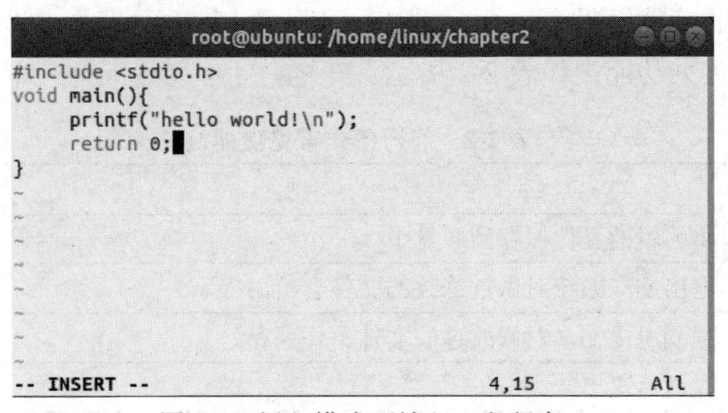

图 2-3 插入模式下输入一段程序

（4）按 Esc 键退回命令行模式，如图 2-4 所示。

（5）按 Shift+:键，进入底行模式，如图 2-5 所示，标记①处显示:，表示底行模式。

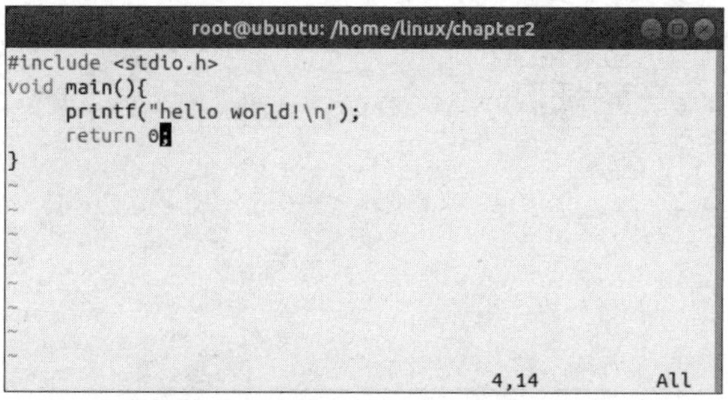

root@ubuntu: /home/linux/chapter2
#include <stdio.h>
void main(){
printf("hello world!\n");
return 0;
}
4,14
All

图 2-4　按 Esc 键退回命令行模式

root@ubuntu: /home/linux/chapter2
#include <stdio.h>
void main(){
printf("hello world!\n");
return 0;
}
1
:

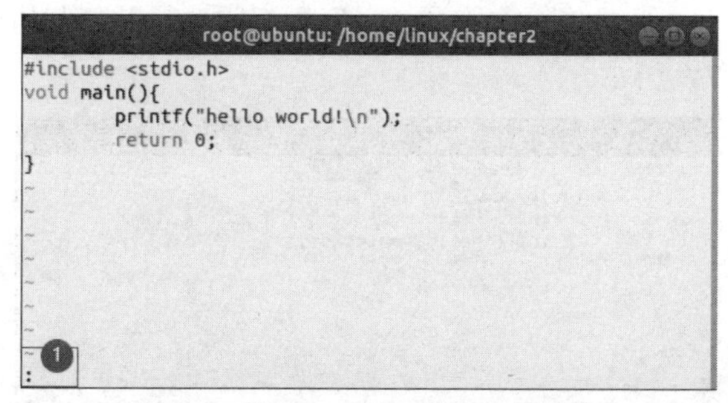

图 2-5　按 Shift+:键，进入底行模式

（6）输入：wq（见标记①处）保存退出，如图 2-6 所示。

root@ubuntu: /home/linux/chapter2
#include <stdio.h>
void main(){
printf("hello world!\n");
return 0;
}
1
:wq

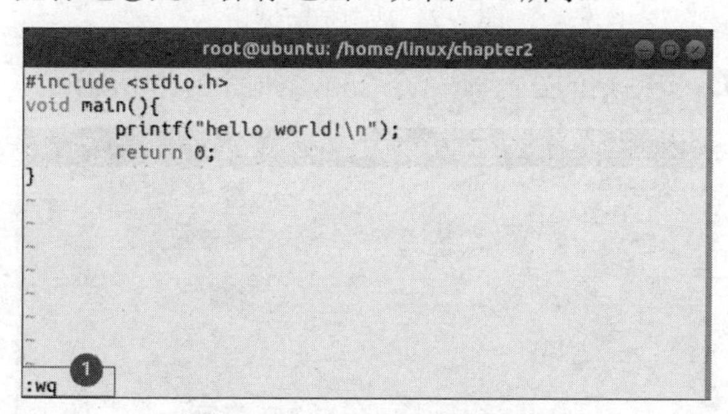

图 2-6　输入：wq 保存退出

（7）重新打开 hello.c，在底行模式下，输入:set nu（见标记②处）显示行号，如图 2-7 所示。

root@ubuntu: /home/linux/chapter2
1 #include <stdio.h>
2 void main(){
3 printf("hello world!\n");
4 return 0;
5 }
1
:set nu
4,10-17
All

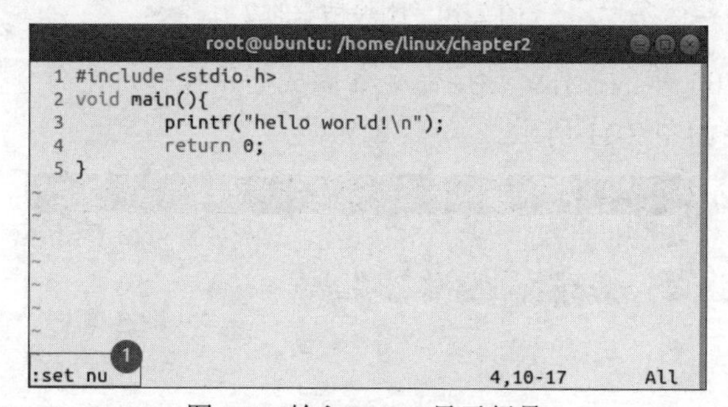

图 2-7　输入:set nu 显示行号

（8）将光标移动到第 3 行。根据命令行的命令需要输入 3G，即在命令行模式下按键盘 3 键，Shift+g（这两个按键需要同时按下），见图 2-8 标记①处。

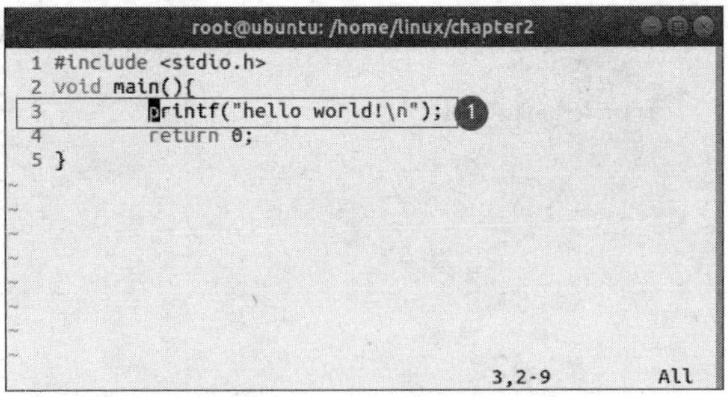

```
root@ubuntu: /home/linux/chapter2
1 #include <stdio.h>
2 void main(){
3         printf("hello world!\n"); ①
4         return 0;
5 }
                                   3,2-9        All
```

图 2-8　移动光标

（9）复制该行以下 2 行内容，命令 2yy；复制后需要粘贴复制的内容，使用命令 p 粘贴复制的内容，如图 2-9 所示。

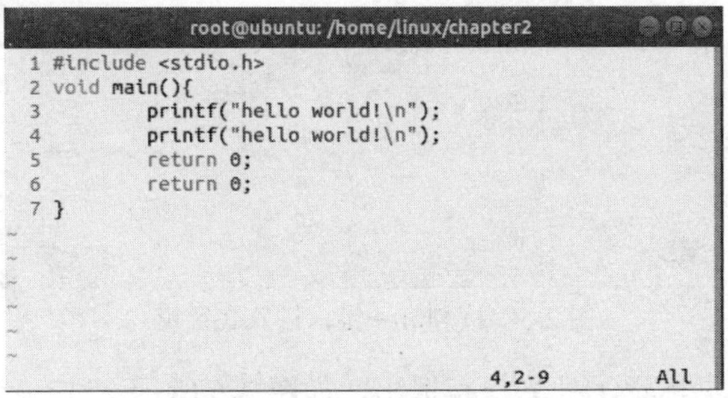

```
root@ubuntu: /home/linux/chapter2
1 #include <stdio.h>
2 void main(){
3         printf("hello world!\n");
4         printf("hello world!\n");
5         return 0;
6         return 0;
7 }
                                   4,2-9        All
```

图 2-9　复制粘贴操作

（10）删除第（9）步粘贴的 2 行，命令 2dd，如图 2-10 所示。

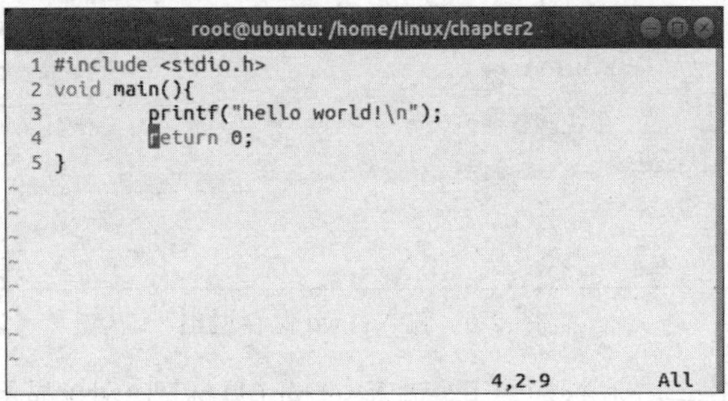

```
root@ubuntu: /home/linux/chapter2
1 #include <stdio.h>
2 void main(){
3         printf("hello world!\n");
4         return 0;
5 }
                                   4,2-9        All
```

图 2-10　删除粘贴的 2 行

（11）撤销第（10）步的操作，使用命令 u 完成撤销操作，在命令行模式下，按键盘小写字母 u 完成操作，如图 2-11 所示。

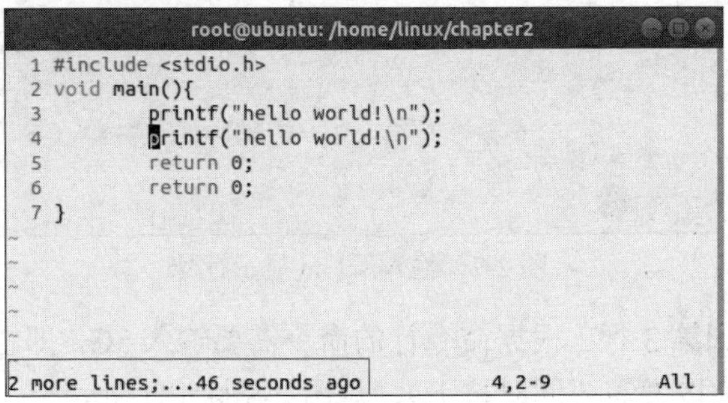

```
root@ubuntu: /home/linux/chapter2
1 #include <stdio.h>
2 void main(){
3         printf("hello world!\n");
4         printf("hello world!\n");
5         return 0;
6         return 0;
7 }
2 more lines;...46 seconds ago       4,2-9        All
```

图 2-11　撤销操作

（12）强制退出 vi，不存盘，使用底行模式命令 q!，在底行模式下，在“:”后面输入 q!完成强制退出操作，如图 2-12 所示。

```
root@ubuntu: /home/linux/chapter2
1 #include <stdio.h>
2 void main(){
3         printf("hello world!\n");
4         printf("hello world!\n");
5         return 0;
6         return 0;
7 }
~
~
~
~
~
~
:q!
```

图 2-12　强制退出 vi，不存盘

2.2　程序编译与调试

嵌入式系统开发常用的编译工具是 gcc，常用的调试工具是 gdb。下面一一介绍。

gcc 是 GNU 项目中符合 ANSI C 标准的编译系统，能够编译用 C、C++和 Object -C 等语言编写的程序。gcc 又是一个交叉平台编译器，它能够在当前 CPU 平台上为多种不同体系结构的硬件平台开发软件，因此尤其适合嵌入式领域的开发编译。本节中的示例，采用的 gcc 版本为 7.3.0。表 2-3 是 gcc 支持编译的源文件的后缀名及其解释。

表 2-3　gcc 支持编译的源文件的后缀名及其解释

后　缀　名	所对应的语言	后　缀　名	所对应的语言
.c	C 源程序	.s/.S	汇编语言源程序
.C/.cc/.cxx	C++源程序	.h	预处理文件（头文件）
.m	Objective-C 源程序	.o	目标文件
.i	经过预处理的 C 源程序	.a/.so	编译后的库文件
.ii	经过预处理的 C++源程序		

2.2.1　gcc 编译流程

微课视频

gcc 的编译流程分为 4 个阶段：预处理→编译→汇编→链接。

1．预处理阶段

编译器将*.c 代码中的 stdio.h 编译进来，并且用户可以使用 gcc 的选项“-E”进行查看，该选项的作用是让 gcc 在预处理结束后停止编译过程。

2．编译阶段

在编译阶段中，gcc 首先要检查代码的规范性以及是否有语法错误等，以确定代码实际要做的工作，在检查无误后，gcc 把代码翻译成汇编语言。用户可以使用“-S”选项进行查看，该选项只进行编译而不进行汇编，生成汇编代码。

3．汇编阶段

汇编阶段是把编译阶段生成的“.s”文件转换成目标文件，用户可使用“-c”选项查看汇编代码转化的后缀名为“.o”的二进制目标代码。

4．链接阶段

编译成功后，就进入了链接阶段。函数库一般分为静态库和动态库两种：静态库在编译链接时，把库文件的代码全部加入可执行文件中，因此生成的文件比较大，但在运行时也就不再需要库文件了，其后缀名一般为“.a”。动态库与之相反，在编译链接时并没有把库文件的代码加入可执行文件中，而是在程序执行时链接文件加载库，这样可以节省系统的开销，动态库的后缀名一般为“.so”。gcc 在编译时默认使用动态库。

2.2.2 gcc 编译选项分析

gcc 有 100 多个可用选项，主要包括总体选项、告警和出错选项、优化选项和体系结构相关选项。下面对每类中最常用的选项进行介绍。

1．总体选项

gcc 的总体选项如表 2-4 所示。

表 2-4 gcc 总体选项

选　项	所对应的语言
-c	只编译不链接，生成目标文件“.o”
-S	只编译不汇编，生成汇编代码
-E	只进行预编译，不做其他处理
-g	在可执行程序中包含标准调试信息
-o file	将文件输出到 file 中
-v	打印编译器内部各编译过程的命令行信息和编译器的版本
-I dir	在头文件的搜索路径列表中添加 dir 目录
-L dir	在库文件的搜索路径列表中添加 dir 目录
-static	链接静态库
-l library	链接名为 library 的库文件

2．告警和出错选项

gcc 的告警和出错选项如表 2-5 所示。

表 2-5 gcc 告警和出错选项

选　项	含　义
-ansi	支持符合 ANSI 标准的 C 程序
-pedantic	允许发出 ANSI C 标准所列的全部告警信息
-pedantic-error	允许发出 ANSI C 标准所列的全部错误信息
-w	关闭所有告警
-Wall	允许发出 gcc 提供的所有有用的告警信息
-werror	把所有的告警信息转化为错误信息，并在告警发生时终止编译过程

3．优化选项

gcc 可以对代码进行优化，它通过编译选项“-On”控制优化代码的生成，其中 n 是一个代表优化级别的整数。对于不同版本的 gcc，n 的取值范围及其对应的优化效果可能并不完全相同，比较典型的范围是 0~2 或 0~3。

不同的优化级别对应不同的优化处理工作。例如，优化选项“-O”主要进行线程跳转和延迟退栈两种优化。优化选项“-O2”除了完成所有“-O1”级别的优化之外，同时还要进行一些额外的调整工作，例如，处理器指令调度等。优化选项“-O3”则还包括循环展开和其他一些与处理器特性相关的优化工作。

4．体系结构相关选项

gcc 的体系结构相关选项如表 2-6 所示。

表 2-6　gcc 体系结构相关选项

选　项	含　义
-mieee-fp/-mno-ieee-fp	使用/不使用 IEEE 标准进行浮点数的比较
-msoft-float	输出包含浮点库调用的目标代码
-mshort	将 int 类型作为 16 位处理，相当于 short int
-mrtd	强行将函数参数个数固定的函数用 ret NUM 返回，节省调用函数的一条指令
-mcpu=type	针对不同的 CPU，使用相应的 CPU 指令。可选择的 type 有 i386、i486、pentium 及 i686 等

示例 2.2.2-1　gcc 使用演示。

操作步骤如下：

（1）先用 vi 编辑如下 hello.c 文件。

```
#include <stdio.h>
int main(void){
        printf("hello world!\n");
        return 0;
}
```

（2）gcc 指令的一般格式为：gcc [选项]要编译的文件[选项] [目标文件]。

使用 gcc 编译命令，编译 hello.c 文件并生成可执行文件 hello，运行 hello，操作过程如下：

```
1.  root@ubuntu:/home/linux/chapter2# apt install gcc
2.  root@ubuntu:/home/linux/chapter2# gcc hello.c -o hello
3.  root@ubuntu:/home/linux/chapter2# ls
4.  hello  hello.c
5.  root@ubuntu:/home/linux/chapter2# ./hello
6.  hello world!
```

程序分析：

第 1 行　第一次使用 gcc 需要安装，然后将 hello.c 文件生成了可执行文件。

第 2 行　利用 gcc 编译，直接生成可执行文件。

第 4 行　hello 为可执行文件。

第 5 行　运行 hello 可执行文件。

第 6 行　为输出结果。

gcc 编译流程主要包括 4 个阶段：预处理→编译→汇编→链接，步骤(3)~步骤(6)将介绍这

4 个阶段分别做了什么工作。

（3）-E 选项的作用：只进行预处理，不做其他处理。如只对 hello.c 文件进行预处理生成文件 hello.i，使用命令：#gcc –E hello.c –o hello.i。

使用命令#cat hello.i 查看 hello.i 文件的内容。可以看到头文件包含代码#include <stdio.h>，经过预处理阶段之后，编译器已将 stdio.h 的内容全部插入 hello.i 文件中。生成预处理 hello.i 文件的部分内容如下：

```
# 1 "hello.c"
# 1 "<built-in>"
# 1 "<command line>"
# 1 "hello.c"
# 1 "/usr/include/stdio.h" 1 3 4
# 28 "/usr/include/stdio.h" 3 4
# 1 "/usr/include/features.h" 1 3 4
# 329 "/usr/include/features.h" 3 4
# 1 "/usr/include/sys/cdefs.h" 1 3 4
# 313 "/usr/include/sys/cdefs.h" 3 4
# 1 "/usr/include/bits/wordsize.h" 1 3 4
# 314 "/usr/include/sys/cdefs.h" 2 3 4
# 330 "/usr/include/features.h" 2 3 4
# 352 "/usr/include/features.h" 3 4
# 1 "/usr/include/gnu/stubs.h" 1 3 4
…………………………..
extern char *ctermid (char *__s) __attribute__ ((__nothrow__));
# 814 "/usr/include/stdio.h" 3 4
extern void flockfile (FILE *__stream) __attribute__ ((__nothrow__));
extern int ftrylockfile (FILE *__stream) __attribute__ ((__nothrow__)) ;
extern void funlockfile (FILE *__stream) __attribute__ ((__nothrow__));
# 868 "/usr/include/stdio.h" 3 4

# 2 "hello.c" 2

# 2 "hello.c"
int main(){
 printf("hello world!\n");
 return 0;
}
```

（4）-S 选项的作用：只是编译而不进行汇编，生成汇编代码。如将 hello.i 文件只进行编译而不进行汇编，生成汇编代码 hello.s，使用命令：gcc –S hello.i –o hello.s。使用命令#cat hello.s 查看 hello.s 的内容如下：

```
root@ubuntu:/home/linux/chapter2# gcc -S hello.i -o hello.s
root@ubuntu:/home/linux/chapter2# cat hello.s
     .file    "hello.c"
     .text
     .section    .rodata
```

```
.LC0:
    .string    "hello world!"
    .text
    .globl   main
    .type    main, @function
main:
.LFB0:
    .cfi_startproc
    pushq    %rbp
    .cfi_def_cfa_offset 16
    .cfi_offset 6, -16
    movq     %rsp, %rbp
    .cfi_def_cfa_register 6
    leaq     .LC0(%rip), %rdi
    call     puts@PLT
    movl     $0, %eax
    popq     %rbp
    .cfi_def_cfa 7, 8
    ret
    .cfi_endproc
.LFE0:
    .size  main, .-main
    .ident "GCC: (Ubuntu 7.3.0-16ubuntu3) 7.3.0"
    .sectio       .note.GNU-stack,"",@progbits
```

（5）-c 选项的作用：只是编译不链接，生成目标文件“.o”。如将汇编代码 hello.s 只编译不链接生成 hello.o 文件。使用命令：#gcc –c hello.s –o hello.o。将编译好的 hello.o 链接库，生成可执行文件 hello。使用命令：#gcc hello.o –o hello。具体操作如下：

```
root@ubuntu:/home/linux/chapter2# gcc -c hello.s -o hello.o
root@ubuntu:/home/linux/chapter2# gcc hello.o -o hello
root@ubuntu:/home/linux/chapter2# ./hello
hello world!
root@ubuntu:/home/linux/chapter2#
```

（6） -static 选项的作用：链接静态库。

为了区分 hello.c 链接动态库生成的可执行文件和链接静态库生成的可执行文件的大小，将生成可执行的文件分别命名为 hello 和 hello1。可以看到链接静态库的可执行文件 hello1 比链接动态库的可执行文件 hello 要大得多，它们的执行效果是一样的。具体操作如下：

```
root@ubuntu:/home/linux/chapter2# gcc -static hello.c -o hello1
root@ubuntu:/home/linux/chapter2# ls -l
total 872
-rwxr-xr-x 1 root root    8296 Jan 17 07:20 hello
-rwxr-xr-x 1 root root  844696 Jan 17 07:21 hello1
-rw-r--r-- 1 root root      72 Jan 17 07:13 hello.c
-rw-r--r-- 1 root root   17932 Jan 17 07:15 hello.i
-rw-r--r-- 1 root root    1544 Jan 17 07:19 hello.o
```

```
-rw-r--r-- 1 root root    456 Jan 17 07:18 hello.s
root@ubuntu:/home/linux/chapter2#
```

（7）-g 选项的作用：在可执行程序中包含标准调试信息。如将 hello.c 编译成包含标准调试信息的可执行文件 hello2。带有标准调试信息的可执行文件可以使用 gdb 调试器进行调试，以便找出逻辑错误。具体操作如下：

```
root@ubuntu:/home/linux/chapter2#  gcc -g hello.c -o hello2
root@ubuntu:/home/linux/chapter2# ls -l
total 884
-rwxr-xr-x 1 root root   8296 Jan 17 07:20 hello
-rwxr-xr-x 1 root root 844696 Jan 17 07:21 hello1
-rwxr-xr-x 1 root root  10720 Jan 17 07:22 hello2
-rw-r--r-- 1 root root     72 Jan 17 07:13 hello.c
-rw-r--r-- 1 root root  17932 Jan 17 07:15 hello.i
-rw-r--r-- 1 root root   1544 Jan 17 07:19 hello.o
-rw-r--r-- 1 root root    456 Jan 17 07:18 hello.s
root@ubuntu:/home/linux/chapter2#
```

（8）-O2 选项的作用：完成程序的优化工作。如将 hello.c 是用 O2 优化选项编译生成可执行文件 hello1，和正常编译产生的可执行文件 hello 进行比较，具体操作如下：

```
root@ubuntu:/home/linux/chapter2# gcc -O2 hello.c -o hello3
root@ubuntu:/home/linux/chapter2# ls -l
total 896
-rwxr-xr-x 1 root root   8296 Jan 17 07:20 hello
-rwxr-xr-x 1 root root 844696 Jan 17 07:21 hello1
-rwxr-xr-x 1 root root  10720 Jan 17 07:22 hello2
-rwxr-xr-x 1 root root   8296 Jan 17 07:22 hello3
-rw-r--r-- 1 root root     72 Jan 17 07:13 hello.c
-rw-r--r-- 1 root root  17932 Jan 17 07:15 hello.i
-rw-r--r-- 1 root root   1544 Jan 17 07:19 hello.o
-rw-r--r-- 1 root root    456 Jan 17 07:18 hello.s
root@ubuntu:/home/linux/chapter2#
```

微课视频

2.2.3 gdb 程序调试

在软件开发过程中，调试是其中最重要的一环，很多时候，调试程序的时间比实际编写代码的时间要长得多。

gdb 作为 GNU 开发组织发布的一个 UNIX/Linux 下的程序调试工具，提供了强大的调试功能。gdb 的基本调试命令如表 2-7 所示。

表 2-7　gdb 的基本调试命令

命　　令	缩写	用　　法	作　　用
help	h	h command	显示命令的帮助
run	r	r [args]	运行要调试的程序，args 为要运行程序的参数
step	s	s [n]	步进，n 为步进次数。如果调用了某个函数，会跳入函数内部

续表

命　令	缩写	用　法	作　用
next	n	n [n]	下一步，n 为下一步的次数
continue	c	c	继续执行程序
list	l	l/l+/l-	列出源码
break	b	b address	在地址 address 上设置断点
		b function	此命令用来在某个函数上设置断点
		b linenum	在行号为 linenum 的行上设置断点。程序在运行到此行前停止
		b +offset b -offset	在当前程序运行到的前几行或后几行设置断点，offset 为行号
watch	w	w exp	监视表达式的值
kill	k	k	结束当前调试的程序
print	p	p exp	打印表达式的值
output	o	o exp	同 print，但是不输出下一行语句
ptype		ptype struct	输出一个 struct 结构的定义
whatis		whatis var	显示变量 var 的类型
pwd		pwd	显示当前路径
delete	d	d num	删除编号为 num 的断点和监视
disable		disable n	使编号为 n 的断点暂时无效
enable		enable n	与 disable 相反
display		display expr	暂停，步进时自动显示表达式的值
finish			执行程序直到函数返回，执行程序直到当前 stack 返回
return			强制从当前函数返回
where			查看执行的代码在什么地方终止
backtrace	bt		显示函数调用的所有栈框架（stack frames）的踪迹和当前函数的参数值
quit	q		退出调试程序
shell		shell ls	执行 shell 命令
make			不退出 gdb 而重新编译生成可执行文件
disassemble			显示反汇编代码
thread		thread thread_no	用于在线程之间的切换
set		set width 70	把标准屏幕设为 70 列
		set var=54	设置变量的值
forward/search		search string	从当前行向后查找匹配某个字符串的程序行
reverse-search			与 forward/search 相反，向前查找字符串。使用格式同上
up/down			上移/下移栈帧，使另一函数成为当前函数

续表

命　令	缩写	用　法	作　用
info	i	i breakpoint	显示当前断点列表
		i reg[ister]	显示寄存器信息
		i threads	显示线程信息
		i func	显示所有函数名
		info procall	显示上述命令返回的所有信息
x	x/（length）（format）（size）addr x/6（o/d/x/u/c/t）（b/h/w）		按一定格式显示内存地址或变量的值

示例 2.2.3-1　gdb 使用演示。

下面详细说明在 Linux 环境下程序调试的方法。

（1）编写用于 gdb 调试的实验程序，并命名为 testing.cc。程序如下：

```
#include <iostream>
#include <cstring>
#include <strings.h>
using namespace std;
void Fun(int k)
{
     cout << " k = " << k << endl;
     char a[]="abcde";
     cout << " a = " << a << endl;
     char* b = new char[k];
     bzero(b,k);
     for(int i = 0; i < strlen(a); i++)
     {
     b[i] = a[strlen(a)-i];}
     cout << " b = " << b << endl;
     delete [] b;
}
int main()
{
     Fun(100);
     return 0;
}
```

编译示例代码，命令如下：

```
root@ubuntu:/home/linux/chapter2# g++ -g  testing.cc  -o testing
```

（2）启动 gdb 调试工具，相关命令为 gdb testing，操作如下：

```
root@ubuntu:/home/linux/chapter2# gdb testing
GNU gdb (Ubuntu 8.1-0ubuntu3) 8.1.0.20180409-git
Copyright (C) 2018 Free Software Foundation, Inc.
License GPLv3+: GNU GPL version 3 or later <http://gnu.org/licenses/gpl
```

```
.html>
    This is free software: you are free to change and redistribute it.
    There is NO WARRANTY, to the extent permitted by law.  Type "show copying"
    and "show warranty" for details.
    This GDB was configured as "x86_64-linux-gnu".
    Type "show configuration" for configuration details.
    For bug reporting instructions, please see:
    <http://www.gnu.org/software/gdb/bugs/>.
    Find the GDB manual and other documentation resources online at:
    <http://www.gnu.org/software/gdb/documentation/>.
    For help, type "help".
    Type "apropos word" to search for commands related to "word"...
    Reading symbols from testing...done.
    (gdb)
```

（3）查看源文件信息，相关命令为 list<行号>，用于显示行号附近的源代码，操作如下：

```
    (gdb) list 0
    warning: Source file is more recent than executable.
    1     #include <iostream>
    2     #include <cstring>
    3     #include <strings.h>
    4     using namespace std;
    5     void Fun(int k)
    6     {
    7         cout << " k = " << k << endl;
    8         char a[]="abcde";
    9         cout << " a = " << a << endl;
    10        char* b = new char[k];
    (gdb)
```

（4）单步执行程序，相关命令如下：

① step：用于单步执行代码，遇到函数将进入函数内部。

② next：执行下一条代码，遇到函数不进入函数内部。

③ finish：一直运行到当前函数返回。

④ until <行号>：运行到某一行。

（5）设置断点。所谓断点就是让程序运行到某处，暂时停下来以便我们查看信息的地方，相关命令如下：

① break <参数>：用于在参数处设置断点。

② tbreak <参数>：用于设置临时断点，如果该断点暂停了，那么就被删除。

③ hbreak <参数>：用于设置硬件辅助断点，和硬件相关。

④ rbreak <参数>：参数为正则表达式，凡是具有和正则表达式相匹配的函数名称的函数处都设置为断点。

通常，break 是应用最多的设置断点的命令，break <参数>中的参数可以是函数名称，也可以是行数。如在 main 函数和程序的第 7 行处设置断点，操作如下：

```
1   (gdb) break main
2   Breakpoint 1 at 0x400ad2: file testing.cc, line 20.
3   (gdb) break 7
4   Breakpoint 2 at 0x400991: file testing.cc, line 7.
5   (gdb)
```

（6）查看断点。相关命令为 info break，用于查看断点信息列表，操作如下：

```
(gdb) info break
Num   Type        Disp Enb     Address                What
1   breakpoint  keep y   0x0000000000400ad2  in main() at testing.cc:20
2   breakpoint  keep y   0x0000000000400991  in Fun(int) at testing.cc:7
(gdb)
```

其中：

① Num：断点号。

② Type：断点类型。

③ Disp：断点的状态，keep 表示断点暂停后继续保持断点；del 表示断点暂停后自动删除断点；dis 表示断点暂停后中断该断点。

④ Enb：表示断点是否是 Enabled。

⑤ Address：断点的内存地址。

⑥ What：断点在源文件中的位置。

（7）enable 和 disable，相关命令如下：

① enable<Breakpoint Number>

② disable<Breakpoint Number>

断点号可以有多个，它们之间用空格分隔。

① enable delete：启动断点，一旦在断点处暂停，就删除该断点，用 info break 查看时，该断点的状态为 del。

② enable once：启动断点，但是只启动一次，之后就关闭该断点，用 info break 查看时，该断点的状态为 dis。

（8）条件断点，相关命令如下：

① break<参数> if <条件>：条件是任何合法的 C 表达式或函数调用，注意，gdb 为了设置断点进行了函数调用，但是实际程序并没有调用该函数。

② condition<Breakpoint Number> <条件>：用于对一个已知断点设置条件。操作如下：

```
(gdb) break 14  if i=5
Breakpoint 3 at 0x400a3c: file testing.cc, line 14.
(gdb) info b
Num    Type     Disp Enb      Address                    What
1 breakpoint  keep y  0x0000000000400ad2  in main() at testing.cc:20
2 breakpoint  keep y  0x0000000000400991  in Fun(int) at testing.cc:7
3 breakpoint  keep y  0x0000000000400a3c  in Fun(int) at testing.cc:14
   stop only if i=5
```

```
(gdb)
```

（9）删除断点，相关命令如下：

① delete break <Breakpoint Number>：删除指定断点号的断点。

② delete all breakpoints：删除所有断点。相关操作如下：

```
(gdb) delete break
Delete all breakpoints? (y or n) y
(gdb) info break
No breakpoints or watchpoints.
(gdb)
```

（10）查看变量，相关命令为 print /格式<表达式>，其作用是按格式打印表达式的值，如表 2-8 所示。

表 2-8　按格式打印表达式的值

格　式	含　义	格　式	含　义
x	十六进制	t	二进制
d	十进制	a	以十六进制格式打印地址
u	无符号整数	c	字符格式
o	八进制	f	浮点格式

查看变量演示如下：

```
(gdb) list 13
8       char a[]="abcde";
9       cout << " a = " << a << endl;
10      char* b = new char[k];
11      bzero(b,k);
12           for(int i = 0; i < strlen(a); i++)
13           {
14               b[i] = a[strlen(a)-i];}
15               cout << " b = " << b << endl;
16               delete [] b;
17      }
(gdb) break 13
Breakpoint 4 at 0x400a3c: file testing.cc, line 13.
(gdb) run
Starting program: /home/linux/chapter2/testing
 k = 100
 a = abcde

Breakpoint 4, Fun (k=100) at testing.cc:14
14               b[i] = a[strlen(a)-i];}
(gdb) print a
$1 = "abcde"
(gdb) print /c a
$2 = {97 'a', 98 'b', 99 'c', 100 'd', 101 'e', 0 '\000'}
```

```
(gdb)
```

（11）查看指定地址的内存地址的值，相关命令如下：

x/(n,f,u 为可选参数)

① n：需要显示的内存单元个数，也就是从当前地址向后显示几个内存单元的内容，一个内存单元的大小由后面的 u 定义。

② f：显示格式，可以选择 x、d、u、o、t、a、c、f 等，具体含义与表 2-8 一致。

③ u：每个单元的大小，按字节数计算。默认是 4 字节。GDB 会从指定内存地址开始读取指定字节，并把其当作一个值取出来，使用格式 f 显示。

查看内存堆栈演示如下：

```
(gdb) x /a b
0x614280:     0x0
(gdb) x /c b
0x614280:     0 '\000'
(gdb) x /f a
0x7fffffffde80:     2.1515369746591202e-312
(gdb)
```

（12）查看汇编代码的相关命令为 disassemble，其作用是显示反汇编代码，操作如下：

```
(gdb) disassemble
Dump of assembler code for function _Z3Funi:
0x08048726 <_Z3Funi+0>: push   %ebp
0x08048727 <_Z3Funi+1>: mov    %esp,%ebp
0x08048729 <_Z3Funi+3>: push   %edi
0x0804872a <_Z3Funi+4>: push   %ebx
0x0804872b <_Z3Funi+5>: sub    $0x20,%esp
0x0804872e <_Z3Funi+8>: movl   $0x8048980,0x4(%esp)
0x08048736 <_Z3Funi+16>: movl  $0x8049bc8,(%esp)
0x0804873d <_Z3Funi+23>: call  0x80485ac <_ZStlsISt11char_
traitsIcEERSt13basic_ostreamIcT_ES5_PKc@plt>
0x08048742 <_Z3Funi+28>:        mov    %eax,%edx
0x08048744 <_Z3Funi+30>:        mov    0x8(%ebp),%eax
0x08048747 <_Z3Funi+33>:        mov    %eax,0x4(%esp)
0x0804874b <_Z3Funi+37>:        mov    %edx,(%esp)
0x0804874e <_Z3Funi+40>:        call   0x804854c <_ZNSolsEi@plt>
0x08048753 <_Z3Funi+45>:        movl   $0x80485ec,0x4(%esp)
0x0804875b <_Z3Funi+53>:        mov     %eax,(%esp)
0x0804875e <_Z3Funi+56>:        call    0x80485dc <_ZNSolsEPFRSoS_E@plt>
0x08048763 <_Z3Funi+61>:        mov     0x8048992,%eax
0x08048768 <_Z3Funi+66>:        mov     %eax,0xffffffea(%ebp)
0x0804876b <_Z3Funi+69>:        movzwl 0x8048996,%eax
0x08048772 <_Z3Funi+76>:        mov     %ax,0xffffffee(%ebp)
0x08048776 <_Z3Funi+80>:        movl    $0x8048986,0x4(%esp)
---Type <return> to continue, or q <return> to quit---
```

（13）查看堆栈信息，相关命令如下：

① bt：查看当前堆栈 frame 的情况。

② frame <Frame Number>：显示堆栈执行的语句的信息。

③ info frame：显示当前 frame 的堆栈详细信息。

④ up：查看上一个 Frame Number 的堆栈具体信息。

⑤ down：查看下一个 Frame Number 的堆栈具体信息。

相关操作如下：

```
(gdb) bt
#0  Fun (k=100) at testing.cc:13
#1  0x0804889b in main () at testing.cc:19
(gdb) frame 0
#0  Fun (k=100) at testing.cc:13
13                    b[i] = a[strlen(a)-i];}
(gdb) info frame
Stack level 0, frame at 0xbfd52450:
 eip = 0x80487d6 in Fun(int) (testing.cc:13); saved eip 0x804889b
 called by frame at 0xbfd52460
 source language c++.
 Arglist at 0xbfd52448, args: k=100
 Locals at 0xbfd52448, Previous frame's sp is 0xbfd52450
 Saved registers:
  ebx at 0xbfd52440, ebp at 0xbfd52448, edi at 0xbfd52444, eip at 0xbfd5244c
(gdb)
```

（14）调试时调用函数相关命令为 call<函数>，用于调用目标函数并打印返回值，操作如下：

```
(gdb) call printf("hello\n")
hello
$4 = 6
(gdb) call fflush
$5 = {<text variable, no debug info>} 0x994690 <fflush>
(gdb)
```

（15）观察断点的相关命令为 watch<变量>，用于查看变量内容。观察断点演示如下：

```
(gdb) break 14
Breakpoint 1 at 0x80487d6: file testing.cc, line 14.
 (gdb) run
Starting program: /home/chapter3/testing
 k = 100
 a = abcde

Breakpoint 1, Fun (k=100) at testing.cc:14
14                    b[i] = a[strlen(a)-i];}
(gdb) watch b[i]
Hardware watchpoint 2: b[i]
```

```
(gdb) next
12          for(int i = 0; i < strlen(a); i++)
(gdb) next

Breakpoint 1, Fun (k=100) at testing.cc:14
14                  b[i] = a[strlen(a)-i];}
(gdb)
```

2.3 Makefile

Makefile 是 Linux 下的项目管理工具，当有很多源文件需要编译、链接时，只需执行 make 命令即可完成编译操作。这是不是很方便呢？make 命令执行时，需要一个 Makefile 文件，用来告诉 make 命令如何编译和链接程序。下面简要介绍 Makefile 中变量的使用与书写规则。

2.3.1 Makefile 的书写规则

Makefile 里面的书写规则由“目标:依赖命令”组成。例如，以一个最简单的 Makefile 文件为例，有一个源程序 hello.c 文件，编写 Makefile 文件编译生成可执行文件 hello，Makefile 文件的内容如下：

```
hello:hello.c
    gcc hello.c -o hello
clean:
    rm -f hello
```

hello 是要产生的目标文件，后面的 hello.c 是它的依赖文件，下面为将依赖文件生成目标文件所执行的命令。

当执行 make 命令后，make 会在当前目录下找名字叫 Makefile 或 makefile 的文件。如果找到，它会再找文件中的第一个目标文件（hello），并把这个文件作为最终的目标文件，即如果 hello 文件不存在，则生成 hello 这个目标文件；如果 hello 文件存在，但是 hello 所依赖的文件修改时间要比 hello 这个文件新，那么也会生成 hello 文件。

像 clean 没有被第一个目标文件直接或间接关联，那么它后面所定义的命令将不会被自动执行，不过，可以让 make 执行，即执行命令 make clean，以此来清除所有的目标文件，以便重编译。

注意：命令前面以一个 Tab 键缩进，不能使用空格代替，所以 gcc hello.c -o hello 和 rm -f hello 前面是一个 Tab 键。

2.3.2 Makefile 中变量的使用

当有很多源文件，并且头文件需要包含时，依赖项和编译命令的书写变得很麻烦，尤其需要修改时，很容易出错，这时用户可以使用变量来方便书写。

示例 2.3.2-1 将源文件 test1.c、test2.c、test3.c 编译生成可执行程序 test。Makefile 内容如下：

```
objects = test1.c test2.c test3.c
test: $(objects)
        gcc -o test $(objects)
clean:
        rm -f test
```

如示例 2.3.2-1 创建了一个 objects 变量，它的值是我们的依赖文件，这样在下面的内容用到依赖文件时，可以用$(objects)来替代。这样做的好处为：当需要修改依赖文件时，只需要修改 objects 的值即可，便于维护。

另外，Makefile 有三个非常有用的变量，分别是$@、$^、$<，代表的含意如下：

$@：目标文件。

$^：所有的依赖文件。

$<：第一个依赖文件。

可以直接使用这几个变量，以方便 Makefile 的书写。

可将示例 2.3.2-1 改写为：

```
objects = test1.c test2.c test3.c
test: $(objects)
       gcc -o $@ $^
clean:
       rm -f test
```

关于 Makefile 复杂文件的编写，读者可以参考相关的书籍。读者掌握这些内容，能够满足程序调试的需求。

2.4 服务器配置

在嵌入式系统应用开发中，TFTP、NFS 和 samba 服务器是最常用的文件传输工具，TFTP 和 NFS 是在嵌入式 Linux 开发环境中经常要用到的传输工具；samba 是在 Linux 和 Windows 之间的文件传输工具。

2.4.1 samba 服务器

微课视频

samba 是在 Linux/UNIX 系统上实现 SMB（Session Message Block，会话消息块）协议的一个免费软件，以实现文件共享和打印机服务共享，它的工作原理与 Windows 网上邻居类似。

为了能让使用 Linux 操作系统的计算机用户和使用 Windows 操作系统的计算机用户共享资源，需要使用 samba 工具。

Windows 用户可以“登录”到 Linux 计算机中，从 Linux 中复制文件，提交打印任务。如果 Linux 运行环境中有较多的 Windows 用户，使用 SMB 将会非常方便。给 Windows 用户提供文件服务是通过 samba 实现的，这套软件由一系列的组件构成，主要的组件如下。

（1）smbd（SMB 服务器）。

smbd 是 samba 服务守护进程，也是 samba 的核心，时刻侦听网络的文件和打印服务请求，负责建立对话进程、验证用户身份、提供对文件系统和打印机的访问机制。该程序默认安装在/usr/sbin 目录下。

（2）nmbd（Netbios 名字服务器）。

nmbd 是 samba 服务的守护进程，用来实现 Network Browser（网络浏览服务器）的功能，对外发布 samba 服务器可以提供的服务。用户甚至可以用 samba 作为局域网的主浏览服务器。

（3）smbclient（SMB 客户端程序）。

smbclient 是 samba 的客户端程序，客户端用户使用它可以复制 samba 服务器上的文件，还可以访问 samba 服务器上共享的打印机资源。

（4）testparm。

testparm 用来快速检查和测试 samba 服务器配置文件 smb.conf 中的语法错误。

（5）smbtar。

smbtar 是一个 shell 脚本程序，它通过 smbclient 使用 tar 格式备份和恢复一台远程 Windows 的共享文件。

还有其他工具命令用来配置 samba 的加密口令文件和用于 samba 国际化的字符集。在 Linux 上，samba 还提供了挂载和卸载 SMB 文件系统的工具程序 smbmount 和 smbumount。

示例 2.4.1-1 本例以 Ubuntu 操作系统演示 samba 服务器的配置方法。主要操作步骤如下：

（1）samba 服务器安装包安装及配置。打开终端，操作如下：

```
1.  root@ubuntu:/home/linux# sudo apt-get install  samba  samba-common
2.  Reading package lists... Done
3.  Building dependency tree
4.  Reading state information... Done
5.  The following additional packages will be installed:
6.  attr ibverbs-providers libcephfs2 libibverbs1 libnl-route-3-200
    libpython-stdlib
7.  librados2 python python-crypto python-dnspython python-ldb python-
    minimal python-samba
8.  python-tdb python2.7 python2.7-minimal samba-common-bin samba-dsdb-
    modules
9.  samba-vfs-modules tdb-tools
10. Suggested packages:
11. python-doc python-tk python-crypto-doc python-gpgme python2.7-doc
    binfmt-support bind9
12. bind9utils ctdb ldb-tools ntp | chrony smbldap-tools winbind heimdal-
    clients
13. The following NEW packages will be installed:
14. attr ibverbs-providers libcephfs2 libibverbs1 libnl-route-3-200
    libpython-stdlib
15. librados2 python python-crypto python-dnspython python-ldb python-
    minimal python-samba
16. python-tdb python2.7 python2.7-minimal samba samba-common samba-
    common-bin
17. samba-dsdb-modules samba-vfs-modules tdb-tools
```

```
18. 0 upgraded, 22 newly installed, 0 to remove and 0 not upgraded.
19. Need to get 9,443 kB of archives.
20. After this operation, 52.4 MB of additional disk space will be used.
21. Do you want to continue? [Y/n] y
22. Get:1 http://us.archive.ubuntu.com/ubuntu bionic/main amd64 python2.7-
    minimal amd64 2.7.15~rc1-1 [1,292 kB]
23. …
```

在Ubuntu操作系统默认安装条件下可以与Windows操作系统共享上网，不需要配置。

程序分析：

第1行 安装samba服务器安装包。

第2~20行 是安装过程提示。

第21行 选择y继续安装，第23行后是安装过程（此处省略了），几分钟后，安装成功。

（2）创建samba用户和密码，操作如下：

```
1. root@ubuntu:/home/linux# mkdir /home/linux/samba
2. root@ubuntu:/home/linux# chmod 777 /home/linux/samba
3. root@ubuntu:/home/linux# useradd sambauser
4. root@ubuntu:/home/linux# smbpasswd -a sambauser
5. New SMB password:
6. Retype new SMB password:
7. Added user sambauser.
```

程序分析：

第1行 创建一个samba服务器共享文件夹，名字为samba，位置任意。

第2行 修改samba文件夹权限，选择777，权限对所有用户开放。

第3行 创建samba用户，也可以使用现有用户。

第4行 修改samba用户密码，命令为smbpasswd，按回车键后，提示用户输入新的密码，第5行和第6行，两次输入密码，本书中所有密码均为123456。

第7行 提示安装用户密码配置成功。

（3）修改samba的配置文件，操作如下：

打开samba服务器配置文件smb.conf。打开命令为：#vi /etc/samba/smb.conf。注意：不同版本的Linux系统，代码位置不一定相同，但是操作方法一样。在该文件中最后添加几行代码，修改该文件并保存退出。

```
1.  ;   write list = root, @lpadmin
2.  [samba]
3.  comment = share folder
4.  browseable = yes
5.  path = /home/linux/samba
6.  create mask = 0700
7.  directory mask = 0700
8.  valid users = sambauser
9.  force user = sambauser
10. force group = sambauser
11. public = yes
```

```
12. available = yes
13. writable = yes
```

程序分析：

第 1 行 为 smb.conf 文件的最后一行数据，第 2~13 行为新添加的数据。

第 2 行 为共享的文件夹，第 3~13 行是对该文件夹具有的属性进行说明。

第 3 行 声明该文件夹为共享文件夹，可以不用写。

第 4 行 表示只有通过 samba 服务器共享的当前文件允许可见。其他的非当前共享文件不影响本身效果。

第 5 行 共享文件夹的路径。

第 6 行 表示设置对新创建的文件的权限，可以不写。

第 7 行 表示设置对新创建的文件夹的权限，可以不写。

第 8~10 行 授权用户，本次设置均为 sambauser 用户。

第 11 行 表示全局状态下的共享文件是否公开允许可见。

第 12 行 表示用来指定该共享资源是否可用。

第 13 行 表示写入权限。

（4）重启 samba 服务器，查看 Linux 系统 IP 地址，具体操作如下：

```
1.  root@ubuntu:/home/linux# service smbd restart
2.  root@ubuntu:/home/linux# ifconfig
3.  ens33: flags=4163<UP,BROADCAST,RUNNING,MULTICAST>  mtu 1500
4.      inet 192.168.230.131  netmask 255.255.255.0  broadcast 192.168.230.255
        inet6 fe80::22a2:19c3:2e4c:cf9e  prefixlen 64  scopeid 0x20<link>
        ether 00:0c:29:95:06:35  txqueuelen 1000  (Ethernet)
        RX packets 615745  bytes 907162231 (907.1 MB)
        RX errors 0  dropped 0  overruns 0  frame 0
        TX packets 54527  bytes 4165955 (4.1 MB)
        TX errors 0  dropped 0 overruns 0  carrier 0  collisions 0
```

程序分析：

第 1 行 重新启动 samba 服务器。

第 2 行 查看当前 Linux 系统的 IP 地址。

第 4 行 显示 IP 地址为：192.168.230.131。

（5）在网络都畅通的情况下，在 Windows 下登录 samba 服务器。如设置 Linux 系统的 IP 为 192.168.230.131，则在 Windows 运行\\192.168.230.131，如图 2-13 所示。

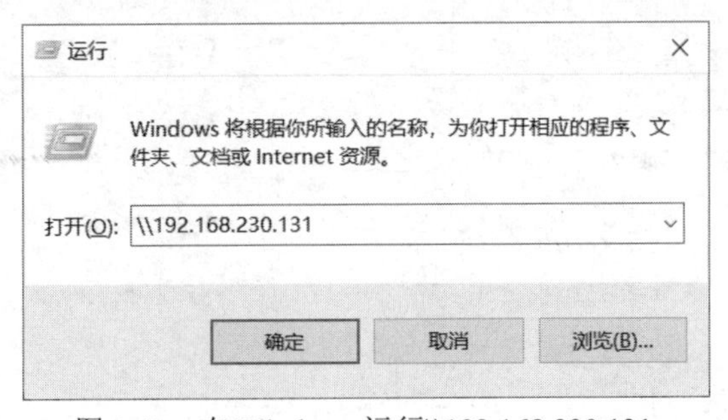

图 2-13　在 Windows 运行\\192.168.230.131

（6）在图 2-13 中，单击“确定”按钮后会弹出如图 2-14 的登录界面，输入账户名 sambauser 和刚才设置的登录 samba 服务器的密码 123456。

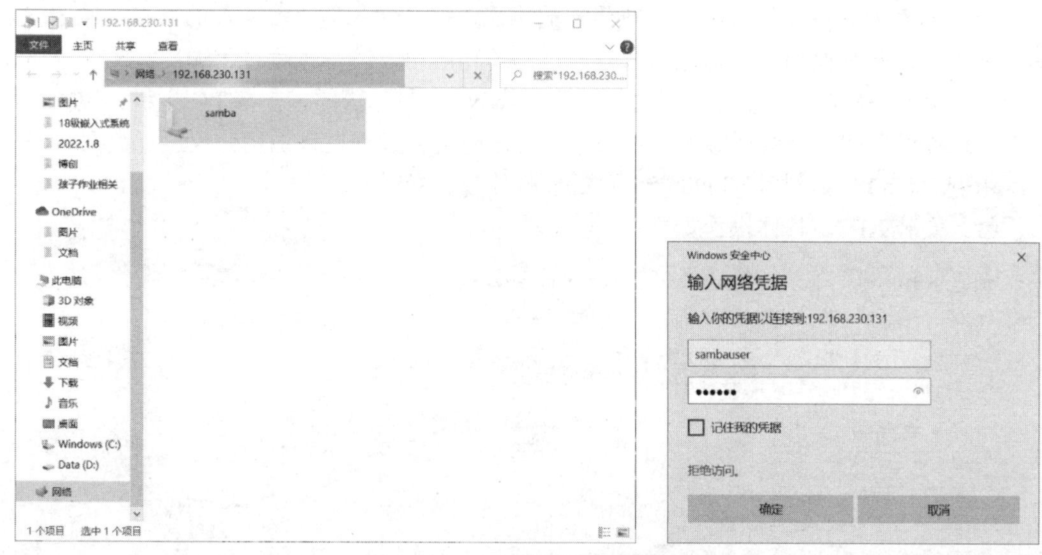

图 2-14 samba 服务器登录界面

（7）登录后，复制任一个文件，界面如图 2-15 所示。这时访问 Linux 系统下的该文件夹，也可以看到该文件，实现了同一个文件的两个文件夹共享。

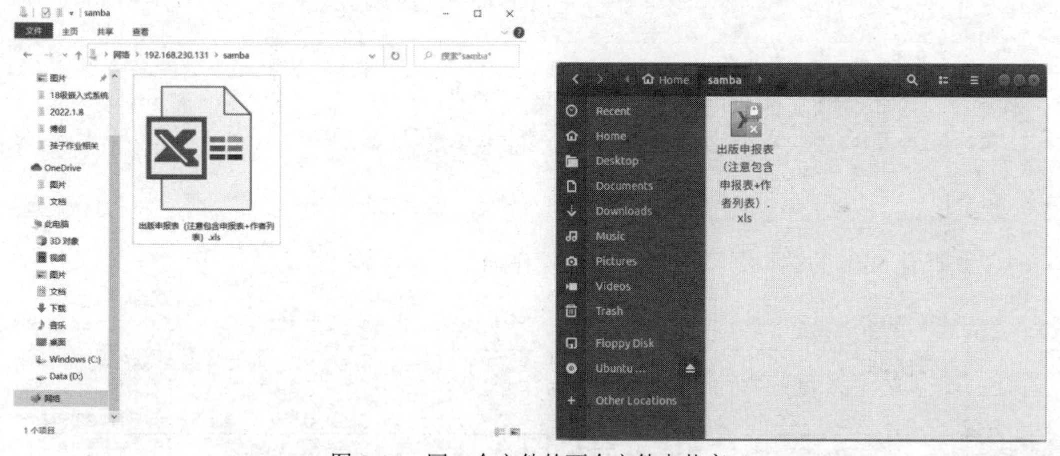

图 2-15 同一个文件的两个文件夹共享

2.4.2 NFS 服务器

微课视频

NFS 是网络文件系统（Network File System）的简称，是分布式计算系统的一个组成部分，可实现在多种网络上共享和装配远程文件系统。NFS 由 Sun 公司开发，目前已经成为文件服务的一种标准。其最大的功能就是可以通过网络，让不同操作系统的计算机共享数据，所以也可以将它看作一个文件服务器。除 samba 服务器之外，NFS 提供了 Windows 与 Linux 及 UNIX 与 Linux 之间通信的方法。

客户端 PC 可以挂载 NFS 服务器所提供的目录，并且挂载后这个目录看起来就像本地的磁盘分区一样，可以使用 cp、cd、mv、rm、df 等磁盘相关的指令。NFS 有属于自己的协议与使用的端口号码，但是在资料传送或者其他相关信息传递时，NFS 服务器使用的则是一个称为远程过程调用的协议来协助 NFS 服务器本身的运作。

NFS 本身的服务并没有提供资料传递的协议，但是它却能进行文件的共享。原因就是 NFS 使用到一些其他相关的传输协议，而这些传输的协议就是远程过程调用。NFS 也可以视为一个 RPC 服务器。需要说明的是，要挂载 NFS 服务器的客户端 PC 主机，也需要同步启动远程过程调用。这样服务器端和客户端才能根据远程过程调用协议进行数据共享。

示例 2.4.2-1 本例以 Ubuntu 演示 NFS 服务器的配置方法。

（1）安装 NFS，具体操作如下：

```
root@ubuntu:/home/linux/chapter2# apt-get install nfs-kernel-server
Reading package lists... Done
Building dependency tree
Reading state information... Done
The following additional packages will be installed:
  initscripts insserv keyutils libevent-2.0-5 libnfsidmap2 libtirpc1
  nfs-common rpcbind sysv-rc
Suggested packages:
  bootchart2 open-iscsi watchdog bum
The following NEW packages will be installed:
  initscripts insserv keyutils libevent-2.0-5 libnfsidmap2 libtirpc1
  nfs-common nfs-kernel-server rpcbind sysv-rc
0 upgraded, 10 newly installed, 0 to remove and 33 not upgraded.
Need to get 663 kB of archives.
After this operation, 2,644 kB of additional disk space will be used.
Do you want to continue? [Y/n] y
Get:1 http://mirrors.ustc.edu.cn/ubuntu xenial/main amd64 insserv amd64
1.14.0-5ubuntu3 [38.2 kB]
….
```

（2）查看 NFS 的端口是否打开，具体操作如下：

```
root@ubuntu:/home/linux/chapter2# netstat -tl
Active Internet connections (only servers)
Proto Recv-Q Send-Q Local Address           Foreign Address         State
tcp        0      0 0.0.0.0:nfs              0.0.0.0:*               LISTEN
tcp        0      0 0.0.0.0:49927            0.0.0.0:*               LISTEN
tcp        0      0 0.0.0.0:36649            0.0.0.0:*               LISTEN
tcp        0      0 0.0.0.0:netbios-ssn      0.0.0.0:*               LISTEN
tcp        0      0 0.0.0.0:sunrpc           0.0.0.0:*               LISTEN
tcp        0      0 localhost:domain         0.0.0.0:*               LISTEN
tcp        0      0 localhost:ipp            0.0.0.0:*               LISTEN
tcp        0      0 0.0.0.0:39259            0.0.0.0:*               LISTEN
tcp        0      0 0.0.0.0:58043            0.0.0.0:*               LISTEN
tcp        0      0 0.0.0.0:microsoft-ds     0.0.0.0:*               LISTEN
tcp6       0      0 [::]:nfs                 [::]:*                  LISTEN
tcp6       0      0 [::]:51497               [::]:*                  LISTEN
tcp6       0      0 [::]:netbios-ssn         [::]:*                  LISTEN
```

```
tcp6       0      0 [::]:51855              [::]:*               LISTEN
tcp6       0      0 [::]:sunrpc             [::]:*               LISTEN
tcp6       0      0 ip6-localhost:ipp       [::]:*               LISTEN
tcp6       0      0 [::]:39451              [::]:*               LISTEN
tcp6       0      0 [::]:58109              [::]:*               LISTEN
tcp6       0      0 [::]:microsoft-ds       [::]:*               LISTEN
```

（3）启动 NFS 服务器。操作结果如下：

```
root@ubuntu:/home/linux/chapter2# /etc/init.d/nfs-kernel-server restart
[ok] Restarting nfs-kernel-server (via systemctl): nfs-kernel-server.
service.
```

（4）NFS 共享目录设置为/home/linux。

（5）NFS 配置，加入允许被哪些计算机访问、访问的目录和访问权限。打开 exports 文件，使用命令：#vi /etc/exports，在该文件中添加数据，具体操作如下：

```
/home/linux *( insecure,rw,sync,no_root_squash,no_subtree_check)
```

（6）修改后需要重新启动 NFS 服务器，见步骤（3）。

（7）挂载 NFS 服务器上的共享目录。

使用 mount 命令挂载 NFS 服务器上的共享目录。mount 命令的一般语法格式如下：

```
mount nfssrvname:/Share-Directory  /mnt-Point
```

其中：

nfssrvname：表示 NFS 服务器主机名，也可用 IP 地址。

Share-Directory：表示 NFS 服务器导出的共享资源目录，必须用绝对路径，与 nfssrvname 用“:”号隔开。

mnt-Point 表示共享资源将挂载到客户端主机上的位置，在挂载前一定要确保挂载目录已经存在。

可以看到挂载之后的本机/mnt/nfsshare 目录和本机的/home/linux 目录是一样的，也就是通过 NFS 服务器把本机的/home/linux 目录挂载到了本机/mnt/nfsshare 目录下。注意 NFS 服务器用于两台不同的 Linux 主机间的挂载，这里为了演示方便用自身系统。具体操作如下：

```
1.  root@ubuntu:/home/linux/chapter2# mount -t nfs localhost:/home/linux
/mnt/nfsshare
2.  root@ubuntu:/home/linux/chapter2# ls /mnt/nfsshare/
3.  chapter2  dir1          doc        examples.desktop  Pictures  Templates
4.  chapter3  dir1.rar      Documents  hello.c           Public    Videos
5.  Desktop   dir1.tar.gz   Downloads  Music             samba
```

2.4.3 TFTP 服务器

微课视频

TFTP（Trivial File Transfer Protocol，简单文件传输协议）是 TCP/IP 协议族中的一个用来在客户机与服务器之间进行简单文件传输的协议，提供不复杂、开销不大的文件传输服务。

当前 TFTP 有 3 种传输模式：netASCII 模式（即 8 位 ASCII），八位组模式（替代了以前版本的二进制模式，如原始八位字节），邮件模式（在这种模式中，传输给用户的不是文件而是字符）。主机双方可以自己定义其他模式。

在 TFTP 协议中，任何一个传输进程都以请求读写文件开始，同时建立一个连接。如果服务器同意请求，则连接成功，文件就以固定的 512 字节块的长度进行传送。每个数据包都包含一个数据块，在发送下一个包之前，数据块必须得到确认响应包的确认。少于 512B 的数据包说明传输结束。如果包在网络中丢失，接收端就会超时并重新发送其最后的包（可能是数据也可能是确认响应），这就导致丢失包的发送者重新发送丢失包。发送者需要保留一个包在手头用于重新发送，因为 LOCK 确认响应，保证所有过去的包都已经收到。注意传输的双方都可以看作发送者和接收者。一方发送数据并接收确认响应；另一方发送确认响应并接收数据。

示例 2.4.3-1 本例以 Ubuntu 演示 TFTP 服务器的配置方法。

（1）安装 TFTP 服务器，需要安装包 xinetd、tftp 和 tftpd，具体操作如下：

```
root@ubuntu:/home/linux/chapter2# sudo apt-get install xinetd
root@ubuntu:/home/linux/chapter2# sudo apt-get install tftp tftpd
```

（2）配置服务器，修改配置文件，在/etc/xinetd.d/tftp 目录下打开 tftp 的配置文件，则操作结果如下：

```
# default: off
# description: The tftp server serves files using the trivial file transfer \
#     protocol.  The tftp protocol is often used to boot diskless \
#     workstations, download configuration files to network-aware printers, \
#     and to start the installation process for some operating systems.
service tftp
{
      socket_type          = dgram
      protocol             = udp
      wait                 = yes
      user                 = root
      server               = /usr/sbin/in.tftpd
      server_args          = -s  /tftpboot
      disable              = no
      per_source           = 11
      cps                  = 100 2
      flags                = IPv4
}
service tftp
{
      socket_type          = dgram
      protocol             = udp
      wait                 = yes
      user                 = root
```

```
        server              = /usr/sbin/in.tftpd
        server_args         = -s /home/linux/chapter2/tftp/
        disable             = no
        per_source          = 11
        cps                 = 100 2
        flags               = IPv4
}
```

其中，server_args 设置的/home/linux/chapter2/tftp/目录是 TFTP 目录，TFTP 客户端就是从这个目录里获取文件，并保存文件。

（3）使用命令"mkdir /home/linux/chapter2/tftp/"建立 TFTP 服务器的目录。然后设置/home/linux/chapter2/tftp/的访问权限为 777。操作如下：

```
1. root@ubuntu:/home/linux/chapter2# mkdir tftp
2. root@ubuntu:/home/linux/chapter2# chmod 777 tftp -R
3. root@ubuntu:/home/linux/chapter2# cd /tftp
4. root@ubuntu:/home/linux/chapter2/tftp# touch test
```

程序分析：

第 1 行 在当前 chapter2 文件夹下创建 TFTP 目录。

第 2 行 对当前目录下的所有文件与子目录进行相同的权限变更（777 和-R 组合）。

第 3 行 进入该目录，在该目录下创建 test 文件（见代码第 4 行）。

利用 vi 工具在新建的 test 文件中输入 hello 字符。

（4）启动 TFTP 服务器，操作如下：

```
root@ubuntu:/home/linux/chapter2# /etc/init.d/xinetd restart
[ ok ] Restarting xinetd (via systemctl): xinetd.service.
```

（5）测试 TFTP 服务器，启动一个新的终端，新的终端的当前目录选择 home 文件夹，操作如下：

```
1. root@ubuntu:/home# tftp 192.168.230.131
2. tftp> get test
3. Received 10 bytes in 0.0 seconds
4. tftp> q
5. root@ubuntu:/home# ls
6. linux  test
7. root@ubuntu:/home# cat test
8. hello!
9. root@ubuntu:/home#
```

第 1 行 查看 Ubuntu 的 IP 地址，连接 TFTP 服务器。

第 2 行 获取 test 文件。

第 4 行 退出 TFTP 服务器，使用命令 q。

第 6 行 通过查看当前目录，如有 test 文件，则说明操作成功。

第 7 行 利用 cat 命令，查看 test 中的内容，说明数据成功接收。

2.5 习题

1. 解释 vi 的三种工作模式，作用是什么？

2. gcc 编译流程分几个步骤？每个步骤的作用是什么？

3. 用 vi 编写一段程序实现正序读入，倒序输出，并统计输入字符个数，用 gdb 工具调试。

4. 用 testing.cc 代码编写 Makefile 文件。

微课视频

5. Linux 系统服务器的配置应用很多，特别是 samba 服务器，在嵌入式系统开发中经常使用，配置 samba 服务器，实现 Windows 系统和 Linux 系统的通信，在此基础上完成多机 samba 通信。

微课视频

6. 配置 NFS 服务器和 TFTP 服务器，在此基础上完成多机 NFS 通信。

第3章

CHAPTER 3

Linux 脚本编程

在 Linux 系统中，虽然有各种各样的图形化接口工具，但是 shell 仍然是一个非常灵活的工具。shell 不仅是一种命令语言，也是一种程序设计语言。用户可以通过使用 shell 编程实现大量的任务自动化，shell 擅长系统管理任务，尤其适合那些对易用性、可维护性和便携性要求高的任务。脚本应用知识是必需的。一般来说，一个 Linux 机器启动后，它会执行在/etc/rc.d 目录下的 shell 脚本重建系统环境并且启动各种服务，理解这些启动脚本的细节对分析系统的运作行为并修改系统行为具有重大意义。

3.1 常用 shell 命令

微课视频

在 shell 脚本中可以使用任意的 UNIX 命令，有一些相对常用的命令用来进行文件和文字操作。常用 shell 命令如表 3-1 所示。

表 3-1 常用 shell 命令

命　　令	说　　明
echo "some text"	将文字内容打印在屏幕上
ls	文件列表
wc -l file	计算文件行数
wc -w file	计算文件中的单词数
wc -c file	计算文件中的字符数
cp sourcefile destfile	文件复制
mv oldname newname	重命名文件或移动文件
rm file	删除文件
grep 'pattern' file	在文件内搜索字符串，例如：grep 'searchstring' file.txt
cat file.txt	输出文件内容到标准输出设备（屏幕）上
file somefile	获取文件类型
read var	提示用户输入，并将输入值赋值给变量
sort file.txt	对 file.txt 文件中的行进行排序
uniq	删除文本文件中出现的行列，例如：sort file.txt | uniq
expr	进行数学运算，例如：expr 2 "+" 3

续表

命　令	说　明
find	搜索文件，例如，根据文件名搜索：find . -name filename -print
tee	将数据输出到标准输出设备(屏幕)和文件上，例如：somecommand | tee outfile
basename file	返回不包含路径的文件名，例如：basename /bin/tux 将返回 tux
dirname file	返回文件所在路径，例如：dirname /bin/tux 将返回/bin
head file	打印文本文件开头几行
tail file	打印文本文件末尾几行
sed	sed 是一个基本的查找替换程序。可以从标准输入（比如命令管道）读入文本，并将结果输出到标准输出（屏幕）上。不要和 shell 中的通配符相混淆。例如，将 linuxfocus 替换为 LinuxFocus：cat text.file | sed 's /linuxfocus/LinuxFocus/' > newtext.file
awk	awk 用来从文本文件中提取字段。默认的字段分割符是空格，可以使用-F 指定其他分割符。例如：cat file.txt | awk -F， '{print "，" }'，这里使用“，”作为字段分割符，同时打印第一个和第三个字段

3.2　脚本编写基础

shell 脚本的第一行必须是#!/bin/sh 格式，符号#！用来指定该脚本文件的解析程序。当编译好脚本后，如果要执行该脚本，还必须使其具有可执行的属性，例如：chmod +x filename。

3.2.1　特殊字符

脚本文件涉及特殊字符较多，本节重点介绍在脚本中出现频率较高的字符。

1. #

该字符表示注释。以#开头的行（#!是例外）是注释行，注释也可以出现在一个命令语句的后面，注释行前面也可以有空白字符。

在同一行中，命令不能跟在注释语句的后面，因为这种情况下，系统无法分辨注释的结尾。命令只能放在同一行的行首。用另外的一个新行开始下一个注释。

2. ;

该字符为命令分割符（分号），分割符允许在同一行里有两个或更多的命令。

3. ;;

该字符为 case 语句分支的结束符（双分号）。

4. .

“点”(.）作为一个文件名的组成部分，当点（.）以一个文件名为前缀时，使该文件变成了隐藏文件，在使用 ls 命令时，一般不会显示这种隐藏文件。作为目录名时，单个点（.）表示当前目录，两个点（..）表示上一级目录。

5. "

该字符为部分引用（双引号)。"STRING"的引用会使 STRING 里的特殊字符能够被解释。

6. '

该字符为完全引用（单引号)。'STRING'能引用 STRING 里的所有字符（包括特殊字符也会被原样引用）。这是一个比使用双引号（"）更强的引用。

7. ,

该字符为逗号操作符，用于连接多个数学表达式，每个数学表达式都被求值，但只有最后一个表达式的值被返回。例如：

```
let "t2=((a=9, 15/3))" #设置"a=9"且"t2=15/3"
```

**8. **

该字符为转义符（反斜杠）。用于单个字符的引用机制。

\X“转义”字符为X，它有“引用”X的作用，也等同于直接在单引号里的'X'。\也可以用于引用双引号（"）和单引号（'），这时双引号和单引号就表示普通的字符，而不表示引用。

9. /

该字符为文件路径的分隔符（斜杠）。用于分隔一个文件路径的各个部分。例如：/home/bozo/projects/Makefile。同时，它也是算术操作符中的除法运算符。

10. `

该字符表示命令替换。`command`结构使字符（`）引住的命令（command）的执行结果能赋值给一个变量。它也被称为后引号或斜引号。

11. :

该字符表示空命令（冒号）。该命令的意思是空操作。它一般被认为与shell的内建命令true是一样的。

12. !

该字符为取反操作符。取反一个测试结果或退出状态（感叹号）。取反操作符（!）取反一个命令的退出状态，它也取反一个测试操作。例如，它能改相等符（=）为不等符（!=）。取反操作符（!）是bash的关键字。

13. *

该字符可表示通配符（*），是用于匹配文件名扩展的通配符。它自动匹配给定的目录下的每个文件。

该字符也可表示算术操作符。在计算时，星号（*）表示乘法运算符。两个星号（**）表示求幂运算符。

14. ?

该字符为测试操作符。在一些表达式中，问号（?）表示一个条件测试；在双括号结构里，问号（?）表示C语言风格的三元操作符；在参数替换表达式里，问号（?）测试一个变量是否被设置了值。

15. $

该字符表示变量替换（引用一个变量的内容）。一个变量名前面加一个$字符前缀表示引用该变量的内容。

16. ()

该字符表示命令组。一组由圆括号括起来的命令是新开一个子shell来执行的。因为是在子shell里执行，所以在圆括号里的变量不能被脚本的其他部分访问。因此父进程（即脚本进程）不能存取子进程（即子 shell）创建的变量。

17．{}

该字符表示代码块（花括号）。这个结构也是一组命令代码块，它是匿名的函数。与函数不同的是，在代码块里的变量仍然能被脚本后面的代码访问。由花括号括起的代码块可以引起输入/输出的 I/O 重定向。

18．>，&>，>&，>>

该字符表示重定向。例如：

scriptname>filename，把命令 scriptname 的输出重定向到文件 filename 中。如果文件 filename 存在则将会被覆盖。

command&>filename，把命令 command 的标准输出（stdout）和标准错误（stderr）重定向到文件 filename 中。

command>&2，把命令 command 的标准输出（stdout）重定向到标准错误（stderr）。

scriptname>>filename appends，把脚本 scriptname 的输出追加到文件 filename。如果 filename 不存在，则它会被创建。

19．|

该字符表示管道。把上一个命令的输出传给下一个命令，这是连接命令的一种方法。

3.2.2　变量和参数

1．变量替换

变量名表示变量的值保存的地方，引用变量的值称为变量替换。如果 variable1 是一个变量名，那么$variable1 就是引用该变量的值，即这个变量包含的数据。

2．变量赋值

用“=”对变量进行赋值，“=”的左右两边不能有空白符。

3．bash 变量无类型

不同于许多其他编程语言，bash 不以“类型”区分变量。本质上说，bash 变量是字符串，但是根据环境的不同，bash 允许变量有整数计算和比较操作，其中决定因素是变量的值是否只含有数字。

示例 3.2.2-1　对变量操作的脚本如下：

```
#!/bin/sh
a="hello world"           #对变量赋值
echo "A is:"              #打印变量 a 的内容
echo $a
```

有时变量名很容易与其他文字混淆，例如：

```
num=2
echo "this is the $numnd"
```

上面代码并不会打印出“this is the 2nd”，而仅打印“this is the”，因为 shell 会去搜索变量 numnd 的值，但是这个变量是没有值的。可以使用花括号来告诉 shell 所要打印的是 num 变量，修改如下：

```
num=2
echo "this is the ${num}nd"
```

这将打印“this is the 2nd”。

4．局部变量

局部变量只在代码块或一个函数里有效。如果变量用 local 来声明，那么它只能在该变量声明的代码块中可见。这个代码块就是局部“范围”。在一个函数内，局部变量意味着该变量只有在函数代码块内才有意义。

示例 3.2.2-2　局部变量使用方法的脚本如下：

```
#!/bin/bash
hello="var1"
echo $hello
function func1 {
     local hello="var2"
     echo $hello
     }
func1
echo $hello
```

打开超级终端，建立该脚本文件，运行结果如下：

```
[root@bogon chapter2]# ./Example2.1.2-2
var1
var2
var1
```

从结果中能看出局部变量的使用方法。

5．位置参数

命令行传递给脚本的参数是$0，$1，$2，$3，…

$0 是脚本的名字，$1 是第一个参数，$2 是第二个参数，$3 是第三个参数，以此类推。在位置参数$9 之后的参数必须用括号括起来，例如：${10}，${11}，${12}。

特殊变量$*和$@表示所有的位置参数。

示例 3.2.2-3　位置参数代码如下：

```
#!/bin/sh
echo "number of vars:"$#
echo "values of vars:"$*
echo "value of var1:"$1
echo "value of var2:"$2
echo "value of var3:"$3
echo "value of var4:"$4
```

打开超级终端，建立该脚本文件，运行结果为：

```
root@ubuntu ://home/linux/chapter3# ./Example3.2.2-3  1 2 3 4 5
number of vars:5
values of vars:1 2 3 4 5
```

```
value of var1:1
value of var2:2
value of var3:3
value of var4:4
```

3.2.3 退出和退出状态

exit 命令一般用于结束一个脚本，就像 C 语言的 exit 一样。它也能返回一个值给父进程。每个命令都能返回一个退出状态（有时也看作返回状态）。如果一个命令执行成功，则返回 0；如果执行不成功，则返回一个非零值，此值通常可以被解释成一个对应的错误值。同样地，脚本里的函数和脚本自身都会返回一个退出状态码。在脚本或函数里被执行的最后一个命令将决定退出状态码。如果一个脚本以不带参数的 exit 命令结束，则脚本的退出状态码将会是执行 exit 命令前的最后一个命令的退出状态码。脚本结束时，没有 exit 命令，有不带参数的 exit 命令和 exit $?命令三者是等价的。以下三段代码是等价的。

```
#!/bin/bash
COMMAND_1
…
COMMAND_LAST
# 脚本将会以最后命令 COMMAND_LAST 的状态码退出
exit  n
```

```
#!/bin/bash
COMMAND_1
…
COMMAND_LAST
exit $?
```

```
#!/bin/bash
COMMAND1
…
COMMAND_LAST
```

在一个脚本里，exit n 命令将会返回 shell 一个退出状态码 n（n 必须是 0～255 的十进制整数）。

$?变量保存了最后一个命令执行后的退出状态。当一个函数返回时，$?变量保存了函数中最后一个命令的退出状态码，这就是 bash 里函数返回值的处理办法。当一个脚本运行结束，$?变量保存脚本的退出状态，而脚本的退出状态就是脚本中最后一个已执行命令的退出状态。并且依照惯例，0 表示执行成功，1～255 的整数表示错误。

示例 3.2.3-1 退出和退出状态代码如下：

```
#!/bin/bash
echo hello
echo $?
lskdf
echo $?
```

```
echo
exit 113                        #返回 113 状态码给 shell
```

打开超级终端，建立该脚本文件。运行结果如下：

```
1.  root@ubuntu:/home/linux/chapter3# ./Example3.2.3-1
2.  hello
3.  0
4.  ./Example3.2.3-1: line 4: lskdf: command not found
5.  127
```

在上面的结果中第 2 行显示 hello，因为第 2 行执行成功，所以第 3 行打印 0，第 4 行为无效命令，第 4 行因为上面的无效命令，执行失败，打印一个非 0 的值。

3.3　流程控制

微课视频

对代码块的操作是构造和组织 shell 脚本的关键，循环和分支结构为脚本编程提供了操作代码块的工具，流程控制主要包括条件测试、操作符相关主题、循环控制语句、测试与分支控制语句及与其相关的操作控制符。

3.3.1　条件测试

每个完善的编程语言都应该能测试一个条件，然后依据测试的结果执行进一步的动作。bash 由 test 命令、各种括号和内嵌的操作符，以及 if/then 语句来完成条件测试的功能。

大多数情况下，可以使用测试命令对条件进行测试。例如：可以使用文件测试操作符判断文件是否存在以及文件是否可读等。通常用“[ ]”表示条件测试。注意，这里的空格很重要，要确保方括号两侧的空格。

1．比较操作符

比较操作符包括整数比较操作符、字符串比较操作符和混合比较操作符。其中，常用整数比较操作符如表 3-2 所示，常用字符串比较操作符如表 3-3 所示，常用混合比较操作符如表 3-4 所示。

表 3-2　常用整数比较操作符

整数比较操作符	说　明
-eq	等于，例如：if ["$a" -eq "$b"]
-ne	不等于，例如：if ["$a" -ne "$b"]
-gt	大于，例如：if ["$a" -gt "$b"]
-ge	大于或等于，例如：if ["$a" -ge "$b"]
-lt	小于，例如：if ["$a" -lt "$b"]
-le	小于或等于，例如：if ["$a" -le "$b"]
<	小于（在双括号里使用），例如：(("$a" < "$b"))
<=	小于或等于（在双括号里使用），例如：(("$a" <= "$b"))
>	大于（在双括号里使用），例如：(("$a" > "$b"))
>=	大于或等于（在双括号里使用），例如：(("$a" >= "$b"))

表 3-3　常用字符串比较操作符

字符串比较操作符	说　明
=	等于，例如：if ["$a" = "$b"]
==	等于，例如：if ["$a" == "$b"] 它和=是同义词
!=	不相等，例如：if ["$a" != "$b"]操作符在[[...]]结构里使用模式匹配
<	小于，依照 ASCII 字符排列顺序，例如：if [["$a" < "$b"]]，if ["$a" \< "$b"]。注意，"<"字符在[ ]结构里需要转义
>	大于，依照 ASCII 字符排列顺序，例如：if [["$a" > "$b"]]，if ["$a" \> "$b"]。注意，">"字符在[ ]结构里需要转义
-z	字符串为"null"，即指字符串长度为零
-n	字符串不为"null"，即指字符串长度不为零

表 3-4　常用混合比较操作符

混合比较操作符	说　明
-a	逻辑与，如果 exp1 和 exp2 都为真，则 exp1 -a exp2 返回真
-o	逻辑或，如果 exp1 和 exp2 任何一个为真，则 exp1 -o exp2 返回真

2．文件测试操作符

常用文件测试操作符如表 3-5 所示，如果条件成立，则返回真。

表 3-5　常用文件测试操作符

文件测试操作符	说　明
-e	文件存在
-f	文件是一个普通文件（不是一个目录或一个设备文件）
-s	文件大小不为零
-d	文件是一个目录
-b	文件是一个块设备（例如软盘、光驱等）
-c	文件是一个字符设备（例如键盘、调制解调器、声卡等）
-p	文件是一个管道
-h	文件是一个符号链接
-l	文件存在且为链接文件
-s	文件是一个 socket
-t	文件（描述符）与一个终端设备相关
-r	文件是否可读（指运行这个测试命令的用户的读权限）
-w	文件是否可写（指运行这个测试命令的用户的写权限）
-x	文件是否可执行（指运行这个测试命令的用户的可执行权限）
-g	文件或目录的 sgid 标志被设置。如果一个目录的 sgid 标志被设置，在该目录下创建的文件都属于拥有此目录的用户组，而不必是创建文件时用户所属的组。这个特性对在一个工作组中共享目录很有用处
-u	文件的 suid 标志被设置

示例 3.3.1-1　分析下列测试命令的含义。

```
[ -f "somefile" ]     #判断是否为一个文件
 [ -x "/bin/ls" ]     #判断/bin/ls 是否存在并有可执行权限
 [ -n "$var" ]        #判断$var 变量是否有值
 [ "$a" = "$b" ]      #判断$a 和$b 是否相等
```

3．嵌套的 if/then 语句

```
if [ condition1 ]
  then
    if [ condition2 ]
    then
     do-something   #仅当 condition1 和 condition2 同时满足才能执行 do-something 语句
    fi
 fi
```

3.3.2　操作符相关主题

常用操作符主要包括赋值操作符、计算操作符、位操作符和逻辑操作符，具体如表 3-6 所示。

表 3-6　常用操作符

操作符	符　号	说　明
赋值操作符	=	通用的变量赋值操作符，可以用于数值和字符串的赋值
计算操作符	+	加
	-	减
	*	乘
	/	除
	**	求幂
	%	求模
位操作符	<<	位左移（每移一位相当于乘以 2）
	<<=	位左移赋值
	>>	位右移（每移一位相当于除以 2）
	>>=	位右移赋值（和<<=相反）
	&	位与
	&=	位与赋值
	|	位或
	|=	位或赋值
	~	位反
	!	位非
	^	位异或
	^=	位异或赋值
逻辑操作符	&&	逻辑与
	||	逻辑或

示例 3.3.2-1 下面是求最大公约数的实例。代码如下：

```
#!/bin/bash
#最大公约数，使用 Euclid 算法
#参数检测
ARGS=2
E_BADARGS=85
   if [ $# -ne "$ARGS" ]
   then
      echo "Usage: `basename $0` first-number second-number"
      exit $E_BADARGS
   fi
gcd()
{
   dividend=$1        #赋任意值
   divisor=$2         #这里两个参数的赋值大小没有关系，为什么
   remainder=1
   #如果在循环中使用未初始化变量，那么在循环中第一个传递的值会返回一个错误信息
   until [ "$remainder" -eq 0 ]
   do
         let "remainder = $dividend % $divisor"
         dividend=$divisor
         divisor=$remainder
   done
}
   gcd $1 $2
   echo
   echo "GCD of $1 and $2 = $dividend"
   echo
exit 0
```

打开超级终端，建立该脚本文件，任意输入两个数 235 和 200，得到最大公约数为 5，运行结果如下：

```
root@ubuntu:/home /chapter3# ./Example3.3.2-1 235 200
GCD of 235 and 200 = 5
```

3.3.3 循环控制

循环控制是软件编程中非常重要的内容，脚本循环控制主要包括 for、while、until 等语句。对代码块的操作是构造组织 shell 脚本的关键，循环和分支结构为脚本编程提供了操作代码块的工具。

1. for 语句

for 语句是最简单的循环控制语句，它的格式为：

```
for arg in [list]
```

list 中的参数允许包含通配符。如果 do 和 for 想在同一行出现，那么在它们之间需要

添加一个“;”。

下面是一个基本的循环结构，它与C语言的for结构有很大不同。

```
for arg in [list]
do
   command(s)…
done
```

示例3.3.3-1 分配行星的名字和它距太阳的距离，代码如下：

```
#!/bin/bash
for planet in "Mercury 36" "Venus 67" "Earth 93"  "Mars 142" "Jupiter 483"
do
   set -- $planet  # Parses variable "planet" and sets positional parameters.
   #"--" 将防止$planet为空或者是以一个破折号开头
   #可能需要保存原始的位置参数,因为它们被覆盖了
   echo "$1     $2,000,000 miles from the sun"
   #-------two  tabs---把后边的0和$2连接起来
done
exit 0
```

打开超级终端，建立该脚本文件，运行结果如下：

```
[root@bogon chapter2]# ./Example3.3.3-1
Mercury          36,000,000 miles from the sun
Venus            67,000,000 miles from the sun
Earth            93,000,000 miles from the sun
Mars            142,000,000 miles from the sun
Jupiter         483,000,000 miles from the sun
```

2. while 语句

while语句在循环的开始判断条件是否满足，如果条件一直满足，那就一直循环下去（0为退出码[exit status]），与for循环的区别：while语句适合用在循环次数未知的情况下。while语句的循环结构如下：

```
while [condition]
do
    command…
done
```

和for循环一样，如果想把do和条件放到同一行，还需要添加一个“;”，代码如下：

```
while [condition] ; do
```

示例3.3.3-2 简单的while循环，代码如下：

```
#!/bin/bash
var0=0
LIMIT=10
while [ "$var0" -lt "$LIMIT" ]
do
```

```
        echo -n "$var0 "          #-n 将会阻止产生新行
        var0=`expr $var0 + 1`     #var0=$(($var0+1)) 也可以
                                  #var0=$((var0 + 1))也可以
                                  #let "var0 += 1"也可以
    done                          #使用其他方法也行
    echo
    exit 0
```

打开超级终端，建立该脚本文件，命名为 while，运行结果如下：

```
root@ubuntu:/home/linux/chapter3# ./Example3.3.3-2
0 1 2 3 4 5 6 7 8 9
```

3．until 语句

until 语句的结构在循环的顶部判断条件，如果条件一直为 false，那就一直循环下去（与 while 循环相反）。until 循环的结构如下：

```
until [condition-is-true]
do
    command…
done
```

until 循环的判断在循环的顶部，这与某些编程语言是不同的。与 for 循环一样，如果想把 do 和条件放在同一行，需要使用“;”。

```
until [condition-is-true] ; do
```

示例 3.3.3-3　until 循环，代码如下：

```
#!/bin/bash
    END_CONDITION=end
    until [ "$var1" = "$END_CONDITION" ]    #在循环的顶部判断条件
do
    echo "Input variable #1 "
    echo " ($END_CONDITION to exit) "
    read var1
    echo "variable #1 = $var1"
    echo
done
exit 0
```

打开超级终端，建立该脚本文件，运行文件，直到出现结束标志 end，程序运行结束，运行结果如下：

```
root@ubuntu:/home/linux/chapter3# ./Example3.3.3-3
Input variable #1
(end to exit)
3
variable #1 = 3

Input variable #1
```

```
(end to exit)
end
variable #1 = end
```

4．break 和 continue

break 和 continue 这两个循环控制命令与其他语言的类似命令的行为是相同的，break 命令将会跳出循环，continue 命令将会跳过本次循环后面的语句，直接进入下次循环。

break 命令可以带一个参数，不带参数的 break 循环只能退出最内层的循环，而 break N 可以退出 N 层循环。continue 命令也可以带一个参数，不带参数的 continue 命令只跳过本次循环的剩余代码。而 continue N 将会把 N 层循环剩余的代码都跳过，但是循环的次数不变。

3.3.4 测试与分支

case 语句和 select 语句结构从技术上说不是循环，因为它们并不对可执行的代码块进行迭代。但是和循环有相似之处：它们也依靠在代码块的顶部或底部的条件判断决定程序的分支。shell 中的 case 与 C/C++中的 switch 结构是相同的，它允许通过条件判断选择执行代码块中多条路径中的一条。它的作用与多个 if/then/else 语句相同，是它们的简化结构，特别适用于创建目录。

1. case 语句

case 语句结构如下：

```
case "$variable" in
?"$condition1" )
?command…
?;;
?"$condition2" )
?command…
?;;
esac
```

对变量使用" "并不是强制的，因为不会发生单词分离。每句测试行，都以右小括号“)”结尾。每个条件块都以两个分号结尾。case 块的结束以 esac（case 的反向拼写）结尾。

示例 3.3.4-1 用 case 语句查看计算机的架构，代码如下：

```
#!/bin/bash
#case-cmd.sh: 使用命令替换产生"case"变量
case $( arch ) in        #arch"返回计算机的类型,等价于'uname -m'…
     i386 ) echo "80386-based machine";;
     i486 ) echo "80486-based machine";;
     i586 ) echo "Pentium-based machine";;
     i686 ) echo "Pentium2+-based machine";;
     x86 _64) echo "intel10'cpu";;
*    ) echo "Other type of machine";;
esac
exit 0
```

打开超级终端，建立该脚本文件，运行结果如下：

```
root@ubuntu:/home/linux/chapter3# ./Example3.3.4-1
intel10'cpu
```

从结果可以看到当前运行的计算机的架构。

2．select 语句

select 语句结构是建立菜单的另一种工具，从 ksh 中引入的结构如下：

```
select variable [in list]
do
    ?command…
    ?break
done
```

示例 3.3.4-2　用 select 语句创建菜单，代码如下：

```
#!/bin/bash
PS3='Choose your favorite vegetable: ' #设置提示符字串
echo
select vegetable in "beans" "carrots" "potatoes" "onions" "rutabagas"
do
   echo
   echo "Your favorite veggie is $vegetable."
   echo "Yuck!"
   echo
   break                                  #如果这里没有'break'会发生什么
done
exit 0
```

打开超级终端，建立该脚本文件，运行结果如下：

```
root@ubuntu:/home/linux/chapter3# ./Example3.3.4-2

1) beans
2) carrots
3) potatoes
4) onions
5) rutabagas
Choose your favorite vegetable: 3

Your favorite veggie is potatoes.
Yuck!
```

如果忽略了 in list 列表，那么 select 语句将使用传递到脚本的命令行参数（$@）或者函数参数（当 select 语句在函数中时）。

示例 3.3.4-3　编写脚本，在脚本中对输入的两个参数进行大小比较。代码如下：

```
#!/bin/bash
a=$1
```

```
b=$2
#判断 a 或者 b 变量是否为空,只要有一个为空就打印提示语句并退出
if [ -z $a ] || [ -z $b ]
then
    echo "please enter 2 no"
    exit 1
#判断 a 和 b 的大小,并根据判断结果打印语句
fi
if [ $a -eq $b ]
then
    echo "number a = number b"
else if [ $a -gt $b ]
    then
        echo "number a>number b"
    elif [ $a -lt $b ]
        then
            echo "number a<number b"
    fi
fi
```

打开超级终端，建立该脚本文件，运行结果如下：

```
root@ubuntu:/home/linux/chapter3# ./Example3.3.4-3 7 8
number a<number b
```

示例 3.3.4-4 当前目录下的文件数目统计，代码如下：

```
#!/bin/bash
#变量 counter 用于统计文件的数目
counter=0
#变量 files 遍历当前文件夹
for files in *
do
      #判断 files 是否为文件,如果是,将 counter 变量的值加 1,再赋给自己
      if [ -f "$files" ]
      then
      counter=`expr $counter + 1`
      fi
done
echo "There are $counter file in `pwd` "
```

打开超级终端，建立该脚本文件，命名为 count，运行结果如下：

```
root@ubuntu:/home/linux/chapter3# ./Example3.3.4-4
There are 10 file in /home/linux/chapter3
root@ubuntu:/home/linux/chapter3# ls
Example3.2.2-1  Example3.2.2-3  Example3.3.2-1  Example3.3.3-2  Example3.3.4-1
Example3.2.2-2  Example3.2.3-1  Example3.3.3-1  Example3.3.3-3  Example3.3.4-4
```

3.4 习题

1．什么是 shell？

2．什么是局部变量？

3．编程实现列出系统上的所有用户。

4．编程实现在一个指定的目录的所有文件中查找字符串。

5．编程实现检测是否有字母输入。

第二部分 Linux 系统高级编程

第 4 章 C 语言进阶

CHAPTER 4

C 语言是一种通用的、过程式的编程语言，它具有高效、灵活、可移植等优点。在最近 20 多年里，它被运用在各种系统软件与应用软件的开发中，是应用广泛的编程语言。本章从 C 语言基本知识开始，带领大家认识 C 语言、了解 C 语言数据类型、掌握 C 语言程序结构设计方法以及对数组、函数、指针等内容的学习。每个示例都经过精心设计，并遵循深入分析，由浅入深，由易到难的设计理念。

4.1 C 语言的基础知识

很多初学者刚学习 C 语言时会有这样的疑问：为什么打了一堆字母，做了一堆操作，最后就能实现功能呢？为了说明 C 语言源程序的基础知识，下面通过示例 4.1-1 了解 C 语言程序在结构上的特点，以及程序的基本组成部分和书写格式。

示例 4.1-1 在终端输出 hello,world!程序。

```
1. #include <stdio.h>                  //编译预处理指令
2. #include <stdlib.h>                 //编译预处理指令
3. #include <string.h>                 //编译预处理指令
4. int main(int argc,char **argv)      //定义主函数
5. {                                   //函数开始标志
6. printf("hello,world!");             //输出所指定的一行信息
7. return 0;                           //函数执行完毕，返回函数值 0
8. }                                   //函数结束标志
```

运行程序，输出结果如下：

```
1. root@ubuntu:/home/linux/chapter4# gcc Example4.1-1.c -o Example4.1-1
2. root@ubuntu:/home/linux/chapter4# ./Example4.1-1
3. hello,world!
```

程序分析：

在使用函数库中的输入/输出函数时，编译系统要求程序提供此函数的有关信息。

第 1 行 “#include<stdio.h>”的作用就是提供输入/输出函数信息。stdio.h 是系统提供的一个文件名，stdio 是“standard input&output”的缩写，文件名后缀.h 的意思是头文件（header file），因此这些文件都是放在程序各文件模块的开头。输入/输出函数的相关信息已

事先放在 stdio.h 文件中。现在，用#include 指令把这些信息调入使用。

第 2 行 “#include <stdlib.h>”表示包含标准库函数。

第 3 行 “#include <string.h>”表示包含操作字符串的函数。

第 4 行 main 是主函数的名字，main 前面的 int 表示此函数的类型是 int 类型（整型），在执行主函数后会得到一个值（即函数值），其值为整型。每个 C 程序都必须有一个 main 函数，函数体由花括号{ }括起来。本例中主函数内有两条语句。

第 6 行 是一个输出语句，printf 是 C 编译系统提供的库函数中的输出函数。printf 函数中双引号内的字符串“hello,world！”按原样输出。

第 7 行 是当 main 函数执行结束时，将整数 0 作为函数值，返回到调用的函数处。

在以上程序各行的右侧，如果有//符号，表示有对本行的注释（对程序有关部分进行必要的说明）。在写程序时应当多加注释，以方便自己和其他人理解程序各部分的作用。

说明：C 语言允许使用如下两种注释方式：

（1）以//开始的单行注释。这种注释可以单独占一行，也可以出现在一行中其他内容的右侧。注释的范围从//开始，以换行符结束。也就是说这种注释不能跨行。如果注释内容一行内写不下，可以用多个单行注释。

（2）以/*开始，以*/结束的块注释。这种注释可以包含多行的内容。它可以单独占一行（在行开头以/*开始，行末以*/结束），也可以包含多行。编译系统在发现一个/*后，会开始找注释的结束符*/，把二者间的内容作为注释。

4.2 数据类型

微课视频

4.2.1 数据类型的分类

在高级语言中，数据之所以要区分类型，主要是为了能更有效地组织数据，规范数据的使用，提高程序的可读性。不同类型的数据在数据存储格式、取值范围、占用内存大小以及可参与的运算种类方面都有所不同。C 语言中主要的数据类型如图 4-1 所示。

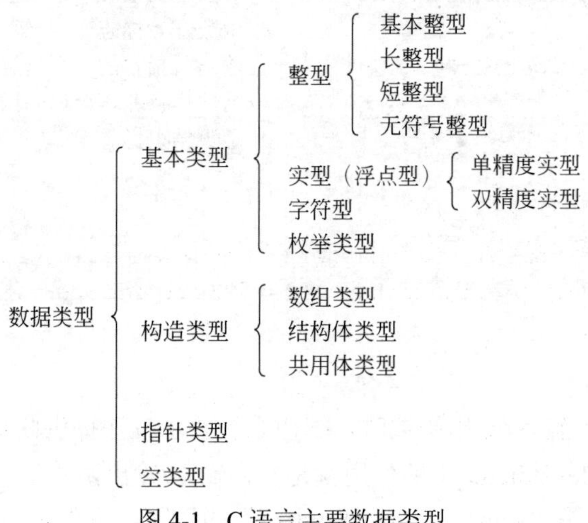

图 4-1 C 语言主要数据类型

由图 4-1 可知，C 语言中的数据类型分为 4 种：基本类型、构造类型、指针类型和空类型。

1．关键字

关键字是由系统预定义的词法符号，它有特殊含义，不允许用户重新定义。在C语言中有32个关键字，那么关键字的定义就是在编写程序时，编译器为用户保留的32个关键符号，常用的关键字如下：

（1）auto：声明自动变量，默认时编译器一般为auto。

（2）int：声明整型变量。

（3）double：声明双精度变量。

（4）long：声明长整型变量。

（5）char：声明字符型变量。

（6）float：声明浮点型变量。

（7）short：声明短整型变量。

（8）signed：声明有符号类型变量。

（9）unsigned：声明无符号类型变量。

（10）struct：声明结构体变量。

（11）union：声明联合数据类型。

（12）enum：声明枚举类型。

（13）static：声明静态变量。

（14）switch：用于开关语句。

（15）case：开关语句分支。

（16）default：开关语句中的“其他”分支。

（17）break：跳出当前循环。

（18）register：声明寄存器变量。

（19）const：声明只读变量。

（20）volatile：说明变量在程序执行中可被隐含地改变。

（21）typedef：用以给数据类型取别名。

2. 标识符

标识符命名规范如下：

（1）标识符只能由字母、数字和下画线组成。

（2）标识符不能以数字作为第一个字符。

（3）标识符不能使用关键字。

（4）标识符区分大小写字母，如add、Add和ADD是不同的标识符。

一些合法的标识符有：

```
area
DATE
_name
lesson_1
```

一些不合法的标识符有：

```
3a        //标识符不能以数字开头
```

```
ab.c      //标识符只能由字母、数字、下画线组成
long      //标识符不能使用关键字
abc#      //标识符只能由字母、数字和下画线组成
```

4.2.2 常量和变量

1. 常量

常量(Constant)是一种在程序中保持类型和值都不变的数据。按照类型分为整型常量、实型常量、字符常量、字符串常量、符号常量。下面将针对这些常量分别进行详细讲解。

1）整型常量

整型常量是整数类型的常量，又称整常数。根据不同的技术方法，整型常量可记为二进制整数、八进制整数、十进制整数和十六进制整数。

（1）二进制整数：如 0b100、0B101011。

（2）八进制整数：如 0112、056。

（3）十进制整数：如 2、−100。

（4）十六进制整数：如 0x108、0X29。

2）实型常量

实型也称为浮点型，实型常量也称为实数或浮点数，也就是在数学中用到的小数。在C 语言中，实型常量有两种表示形式：十进制小数形式和指数形式，具体示例如下：

（1）十进制小数形式：由数字和小数点组成（注意：必须有小数点），如 1.23、−45.6、100.0 等。

（2）指数形式：又称科学计数法，规定以字母 e 或 E 表示以 10 为底的指数，如 12.3e3（代表 12.3×10^3）、−34.8e −2（代表-34.8×10^{-2}）、0.1E4（代表 0.1×10^4）等。

其中，e 的左边是数值部分（有效数字），可以表示成整数或者小数形式，它不能省略；e 的右边是指小数部分，必须是整数形式。例如，3e−2、.6e−2、3.e−3 等都是合法的表示形式，而 e3、2e3.0、.e3 等都是不合法的表示形式。

3）字符常量

C 语言中的字符常量是由单引号括起来的一个字符，如'a' '2' '#'等。字符常量两侧的一对单括号是必不可少的，如'B'是字符常量，而 B 是一个标识符。

4）字符串常量

字符串常量是用一对双引号括起来的字符序列，例如“hello”“123”“itcast”等。字符串的长度等于字符串中包含的字符个数，例如“hello”的长度为 5 个字符。

字符串常量与字符常量是不同的，它们之间主要的区别如下：

（1）字符常量使用单引号定界，字符串常量使用双引号定界。

（2）字符常量只能是单个字符，字符串常量可以包含 0 个或多个字符。

（3）可以把一个字符常量赋给一个字符变量，但不能把一个字符串常量赋给一个字符串变量，C 语言中没有相应的字符串变量，只能用字符数组存放字符串常量。

5）符号常量

C 语言也可以用一个标识符来表示一个常量，称为符号常量。符号常量在使用前必须先定义，其语法格式如下：

```
#define 标识符 常量
```

上述语法格式中，define 是关键字，前面加符号“#”，表示这是一条预处理命令（预处理命令都以符号“#”开头），称为宏定义。

例如，将圆周率用 PI 表示，可写成：

```
#define PI 3.14
```

该语句的功能是把标识符 PI 定义为常量 3.14，定义后在程序中所有出现标识符 PI 的地方均用 3.14 进行替换。符号常量的标识符是用户自己定义的。

符号常量有以下特点：

（1）符号常量的标识符习惯上使用大写字母。

（2）符号常量的值在其作用域内不能改变，也不能再被赋值。

使用符号常量的好处是：含义清楚，并且能做到“一改全改”。

2. 变量

变量（Variable）是在程序执行过程中可以改变和赋值的量。在 C 语言中，变量必须遵循“先定义，后使用”的原则，即每个变量在使用之前都要用变量定义语句将其定义为某种具体的数据类型，其语法格式如下：

```
类型关键字    变量名1[，变量名2，…]
```

其中，方括号中的内容为可选项，当同时定义多个相同类型的变量时，它们之间需用逗号分隔。

下面通过一段代码学习程序中的变量定义与使用，具体如下：

```
int x=0，y=0;
y=x+3;
```

第 1 行代码的作用是定义变量，并初始化变量 x 和 y 的值为 0。

第 2 行代码的作用是将 x 与 3 相加，并将相加结果赋值给变量 y。

4.2.3 进制

计算机中的数据都以二进制形式存储。在 C 程序中，为了便于表示和使用，整型常量可以用十进制（Decimal）、八进制（Octal）、十六进制（Hexadecimal）三种形式来表示，编译系统会自动将其转换为二进制形式存储。常用进制数表示形式及特点如表 4-1 所示。

表 4-1 常用进制数表示形式及特点

表示形式	特点	举例
十进制	由 0~9 的数字序列组成，数字前可以带正负号	如 256、−128、0、+9 是合法的十进制数
八进制	以 8 为基的数值系统称为八进制。八进制数由以数字 0 开头，后跟 0~7 的数字序列组成。八进制数 010 相当于十进制数 8	如 021、−017 是合法的八进制数
十六进制	以 16 为基的数值系统称为十六进制。十六进制数由数字 0 加字母 x（大小写均可）开头，后跟 0~9、a~f（大小写均可）的数字序列组成。十六进制数 0x10 相当于十进制数 16	如 0x12、−0x1F 是合法的十六进制数，它们分别代表十进制数 18、−31

4.2.4 字符

字符变量用于存储一个单一字符，在C语言中用char表示，其中每个字符变量都会占用1字节。char表示1字节，本质是无符号整型数，范围为0~255。字符是用单引号括起来的一个符号。字符串是用双引号括起来的字符序列，以\0 结束，"asdf"有 5 个字符，\0 也是其中的一个字符，但不显示。

4.2.5 转义字符与字符集

1. 转义字符

除了可以直接从键盘上输入的字符以外，还有一些字符是无法用键盘直接输入的，此时需要采用一种新的定义方式——转义字符，它以“\”开头，随后接特定的字符。下面列举了C语言中常见的转义字符。

（1）单引号'\''。

（2）双引号'\"'。

（3）Tab键'\t'。

（4）退格键'\b'。

（5）警铃'\a'。

（6）回车'\r'。

（7）换行'\n'。

（8）八进制'\ddd'：必须是三个位，d代表一个八进制位的数。

（9）十六进制'\xhh'：必须是2个位，h代表一个十六进制位的数。

2. 字符集

字符集（Character set）是多个字符的集合，字符集种类较多，每个字符集包含的字符个数不同，常见的字符集名称包括ASCII字符集、GBK字符集、BIG5字符集等。计算机要准确地处理各种字符集文字，就需要进行字符编码，以便计算机能够识别和存储各种文字。常见字符集名称介绍如下：

（1）ASCII：0~127，代表要绘制的字符图片的编号，如 '\0' == 0==NULL。

（2）GBK：中国大陆字符集。

（3）BIG5：中国台湾、中国香港、中国澳门、新加坡、美国字符集。

字符集还有utf-8、utf-16、utf-24、utf-32等。QT、Android等都使用utf-8字符集。

字符的算术运算如下：

```
1.  'A'+2;   //字符'A'所对应ASCII值为108，108+2=110
2.  '8'+2;   //字符'8'所对应ASCII值为56，56+2=58
3.  8+2;   //8+2=10
```

4.2.6 类型转换

在C语言程序中，经常需要对不同类型的数据进行运算，为了解决数据类型不一致的问题，需要对数据的类型进行转换。例如，一个浮点数和一个整数相加，必须先将两个数转换成同一类型。C语言程序中的类型转换可分为隐式类型转换和显式类型转换两种。

1. 隐式类型转换

隐式类型转换即系统自动进行的类型转换。隐式类型转换分为如下两种。

1）不同类型数据进行运算

不同类型的数据进行运算时，系统会自动将低字节数据类型转换为高字节数据类型，即从下往上转换。

2）赋值转换

在赋值类型不同时，即变量的数据类型与所赋值的数据类型不同，系统就会将“=”右边的值转换为变量的数据类型，再将值赋给变量。

示例 4.2.6-1　隐式类型转换。

（1）'c' +12;最终结果是什么类型？

解析：结果是 int 类型，字符'c'先变为 int 类型，然后和 12 相加。

（2）23f+12;最终结果是什么类型？

解析：结果是 float 类型，23 先变为 float 类型，然后和 12 相加。

（3）'a'+'b';最终结果是什么类型？

解析：结果是 int 类型，字符'a'与'b'变为 int 类型，然后进行相加。

（4）'c'+32+(4e+1);最终结果是什么类型？

解析：结果是 double 类型。

（5）int a=3.2;a 中最终结果是什么类型？

解析：结果是 int 类型，编译器在赋值时先将 3.2 转换为 int 类型，再赋值给 a。

2. 显式类型转换

显式类型转换是指使用强制类型转换运算符，将一个变量或表达式转换成所需的类型，其基本语法格式如下：

```
（类型名）表达式；
```

示例 4.2.6-2　显式类型转换，判断强制转换后的值。

（1）(int)3/2;。

解析：值是 1，两个整数相除，值为整数。

（2）(double)3/2;。

解析：值是 1.500000，先将 3 强制转换为 double 类型为 3.00000，然后除以 2 结果为 1.500000。

（3）int a=1243; (double)a;。

解析：值是 1243.000000，将 a 强制转换为 double 类型。

（4）int *p=&a; char *str=(char*)p; 。

解析：这里是把 a 中的数据转换了吗？不是，p 是一个地址，代表整型的地址，(char*)p 表达式的含义是开辟临时内存空间，存了地址值，代表了字符类型的地址，所以通过*p(名)存整型，通过*str(名)存字符。

从上述示例可以得出以下结论：强制转换是类型所代表的长度、数据的格式，一块内存可以存任意类型数据，要看此时内存用什么类型代表。

---

3. 字符串与数值之间的转换

在C语言中有自己的标准库，那么在<string.h>中，包含所有对字符串操作的函数，直接调用就好，当然也可以自己去实现这些函数，下面列举一些字符串转型成数值的函数。

（1）函数返回值为int类型：int atoi(const char *nptr);。

（2）函数返回值为long int类型：long atol(const char *nptr);。

（3）函数返回值为double类型：double atof(const char *nptr);。

示例4.2.6-3 判断输出结果是什么。

```
1.  #include <stdio.h>
2.  int atoi(const char *nptr);   //函数声明
3.  int main(int argc,char **argv){
4.      int a=atoi(argv[1]); //将atoi函数中argv[1]参数值赋值给a，并定义为int类型
5.      printf("%d\n",a);    //打印输出a的值
6.      int b=atoi("8");     //将atoi函数中字符串"8"赋值给b，并定义为int类型
7.      printf("%d\n",b);    // 打印输出b的值
8.      int c='8'-'0'; //将字符'8'所对应的ASCII值减去字符'0'所对应的ASCII值赋
9.                           //给c，并定义为int类型
10.     printf("%d\n",c);    // 打印输出c的值
11.     }
```

输出结果：

```
1.  root@ubuntu:/home/linux/chapter4# gcc Example4.2.6-3.c -o Example4.2.6-3
2.  root@ubuntu:/home/linux/chapter4# ./Example4.2.6-3 4.25
3.  4
4.  8
5.  8
```

程序分析：

第1行和第2行 分别是头文件的定义与函数的声明。

第3行 程序从main函数开始执行。

第4行 将atoi函数中argv[1]参数值赋值给a，并定义为int类型输出，本例中参数值为4.25，输出a的值为4。

第6行 将atoi函数中字符串"8"赋值给b，并定义为int类型，输出b的值为8。

第8行 将字符'8'所对应的ASCII值减去字符'0'所对应的ASCII值赋值给c，并定义为int类型，输出c的值为8。

数字转字符串，所需函数如下：

```
int  sprintf(char *str, const char *format, ...);
```

参数：str是指向一个字符数组的指针，该数组存储了C字符串；format是字符串，包含要被写入字符串str的文本。它可以包含嵌入的format标签，format标签可被随后的附加参数中指定的值替换，并按需求进行格式化。

format标签属性是%[flags][width][.precision][length]specifier，介绍如下：

① %-md：整型。

② %-ml：长整型。

③ %mu：无符号。
④ %mo：八进制。
⑤ %mx：十六进制。
⑥ %mp：十六进制前面有 0x。
⑦ %m.nf：单精度。
⑧ %m.nlf：双精度。
⑨ %mc：字符。
⑩ %ms：字符串。
⑪ m：代表占多少个字符的宽度。
⑫ .n：代表占小数点的位数。
⑬ -：代表左对齐。
⑭ ...：用逗号分隔的值(常量、变量、表达式)替换前面的格式符。

示例 4.2.6-4 判断输出结果是什么。

```
1.  #include <stdio.h>
2.  int main(int argc,char **argv){
3.  int a=23;
4.  char str[256];
5.  sprintf(str,"%d",a);
6.  printf("%s\n",str);
7.  sprintf(str,"0x%x, 0%o",a,a);
8.  printf("%s\n",str);
9.  double b=3.13241324;
10. sprintf(str,"%.2lf",b);
11. printf("%s\n",str);
12. }
```

输出结果：

```
1. root@ubuntu:/home/linux/chapter4# gcc Example4.2.6-4.c -o Example4.2.6-4
2. root@ubuntu:/home/linux/chapter4# ./Example4.2.6-4
3. 23
4. 0x17, 027
5. 3.13
```

程序分析：

第 2 行 程序从 main 函数开始执行。

第 3 和第 4 行 定义 a 为 int 类型并赋值为 23，定义 str 为字符型数组。

第 5 行 a 的值转换为十进制整数格式，并存储于字符型数组 str 中，输出结果为 23。

第 7 行 将 a 的值分别转换为十六进制数和八进数，存储于字符型数组 str 中，输出结果为 0x17，027。

第 9 行 定义 b 的值为 double 类型，并赋值为 3.13241324。

第 10 行 将 b 的值按照 long double 类型转换，并保留两位有效数字，存储于数组 str 中，输出结果为 3.13。

微课视频

4.2.7 输入/输出

C 语言中没有提供专门的输入/输出语句，输入/输出操作是通过调用 C 的标准库函数实现的。C 的标准库函数中提供用于标准输入/输出操作的函数，使用这些标准输入/输出函数时，只要在程序的开始位置加上如下一行编译预处理命令即可：

```
#include<stdio.h>
```

它的作用是：将输入/输出函数的头文件 stdio.h 包含到用户源文件中。其中，h 为 head（头）的缩写，std 为 standard（标准）的缩写，i 为 input（输入）的缩写，o 为 output（输出）的缩写。

1. 字符输入/输出

getchar()和 putchar()是专门用于字符输入/输出的函数。其中，getchar()用于从键盘输入一个字符，待用户按键后，将输入值返回，并自动将用户按键结果回显在屏幕上；putchar()则把字符写到屏幕的当前光标位置。这两个函数的使用格式如下：

```
变量=getchar();
putchar(变量);
```

示例 4.2.7-1 getchar()和 putchar()函数的使用。

```
1. #include <stdio.h>
2. int main(int argc,char **argv){
3.     char ch;
4.     printf("Press a key and then press Enter:");
5.     ch=getchar();          //从键盘输入一个字符，并将该字符存入变量 ch
6.     printf("You pressed ");
7.     putchar(ch);           //在屏幕上显示变量 ch 中的字符
8.     putchar('\n');         //输出一个回车换行符
9. }
```

输出结果如下：

```
1. root@ubuntu:/home/linux/chapter4# gcc Example4.2.7-1.c -o Example4.2.7-1
2. root@ubuntu:/home/linux/chapter4# ./Example4.2.7-1
3. Press a key and then press Enter:A
4. You pressed A
```

程序分析：

程序首先执行第 4 行语句，这时会在屏幕上显示如下提示信息：

Press a key and then press Enter:

然后执行第 5 行语句，等待用户从键盘输入一个字符，例如，从键盘输入 A，并按回车键，那么程序继续执行第 6 行语句，在屏幕上显示如下提示信息：

You pressed

接着执行第 7 行语句，在“You pressed”的后面再显示一个字符 A，即

You pressed A

最后执行第 8 行语句，将光标移到下一行起始位置。

2. 格式化输入/输出

C 语言提供了一对格式化输入/输出函数：scanf()函数与 printf()函数。scanf()函数用于读取用户输入数据；printf()函数用于向控制台输出数据。

1）scanf()函数

scanf()函数用于读取用户从键盘输入的数据，它可以灵活接收各种类型的数据，如字符串、字符、整型、浮点数等。scanf()函数也可以通过格式控制字符控制用户的输入，但它只使用类型（%d、%c、%f 等）格式控制，并不使用宽度、精度、标志等格式控制。scanf()函数一般格式如下：

```
scanf(格式控制字符串,参数地址列表);
```

其中，格式控制字符串是用双引号括起来的字符串，它包括格式转换说明符和分隔符两部分。scanf()函数的格式转换说明符通常由%开始并以一个格式字符结束，用于指定参数的输入格式，具体如表 4-2 所示。

表 4-2　scanf()函数的格式转换说明符

格式转换说明符	用　法
%d 或%i	输入十进制整数
%o	输入八进制整数
%x	输入十六进制整数
%c	输入一个字符，空白字符（空格、回车、制表符）也作为有效输入
%s	输入字符串，遇到一个空白字符时结束
%f 或%e	输入实数，以小数或指数形式输入均可
%%	输入一个百分号

参数地址列表是由若干变量的地址组成的列表，这些参数之间用逗号分隔。scanf()函数要求必须指定用来接收数据的变量地址，每个格式转换说明符都对应一个存储数据的目标地址。

示例 4.2.7-2　判断输出结果是什么。

```
1. #include<stdio.h>
2. int main(int argc,char **argv)
3. {
4.         int a;                      //定义 a 为整型数据
5.         scanf("%d",&a);             //接收一个从键盘输入的整型数据
6.         printf("--- %d\n",a);       //输出 a 的值
7.     }
```

输出结果如下：

```
1. root@ubuntu:/home/linux/chapter4# gcc Example4.2.7-2.c -o Example4.2.7-2
2. root@ubuntu:/home/linux/chapter4# ./Example4.2.7-2
3. 12
4. --- 12
```

程序分析：从键盘读取字符，当输入为 12 时，输出即为 12。

2）printf()函数

printf()函数为格式化输出函数，该函数最后一个字符f意为“格式（format）”，其功能是按照用户指定的格式将数据输出到屏幕上。printf()函数的一般格式如下：

```
printf(格式控制字符串,输出值参数列表);
```

格式控制字符串是用双引号括起来的字符串，简称为格式字符串。输出值参数列表中可有多个输出值，也可以没有（当只输出一个字符串时）。一般，格式控制字符串包括两个部分：格式转换说明符和需原样输出的普通文本。printf()函数格式转换说明符如表4-3所示。

表4-3 printf()函数格式转换说明符

格式转换说明符	用　法
%d或%i	输出带符号的十进制整数，正数的符号省略
%u	以无符号十进制整数形式输出
%o	以无符号八进制整数形式输出，不输出前导符0
%x	以无符号十六进制整数形式（小写）输出，不输出前导符0x
%X	以无符号十六进制整数形式（大写）输出，不输出前导符0x
%c	输出一个字符
%s	输出字符串
%f	以十进制小数形式输出实数（包括单、双精度），整数部分全部输出，隐含输出6位小数，输出的数字并非全部是有效数字，单精度实数的有效位数一般是7位，双精度实数的有效位数一般是16位
%e	以指数形式（小写e表示指数部分）输出实数，要求小数点前必须有且仅有1位非0数字
%E	以指数形式（大写E表示指数部分）输出实数
%g	根据数据的绝对值大小，自动选取f或e格式中输出宽度较小的一种，且不输出无意义的0
%G	根据数据的绝对值大小，自动选取f或E格式中输出宽度较小的一种，且不输出无意义的0
%p	以主机的格式显示指针，即变量的地址
%%	显示百分号%

格式控制字符串描述了输出格式。在一个格式控制字符串中可以有多个转换说明符。输出值参数列表逐个对应格式控制字符串中每个格式转换说明符。每个格式转换说明符都以一个%开始、以一个格式字符作为结束，用于指定各输出值参数的输出格式。

示例4.2.7-3 判断下面的程序输出结果是什么。

```
1. #include <stdio.h>
2. int main(int argc,char **argv){
3.     int a[23];                    //定义整型数组a
4.     scanf("%d",a);                //接收一个从键盘输入的整型数据a
5.     printf("--- %d\n",*a);        //输出a[0]中的数据
6.     int b;                        //定义b为int类型
7.     scanf("%d",&b);               //接收一个从键盘输入的整型数据b
8.     printf("--- %d\n",b);         //输出b值
```

```
9.    char c[256];                  //定义字符型数组 c
10.     scanf("%s",&c[0]);          //接收键盘输入字符串，存储于字符型数组 c 中
11.     printf("--- %s\n",c);       //输出数组中的字符串
12.     }
```

运行程序，输出结果如下：

```
1. root@ubuntu:/home/linux/chapter4# gcc Example4.2.7-3.c -o Example4.2.7-3
2. root@ubuntu:/home/linux/chapter4# ./Example4.2.7-3
3. 12
4. --- 12
5. 25
6. --- 25
7. china
8. --- china
```

程序分析：

第 2 行 程序从 main 函数开始执行。

第 4 行 执行该行代码，等待接收一个从键盘输入的整型数据 a，当输入为 12，输出即为 12。

第 7 行 同代码第 4 行，当输入为 25，输出为 25。

第 10 行 等待输入字符串，存储于字符型数组 c 中，当输入为 china，输出即为 china。

4.2.8 运算符

运算符是告诉编译器执行特定算术或逻辑运算操作的符号，它们针对一个或一个以上的操作数进行运算。C 语言中的运算符可以分为 7 种，每种运算符具有各自的功能。下面分类讨论各种类型的运算符。

1. 算术运算符

算术运算符包括如下内容：

（1）+：加法运算符，用于两个变量或者两个表达式之间的加法运算。

（2）-：减法运算符，用于两个变量或者两个表达式之间的减法运算。

（3）*：乘法运算符，用于两个变量或者两个表达式之间的乘法运算。

（4）/：除法运算符，用于两个变量或者两个表达式之间的除法运算。

（5）%：求余运算符，用于计算两个变量相除之后的余数。

（6）++：自增运算符。

（7）--：自减运算符。

除法运算符有一个规则，除数不能为 0。如果在写程序时没有发现这种错误，那么编译时一定会出现错误提示：浮点数异常。所以编译时如果遇到这个错误，就知道是除数为 0 了。

C 语言中有两个很有用的运算符：自增运算符“++”和自减运算符“--”，其中，“++”是运算数加 1，而“--”是运算数减 1，换句话说：x=x+1 同++x；x=x-1 同--x。自增和自减运算符可用在运算数之前，也可放在其后，例如：x=x+1 可写成++x 或 x++。

但在表达式中这两种用法是有区别的：如自增或自减运算符放在运算数之前，则执行

时先加 1 或减 1 运算，再进行赋值；自增或自减运算符放在运算数之后，则执行时先赋值，再进行加 1 或减 1 运算。

2. 赋值运算符

赋值运算符的含义是将一个数据赋给一个变量，虽然书写形式与数学中的等号相同，但两者的含义截然不同。由赋值运算符及相应操作数组成的表达式称为赋值表达式。其一般形式为：

```
变量名=表达式;
```

涉及算术运算符的复合赋值运算符共有 5 个，即+=、－=、*=、/=、%=。

上述就是赋值运算符，这部分的难点在于赋值都连在一起的时候怎么去处理。如：

```
int a=b=c=d=23;
```

这么写是错误的，原因是 b，c，d 没有被定义。正确写法为：

```
int b,c,d,a=b=c=d=23; //相当于 a=(b=(c=(d=23))),()代表里面表达式最后一次运算的
                      //结果
```

+=这个运算符比较常用。如：

```
int a=23;
a+=1;//相当于 a 先加 1，再赋值给 a
```

3. 关系运算符

关系运算符用于对两个数据进行比较，其结果是一个逻辑值（“真”或“假”），如“5>3”，其值为真。C 语言的比较运算中，“真”用非“0”数字表示，“假”用数字“0”表示。

关系运算符有>、>=、<、<=、==、!=。在关系运算符中有一个优先级的问题，>、>=、<、<=的优先级相同，==和!= 的优先级相同，且前面四种运算符的优先级高于后面两种运算符的优先级。如：已知 a=23，b=10，c=5，则 a>b>c 一定为真吗？答案是否定的。a>b>c 在语法上没有错，但在逻辑上却与数学中表达式的含义不同，即“a>b>c”不表示“a 大于 b，同时 b 又大于 c”。这是为什么呢？

首先计算 a>b>c 的值，在表达式 a>b>c 中有两个运算符，当优先级相同时，计算顺序取决于运算符的结合性，由于关系运算符都是左结合的，因此先计算 a>b 的值，因为 23>10 成立，所以结果用“1”表示；其次计算 1>c 是否成立，因为 1>5 不成立，结果用“0”表示，所以最终判断表达式结果为假。

4. 逻辑运算符

逻辑运算符也称布尔运算符，C 语言提供了三种逻辑运算符：&&、||、!。用逻辑运算符连接操作数组成的表达式称为逻辑表达式。逻辑表达式的值只有真和假两个值：用 1 表示真，用 0 表示假。

“逻辑与（&&）”运算的特点：只有两个操作数都为真，结果才为真；只要有一个为假，结果就为假。因此，当要表示两个条件必须同时成立时，可用“逻辑与”运算符连接这两个条件。

“逻辑或（||）”运算的特点：只要有一个操作数为真，结果就为真；只有两个操作数都为假，结果才为假。因此，当需要表示“或者……或者……”这样的条件时，可用“逻辑

或”运算符连接这两个条件。

“逻辑非（!）”运算的特点：当操作数为非0值时，取反为0；当操作数为0值时，取反为1。

示例 4.2.8-1 编写程序，计算输入的日期是否为闰年。

```
1. #include<stdio.h>
2. int main(int argc,char **argv){
3. int y;
4. scanf("%d",&y);
5. printf("%s\n", ((y%4==0 )&& (y%100! =0)) || (y%400==0)?"闰年": "平年");
                                                        //闰年判断条件
6. }
```

运行程序，输出结果如下：

```
1. root@ubuntu:/home/linux/chapter4# gcc Example4.2.8-1.c -o Example4.2.8-1
2. root@ubuntu:/home/linux/chapter4# ./Example4.2.8-1
3. 2018
4. 平年
```

程序分析：

第5行 为闰年的判断条件，即能被4整除，但不能被100整除，或能被400整除。程序运行时，输入测试数据y的值为2018，不满足其条件，则输出平年。

5. 条件运算符

C语言提供了一个条件运算符，即“?:”，其语法格式如下：

```
a?b:c;
```

如果a是真，则结果为b，否则结果为c。如：

```
1. int a=23,b=34,c=12;
2. a>b?a:b;            //如果 a>b，则表达式结果为 a 的值，否则，为 b 的值
3. a>b?a:b>c?b,c;      //右结合，相当于 a>b?a:(b>c?b:c);
```

6. 逗号运算符

逗号运算符可将多个表达式连接在一起，构成逗号表达式，其作用是实现对各个表达式的顺序求值，因此逗号运算符也称为顺序求值运算符。其一般形式如下：

```
表达式 1,表达式 2,…,表达式 n;
```

先计算逗号前面的表达式，再计算后面的表达式，整个表达式运算结果为最后一次的结果，如：

```
1. int a=12,c=23;
2. int b=(a++,c+=a++,--a);
```

解析：首先a++计算后变为13，然后经表达式c+=a++计算后a的值变为14，最后经--a计算又变为13，将值13赋给了b。

7. 长度运算符

sizeof()运算符是最容易混淆的。sizeof()本身是关键字并不是函数。其用途是计算数据

类型以及变量的字长（所占存储空间的大小）。

与 sizeof()不同的是：strlen()就是函数，封装在 string.h 的头文件里，所以该函数就是测量字符串的长度，那么字符串有一个难点在于，一个字符串的长度是在 '/0'之前的长度，那么在用数组存取字符串时，分配的最小空间要比字符串的长度大 1，这样才能把字符串存进去。

示例 4.2.8-2 判断下面程序打印输出的结果是什么。

```
1.  #include<stdio.h>
2.  #include<string.h>
3.  int main(int argc,char **argv){
4.  printf("%ld\n",sizeof(int));//代表用 int 类型分配的内存是 4 字节，打印输出的结果为 4
5.  int a;
6.  printf("%ld\n",sizeof(a)); //代表 a 的内存是 4 字节，打印输出的结果为 4
7.  char buf[200];
8.  printf("%ld\n",sizeof(buf)); //200 代表 buf 内存长度为 200 字节，打印输出的结果为 200
9.  char buf1[200]="abc";
10. printf("%ld\n",strlen(buf1)); //buf1 中字符串的长度为 3，打印输出的结果为 3
11. }
```

运行程序，输出结果如下：

```
1. root@ubuntu:/home/linux/chapter4# gcc Example4.2.8-2.c -o Example4.2.8-2
2. root@ubuntu:/home/linux/chapter4#  ./Example4.2.8-2
3. 4
4. 4
5. 200
6. 3
```

4.3 控制语句

微课视频

4.3.1 分支语句

分支语句包括 if 语句、switch 语句等。

1. if 语句

if 语句主要有 3 种格式，分别介绍如下：

（1）
```
if (表达式 1)
{
        语句 1;
}
```

（2）
```
if (表达式 1)
{
        语句 1;
}
else
{
        语句 2;
```

```
    }
```

（3）if (表达式 1)

```
    {
          语句 1;
    }
    else if (表达式 2){
          语句 2;
    }
    ...
    else{            //可省略
          语句 n;
    }
```

用途：根据条件决定执行哪些语句。若语句块中有多条语句时，必须用{}括起来。if语句的表达式一般情况下为逻辑表达式或关系表达式，也可以是任意类型（整型、实型、字符型、指针型）。

示例 4.3.1-1　重新编写示例 4.2.8-1 程序，判断输入的年份是否为闰年。

```
1.  #include <stdio.h>
2.  #include <string.h>
3.  int main(int argc,char **argv){
4.  int y;
5.      scanf("%d",&y);                           //输入判断的年份
6.      if (y%4==0 && y%100!=0 || y%400==0)       //闰年判断条件
7.        printf("闰年\n");                        //满足条件，输出闰年
8.      else
9.        printf("平年\n");                        //不满足条件，输出平年
10. }
```

运行程序，输出结果如下：

```
1. root@ubuntu:/home/linux/chapter4# gcc Example4.3.1-1.c -o Example4.3.1-1
2. root@ubuntu:/home/linux/chapter4# ./Example4.3.1-1
3. 2016
4. 闰年
```

示例 4.3.1-2　编写程序，输入成绩，打印输出优、良、中、差或不及格的结果。

```
1.  #include <stdio.h>
2.  #include <string.h>
3.  int main(int argc,char **argv){
4.  int s;
5.      scanf("%d",&s);           //输入成绩
6.      if (s>100 || s<0)         //如果 s 小于 0 或 s 大于 100
7.        printf("输入错误\n");
8.      else if (s>=90)           //如果 s 大于或等于 90
9.        printf("优\n");
10.     else if (s>=80)           //如果 s 大于或等于 80
11.       printf("良\n");
12.     else if (s>=70)           //如果 s 大于或等于 70
```

```
13.         printf("中\n");
14.       else if (s>=60)          //如果 s 大于或等于 60
15.         printf("差\n");
16.       else
17.         printf("不及格\n");
18. }
```

运行程序，输出结果如下：

```
1. root@ubuntu:/home/linux/chapter4# gcc Example4.3.1-2.c -o Example4.3.1-2
2. root@ubuntu:/home/linux/chapter4# ./Example4.3.1-2
3. 85
4. 良
```

2．switch 语句

switch 语句格式如下：

```
switch(表达式){
case 常量1:
     语句1;
     break;
case 常量2:
     语句2;
     break;
...
default:
        语句n;
        break;
}
```

首先表达式和 case 语句后面的常量进行匹配，如果匹配成功，则开始向下执行代码；如果 case 语句中无法找到匹配的值，则进入 default，开始向下执行代码。在所有的 case 中，如果匹配成功，则不再继续匹配。break 语句用来跳出 switch 结构。

示例 4.3.1-3 设计一个简单的计算器程序，要求根据用户从键盘输入的表达式计算结果。

```
1.  #include <stdio.h>
2.  #include <string.h>
3.  int main(int argc,char **argv){
4.      int data1,data2;                        //定义 data1、data2 为 int 类型
5.      char op;                                //定义 op 为字符型
6.      printf("输入表达式:");
7.      scanf("%d%c%d",&data1,&op,&data2);  //输入运算表达式
8.      switch(op)                              //根据输入的运算符确定执行的运算
9.  {
10.     case'+':printf("%d+%d=%d\n",data1,data2,data1+data2);break;
                                                //执行加法运算
11.     case'-':printf("%d-%d=%d\n",data1,data2,data1-data2);break;
                                                //执行减法运算
12.     case'*':printf("%d*%d=%d\n",data1,data2,data1*data2);break;
```

```
                                        //执行乘法运算
13.     case'/':                        //执行除法运算
14.     if(0==data2)                    //检查除数是否为 0，避免出现除零溢出错误
15.     printf("Division by zero!");
16.     else
17.     printf("%d/%d=%d\n",data1,data2,data1/data2);break;
18.     default:printf("Unknown operator!\n");
19. }
20. }
```

运行程序，输出结果如下：

```
1. root@ubuntu:/home/linux/chapter4# gcc Example4.3.1-3.c -o Example4.3.1-3
2. root@ubuntu:/home/linux/chapter4# ./Example4.3.1-3
3. 输入表达式:23+15
4. 23+15=38
```

4.3.2 循环语句

循环语句包括如下内容。

1．do ... while 语句

格式：

```
do {
    执行语句;
}while(条件);
```

执行过程：在检查条件是否为真之前，该循环首先会执行一次语句，然后检查条件是否为真，如果条件为真，就会重复这个循环。

示例 4.3.2-1　用 do...while 语句求 0~9 数值间的累计和。

```
1. #include <stdio.h>
2. int main(int argc,char **argv){
3.      int i=0;            //初始化循环变量 i 值为 0
4.      int sum=0;          //初始化 sum 值为 0
5.      do{
6.      sum+=i;             //实现累加
7.      i++;                //循环控制变量 i 增 1
8.      }while(i<10);       //当 i 小于 10 时执行循环体
9.      printf("--- %d\n",sum);
10.   }
```

运行程序，输出结果如下：

```
1. root@ubuntu:/home/linux/chapter4# gcc Example4.3.2-1.c -o Example4.3.2-1
2. root@ubuntu:/home/linux/chapter4# ./Example4.3.2-1
3. --- 45
```

2．while 语句

格式：

```
while(条件){
    执行语句;
}
```

执行过程：首先判断表达式的值是否为真，如果为真，则执行循环体内的语句，然后再判断表达式是否为真；如果为真，再执行循环体内的语句，如此循环往复，直到表达式的值为假为止。

示例 4.3.2-2 用 while 语句求 0~9 数值间的累计和。

```
1. #include <stdio.h>
2. int main(int argc,char **argv){
3.          int i=0;            //初始化循环变量 i 值为 0
4.          int sum=0;          //初始化 sum 值为 0
5.          while(i<10){        //当 i 小于 10 时执行循环体
6.          sum+=i;             //实现累加
7.          i++;                //循环控制变量 i 增 1
8.          }
9.          printf("--- %d\n",sum);
10.   }
```

运行程序，输出结果如下：

```
1. root@ubuntu:/home/linux/chapter4# gcc Example4.3.2-2.c -o Example4.3.2-2
2. root@ubuntu:/home/linux/chapter4# ./Example4.3.2-2
3. --- 45
```

3. for 语句

格式：

```
for(表达式 1;表达式 2;表达式 3){
    执行语句;
}
```

执行过程：首先求解表达式 1 的值，然后判断表达式 2 是否为真，如果为真，则执行循环体语句，然后求解表达式 3 的值；接下来再判断表达式 2 是否为真，如果为真，继续执行循环体语句及求解表达式 3 的值，直到表达式 2 为假为止。

示例 4.3.2-3 用 for 语句求 0~9 数值间的累计和。

```
1.  #include<stdio.h>
2.  int main(int argc,char **argv){
3.          int sum=0;              //初始化 sum 值为 0
4.          for(i=0;i<10;i++){      //依次处理 0~9 数据
5.             sum+=i;              //实现累加
6.          }
7.          printf("--- %d\n",sum);
8.      }
```

运行程序，输出结果如下：

```
1. root@ubuntu:/home/linux/chapter4# gcc Example4.3.2-3.c -o Example4.3.2-3
```

```
2. root@ubuntu:/home/linux/chapter4# ./Example4.3.2-3
3. --- 45
```

示例 4.3.2-4　编写程序，求 1~100 能被 3 整除但不能被 7 整除的数的和。

要点分析：

（1）要注意条件用于做什么。1~100 是一个条件，i 代表取值用于循环，i%3==0 && i%7! = 0 用于选择执行求和。

（2）哪些语句用于重复执行？哪些语句是选择执行？每个数都要判断，所以求和的条件是被重复执行，i++是被重复执行。

方法 1：while 语句实现。

```
1.  #include<stdio.h>
2.  int main(int argc,char **argv)
3.  {
4.        int i,sum;
5.        i=1,sum=0;
6.        while(i<=100)
7.           {
8.           if (i%3==0&&i%7!=0){    //判断能被 3 整除但不能被 7 整除
9.           sum+=i; }
10            i++;
11.         }
12. printf("sum=%d\n",sum);
13. }
```

运行程序，输出结果如下：

```
1. root@ubuntu:/home/linux/chapter4# gcc Example4.3.2-4.c -o Example4.3.2-4
2. root@ubuntu:/home/linux/chapter4# ./Example4.3.2-4
3. sum=1473
```

方法 2：for 语句实现。

```
1.  #include<stdio.h>
2.  int main(int argc,char **argv)
3.  {
4.      int i,sum;
5.      for(i=1,sum=0;i<=100;i++){
6.      if (i%3==0&&i%7!=0){  //判断能被 3 整除但不能被 7 整除
7.          sum+=i;
8.         }
9.  }
10. printf("sum=%d\n",sum);
11. }
```

运行程序，输出结果如下：

```
1. root@ubuntu:/home/linux/chapter4# gcc Example4.3.2-4.c -o Example4.3.2-4
2. root@ubuntu:/home/linux/chapter4# ./Example4.3.2-4
```

```
3. sum=1473
```

4．循环跳转

通常计算机中的语句是按照它们的编写顺序逐条执行的，这就是所谓的顺序执行。不过，可以借助下面介绍的各种 C 语句实现“下一条要执行的语句并不是当前语句的后续语句”，这称为跳转语句。C 语言提供了 4 种跳转语句：goto 语句、break 语句、continue 语句和 return 语句。

goto 语句的作用是改变程序的流向，转去执行语句标号所标识的语句。通常与条件语句配合使用，用来实现条件转移、构成循环、跳出循环体等功能。

return 语句结束当前函数，如果在循环里面，则同时结束循环；如果在 main 函数中，则可结束程序。

exit(0)语句结束程序，在任何函数中或任何.c 文件中都可结束程序。

break 语句结束 switch 语句和循环语句，不能用在 goto 语句中向后跳出。

continue 语句向前跳到条件处。中止当前这次的循环。

例如：

```
1.  int i;
2.      for(i=0;i<10;i++){
3.  }
```

经过 for 语句循环后，i 变为 10。

```
1.  int i;
2.  for(i=0;i<10;i++){
3.  if (i==6) break;
4.  }
```

当 i 的值为 6 时，执行 break 语句跳出循环，不再执行循环语句。

```
1.  int i;
2.  for(i=0;i<10;i++){
3.  if (i==6) continue;
4.  }
```

当 i 的值为 6 时，执行 continue 语句跳出本次循环，继续执行下轮循环。经过 for 语句循环后，i 变为 10。

示例 4.3.2-5 计算半径为 1~100 的圆的面积，要求面积小于 100。

要点分析：解决问题的关键算法为求圆的面积并按要求输出。循环求圆的面积 s，若 s≥100，则用 break 语句跳出循环。

```
1.  #include <stdio.h>
2.  int main(int argc,char **argv){
3.  int i;
4.      double s=0;
5.      for(i=1;i<=100; i++){     //定义循环变量 i 的初值与终值
6.        s=3.14*i*i;             //计算圆的面积
7.        if (s>=100) break;      //若 s 值大于或等于 100，则跳出循环
```

```
8.          printf("--- s=%lf\n",s);
9.      }
10. }
```

运行程序，输出结果如下：

```
1.  root@ubuntu:/home/linux/chapter4# gcc Example4.3.2-5.c -o Example4.3.2-5
2.  root@ubuntu:/home/linux/chapter4# ./Example4.3.2-5
3.  --- s=3.140000
4.  --- s=12.560000
5.  --- s=28.260000
6.  --- s=50.240000
7.  --- s=78.500000
```

示例 4.3.2-6　计算 1+3+5+7+…+n。

要点分析：1，…，n 的数代表 a 要使用的数，可以一个个拿出来用，重复循环，测试 a 的变化规律。

方法 1：

```
1.  #include <stdio.h>
2.  int atoi(const char *nptr);      //函数声明
3.  int main(int argc,char **argv){
4.     int a,n=atoi(argv[1]),s=0;
5.     for(a=1;a<=n;a+=2){           //循环变量 a 循环次数取决于 n 的取值
6.     //printf("--- a=%d\n",a);     //测试
7.     s+=a;
8.     }
9.     printf("--- s=%d\n",s);
10. }
```

运行程序，输出结果如下：

```
1.  root@ubuntu:/home/linux/chapter4# gcc Example4.3.2-6.c -o Example4.3.2-6
2.  root@ubuntu:/home/linux/chapter4# ./Example4.3.2-6 100
3.  --- s=2500
```

方法 2：

```
1.  #include <stdio.h>
2.  int atoi(const char *nptr);      //函数声明
3.  int main(int argc,char **argv){
4.      int i,a,n=atoi(argv[1]),s=0;
5.      for(i=1;i<=n/2;i++){
6.      a=i*2-1;
7.      //printf("--- a=%d\n",a);    //测试
8.      s+=a;
9.      }
10.     printf("--- s=%d\n",s);
11. }
```

运行程序，输出结果如下：

```
1.  root@ubuntu:/home/linux/chapter4# gcc Example4.3.2-6.c -o Example4.3.2-6
2.  root@ubuntu:/home/linux/chapter4# ./Example4.3.2-6 100
3.  --- s=2500
```

示例 4.3.2-7　计算 1+1/3+1/5+1/7+…+1/n。

要点分析：fm 为递增序列 1，3，5，…，n；fm+=2，fz=1；要使用的数为 a= fz/fm。

```
1.  #include <stdio.h>
2.  int atoi(const char *nptr);      //函数声明
3.  int main(int argc,char **argv){
4.      int fz,fm,n=atoi(argv[1]);   //定义 fz,fm,n 的数据类型为 int 类型
5.      double a,s=0;                //定义 a，s 为 double 类型
6.      for(fz=1,fm=1;fm<=n;fm+=2){  //fm 的值取决于输入的 n 值
7.      a=(double)fz/fm;             //类型强制转换为 double
8.      //printf("--- a=%lf\n",a);   //测试
9.      s+=a;
10.     }
11.     printf("--- s=%lf\n",s);
12. }
```

运行程序，输出结果如下：

```
1.  root@ubuntu:/home/linux/chapter4# gcc Example4.3.2-7.c -o Example4.3.2-7
2.  root@ubuntu:/home/linux/chapter4# ./Example4.3.2-7 101
3.  --- s=2.947676
4.  root@ubuntu:/home/linux/chapter4# ./Example4.3.2-7 100
5.  --- s=2.937775
```

示例 4.3.2-8　计算 1−1/3+1/5−1/7+…+1/n。

```
1.  #include <stdio.h>
2.  int atoi(const char *nptr);      //函数声明
3.  int main(int argc,char **argv){
4.      int fz,fm,n=atoi(argv[1]);   //定义 fz,fm,n 的数据类型为 int 类型
5.      double a=1,s=0;              //定义 a，s 为 double 类型
6.      for(fz=1,fm=1;fm<n;fm+=2){   //fm 的值取决于输入的 n 值
7.      a=(double)fz/fm;             //类型强制转换为 double
8.      //printf("--- a=%lf\n",a);   //测试
9.      s+=a;
10.     //----做准备-----------
11.     fz=-fz;   //fz 取负值，为下轮做减法准备
12.     }
13.     printf("--- s=%lf\n",s);
14. }
```

运行程序，输出结果如下：

```
1.  root@ubuntu:/home/linux/chapter4# gcc Example4.3.2-8.c -o Example4.3.2-8
2.  root@ubuntu:/home/linux/chapter4# ./Example4.3.2-8 100
```

```
3.  --- s=0.780399
```

示例 4.3.2-9 计算 1+1+2+3+5+8+13+…的结果。

要点分析：第三项是前两项的和。要使用的数为 a=a1+a2；下次要使用的 a2 和 a1，其中，a1=a2，a2=a。

```
1.  #include <stdio.h>
2.  int atoi(const char *nptr);                    //函数声明
3.  int main(int argc,char **argv){
4.      int a=1,a1=0,a2=0,n=atoi(argv[1]);     //定义变量初值
5.      int s=0;
6.      for(;a<n;){
7.      //printf("----- a=%d\n",a);
8.      s+=a;
9.      //----为下次循环做准备
10.     a1=a2;
11.     a2=a;
12.     a=a1+a2;
13.    }
14.     printf("--- s=%d\n",s);
15. }
```

运行程序，输出结果如下：

```
1.  root@ubuntu:/home/linux/chapter4# gcc Example4.3.2-9.c -o Example4.3.2-9
2.  root@ubuntu:/home/linux/chapter4# ./Example4.3.2-9 100
3.  --- s=232
```

5．循环嵌套

如果将一个循环语句放在另一个循环语句的循环体中，就构成了嵌套循环。while、do…while、for 这三种循环语句均可以相互嵌套，即在每种循环体内，都可以完整地包含另一个循环结构。嵌套的循环，也称多重循环，常用于解决矩阵运算、报表打印等问题。

示例 4.3.2-10 输出打印九九乘法表（下三角）。

要点分析：下三角格式的关键是控制每行打印的列数，规律是：第 1 行打印 1 列，第 2 行打印 2 列，……，第 9 行打印 9 列，即第 i 行打印 i 列。

```
1.  #include <stdio.h>
2.  int main(int argc,char **argv){
3.      int i,j;
4.      for(i=1;i<=9;i++){         //外层循环控制被乘数 i 从 1 变化到 9
5.          for(j=1;j<=i;j++){   //内层循环控制被乘数 j 从 1 变化到 i
6.              printf("%d*%d=%-4d ",j,i,i*j);  //输出 i 行 j 列的值
7.          }
8.          printf("\n");      //控制输出换行，准备输出下一行
9.      }
10. }
```

运行程序，输出结果如下：

```
1.  root@ubuntu:/home/linux/chapter4# gcc Example4.3.2-10.c -o Example4.3.2-10
2.  root@ubuntu:/home/linux/chapter4# ./Example4.3.2-10
3.  1*1=1
4.  1*2=2  2*2=4
5.  1*3=3  2*3=6   3*3=9
6.  1*4=4  2*4=8   3*4=12  4*4=16
7.  1*5=5  2*5=10  3*5=15  4*5=20  5*5=25
8.  1*6=6  2*6=12  3*6=18  4*6=24  5*6=30  6*6=36
9.  1*7=7  2*7=14  3*7=21  4*7=28  5*7=35  6*7=42  7*7=49
10. 1*8=8  2*8=16  3*8=24  4*8=32  5*8=40  6*8=48  7*8=56  8*8=64
11. 1*9=9  2*9=18  3*9=27  4*9=36  5*9=45  6*9=54  7*9=63  8*9=72  9*9=81
```

示例 4.3.2-11 打印如下图形。

```
     *
    ***
   *****
  *******
 *********
***********
```

要点分析：这个图形由 n 行组成，用 i 代表行号，每行由" "和"*"组成，共分为两部分。

（1）空格规律：i 有 n−i 个空格，所以有多少个空格就重复输出" "多少次循环。

（2）*的规律：i 有 i*2−1 个*，所以有多少个*就重复输出"*"多少次循环。

```
1.  #include <stdio.h>
2.  int atoi(const char *nptr);   //函数声明
3.  int main(int argc,char **argv){
4.      int n=atoi(argv[1]);
5.      int i,j;
6.      for(i=1;i<=n;i++){
7.          //输出空格
8.          for(j=1;j<=n-i;j++) printf(" ");
9.          //输出*
10.         for(j=1;j<=i*2-1;j++) printf("*");
11.         //--是一行的结束
12.         printf("\n");
13.     }
14. }
```

运行程序，输出结果如下：

```
1.  root@ubuntu:/home/linux/chapter4# gcc Example4.3.2-11.c -o Example4.3.2-11
2.  root@ubuntu:/home/linux/chapter4# ./Example4.3.2-11 10
3.           *
4.          ***
5.         *****
6.        *******
7.       *********
```

```
8.      ***********
9.     *************
10.   ***************
11.  *****************
12. *******************
```

示例 4.3.2-12 判断 101~200 有多少个素数，并输出所有素数。

要点分析：判断一个数是否为素数，需要将 1~a−1 除这个数，看是否能除尽，只要被一个数除尽就是素数。设置一个标记，先假设是素数，如果遇到一个除尽则更改标记。由于需要判断 101~200 的数，所以需要运行 100 次（轮）。

```
1.  #include <stdio.h>
2.  int main(int argc,char **argv){
3.      int i,j;
4.      for(i=101;i<=200;i++){ //i 轮或理解为第 i 个数
5.      //判断是否为素数
6.      int sign=1; //先假设是素数
7.          for(j=2;j<i;j++){ //j 代表要除的数
8.          if (i%j==0) {
9.          sign=0;
10.         break;
11.       }
12.     }
13.       //判断完之后输出
14.       if (sign==1){
15.           printf("%d ",i);
16.       }
17.   }
18. }
```

运行程序，输出结果如下：

```
1.  root@ubuntu:/home/linux/chapter4# gcc Example4.3.2-12.c -o Example4.3.2-12
2.  root@ubuntu:/home/linux/chapter4#  ./Example4.3.2-12
3.  101 103 107 109 113 127 131 137 139 149 151 157 163 167 173 179 181 191 
193 197 199
```

4.4 数组与字符串

4.4.1 数组的定义

微课视频

数组是相同类型数据的集合，内存空间连续。

格式：

```
数据类型 数组名[元素的个数];
```

例如：

```
int a[5];
```

上式定义了一个数组，数组名为 a，数组里有 5 个元素，元素数据类型为整型。

数组赋值的几个问题如下：

（1）int a[12];//定义了 12 个变量，a 是数组名，每个变量的名为 a[i]，i 是下标、索引、序号，范围是 0~11。

（2）在定义数组时，[ ]里面的数据代表个数；在使用数组元素时，[ ]里面的数据代表下标。

4.4.2 数组本质探讨

数组的定义在 4.4.1 节已介绍过是相同类型数据的连续内存空间。那是一个狭义的定义，就是从数组是什么的角度来解释数组。那么我们现在深入地换个角度去看，数组的本质就是一种最简单的数据结构。所谓数据结构狭义上来讲就是数据存储的方式。在实际应用中数组的应用相当广泛，基本每个程序都用数组，有的是字符串数组，有的是纯数字的。数组还经常和指针联系在一起，数组的指针，指针数组等。那么我们现在深入剖析一下。

数组名的本质，是第 0 个元素（首元素）的地址。

示例 4.4.2-1 分析下面程序的输出结果。

```
1.  #include <stdio.h>
2.  int main(int argc,char **argv){
3.      int a[6]={1,2,3,4,5,6};
4.      printf("%d,%p,%p,%p\n",a[0],&a[0],&a[1],a);
5.  }
```

运行程序，输出结果如下：

```
1.  root@ubuntu:/home/linux/chapter4# gcc Example4.4.2-1.c -o Example4.4.2-1
2.  root@ubuntu:/home/linux/chapter4# ./Example4.4.2-1
3.  1,0x7fff33477a20,0x7fff33477a24,0x7fff33477a20
```

每个数组元素之间地址相差 4 字节(int)，地址+1 代表地址值为：地址+1*sizeof(int)字节。a+0 是 a[0]的地址；a+1 是 a[1]的地址；a+2 是 a[2]的地址；……第 4 行，通过 printf 语句依次打印输出 a[0]的值、a[0]的地址、a[1]的地址以及数组 a 的首地址。

示例 4.4.2-2 分析下面程序的输出结果。

```
1.  #include <stdio.h>
2.  int main(int argc,char **argv){
3.      int a[6]={1,2,3,4,5,6};
4.      printf("%d,%p,%p, %p,%p\n",a[0],&a[0],&a[1],a,a+1);
5.      return 0;
6.  }
```

运行程序，输出结果如下：

```
1.  root@ubuntu:/home/linux/chapter4# gcc Example4.4.2-2.c -o Example4.4.2-2
2.  root@ubuntu:/home/linux/chapter4# ./Example4.4.2-2
3.  1,0x7ffe7d97b580,0x7ffe7d97b584,0x7ffe7d97b580,0x7ffe7d97b584
```

a[i]的地址为&a[i]或 a+i , (a+1)[2]等价于 a[3]，[ ]代表地址向后偏移再取值。

数组之所以有这么多的属性，是源于它本身的结构。数组的名，就是数组首元素的地址。我们可以通过指针的偏移来方便地去访问每个数组元素。数组的优缺点归结于以下几点：

（1）存储方式简单，便于访问。

（2）十分灵活。

（3）删除元素不方便，所以在数组中元素的删除很麻烦。

（4）所存取的数据类型相同，不适合大型的增、删、改、查。

以上就是数组的优缺点。我们一直在寻找好的数据结构统一方法，但是目前还没有，所以大型的增、删、改、查使用链表结构，平时使用数组结构。

4.4.3　一维数组和二维数组

1. 关于多维度数组的探讨

任意一种数据类型在内存中都有它的存在形式，对于数组，可以把它抽象为一块内存条。也就是二维数组、三维数组在内存中是不同的内存条。所以二维数组或者更高维度的数组都是一维数组，只不过需要不同的抽象模型，所以用到不同维度数组。不同维度的数组是可以相互转换的，下面讲解转换方法。

2. 二维数组的定义

一维数组是数据的数组，每个单元至少是一个数据。多维数组是数组的数组，每个元素是一个数组。

格式：

```
类型 数组名[数组的个数][元素个数];
```

如：

```
(1)int a[2][5];          //a 是二维数组名，包含 2 个一维数组
(2)int b[3][5][6];       //3 个平面，5 个线，6 个点
(3)int c[8][3][5][6];    //8 个立方，3 个平面，5 个线，6 个点
(4)int a[4][5]; //4 个一维数组，每个一维数组有 5 个元素
                //a 为二维数组名，是二维数组第 0 个元素地址，即一个一维数组的地址
                //a[i]为一维数组名，是一维数组第 0 个元素地址，即一个整型的地址
                //a[i][j]为第 i 个一维数组中的第 j 个变量名
(5)int a[5][4]; //a 有 5 个元素，每个元素都是一个数组，一维数组中有 4 个元素
                //a 是数组名
                // a+1 是 a[1]的地址，所以 a+1 是数组的地址
                //(a+1)+1 是从 a 算起的第 2 个数组(行)的地址
                //(a+1)[1]是从 a 算起的第 2 个数组(行)的名
```

一维数组名是一维数组的首地址，所以(a+1)[1]是第二行的首地址，即第 2 行第 0 列整数的地址。

3. 二维数组的初始化

方法一：把二维数组当成一维数组，例如：

```
int a[3][4]={1, 2, 3, 4, 5, 6, 7, 8, 9, 10, 11, 12}; //定义二维数组，3 行 4 列
int a[][4]={1, 2, 3, 4, 5, 6, 7, 8, 9, 10, 11, 12};  //定义二维数组，3 行 4 列，
                                                     //行数可省略，列数不可省略
```

```
int a[][4]={1, 2, 3}; //定义二维数组 1 行 4 列，没有初始化的默认为 0
```

方法二：把二维数组当成多组一维数组，例如：

```
int a[3][4]={{1, 2, 3, 4}, {5, 6, 7, 8}, {9, 10, 11, 12}}; //{}为一个组
int a[][4]={{1, 2}, {6, 7, 8}, {9}};
//a[0][2]和 a[0][3]为 0，a[1][3]为 0，a[2][1]、a[2][2]和 a[2][3]为 0，没有初始化
//的默认为 0
```

二维字符数组的初始化

```
char a[3][4]={'1','2','3'}; //a[0][0]、a[0][1]和 a[0][2]数据为'1'、'2'、'3',
                            //其他默认为 0
char a[3][4]={"123"};       //a[0][0]、a[0][1]和 a[0][2]数据为'1'、'2'、'3',
                            //其他默认为 0
char a[][4]={"123", "ad", "YYZ"};//没有初始化默认为 0
```

4. 二维数组与一维数组之间的转换

二维数组与一维数组之间的转换很简单，牢记下面的公式：

$$i=k/m$$

$$j=k\%m$$

$$k=i*m+j$$

i 和 j 分别代表二维数组的行数和列数，k 是总元素的个数，m 不是很好解释，例如 12 个元素的数组，那么想把它转换成二维数组，行数和列数的乘积必须是 12，所以 m 可以在这几个数中随意挑选，比如 3 或者 4。下面是公式的应用：

（1）用二维数组表达一维数组。

```
1.  #include<stdio.h>
2.  int main(int argc,char **argv){
3.      int a[12]={6,3,4,5,11,7,8,9,10,1,2,12};
4.      int i,j;
5.          for(i=0;i<3;i++) {
6.              for(j=0;j<4;j++){
7.                  printf("%d ",a[i*4+j]);
8.              }
9.          }
10.     }
```

（2）用两重循环操作二维数组。

```
1.  #include<stdio.h>
2.  int main(int argc,char **argv){
3.      int a[3][4]={6,3,4,5,11,7,8,9,10,1,2,12};
4.      int i,j;
5.      for(i=0;i<3;i++) {
6.       for(j=0;j<4;j++){
7.           printf("%d ",a[i][j]);
8.          }
9.      }
```

```
10.      }
```

（3）用一重循环操作二维数组。

```
1.  #include<stdio.h>
2.  int main(int argc,char **argv){
3.      int a[3][4]={6,3,4,5,11,7,8,9,10,1,2,12};
4.      int i,j,k;
5.      for(k=0;k<12;k++){
6.      printf("%d ",a[k/4][k%4]);
7.              }
8.      }
```

或

```
1.  #include<stdio.h>
2.  int main(int argc,char **argv){
3.  int a[3][4]={6,3,4,5,11,7,8,9,10,1,2,12};
4.  int i,j,k;
5.  for(k=0;k<12;k++){
6.  printf("%d ",*(a[0]+k));
7.      }
8.  }
```

4.4.4 字符串

1. 字符

先从 RGB 显示原理介绍字符。我们的计算机屏幕由无数个点组成，而每个点又都由 RGB 三个灯组成，RGB 显然就是光的三原色红、绿、蓝。三个灯通过不同亮度的混合达到不同的颜色。图片是这些灯不同亮暗程度的结合。那么计算机存储数据，如何表示字符呢？ASCII 码解决了这个问题，它把这些字符都画出来存入一个特定的地址中，当需要时取出。如果单独写字符时，则需要使用单引号''括起来。

2. 字符串与数组

C 语言无字符串变量，而是用字符数组处理字符串，字符串的结束标志为'\0'。

字符串的本质是字符数组，我们先来看怎么初始化一个字符串。例如：

```
1.  char s[5]={"asdf"};  //字符串长度为 4，数组长度是 5
2.  char s[5]="asdf";    //同上
3.  char s[]="asdf";     //数组长度是 5，字符串长度为 4
```

字符串有很多特殊的地方，第一个便是长度，从第 1 行的初始化可以看出字符串长度本身为 4，数组的长度却是 5，原因是字符串的结束标志是'\0'，它代表着一个字符串的结束，也占一块内存空间。所以大家在初始化字符串时要切记这一点。

双引号括起来的字符串保存在内存的数据段中，也就是只读存储区，在程序运行中是无法改变的。

3. 字符串操作的常用函数

在 C 语言本身的库中，<string.h>这个头文件里封装了对字符串操作的函数，这些函数可以直接用，也可以自己实现。

常用操作字符串函数列表及重点函数讲解如下：

（1）复制字符串。

```
char *strcpy(char *dest,const char *src);
```

（2）计算字符串长度，size_t 类型是 int。

```
size_t strlen(const char *s);
```

（3）比较两个字符串。

```
int strcmp(const char *s1,const char *s2);
```

s1=s2，返回 0；s1>s2 返回正数；s1<s2 返回负数。

（4）将字符串 src 连接在 dest 后面。

```
char *strcat (char *dest,const char *src);
```

例如：

```
1.  int main(){
2.  char str1[256]=" asdf ";     //定义字符型数组 str1 并初始化初值为"asdf"
3.  char str2[]="dsfasdf";      //定义字符型数组 str2 并初始化初值为"dsfasdf"
4.  strcat(str1,str2);          //将字符串 str2 连接在 str1 后面
5.  printf("%s\n",str1);        //输出新字符串的值为" asdfdsfasdf"
6.  }
```

（5）字符串查找。

查找 needle 是否在 haystack 内，如果在，则返回 needle 在 haystack 内的起始地址，否则返回 NULL。

```
char *strstr(const char *haystack,const char *needle);
```

（6）查找字符 c 是否在 s 字符串内，如果在，则返回 c 在 s 内的地址，否则返回 NULL。

```
char * strchr (const char *s,int c);
```

（7）从终端获取字符串。

```
char * gets(char *s);
```

与 scanf 的区别：gets 中间可以有空格，即空格是字符串中的一部分。scanf 输入的字符串，不包含空格。

（8）将字符串转换为双精度型。

```
double atof(const char *nptr);
```

（9）将字符串转换为整型。

```
int atoi(const char *nptr);
```

例如：

```
1.  #include<stdio.h>
```

```
2.  int atoi(const char *nptr);   //函数声明
3.   int main(int argc,char **argv){
4.       int a=atoi(argv[1]);
5.       char *str="45";
6.       int b=atoi(str);
7.  }
```

说明：main 函数的形参是字符串，也就是说，当输入一个 8，也是字符串形式的 8，不能直接当数字来用，必须用 atoi 函数将字符串转换成数字形式来用。

（10）按格式输出字符串到字符数组 str 内。

可以用来将变量值转换为字符串实现整型转字符串、转各种进制字符串格式，用于字符串之间的连接。

```
int sprintf( char *str,const char * format,…);
```

示例 4.4.4-1 字符串格式输出综合应用。

```
1.  #include<stdio.h>
2.  int atoi(const char *nptr);   //函数声明
3.  int main(int argc,char **argv){
4.      int a=23;
5.      double f=23.2;
6.      char buf[256];
7.      sprintf(buf,"%d",a);
8.      printf("%s\n",buf);
9.      sprintf(buf,"%lf",f);
10.     printf("%s\n",buf);
11.     sprintf(buf,"aaa: %s%s%d%x%o%d: %d","a","b",4,20,20,2,20);
12.     printf("%s\n",buf);
13. }
```

运行程序，输出结果如下：

```
1.  root@ubuntu:/home/linux/chapter4# gcc Example4.4.4-1.c -o Example4.4.4-1
2.  root@ubuntu:/home/linux/chapter4# ./Example4.4.4-1
3.  23
4.  23.200000
5.  aaa: ab414242: 20
```

4.5 函数

4.5.1 函数的定义

微课视频

1. 定义格式

```
返回类型 函数名(形参列表){
return 返回值;
}
```

例如：

```
1.  int add(int x,int y){   //函数返回值为 int，函数名为 add，形参为 x，y
2.  int c;
3.  c=a+b;
4.  return c;
5.  }
```

2. 声明格式

返回类型 函数名(形参列表);

例如：

```
int add(int x,int y);
```

返回类型就是函数结果的数据类型。如果没有输入参数和返回值都用 void 来修饰。

声明与定义的区别：

定义必须包含函数的实现。也就是说函数实际是实现某个功能的代码集合，定义的实质就是要实现并告诉编译器这个函数的存在与实现。而声明只是告诉编译器这个函数存在，而并没有实现函数。

4.5.2 函数的深度剖析

我们站在一个总体的角度来把握函数，C 语言本身是面向过程的，有很多初学者并不理解什么是面向过程，比如把物体放冰箱里分几步？第一步把冰箱门打开，第二步把物体放进去，第三步把冰箱门关上，这就是面向过程。面向过程就是一步一步地拆解，一步一步地把各部分的代码实现，那么在 C 语言里面向过程的体现就在于函数，每个函数都用来实现一个功能。函数里的实现是一步一步地把功能实现，这就是面向过程以及函数的实质。

知道了上述的关系，我们可以把握在 C 语言下编程的理念，就是根据功能实现相应的函数，这些函数统一实现一个工程。由这些函数组成的文件称为函数库。

在 Linux 中，通常返回 0 代表函数执行成功，−1 代表函数执行失败；否则返回运行结果。

4.5.3 函数的作用剖析

函数最明显的作用就是简化代码的逻辑，增强代码可读性。假设一个工程里的函数都打开，都在一个 main 函数里实现，会是什么样子？那就太多了，只有程序员能看懂，并且如果程序出现错误，既不好找也不好改。为了避免出现不必要的麻烦，可以通过使用函数来解决此问题。按功能封装函数，这样会清晰可读，并且函数名一定要与功能有关系，让人一看就明白。

示例 4.5.3-1 已知今天是 2015 年 12 月 20 号，为周日。输入一个日期，计算它是周几。

分析：如果要计算周几，则需要知道天数差，7 为周期，用%计算天数差，需要计算出输入的日期到公元1年1月1日的总天数。计算总天数，需要把前面整年加起来，把整月加起来，把日加起来。则今天公元1年1月1日的算法同上，用两个总天数相减，即可得天数差。总结如下：

（1）因为总天数的计算重复使用，所以写成函数。

（2）判断闰年需要频繁使用，所以也写成函数。

（3）接下来再思考每部分函数如何实现。

```
1.  #include <stdio.h>
2.  #include <string.h>
3.  #include <fcntl.h>
4.  int isReyear(int y){
5.        return y%4==0&&y%100!=0||y%400==0;  //判断是否为闰年
6.        }
7.  int days(int y,int m,int d){
8.       int i, months[12]={31,28,31,30,31,30,31,31,30,31,30,31};
9.       //计算年份总天数
10.      for(i=1;i<y;i++)
11.      d+=isReyear(i)?366:365;
12.      //计算月份总天数
13.      for(i=1;i<m;i++) d+=months[i-1];
14.      if (m>2 && isReyear(y))
15.      d++;
16.      return d;
17.      }
18. int main(int argc,char **argv){
19.     char wstr[][4]={"日","一","二","三","四","五","六"};
20.     int y,m,d;
21.     scanf("%d %d %d",&y,&m,&d);
22.     int diff=days(y,m,d)-days(2015,12,20);  //计算天数差
23.     int w=((diff%7)+7)%7;
24.     printf("输入的日期是 周%s\n",wstr[w]);
25.      }
```

运行程序，输出结果如下：

```
1.  root@ubuntu:/home/linux/chapter4# gcc Example4.5.3-1.c -o Example4.5.3-1
2.  root@ubuntu:/home/linux/chapter4# ./Example4.5.3-12017
3.  3
4.  28
5.  输入的日期是 周二
```

示例 4.5.3-2　在一个平面上绘制出一幅海螺图案。绘制图案步骤如下：先绘一个半圆，半径为2，再以这个半圆的切线位置画另一个半圆，半径为4，以此类推，则形成的图案为一幅海螺图。

分析：画圆函数是在终端打印字符，所以把打印字符当成一个平面，涉及行和列、二维字符数组。平面的坐标就是二维数组的行和列下标值，找到要画点的坐标，修改这个点的字符变量的值。数组的清零有如下3种方式：

（1）memset(地址,0,长度)。

（2）bzero(地址,长度)。

（3）int a[30][30]={0}。

为了能打印出来，数组中不能填 0，而是填" ."。

```
1.  #include <stdio.h>
2.  #include <stdlib.h>
3.  #include <string.h>
4.  #include <math.h>
5.  #define W 130
6.  #define H 130
7.  char buf[H*W];
8.  void print(char buf[]){
9.      int i,j;
10.     for(i=H-1;i>=0;i--){
11.         for(j=0;j<W;j++) printf("%c",buf[i*W+j]);
12.         printf("\n");
13.    }
14. }
15. //x0 和 y0 是圆心点， r 为半径，a1 和 a2 是起始和结束的角度
16. int drawcircle(int x0,int y0,int r,int a1,int a2){
17.    int x,y,a;
18.    for(a=a1;a<=a2;a++){
19.        x=x0+r*cos(3.14*a/180); // 2 pi /360 == 1/a
20.        y=y0+r*sin(3.14*a/180);
21.        if (y <0 || y>H || x <0 || x>W) return -1;
22.        buf[y*W+x]='*';
23.  }
24.    return 0;
25. }
26. int main(int argc,char **argv){
27.     memset(buf,'.',W*H);
28.     int x0=60,y0=60,r=6,a=180;
29.     int sign=-1;
30.     while(1){
31.         if (drawcircle(x0,y0,r,a,a+180)==-1) break;
32.         sign=-sign;
33.         x0=x0+sign*r;
34.         r*=2;
35.         a=(a+180)%360;
36.     }
37.      print(buf);
38.      int i,j;
39. }
```

运行程序，注意后面须加上-l m，（部分）输出结果如图 4-2 所示。

```
1.  root@ubuntu:/home/linux/chapter4# gcc Example4.5.3-2.c -o Example4.5.3-2 -l m
```

```
2.  root@ubuntu:/home/linux/chapter4# ./Example4.5.3-2
```

图 4-2 （部分）输出结果

示例 4.5.3-3 计算一个数组中，最大值和最小值的差。

```
1.  #include <stdio.h>
2.  int max(int* a,int size){    //定义函数 max，其功能找出数组中元素最大的数值
3.  int i,tmp=a[0];
4.      for(i=0;i<size;i++)      //数组中元素遍历，找出最大值
5.      if (tmp<a[i]) tmp=a[i];
6.      return tmp;              //tmp 为数组中最大值
7.       }
8.   int min(int* a,int size){   //定义函数 min，其功能找出数组中元素最小的数值
9.       int i,tmp=a[0];
```

```
10.        for(i=0;i<size;i++)     //数组中元素遍历，找出最小值
11.        if (tmp>a[i]) tmp=a[i];
12.        return tmp;             // tmp 为数组中最小值
13.        }
14.   int main(int argc,char **argv){
15.        int b[12]={32,12,4,32,5,4,65,7,876,8,56,3};//定义数组 b，并赋予初值
16.        int diff=max(b,12)-min(b,12);      //分别调用 max 和 min 函数计算差
17.        printf("%d\n",diff);
18.       }
```

运行程序，输出结果如下：

```
1.  root@ubuntu:/home/linux/chapter4# gcc Example4.5.3-3.c -o Example4.5.3-3
2.  root@ubuntu:/home/linux/chapter4# ./Example4.5.3-3
3.  873
```

4.6 指针

微课视频

4.6.1 指针本质概述

程序运行过程中产生的数据都保存在内存中，内存是以字节为单位的连续存储空间，每字节都有一个地址，这个地址就称为指针。通过指针可以获取保存在内存中的数据的地址。例如：

```
int a=10;
```

编译器会根据变量 a 的类型 int，为其分配 4 字节地址连续的存储空间。假如这块连续空间的首地址为 0x0037FBCC，那么这个变量占据 0x0037FBCC~0x0037FBCF 这 4 字节的空间，0x0037FBCC 就是变量 a 的地址。

在 C 语言中，内存单元的地址称为指针，专门用来存放地址的变量。

指针的定义形式如下：

```
变量类型  *变量名;
```

（1）变量类型指的是指针指向的变量的数据类型。即指针类型在内存中的寻址能力，如 char 类型决定了指针指向 1 字节地址空间，int 类型决定了指针变量指向 4 字节地址空间。

（2）*表示定义的变量是一个指针变量类型，没有*符号就是定义的基本数据类型或构造数据类型。

（3）变量名是存储内存地址的名称，即指针变量，其命名遵循标识命名规则。

例如：

```
1.  char *i;             //char 类型的指针变量 i
2.  int *t;              //int 类型的指针变量 t
3.  double *c;           //double 类型的指针变量 c
4.  long *a;             //long 类型的指针变量 a
5.  long double *s;      //long double 类型的指针变量 s
6.  unsigned int *T;     //unsigned int 类型的指针变量 T
```

4.6.2　连续空间的内存地址

连续空间的内存地址赋值可以采用如下方式：

```
int a[8]={9，2，3，4，5，6，7，8};
```

a 是内存空间的首地址，*a 是 int 类型的变量，占 4 字节，存放的是 9。a[0]是这个内存的名，所以 a[0]就是*a，a+1 是 a[1]的地址，*(a+1)是内存名，是 a[1]。

注意：a+i 就是&a[i]，*(a+i)就是 a[i]。

示例 4.6.2-1　判断下面的表达方式是否正确。

```
int b=12;
&b[0];
```

解析：错误，b 先和[0]结合

```
(&b)[0]
```

解析：正确，就是 b。

```
*(&b)
```

解析：正确，就是 b。

示例 4.6.2-2　判断下面是什么类型的地址。

```
int a[12];   //元素是整型
```

解析：&a 是数组的地址，代表内存长度为 48；a 是 a[0]的地址，代表内存长度为 4；a+1 是 a[1]的地址，*(a+1) 就是 a[1]。

```
int b[3][4]; //元素是数组
```

解析：&b 是数组的地址。b 是 b[0]的地址，b[0]是数组名，代表内存长度为 16。b+1 是 b[1]的地址，*(b+1)就是 b[1]。

4.6.3　指针变量

任何类型后面加一个“*”符号，为指针类型，指针变量用于存内存的编号。

1. 栈内存

栈内存由编译器自动分配和释放。栈具有先入后出的特点，由于栈由高地址向低地址增长，因此先入栈的数据地址较大，后入栈的数据地址较小。数据入栈后栈顶地址减小，数据出栈时栈顶地址增大。栈内存主要用于数据交换，如函数传递的参数、函数返回地址、函数的局部变量等。

例如：

```
1.  int main(){
2.  int a=12;   //局部变量
3.  int* p=&a;  //给 p 赋值，而不是给*p 赋值
4.      }
```

*p 就是变量名，定义指向整型数据的指针变量 p，引用 p 所指向的变量 a，值是 12；

p[0]也是变量名，即首地址，值是12；p[1]的表达方式是错的，因为此时p开始的内存中只有一个4字节。

2. 数据段内存

数据段内存通常是指用来存放程序中已初始化的全局变量的一块内存区域。数据段属于静态内存分配。例如：

```
1.  int a=12;   //全局变量
2.  int main(){
3.  int* p=&a;  //给p赋值，而不是给*p赋值
4.  p[0]=23;
5.      }
```

3. 堆内存

堆是不连续的内存区域，各块区域由链表将它们串联起来。该区域一般由程序员分配或释放，若程序员不释放，程序结束时可能由操作系统回收（程序不正常结束则回收不了）。堆区的上限是由系统中有效的虚拟内存决定的，因此获得的空间较大，而且获得空间的方式也比较灵活。例如：

```
1.  int main(){
2.  int* p=(int*)malloc(4);
3.  *p=23;
4.      }
```

整型的指针类型有以下含义：

（1）定义变量的内存地址。

（2）这个地址存的是整型的变量地址。

（3）*地址是整型的内存名。

（4）地址代表所控制的内存长度为4字节。

***和[]区别如下：**

（1）* 代表根据地址取值，*(p+1)第1个变量的值。

（2）[] 代表根据地址偏移后取值，p[1]从p偏移到第1个变量的值。

示例 4.6.3-1 编写一个函数，用来申请一个内存，存储**两**个数据后，将地址返回给调用处，在调用处打印这**两**个数。

要点分析：

（1）要求在函数中申请内存，然后添加数据，所以数据段内存被排除。

（2）如果在函数内用栈内存，函数结束后，栈内存被释放，所以无法实现在调用处打印，因此栈内存被排除，只能用堆内存，堆内存使用后要释放。

```
1.  #include <malloc.h>
2.  #include <stdio.h>
3.  int* creatmem(int n){
4.          int i, *tmp=(int *)malloc(4*n);  //堆内存申请
5.          for(i=0;i<n;i++)
6.          scanf("%d",tmp+i);
```

```
7.         return tmp;
8.     }
9.     int main(){
10.        int i;
11.        int *a=creatmem(2);          //a 存的是 tmp 的值
12.        for(i=0;i<2;i++){
13.            printf("%d\n",a[i]);
14.        }
15.        free(a);                     //根据地址释放内存
16.    }
```

编译代码，运行结果如下：

```
1.  root@ubuntu:/home/linux/chapter4# gcc Example4.6.3-1.c -o Example4.6.3-1
2.  root@ubuntu:/home/linux/chapter4# ./Example4.6.3-1
3.  123
4.  456
5.  123
6.  456
```

4.6.4　指针数组和指针的指针

微课视频

1. 指针数组

指针不仅可用于指向一个数组，还可作为指针数组。由若干类型相同的指针所构成的数组，称为指针数组。由定义可知，指针数组的每个元素都是一个指针，且这些指针指向相同数据类型的变量。指针数组的定义一般形式如下：

```
类型关键字 *数组名[常量N];
```

例如：在解释下面的变量定义语句时，说明符[]的优先级高于*，即先解释[]，再解释*。

```
char *pStr[5]; //pStr 是 5 个元素的数组，每个元素都是指向一个 char 型数据的指针
```

指针数组通常用来构造一个字符串数组。数组的每个元素都是一个字符串，但在C语言中，一个字符串实质上就是指向其第一个字符的一个指针，而由若干个字符指针构成的数组就是字符指针数组。所以字符串数组的每个数据项实际上就是指向某个字符串第一个字符的指针。

例如：

```
char *suit[4]={ "Hearts", "Diamonds", "Clubs", "Spades"};
```

它表示 suit 是一个拥有 4 个元素的字符指针数组，数组的每个元素的类型都是一个“指向字符的指针”。存放在数组中的 4 个元素分别是"Hearts"，"Diamonds"，"Clubs"，"Spades"。

示例 4.6.4-1　数组指针应用。

```
1.  #include <stdio.h>
2.  int main(int argc,char **argv){
3.  int *A[5];
4.  int a=1,b=2,c=3;
```

```
5.  A[0]=&a;
6.  A[1]=&b;
7.  A[2]=&c;
8.  printf("%d,%d,%d\n",*A[0],*A[1],*A[2]);
9.  }
```

编译代码，运行结果如下：

```
1.  root@ubuntu:/home/linux/chapter4# gcc Example4.6.4-1.c -o Example4.6.4-1
2.  root@ubuntu:/home/linux/chapter4# ./Example4.6.4-1
3.  1,2,3
```

2. 指针的指针

指针还可以指向一个指针，即指针中存储的是指针的地址，这样的指针称为二级指针。使用二级指针可以间接修改一级指针的指向，也可以修改一级指针指向的变量的值。

二级指针定义格式如下：

```
变量类型 **变量名;
```

上述语法格式中，变量类型就是该指针变量指向的指针变量所指变量的数据类型，两个符号“*”表明这个变量是个二级指针变量。例如：

```
int **p; //定义了一个指针变量，但这个指针变量指向的是一个*int
```

示例 4.6.4-2 通过二级指针间接修改变量的值。

```
1.  #include <stdio.h>
2.  int main(int argc,char **argv){
3.  int a = 1;                  //整型变量
4.  int *p = &a;                //一级指针 p，指向整型变量 a
5.  int **q = &p;               //二级指针 q，指向一级指针 p
6.  printf("变量 a 的地址：%p\n",&a);
7.  printf("一级指针 p 的地址：%p\n", p);
8.  printf("二级指针 q 存储的值：%p\n", *q);
9.  printf("二级指针 q 的地址：%p\n", q);
10. **q = 2;                    //二级指针间接改变，
11. printf("变量 a 的值%d\n", a);
12. }
```

编译代码，运行结果如下：

```
1.  root@ubuntu:/home/linux/chapter4# gcc Example4.6.4-2.c -o Example4.6.4-2
2.  root@ubuntu:/home/linux/chapter4# ./Example4.6.4-2
3.  变量 a 的地址：0x7ffdcd33e894
4.  一级指针 p 的地址：0x7ffdcd33e894
5.  二级指针 q 存储的值：0x7ffdcd33e894
6.  二级指针 q 的地址：0x7ffdcd33e898
7.  变量 a 的值 2
```

4.6.5 函数和指针

微课视频

哪些类型的数据可以做函数参数?答案是所有类型。

数据基本类型包括 int、long、short、char、double、float；自定义类型包括数组、枚举、联合体、结构体、类、typedef；指针类型包括 void*、其他类型* （即各种类型的地址）；引用类型包括其他类型& （即各种类型的别名）。

1. 基本类型

基本类型用于向函数传递数据，如：

```
1.  int max(int x,int y){
2.  return x>y?x:y;
3.  }
4.  int main(){
5.  max(12,23);  // 12 和 23 分别赋值给 x 和 y，进行参数传递
6.  }
```

2. 指针类型

指针类型用于下面两种情况：

（1）当大量的数据要传入函数时，可以用这些数据的首地址传入，如：

```
1.  int fun(int *a){
2.  int i，s=0;
3.  for(i=0;i<12;i++,a++)
4.  s+=*a;
5.  return s;
6.          };
7.  int main(){
8.  int a[12]={1,2,3,4,5,6,7,8,9,10,11,12};
9.  fun(a);
10.        }
```

（2）如果需要函数返回多个值，但函数只能返回一个值，其他值可以通过形参传入内存地址，在函数中填写该内存中的值，如：

```
1.  int* fun(int *n){   //n 是指针
2.  int *p=malloc(12*4);
3.  *n=12;                  //根据地址改写内存中的值
4.  return p;
5.          };
6.  int main(){
7.  int n;
8.  int *p=fun(&n);       //传入 n 的地址
9.  printf("---p=%x,n=%d\n", p，n); //打印地址和 12
10.        }
```

3. 引用类型，

引用类型在 C++下可以把它看作是另外一种指针。如：

```
1. int* fun(int n){ //n是别名
2. int *p=malloc(12*4);
3. n=12;    //根据地址改写内存中的值
4. return p;
5.      };
6. int main(){
7. int n;
8. int *p=fun(n); //传入n的地址
9. printf("---p=%x,n=%d\n",p,n); //打印地址和12
10.      }
```

4. 函数的返回类型

确定函数的返回类型，可以采用以下方法：

（1）根据函数计算的结果确定返回类型。

（2）计算的结果是地址，则返回类型是指针类型。

（3）计算的结果是数组，则返回类型是指针类型。

如：

```
1.  int max(int x,int y){ }
2.  int add(int x,int y){ }
3.  int div(int x,int y){ }
4.  int sub(int x,int y){ }
5.  int fun( int (*p)(int,int) ){
6.  return p(12,23);
7.       }
8.  int main(){
9.      int a=fun(max);
10.     printf("--%d\n",a);
11.      }
```

有如下三种类型，必须用typedef重定义才能做返回类型。

（1）typedef int (*PFUN)(int，int);　　//PFUN是新类型。

（2）typedef int (*PARR)[4];　　//PARR是新类型。

（3）typedef int (*PARR1)[4][8];　　//PARR1是新类型。

类型1：

```
1.  PFUN fun(int i){
2.  PFUN p;
3.  switch(i){
4.  case 0:p=max; break;
5.  case 1:p=add; break;
6.  case 2:p=sub; break;
7.  case 3:p=div; break;
8.  }
9.  return p;
10. }
11. int main(){
```

```
12. int d=fun(1)(12,23);
13. printf("--- %d\n",d);
14. }
```

类型 2：

```
1.  PARR fun(int n){
2.  PARR p=(PARR)malloc(n*4*4);
3.  return p;
4.  }
5.  int main(){
6.      PARR p=fun(2); //p 是二维数组名
7.     }
```

类型 3：

```
1.  int** fun(int n){
2.  int** p=(int **)malloc(n*4);
3.  return p;
4.  }
5.  int main(){
6.  int** p=fun(2); //p 指针类型数组名 2 个元素
7.      }
```

5. 函数指针用途

函数指针用途介绍如下：

（1）做回调。

（2）通过结构体做接口。

（3）Linux 系统 API，用来实现代码并行运行(线程)，让一个函数由 CPU 独立运行，设置一个函数由 CPU 独立运行的系统调用，函数格式如下：

```
pthread_create(pthread_t *id, NULL, 函数地址, NULL);
```

参数 id 即线程 id，由 pthread_create 生成编号，函数地址要求的格式为：void *函数名(void *参数)。

示例 4.6.5-1 播放流程控制。

mplay.h：

```
1.  #ifndef MPLAY_H
2.  #define MPLAY_H
3.  /* 函数功能：播放音频
4.  返回值：0 成功，-1 失败
5.  参  数： file 文件名，handler 函数指针
6.  handler 结构 参数 int，int 分别代表 state 和 value
7.  */
8.  extern int play(char *file,int (*handler)(int,int));
9.  /*函数功能：暂停
10. 返回值：0 成功 -1 失败
11. */
```

```
12. extern int pause();
13. /*函数功能：停止
14. 返回值：0 成功 -1 失败
15. */
16. extern int stop();
17. #endif
```

mplay.c：

```
1.  #include <stdio.h>
2.  #include <stdlib.h>
3.  #include <string.h>
4.  static int (*sendstate)(int,int);
5.  static int state;  //0 停止  1 播放  2 暂停
6.  void* run(void* arg){
7.      int i=0;
8.      int size=180;
9.      while(state){
10.     while(state==2) usleep(20000);//微秒
11.     //(1) 读取磁盘文件
12.     //(2) 解码
13.     //(3) 写入声卡
14.     //(4) 调用回调函数，将数据传入UI层
15.     sendstate(state,i++);
16.         if (i>=size) break;
17.         sleep(1);
18.         }
19.         state=0;
20.         sendstate(state,i++);
21.     }
22.  int play(char *file,int (*handler)(int,int)){
23.    if (state==0){
24.          //(1)保存函数地址到全局
25.          sendstate=handler;
26.          state=1;
27.          //(2)启动一个循环
28.          pthread_t id;
29.          pthread_create(&id,NULL,run,NULL);
30.     }
31.    else state=1;
32.     }
33.     int pause(){
34.     state=2;
35.     sendstate(state,0);
36.     }
37.     int stop(){
38.     state=0;
39.     sendstate(state,0);
```

```
40. }
```

test.c：

```
1.  #include <stdio.h>
2.  #include <string.h>
3.  #include "mplay.h"
4.  int curstate;
5.  int getstate(int state,int val){
6.      curstate=state;
7.      printf("---- state =%d,val=%d\n",state,val);
8.  }
9.  int main(int argc,char **argv){
10.     char cmd[256];
11.     while(1){
12.         scanf("%s",cmd);
13.         if (strcmp(cmd,"q")==0) break;
14.         else if (strcmp(cmd,"p")==0){
15.                 if (curstate==2)
16.                     play(NULL,NULL);
17.                 else {
18.                     printf("输入文件名：\n");
19.                     scanf("%s",cmd);
20.                     play(cmd,getstate); //播放
21.                 }
22. }
23.         else if (strcmp(cmd,"s")==0)
24.                 stop();
25.         else if (strcmp(cmd,"z")==0)
26.                 pause();
27.     }
28.  }
```

编译并运行代码，结果如下：

```
1.  root@ubuntu:/home/linux/chapter4/Example4.6.5-1# gcc  mplay.c  test.c
-o test -lpthread
2.  root@ubuntu:/home/linux/chapter4/Example4.6.5-1# ./test
3.  p
4.  输入文件名:
5.  music.wav
6.  ---- state =1, val=0
7.  ---- state =1, val=1
8.  ---- state =1, val=2
9.  ---- state =1, val=3
```

4.7 预处理指令

预处理指令是编译器指令，常用的三种预处理指令：宏定义、#include、条件编译，它们本质都在编译初期进行替换。

4.7.1 宏定义

宏定义是最常用的预处理功能之一，它用于将一个标识符定义为一个字符串。这样，在源程序被编译器处理之前，预处理器会将标识符替换成所定义的字符串。根据是否带参数，可以将宏定义分为不带参数宏和带参数的宏。

1. 不带参数宏

格式：

#define 宏名 [数据]

注意：后面没有分号。

宏的基本用法如下：

（1）在多处使用 3.14 时，如果使用宏，方便改动。

```
1.  #define PI 3.14      //宏定义
2.  int main(){
3.      int r=2;
4.      double s=r*r*PI;  //本质，在编译时，将 PI 替换为 3.14
5.    }
```

（2）将数字用来代表具体含义的值，此时使用宏。

```
1.  #define SUN  0
2.  #define MON  1
3.  int main(){
4.         int a;
5.         scanf("%d",&a);
6.         switch(a){
7.         case SUN:printf("周日") break;
8.         case MON: printf("周一") break;
9.         ...
10.      }
11. }
```

（3）用数字代表某个具体指令，此时使用宏，在 Linux 高级编程中普遍使用。

（4）用数字代表寄存器某个位的值，如在 Linux 驱动中普遍使用。

2. 带参数的宏

格式：#define 宏(参数列表) 表达式

```
1.  #define MUL(x,y) x*y
2.  int main(){
3.  int a=MUL(12,2);     //a=12*2=24
4.  int b=MUL(12+1,2);  // b=12+1*2=14
5.  }
```

注意：写这类的宏，一定要在后面表达式的参数上加 ( )。

```
1.  #define MUL(x,y)  (x)*(y)
2.  int main(){
3.  int a=MUL(12,2);     //a=12*2=24
4.  int b=MUL(12+1,2);  //b=(12+1)*(2)=26
5.  }
```

示例 4.7.1-1　(1) 编写一个宏，用来计算两个数的最大值；(2) 编写一个宏，用来输出字符串。

```
1.  #include <stdio.h>
2.  #define max(x,y)  (x)>(y)?(x): (y)      //定义带参数宏 max
3.  #define print(x) printf("%s\n",(x))   //定义带参数宏 print
4.  int main(){
5.  int a=max(12,23);                       //引用宏 max
6.       printf("max=%d\n",a);              //输出最大值
7.       print("asfdsfdasdf\n");            //输出字符串
8.  }
```

编译代码，运行结果如下：

```
1.  root@ubuntu:/home/linux/chapter4# gcc Example4.7.1-1.c -o Example4.7.1-1
2.  root@ubuntu:/home/linux/chapter4# ./Example4.7.1-1
3.  max=23
4.  asfdsfdasdf
```

示例 4.7.1-2　编写一个宏，用来实现将两个字节型数据组合成一个短整型。

```
1.  #define SOFC(x,y)  ((x)<<8) | (y)    //定义带参数宏 SOFC
2.  int main(){
3.       short  a;
4.       char a1=0x12;
5.       char a2=0x34;
6.       a=SOFC(a1,a2);                  //引用宏 SOFC
7.       printf("%x\n",a);
8.  }
```

编译代码，运行结果如下：

```
1.  root@ubuntu:/home/linux/chapter4# gcc Example4.7.1-2.c -o Example4.7.1-2
2.  root@ubuntu:/home/linux/chapter4# ./Example4.7.1-2
3.  1234
```

4.7.2　#include

除宏定义外，文件包含也是一种预处理语句，它的作用是将一个源程序文件包含到另外一个源程序文件中。

文件包含其实就是一种头文件引入，它使用#include 实现，格式如下：

```
#include <文件名>
```

```
#include "文件名"
```

第 1 种格式：编译系统在系统指定的路径下搜索尖括号中的文件。

第 2 种格式：系统首先会在用户当前工作的目录中搜索双引号（""）中的文件，如果找不到，再按系统指定的路径进行搜索。

编写 C 语言程序时，一般使用第一种格式包含 C 语言标准库文件，使用第二种格式包含自定义的文件。

4.7.3 条件编译

一般情况下，C 语言程序中的所有代码都要参与编译，但有时出于程序代码优化的考虑，希望源代码中一部分内容只在指定条件下进行编译。这种根据指定条件决定代码是否需要编译的称为条件编译。

根据条件进行编译：

（1）#ifndef .... #endif 判断是否定义了宏，如果没定义则编译，通常用于头文件中。

（2）#ifdef .... #endif 判断是否定义了宏，如果定义了则编译，通常用于系统移植。

示例 4.7.3-1 条件编译应用 1。

```
1.  #include<stdio.h>
2.  #define LINUX  //定义宏 LINUX
3.  int main(){
4.       double s=12;
5.       #ifdef WIN
6.       int r=2;
7.       s=r*r*3.14;
8.       #endif
9.       printf("%lf\n",s);
10. }
```

编译代码，运行结果如下：

```
1.  root@ubuntu:/home/linux/chapter4# gcc Example4.7.3-1.c -o Example4.7.3-1
2.  root@ubuntu:/home/linux/chapter4# ./Example4.7.3-1
3.  12.000000
```

（3）#if…#else…#endif 如果#if 后的数表达式为真，则编译代码为 1，否则编译代码为 2。

```
#if 值
    代码
#elif
    代码
   ...
#else
    代码
#endif
```

根据条件决定编译哪些语句。通常用于调试程序 #if 0 就相当于多行注释，例如：

示例 4.7.3-2 条件编译应用 2。

```
1.  #include<stdio.h>
2.  #define LINUX
3.  int main(){
4.        double s=12;
5.        #if 0
6.        int r=2;
7.        s=r*r*3.14;
8.       #endif
9.       printf("%lf\n",s);
10. }
```

编译代码，运行结果如下：

```
1.  root@ubuntu:/home/linux/chapter4# gcc Example4.7.3-2.c -o Example4.7.3-2
2.  root@ubuntu:/home/linux/chapter4# ./Example4.7.3-2
3.  12.000000
```

也可根据配置来决定编译的内容，例如：

示例 4.7.3-3　条件编译应用 3。

```
1.  #define V 2
2.  int main(){
3.  double s=12;
4.  #if V==1
5.        int r=2;
6.        s=r*r*3.14;
7.  #elif V==2
8.        int r=3;
9.        s=4*3;
10. #elif V==3
11.       int r=9;
12.       s=3;
13. #endif
14.       printf("%lf\n",s);
15. }
```

编译代码，运行结果如下：

```
1.  root@ubuntu:/home/linux/chapter4# gcc Example4.7.3-3.c -o Example4.7.3-3
2.  root@ubuntu:/home/linux/chapter4# ./Example4.7.3-3
3.  12.000000
```

（4）#undef 取消宏的定义。

4.8　习题

1. 2022 年是虎年，29 年后是哪一年?

年份的顺序如下：

鼠	牛	虎	兔	龙	蛇	马	羊	猴	鸡	狗	猪
0	1	2	3	4	5	6	7	8	9	10	11

2. 求 1+1/2+2/3+3/5+5/8+8/13+…的值。

3. 求 s=a+aa+aaa+aaaa+…的值，其中 a 是一个数字。例如 2+22+222+2222+ 22222（此时共有 5 个数相加）。

4. 编写程序统计输入的一串字符中大、小写字母的个数。

5. 将输入英文语句中每个单词的第一个字母改写成大写，然后输出该语句。

第 5 章 文件 I/O 编程

CHAPTER 5

学习 Linux 环境高级编程，首先学习的是文件的操作。有一句很有趣的话“Linux 下一切皆文件”，所以掌握了文件操作的方法，也就算摸到了 Linux 编程的门路。

5.1 文件和目录

首先直观地感受在终端下输入命令 ls -l 的显示结果，部分程序显示如下：

```
1.  root@unbuntu-virtual-machine:/# ls -l
2.  总用量 1943004
3.  drwxr-xr-x   2 root root        4096 3月  10 22:37 bin
4.  drwxr-xr-x   3 root root        4096 3月  10 22:38 boot
5.  drwxrwxr-x   2 root root        4096 3月  10 22:22 cdrom
6.  drwxr-xr-x  18 root root        4100 3月  20 10:57 dev
7.  drwxr-xr-x 124 root root       12288 3月  20 13:41 etc
8.  drwxr-xr-x   5 root root        4096 3月  20 13:23 home
9.  drwxr-xr-x  21 root root        4096 3月  10 22:37 lib
10. drwxr-xr-x   2 root root        4096 3月  20 13:41 lib64
11. drwx------   2 root root       16384 3月  10 22:21 lost+found
12. drwxr-xr-x   3 root root        4096 3月  20 10:47 media
13. drwxr-xr-x   3 root root        4096 3月  20 10:57 mnt
```

1. drwxr-xr-x

drwxr-xr-x 代表的是文件类型和文件权限。常用的文件类型如下：

（1）-：普通文件，存储各种数据。

（2）d：目录文件，存储结构体，结构体内部标识这个目录中的文件等信息。

（3）l：链接文件，需要注意的是，软链接才是文件，而硬链接仅是一个节点。

（4）c：字符设备，除了块设备都是字符设备，没有扇区的概念。

（5）b：块设备，所有存储类的驱动都称为块设备，包含扇区处理。

（6）p：管道设备，是用内核内存模拟的通道。

从以上说明可以看出，上述程序中的文件是一个目录文件，原因是 drwxr-xr-x 代表文件类型，d 代表此文件是一个目录文件。

常用的文件权限如下：

（1）r 为读，二进制权重为 100 即 4。指用户对文件或目录具有查看权限。若用户对某文件或目录不具有读权限，则不能查看其内容。

（2）w 为写，二进制权重为 010 即 2。指用户对文件或目录具有写权限。若用户对某文件或目录没有写权限，则不能修改它。

（3）x 为执行，二进制权重为 001 即 1。指用户对文件具有执行权限或对目录具有进入权限。若用户对某文件没有执行权限，则不能执行它；若用户对某目录没有执行权限，则不能进入它。

（4）-为无操作，二进制权重为 0。指用户对文件或目录不赋予某种权限。-wx 表示不能读，但可写可执行。

（5）rwx 顺序不可改，表示可读可写可执行。

上述就是文件权限的表示方法，文件权限是用八进制来表达的，如果一个文件有全部的权限，那么对应八进制里的数是 7（4+2+1）。同时读者会发现有多组 rwx，它所表达的不仅是它自身的权限。这里涉及一个分组的概念，分别是创建者（user，u）、所在组（group，g）和其他人（other，o）。

（1）u 组：创建者（user）。

（2）g 组：创建者所在组的成员（group）。

（3）o 组：其他人所具备的权限（other）。

也就是说，上述程序中的三组 rwx 都是依照上述顺序来说明权限的。上述程序中的文件权限就是：创建者可读可写可执行，所在组的成员可读不可写可执行，其他成员可读不可写可执行。

2．文件节点数

上述程序中文件类型和权限之后是数字 2，这个 2 表示的是文件节点数，也就是说，此文件是一个目录文件。所以，目录的节点数代表该目录下的文件个数，在这里应该是有两个文件。如果此文件不是目录，只是普通文件，那么这个数字就代表硬链接的个数。关于链接的几点说明如下：

（1）链接分为硬链接和软链接（符号链接，即快捷方式）。

（2）硬链接，只是增加一个引用计数，本质上并没有物理上的增加文件。硬链接不是文件。

（3）软链接，是在磁盘上产生一个文件，这个文件内部写入了一个指向被链接的文件的指针。

（4）采用 ln 指令，用来在文件之间创建链接，默认为创建硬链接（目录不能创建硬链接），使用选项-s 创建符号链接。硬链接指向文件本身，符号链接指向文件名称。

（5）Linux 系统中寻找文件的顺序是：根据文件名，找到 inode 编号，根据编号找到 inode 块，然后根据 inode 块中的属性信息找到数据块（即文件内容）。

（6）符号链接、硬链接、Windows 快捷方式都具有指向功能，但它们的区别也很明显：Windows 快捷方式指向文件的位置，符号链接是一种文件，创建链接时，系统会为符号链接重新分配一个 inode（节点）编号，但硬链接根本不是一种文件，只是一种指向。

（7）创建硬链接只是增加一个引用计数，硬链接和它的源文件共享一个 inode。

例如：

```
ln file0 file1     //为文件 file0 创建硬链接 file1
ln -s file1 file2  //为文件 file2 创建软链接,其中 file1 为刚创建的硬链接(即 file0 本身)
```

3．目录文件

工作目录是进入系统后所在的当前目录。“.”表示当前目录（工作目录），“..”表示上一级目录（父目录）。

用户目录是每创建一个用户时，就会分配的一个目录，用户名对应的目录就是用户目录，每个用户都有一个自己的主目录，主目录用“~”表示。

路径是从树型目录的某个目录层次到某个文件的一种通路。例如：

```
../../mnt/hgfs/project/linux
```

路径分为如下两种：

（1）相对路径：在工作目录下找到的一个文件路径（通路），随工作目录变化而变化。

（2）绝对路径：从根目录开始，只有一条路径。

目录是一种特殊的文件，在该文件中存放了多个结构体数据，用来代表目录内的子目录、文件等信息。其结构如下：

```
struct direct{
        ino_t  d_ino;                    //目录文件的节点编号
        off_t  d_off;                    //目录文件开始到目录进入点的位移
        unsigned short d_reclen;         //d_name 的长度(字符串长度)
        unsigned char  d_type;           //d_name 的类型
        char   d_name[256];              //文件或目录名
};
```

在前面的学习中介绍过，C语言本身有自己的函数库，如果需要实现某个功能，包含头文件后直接调用就好。那么在操作系统中，依然会给用户提供一些功能接口API。用户要实现某些功能必须要依赖这些API以及一些机制。

5.2　目录操作

微课视频

1．创建目录

表头文件：

```
#include <sys/stat.h>
```

定义函数：

```
int mkdir(const char *path, mode_t mode);
```

函数说明：

path：目录名。

mode：模式，即访问权限，包含如下选项：

（1）S_IRUSR：属主读权限。

（2）S_IWUSR：属主写权限。

（3）S_IXUSR：属主执行权限。

（4）S_IRGRP：属组读权限。

（5）S_IWGRP：属组写权限。

（6）S_IXGRP：属组执行权限。

（7）S_IROTH：其他用户读权限。

（8）S_IWOTH：其他用户写权限。

（9）S_IXOTH：其他用户执行权限。

可以使用 S_IRUSR | S_IWUSR 组合权限。可以直接使用数字，例如八进制数 0777、0666 等。例如：

```
int err=mkdir("./aaa",0777);   //在当前目录下创建一个 aaa 目录。注意 Linux 建立的目录的权限默认是 755，若实现 777，需要在终端下输入命令 umask 0 解除。
```

返回值：如果返回 0，则表示成功；如果返回-1，则表示失败。如果创建成功，则在创建的目录自动创建两个子目录“.”和“..”。

示例 5.2-1 创建目录。

```
1.  #include <stdio.h>
2.  #include <sys/stat.h>
3.  #include <errno.h>
4.  #include <string.h>
5.  int main(int argc,char **argv){
6.  int err=mkdir(argv[1],0666); //0666
7.  if (err==-1){
8.  printf("----- mkdir err no=%d,str=%s\n",errno,strerror(errno));
9.  }
10. return 0;
11. }
```

第 8 行代码中 errno 错误号是系统全局变量，运行函数时，系统将运行的错误号写入 errno 中，strerror()将错误号对应的说明取出。

Linux 错误处理，采用一个全局变量 errno，用来存储函数执行后的错误编码。每个错误编码号都对应了一个解释，即错误提示内容。获取错误提示使用如下函数：

```
#include <errno.h>
char *strerror(int errno); //根据错误号获取字符串
errno 0 代表成功,非零代表错误，由 strerror 获取提示
```

运行结果如下：

```
1.  root@ubuntu:/home/linux/chapter5# vim Example5.2-1.c
2.  root@ubuntu:/home/linux/chapter5# gcc Example5.2-1.c -o Example5.2-1
3.  root@ubuntu:/home/linux/chapter5# ./example5.2-1 test
```

用户可以在当前文件夹下查看刚才创建的 test 文件夹。

文件或目录创建后，查看权限可能不是自己通过函数设定的权限。原因是文件或目录的权限不能超过系统设定的最大权限。对于文件和目录创建之后的 file mode 权限，按照如下方法计算：

文件创建权限如下：

```
PERM_MAX_FILE & (mode)
```

目录创建权限如下：

```
PERM_MAX_DIR & (mode)
```

其中，mode 就是创建文件或目录时输入的参数。

而最大权限的计算方法如下：

```
PERM_MAX_FILE = 0666 & ~(umask)  //umask 是权限掩码,为系统内建 umask 的设定值
PERM_MAX_DIR = 0777 & ~(umask)
```

例如：

```
umask 0022
PERM_MAX_FILE = 0666 & ~(umask)  = 0644
PERM_MAX_DIR = 0777 & ~(umask) = 0755
```

所以在创建文件时，指定的权限不能超过 MAX。

2．删除目录

```
int rmdir(const char *path);
```

返回值：如果返回 0，则表示成功；如果返回-1，则表示失败。

说明：只能删除空目录。

3．获取当前目录及执行目录

（1）获取当前目录，即执行程序时所在的目录。

表头文件：

```
#include <unistd.h>
```

定义函数：

```
char *getcwd(char *buf,size_t size);
```

函数说明：

buf：保存当前目录的内存地址。

size：为内存的大小。

返回值：如果获取成功，则返回获取的目录，如果获取失败，则返回 NULL。

示例 5.2-2　获取当前目录。

```
1.  #include <unistd.h>
2.  #include <stdio.h>
3.  #include <errno.h>
4.  #include <string.h>
5.  int main(int argc,char **argv){
6.          char dir[256];
7.          getcwd(dir,256);  //设定 buf 的内存空间为 256 字节
8.          printf("---- %s\n",./dir);  //输出当前的工作目录
9.          return 0;
```

```
10.     }
```

运行结果如下：

```
1.   root@ubuntu:/home/linux/chapter5# gcc Example5.2-2.c -o Example5.2-2
2.   root@ubuntu:/home/linux/chapter5# ./Example5.2-2
3.   ---- /home/linux/chapter5
```

第7行代码中，getcwd()会将当前的工作目录绝对路径复制到参数buf所指的内存空间，即字符型数dir中。在调用此函数时，buf所指的内存空间要足够大，若工作目录绝对路径的字符串长度超过参数size大小，则返回值NULL。

（2）获取程序运行路径，即应用程序存放的位置。

表头文件：

```
#include <unistd.h>
```

定义函数：

```
int  readlink(const  char *path,  char *buf,  size_t  bufsiz);
```

函数说明：

path：符号链接，在Linux中执行程序都用"/proc/self/exe"符号链接。

buf：用来写入正在执行的文件名（包含绝对路径）的内存。

bufsiz：指明buf的大小。

返回值：如果获取成功，则返回符号链接所指的文件路径字符串，如果获取失败，则返回−1。

示例 5.2-3　获取当前文件或者目录的路径。

```
1.   #include <unistd.h>
2.   #include <stdio.h>
3.   #include <errno.h>
4.   #include <string.h>
5.   int main(int argc,char **argv){
6.   //获取程序目录，执行时在其他目录执行
7.            char dir[256]={0};
8.            int err=readlink("/proc/self/exe",dir,256); //读取程序执行路径
9.            if (err==-1) return -1;  //如果读取失败，则返回-1
10.           int i;
11.           for(i=strlen(dir)-1;i>=0 && dir[i]!='/';i--);
12.           dir[i]=0;
13.           //打开程序所在目录中的文件
14.           char filename[256];
15.           sprintf(filename,"%s/%s",dir,argv[1]);
16.           printf("---- %s\n",filename);
17.           FILE *fp=fopen(filename,"r");
18.           if (fp==NULL){
19.               printf("---- %s\n",strerror(errno));
20.           }
21.           return 0;
```

```
22.     }
```

运行结果如下：

```
1.  root@ubuntu:/home/linux/chapter5# gcc Example5.2-3.c -o Example5.2-3
2.  root@ubuntu:/home/linux/chapter5# ./Example5.2-3 test
3.  ---- /home/linux/chapter5/test
```

4．获取目录或文件的状态

表头文件：

```
#include <sys/types.h>
#include <sys/stat.h>
```

定义函数：

（1）读取指定文件或目录的状态信息。

```
int stat(const char *path, struct stat *buf);
```

（2）读取已打开的文件状态信息。

```
int fstat(int filedes, struct stat *buf);
```

函数说明：

path：路径或文件名。

filedes：已打开文件或目录的句柄。

buf：是 struct stat 结构的指针，其结构格式如下：

```
struct stat{
   unsigned short st_mode;          //文件保护模式(即文件类型)
   unsigned short st_nlink;         //硬链接引用数
   unsigned short st_uid;           //文件的用户标识
   unsigned short st_gid;           //文件的组标识
   unsigned long  st_size;          //文件大小
   unsigned long  st_atime;         //文件最后的访问时间
   unsigned long  st_atime_nsec;    //文件最后的访问时间的秒数的小数
   unsigned long  st_mtime;         //文件最后的修改时间
   unsigned long  st_mtime_nsec;
   unsigned long  st_ctime;         //文件最后状态的改变时间
   unsigned long  st_ctime_nsec;
           ...
   };
```

返回值：返回获取文件状态的信息。

（3）判断文件类型及访问权限。

方法 1：在 struct stat 结构中，由 st_mode 字段记录了文件类型及访问权限，操作系统提供了一系列的宏来判断文件类型。结果如下：

```
S_ISREG(mode)          //判断是否为普通文件
S_ISDIR(mode)          //判断是否为目录文件
S_ISCHR(mode)          //判断是否为字符设备文件
```

```
S_ISBLK(mode)         //判断是否为块设备文件
S_ISFIFO(mode)        //判断是否为管道设备文件
S_ISLNK(mode)         //判断是否为符号链接
```

示例 5.2-4 判断文件类型。

```
1.  #include <unistd.h>
2.  #include <stdio.h>
3.  #include <errno.h>
4.  #include <string.h>
5.  #include <sys/types.h>
6.  #include <sys/stat.h>
7.  int main(int argc,char **argv){
8.   struct stat st;                    //定义一个stat类型的结构体，命名为st
9.   int err= stat(argv[1],&st);        //读取文件或目录状态信息
10.  if (err==-1) return -1;            //如果执行失败，返回-1
11.  if (S_ISDIR(st.st_mode)) printf("isdir\n");        //访问st_mode字段，
                                                        //判断是否为目录文件
12.  else if (S_ISREG(st.st_mode)) printf("file\n");    //访问st_mode字段，
                                                        //判断是否为普通文件
13. }
```

运行结果如下：

```
1.  root@ubuntu:/home/linux/chapter5# chmod 777 Example5.2-4.c
2.  root@ubuntu:/home/linux/chapter5# gcc Example5.2-4.c -o Example5.2-4
3.  root@ubuntu:/home/linux/chapter5# ./Example5.2-4 test
4.  isdir
5.  root@ubuntu:/home/linux/chapter5# ./Example5.2-4 Example5.2-3.c
6.  file
```

方法2：也可以直接读取st_mode内的数据，不过st_mode内的数据是组合而成的数据，包括很多信息，需要进行“与”运算才能读取这个字段中的数据。st_mode是用特征位来表示文件类型的，特征位的定义如下：

S_IFMT	0170000	文件类型的位遮罩
S_IFSOCK	0140000	socket
S_IFLNK	0120000	符号链接（symbolic link）
S_IFREG	0100000	一般文件
S_IFBLK	0060000	区块装置（block device）
S_IFDIR	0040000	目录
S_IFCHR	0020000	字符装置（character device）
S_IFIFO	0010000	先进先出（FIFO）
S_ISUID	0004000	文件的set user-id on execution位
S_ISGID	0002000	文件的set group-id on execution位
S_ISVTX	0001000	文件的sticky位
S_IRWXU	00700	文件所有者的遮罩值（即所有权限值）

S_IRUSR	00400	文件所有者具有可读取权限
S_IWUSR	00200	文件所有者具有可写入权限
S_IXUSR	00100	文件所有者具有可执行权限
S_IRWXG	00070	用户组的遮罩值（即所有权限值）
S_IRGRP	00040	用户组具有可读取权限
S_IWGRP	00020	用户组具有可写入权限
S_IXGRP	00010	用户组具有可执行权限
S_IRWXO	00007	其他用户的遮罩值（即所有权限值）
S_IROTH	00004	其他用户具有可读取权限
S_IWOTH	00002	其他用户具有可写入权限
S_IXOTH	00001	其他用户具有可执行权限

示例 5.2-5　判断文件类型。

```
1.  #include <unistd.h>
2.  #include <stdio.h>
3.  #include <errno.h>
4.  #include <string.h>
5.  #include <sys/types.h>
6.  #include <sys/stat.h>
7.  int main(int argc,char **argv){
8.       struct stat st;                  //定义一个stat类型的结构体，命名为st
9.       int err= stat(argv[1],&st);      //读取文件或目录状态信息
10.      if (err==-1) return -1;          //如果执行失败，则返回-1
11.      if (st.st_mode & S_IFREG)        //与对应的标志位相与运算
12.          printf("file\n");
13.      else if (st.st_mode & S_IFDIR) //与对应的标志位相与运算
14.          printf("isdir\n");
15. }
```

运行结果如下：

```
1.  root@ubuntu:/home/linux/chapter5# gcc Example5.2-5.c -o Example5.2-5
2.  root@ubuntu:/home/linux/chapter5# ./Example5.2-5 Example5.2-3.c
3.  file
4.  root@ubuntu:/home/linux/chapter5# ./Example5.2-5 test
5.  isdir
```

5.3　文件操作

5.3.1　基本概念

微课视频

1．流

流指数据的永久性存储，主要指数据以文件为单位存储在磁盘上。Linux 以字节为单位操作数据，所有的数据都是 0 或 1 的序列，如果需要让读者读懂数据，则以字符的方式显示出来，这就是所谓的文本文件。

而数据不是存在磁盘上后就永远不动，往往要被读入内存、传送到外部设备或搬移到其他位置，所以数据不断地在流动。然而不同设备之间的连接方法差异很大，数据读取和写入的方式也不相同，所以 Linux 定义了流（stream），建立了一个统一的接口，无论数据是从内存到外设，还是从内存到文件，都使用同一个数据输入/输出接口。

2．文件流和标准流

文件操作有两种方法：原始 I/O 和标准 I/O。

1）标准 I/O

标准 I/O 是标准 C 的输入/输出库，fopen、fread、fwrite、fclose 都是标准 C 的输入/输出函数。标准 I/O 都使用 FILE * 流对象指针作为操作文件的唯一识别，所以标准 I/O 是针对流对象的操作，是带缓存（内存）机制的输入/输出。标准 I/O 又提供了如下 3 种不同方式的缓冲：

（1）全缓冲。即缓冲区被写满或是调用 fflush 后，数据才会被写入磁盘。

（2）行缓冲。即缓冲区被写满或是遇到换行符时，才会进行实际的 I/O 操作。当流涉及一个终端时（标准输入和标准输出），通常使用行缓冲。

（3）不缓冲。标准 I/O 库不对字符进行缓存处理。标准出错流 stderr 往往是不带缓存的，使得出错信息可以尽快显示出来。

2）原始 I/O

原始 I/O 又称文件 I/O，是 Linux 操作系统提供的 API，称为系统调用，是针对描述符（即一个编号）操作的，是无缓存机制。

3）文件描述符

创建一个新的文件或打开已有文件时，内核向进程返回一个非负整数（即编号），用来识别操作的是哪个文件。对于 Linux 而言，所有打开的文件都是通过文件描述符引用的，在操作系统内部有一个宏定义了描述符的最大取值 OPENMAX，不同版本的 Linux 的取值不同。

Linux 编程使用的 open、close、read、write 等文件 I/O 函数属于系统调用的，其实现方式是用了 fctrl、ioctrl 等一些底层操作的函数。而标准 I/O 库中提供的是 fopen、fclose、fread、fwrite 等面向流对象的 I/O 函数，这些函数在实现时本身就要调用 Linux 的文件 I/O。在应用上，文件读写时二者并没区别，但是一些特殊文件，例如管道等只能使用文件 I/O 操作。

3．标准输入、标准输出和标准错误

当 Linux 执行一个程序时，会自动打开三个流：标准输入（standard input）、标准输出（standard output）和标准错误（standard error）。命令行的标准输入连接到键盘，标准输出和标准错误都连接到屏幕。对于一个程序来说，尽管它总会打开这三个流，但它会根据需要使用，并不是一定要使用。系统默认打开的三个文件描述符（为进程预定义的三个流）如下：

```
STDIN_FILENO    0 标准输入,用于从键盘获取数据
STDOUT_FILENO   1 标准输出,用于向屏幕输出数据
STDERR_FILENO   2 标准错误,用于获取错误信息
```

例如，使用标准输入和输出：

```
char buf[256]="akjfkaskfdasdf";
read(STDIN_FILENO,buf,256);          //相当于 scanf
write(STDOUT_FILENO,buf,strlen(buf));   //相当于 printf
```

4．常用设备

/dev/null：空设备，用来丢弃数据。

/dev/port：存取 I/O 的端口设备。

/dev/ttyN　N（0...）：字符终端设备。

/dev/sdaN　N（1...）：SCSI 磁盘设备。

/dev/scdN　N（1...）：SCSI 光驱设备。

/dev/fbN　N（0...）：帧缓冲设备（frame buffer），用于屏幕输出，多媒体操作必须使用。

/dev/mixer：混音器设备，用于调整音量的大小、各种音频的叠加，多媒体操作经常使用。

/dev/dsp：声卡数字采样和数字录音设备，用于播放声音和录音，多媒体操作必须使用。

/dev/audio：声卡音频设备，用于播放声音和录音，支持 sun 音频，较少使用。

/dev/video：视频设备，用于摄像头的视频采样（录像、照相）。

5．常用的头文件

```
#include <sys/types.h>       //操作系统对外提供的各种数据类型的定义,例如 size_t
#include <sys/stat.h>        //操作系统对外提供的各种结构类型的定义,例如 time_t
#include <sys/ioctl.h>       //设备的控制函数定义
#include <sys/soundcard.h>   //声卡的结构及定义
#include <errno.h>           //对外提供的各种错误号的定义,用数字代表错误类型
#include <fcntl.h>           //文件控制的函数定义
#include <termios.h>         //串口的结构和定义
#include <unistd.h>          //C++标准库头文件
```

5.3.2　检查文件及确定文件的权限

表头文件：

```
#include <unistd.h>
```

定义函数：

```
int access(const char *pathname, int mode);
```

函数说明：

参数：pathname 包含路径的文件名。

mode 为模式，有如下 5 种模式：

（1）0：检查文件是否存在。

（2）1：检查文件是否可执行 x。

（3）2：检查文件是否可写 w。

（4）4：检查文件是否可读 r。

（5）6：检查文件是否可读写 w+r。

返回值：0 为真，非 0 为假，无论是否为真，这个函数都会向标准错误发送信号，指明执行情况。

示例 5.3.2-1 判断文件是否存在。

```
1.  #include<unistd.h>
2.  #include<stdio.h>
3.  #include<stdlib.h>
4.  int main(int argc,char *argv[]){
5.  int rt_value;
6.  if(argc<2){
7.  printf("Usage:%s filename\n",argv[0]);
8.  exit(1);
9.  }
10. rt_value=access(argv[1],R_OK);
11. if(rt_value==0)
    printf("File:%s can read        rt_value=%d\n",argv[1],rt_value);
12. else
    printf("File:%s can't read      rt_value=%d\n",argv[1],rt_value);
13. rt_value=access(argv[1],W_OK);
14. if(rt_value==0)
    printf("File:%s can write       rt_value=%d\n",argv[1],rt_value);
15. else
    printf("File:%s can't write     rt_value=%d\n",argv[1],rt_value);
16. rt_value=access(argv[1],X_OK);
17. if(rt_value==0)
    printf("File:%s can execute     rt_value=%d\n",argv[1],rt_value);
18. else
    printf("File:%s can't execute   rt_value=%d\n",argv[1],rt_value);
19. rt_value=access(argv[1],F_OK);
20. if(rt_value==0)
    printf("File:%s  exist          rt_value=%d\n",argv[1],rt_value);
21. else
    printf("File:%s not exist       rt_value=%d\n",argv[1],rt_value);
22. return 0;
23. }
```

编译，将该代码文件命名为 Example5.3.2-1，运行结果如下：

```
1. root@ubuntu:/home/linux/chapter5# gcc Example5.3.2-1.c -o Example5.3.2-1
2. root@ubuntu:/home/linux/chapter5#  ./Example5.3.2-1 Example5.3.2-1.c
3. File:Example5.3.2-1.c can read       rt_value=0
4. File:Example5.3.2-1.c can write      rt_value=0
5. File:Example5.3.2-1.c can execute    rt_value=0
6. File:Example5.3.2-1.c  exist         rt_value=0
```

5.3.3 创建文件

表头文件：

```
#include <fcntl.h>
```

定义函数：

```
int creat(const char *pathname, mode_t mode);
```

参数：pathname 包含路径的文件名。

mode 为模式，即访问权限，包含如下选项：

（1）S_IRUSR，属主读权限。

（2）S_IWUSR，属主写权限。

（3）S_IXUSR，属主执行权限。

返回值：如果创建成功，则返回文件描述符，如果创建失败，则返回-1。

示例 5.3.3-1　创建文件。

```
1.  #include <stdio.h>
2.  #include <string.h>
3.  #include <fcntl.h>
4.  #include <errno.h>
5.  #include <unistd.h>
6.  int main(int argc,char **argv){
7.  int fd=-1;                          //定义文件描述符 fd 为-1
8.  fd=creat(argv[1],00777);     //调用 creat 函数创建文件
9.  if (fd<0){
    printf("errno: %s\n",strerror(errno));  //如果创建失败，则返回-1
10. }
11. else {
    printf("ok : %d\n",fd);      //如果创建成功，则返回文件描述符
    close(fd);
12. }
13. return 0;
14. }
```

将该代码文件命名为 Example5.3.3-1，编译运行后，当前目录多了一个 hello.c 的文件。

```
1.  root@ubuntu:/home/linux/chapter5# gcc Example5.3.3-1.c  -o Example5.3.3-1
2.  root@ubuntu:/home/linux/chapter5# ./Example5.3.3-1 hello.c
3.  ok : 3
4.  root@ubuntu:/home/linux/chapter5# ls -l
5.  -rwxr-xr-x  1 root root  8488  Feb  2 19:50 Example5.3.3-1
6.  -rwxrwxrwx 1 root root  274   Feb  2 19:50 Example5.3.3-1.c
7.  -rwxr-xr-x  1 root root    0   Feb  2 19:50 hello.c
```

5.3.4　打开文件

表头文件：

```
#include <fcntl.h>
```

定义函数：

```
int open(const char *pathname, int flags);
```

```
int open(const char *pathname, int flags, mode_t mode);
```

参数：pathname 包含路径的文件名。

flags 表示文件打开方式，有如下选项：

（1）O_RDONLY：只读方式打开文件。

（2）O_WRONLY：只写方式打开文件。

（3）O_RDWR：读写方式打开文件。

（4）O_APPEND：追加模式打开文件，在写以前，文件读写指针被置于文件的末尾。

（5）O_CREAT：创建文件，若文件不存在将创建一个新文件。

（6）O_EXCL：如果通过 O_CREAT 打开文件，若文件已存在，则 open 调用失败，用于防止重复创建文件。

（7）O_TRUNC：如果文件已存在，且又是以写方式打开，则将文件清空。使用 O_CREAT 和 O_TRUNC 时，如果对设备操作、报错，且防止对设备进行创建。

（8）O_SYNC：实现 I/O 的同步，任何通过文件描述符对文件的写操作都会使调用的进程中断，直到数据被真正写入硬件中。

（9）O_NONBLOCK：非阻塞模式（非块方式)打开，当打开文件不满足于条件时，则一直等待，函数不能马上返回，直到满足条件时才打开结束。

注意：以上所有选项可以组合使用。

（1）O_CREAT|O_RDWR：如果文件不存在，则创建，否则以读写方式打开文件。

（2）O_CREAT|O_EXCL：如果文件已存在，则调用失败，用来实现互斥。

（3）O_RDONLY、O_WRONLY、O_RDWR 只能选择一个。

（4）O_CREAT | O_WRONLY|O_TRUNC 组合，则与 creat 函数等价。

mode 模式，即访问权限，包含如下选项：

（1）S_IRUSR：属主读权限。

（2）S_IWUSR：属主写权限。

（3）S_IXUSR：属主执行权限。

返回值：如果返回一个新的文件描述符，则表示正确，返回-1，则表示失败。

示例 5.3.4-1　打开文件。

```
1.  #include <stdlib.h>
2.  #include <stdio.h>
3.  #include <string.h>
4.  #include <unistd.h>
5.  #include <errno.h>
6.  #include <fcntl.h>
7.  int main(int argc,char *argv[])
8.  {
9.  int fd;
10.         int err=access(argv[1],0);
11.         printf("err=%d,errstr=%s\n",errno,strerror(errno));
12.         if (err==0){
13.                 //打开文件操作
14.                 fd=open(argv[1],O_RDWR|O_SYNC, 0666);
```

```
15.        }
16.        else {
17.             //创建文件操作
18.             fd=creat(argv[1],0666);
19.        }
20.        if (fd==-1) {
21.            printf("open or creat  err \n");
22.            return 0;
23.        }
24. }
```

编译，将代码文件命名为Example5.3.4-1，运行结果如下：

```
1.  root@ubuntu:/home/linux/chapter5# ./Example5.3.4-1 Example5.3.3-1.c
2.  err=0,errstr=Success
3.  root@ubuntu:/home/linux/chapter5# ./Example5.3.4-1 Example5.3.3-2.c
4.  err=2,errstr=No such file or directory
```

5.3.5　关闭文件

表头文件：

```
#include <unist.h>
```

定义函数：

```
void close(int filedes);
```

参数： filedes为文件描述符。

示例5.3.5-1　当文件存在时，读取数据，否则创建文件并写入数据。

```
1.  #include <stdlib.h>
2.  #include <stdio.h>
3.  #include <string.h>
4.  #include <unistd.h>
5.  #include <errno.h>
6.  #include <fcntl.h>
7.  int main(int argc,char **argv)  {
8.  int fd,err=access(argv[1],0);   //检查文件是否存在
9.  if (!err){                      //若存在
10.       fd=open(argv[1],O_RDONLY);//调用open函数，以只读方式打开文件
11.       char buf[4096];
12.       int size=read(fd,buf,200); //调用read函数，将已打开的文件读取200字
                                     //节数据，存入buf中
13.       printf("--fd=%d,size=%d,buf=%s\n",fd,size,buf); //输出fd、size
                                                           //以及buf中的数据
14. close(fd);                    //关闭文件
15. }
16. else {                        //若不存在
17. fd=creat(argv[1],0777);       //调用create函数创建文件
18. char buf[256];
```

```
19. scanf("%s",buf);
20. int size=write(fd,buf,strlen(buf)); //向文件写入数据
21. close(fd);                          //关闭文件
22. }
23.  }
```

将该代码文件命名为 Example5.3.5-1，编译运行后，Example5.3.4-1.c 文件被关闭，同时 Example5.3.4-1.c 的内容也显示出来，运行结果的第 3~12 行为 Example5.3.4-1.c 的内容。

```
1.  root@ubuntu:/home/linux/chapter5# gcc Example5.3.5-1.c -o Example5.3.5-1
2.  root@ubuntu:/home/linux/chapter5# ./Example5.3.5-1 Example5.3.4-1.c
3.  --fd=3,size=200,buf=#include <stdlib.h>
4.  #include <stdio.h>
5.  #include <string.h>
6.  #include <unistd.h>
7.  #include <errno.h>
8.  #include <fcntl.h>
9.  int main(int argc,char *argv[])
10. {
11. int fd;
12. int err=access(argv[1],0);
```

5.3.6 删除文件

表头文件：

```
#include <unistd.h>
```

定义函数：

```
int unlink(const char *pathname);
```

参数：pathname 为硬链接的各种名。

本质是解决硬链接，也就是删除节点数。

说明：只是将文件的引用计数减 1，如果引用计数为 0，则删除物理文件。

示例 5.3.6-1 实现 rm -rf 名。

要点解析：删除函数时，要判断是否是目录，如果是目录则排除 .和..，并递归调用函数，然后删除目录；否则删除文件。

```
1.  #include <stdio.h>
2.  #include <stdlib.h>
3.  #include <string.h>
4.  #include <fcntl.h>
5.  #include <errno.h>
6.  #include <sys/stat.h>
7.  #include <sys/types.h>
8.  #include <dirent.h>
9.  #include<unistd.h>
10. int i,isr=0,isf=0,isv=0;
```

```
11. void startdel(char *name,int isv)
12.     {
13.         struct stat st;
14.         stat(name,&st);
15.         if (S_ISDIR(st.st_mode))
16.             { //如果是目录，则递归调用
17.             DIR *fp=opendir(name);
18.             if (fp!=NULL)
19.                 {
20.                 struct dirent* p;
21.                 char filename[256];
22.                 while((p=readdir(fp))!=NULL)
23.                     {
24.                     if (strcmp(p->d_name,".")==0||strcmp(p->d_name,"..")==0)
25.                     continue;
26.                     sprintf(filename,"%s/%s",name,p->d_name);
27.                     startdel(filename,isv);
28.                     }
29.                 }
30.             closedir(fp);
31.             rmdir(name);      //删除目录
32.             }
33.         else
34.             unlink(name);    //删除文件
35.             if (isv) printf("del %s\n",name);
36.     }
37.         char *isenbledel(char *name){
38.         static char filename[256];
39.         memset(filename,0,256);
40.         //判断文件名是否完整，如果不完整，则补全
41.         if (name==NULL || strcmp(name,"")==0)
42.             return NULL;
43.         else if (name[0]!='.')
44.                 sprintf(filename,"./%s",name);
45.         else if (name[1]!='/')
46.                 {
47.                 if (name[2]=='/')
48.                     sprintf(filename,"%s",name);
49.                 else
50.                     sprintf(filename,"./%s",name);
51.                 }
52.         else
53.             sprintf(filename,"%s",name);
54.     return filename;
55. }
56. int main(int argc,char **argv)
57.     {
```

```
58.         char **ls=NULL;
59.         for(i=1;i<argc;i++)
60.             {
61.                 if (argv[i][0]=='-')
62.                     {
63.                     isf=strstr(argv[i],"f")?1:0;
64.                     isr=strstr(argv[i],"r")?1:0;
65.                     isv=strstr(argv[i],"v")?1:0;
66.                     }
67.                 else
68.                     {
69.                     ls=&argv[i];
70.                     break;
71.                     }
72.             }
73.         i=0;
74.         char cmd[256];
75.         while(ls[i]!=NULL)
76.             {
77.                 char *pathname=isenbledel(ls[i++]);
78.                 if (pathname==NULL)
79.                     continue;
80.                 if (isf==0)
81.                     {
82.                     printf("delete no[yes]\n");
83.                     scanf("%s",cmd);
84.                 if (strcmp(cmd,"yes")!=0)
85.                     continue;
86.                     }
87.                 if (isr==0)
88.                     {
89.                     struct stat st;
90.                     stat(pathname,&st);
91.                     if (S_ISDIR(st.st_mode))
92.                         {
93.                         printf("dir isn't deleted\n");
94.                         continue;
95.                         }
96.                     }
97.             startdel(pathname,isv);
98.             }
99.     }
```

将该代码文件命名为 Example5.3.6-1，编译运行后，删除 hello.c 文件，提示用户是否删除，输入 yes，则该文件被删除。

```
1.  root@ubuntu:/home/linux/chapter5# gcc Example5.3.6-1.c -o Example5.3.6-1
2.  root@ubuntu:/home/linux/chapter5# ./Example5.3.6-1 hello.c
```

```
3.  delete no[yes]
4.  yes
```

5.3.7 文件指针移动

当文件读写数据时，文件指针会自动移动，也可以通过函数来改变文件指针位置，函数如下。

表头文件：

```
#include <unistd.h>
```

定义函数：

```
off_t lseek(int filedes,off_t offset,int whence);
```

参数：filedes 为描述符。

offset 为偏移量。

whence 表示从哪里开始，有如下 3 种选项：

（1）SEEK_SET　0：从头开始。

（2）SEEK_CUR　1：当前位置。

（3）SEEK_END　2：从尾开始。

返回值：如果成功，则返回新偏移量，如果失败，则返回-1。

示例 5.3.7-1　用如下两种方法读取 wav 文件头。

（1）结构体方法。

（2）文件指针移动法。

```
struct WAV{
    char riff[4];          //RIFF
    int len;               //文件大小
    char type[4];          //WAVE
    char fmt[4];           //fmt
    char tmp[4];           //空出的
    short pcm;
    short channel;         //声道数
    int sample;            //采样率
    int rate;              //传送速率
    short framesize;       //调整数
    short bit;             //样本位数
    char data[4];          //数据
    int dblen;             //len-sizeof(struct WAV);
};
```

几个基本概念如下：

（1）采样：获取音频数据。

（2）采样样本：一帧数据。

（3）采样率：每秒的帧数。

（4）格式：采样位数，即每一帧每一声道所占的内存空间。

（5）声道：双声道、单声道。

（6）t 秒内的字节数：①字节数=t * sample * bit *channel /8；②t=字节数/（sample * bit *channel /8）；③传送速率= sample * bit *channel /8，即一秒的字节数；④调整数=channel*bit /8，即一帧的字节数。

方法 1：

```
1.  #include <unistd.h>
2.  #include <fcntl.h>
3.  #include <errno.h>
4.  #include <sys/types.h>
5.  #include <sys/stat.h>
6.  #include <sys/ioctl.h>
7.  #include <stdlib.h>
8.  #include <stdio.h>
9.  #include <string.h>
10. #include <linux/soundcard.h>
11. #include <alsa/asoundlib.h>
12. typedef struct WAV{
13.       char riff[4]; //RIFF
14.       int len;      //文件大小
15.       char type[4]; //WAVE
16.       char fmt[4];  //fmt
17.       char tmp[4];  //空出的
18.       short pcm;
19.       short channel;//声道数
20.       int sample;   //采样率
21.       int rate;     //传送速率
22.       short framesize; //调整数
23.       short bit;    //样本位数
24.       char data[4];
25.       int dblen;    //len-sizeof(struct WAV);
26.    }wav_t;
27. int main(int argc,char **argv){
28.        //打开文件
29.        int fd=open(argv[1],O_RDONLY);
30.        if (fd==-1){
31.           printf("----- open err=%s\n",strerror(errno));
32.           return -1;
33.        }
34.        //wav_t *p=(wav_t*)malloc(sizeof(wav_t));
35.        //wav_t a,*p=&a;
36.        char buf[4096];
37.        wav_t *p=(wav_t*)buf;
38.        int size=read(fd,p,sizeof(wav_t));
39.        close(fd);
40.        printf("---%s, %d, %d, %d\n",p->type,p->channel,p->sample,p->bit);
41.        printf("---%d, %d\n",p->len,p->dblen);
```

```
42.     }
```

运行该程序，获取了audio1.wav文件数据，具体操作结果如下：

```
1.  root@ubuntu:/home/linux/chapter5/Example5.3.7-1# gcc Example5.3.7-1.c
-o Example5.3.7-1
2.  root@ubuntu:/home/linux/chapter5/Example5.3.7-1#    ./Example5.3.7-1
audio1.WAV
3.  ---WAVEfmt, 2, 44100, 8
4.  ---6303174, 291939
```

方法2：

```
1.  #include <unistd.h>
2.  #include <fcntl.h>
3.  #include <errno.h>
4.  #include <sys/types.h>
5.  #include <sys/stat.h>
6.  #include <sys/ioctl.h>
7.  #include <stdlib.h>
8.  #include <stdio.h>
9.  #include <string.h>
10. #include <linux/soundcard.h>
11. #include <alsa/asoundlib.h>
12.
13. int main(int argc,char **argv){
14.        //打开文件
15.        int fd=open(argv[1],O_RDONLY);
16.        if (fd==-1){
17.            printf("----- open err=%s\n",strerror(errno));
18.            return -1;
19.        }
20.        char type[5]={0};
21.        short channel;
22.        short bit;
23.        int sample;
24.        lseek(fd,0x08,0);
25.        read(fd,type,4);
26.        lseek(fd,0x16,0);
27.        read(fd,&channel,2);
28.        read(fd,&sample,4);
29.        lseek(fd,0x22,0);
30.        read(fd,&bit,2);
31.        close(fd);
32.        printf("--- %s,%d,%d,%d\n",type,channel,sample,bit);
33.    }
```

运行该程序，获取了audio1.wav文件数据，具体操作结果如下：

```
1.  root@ubuntu:/home/linux/chapter5/Example5.3.7-1# ./Example5.3.7-1
```

```
audio1.WAV
   2.  --- WAVE,2,44100,8
```

5.3.8 其他常用函数

1．更改系统掩码函数

```
mode_t umask(mode_t mask);
```

2．修改文件权限函数

```
int chmod(const char *path, mode_t mode);   //修改没被打开的文件或目录权限
int fchmod(int filedes, mode_t mode);       //修改已打开的文件权限
```

3．截断函数

修改文件长度以及 length 长度，如果变长，则自动补 0。

```
int truncate(const char *path, off_t length);
int ftruncate(int fd, off_t length);
```

4．创建硬链接

link 函数用来创建硬链接，功能和 ln 指令一样。

```
int link(const char *oldpath, const char *newpath);
```

5．删除、移除文件或空目录

remover 函数用于删除指定文件，如果 pathname 为一个文件，则用 unlink 函数处理；如果 pathname 为一个目录，则用 rmdir 函数处理。

```
int remove(const char *pathname);
```

6．重命名函数

```
int rename(const  char  *oldpath,  const char *new-path);
```

示例 5.3.8-1 读取文件内的字符串，并排序，将排好序的字符串写回到文件。

```
1.  #include <stdio.h>
2.  #include <stdlib.h>
3.  #include <string.h>
4.  #include <fcntl.h>
5.  #include <errno.h>
6.  #include <sys/stat.h>
7.  #include <sys/types.h>
8.  #include<unistd.h>
9.  int main(int argc,char **argv){
10.     if(access(argv[1],0)) {
11.         printf("------ err=%d,errstr=%s\n",errno,strerror(errno));
12.         return -1;
13.     }
14.     int fd=open(argv[1],O_RDWR);
15.     if (fd<0){
```

```
16.         printf("errno= %s\n",strerror(errno));
17.         return -1;
18.     }
19.     struct stat st;
20.     stat(argv[1],&st);
21.     int size=st.st_size;
22.     //---------------------------
23.     char *buf=(char *)malloc(size+1);
24.     bzero(buf,size+1);
25.     size=read(fd,buf,size);
26.     //---------------------------
27.     int i,j;
28. char tmp;
29.     for(i=0;i<size;i++){
30.        for(j=i;j<size;j++){
31.            if (buf[i] >buf[j]){
32.               tmp=buf[i];
33.               buf[i]=buf[j];
34.               buf[j]=tmp;
35.            }
36.        }
37.     }
38.     //----------------------------
39.     size=write(fd,buf,size);
40.     close(fd);
41.     return 0;
42. }
```

在当前目录创建 hello.c 文件，内容为：/ahow are you!，编译运行 Example5.3.8-1，结果如下：

```
1.  root@ubuntu:/home/linux/chapter5# gcc Example5.3.8-1.c -o Example5.3.8-1
2.  root@ubuntu:/home/linux/chapter5# ./Example5.3.8-1 hello.c
```

程序运行后，hello.c 文件的内容变为：

```
/ahow are you!

  !/aaehooruwy
```

示例 5.3.8-2　有一结构体数组，已输入数据，将结构体数组中的数据保存到文件，要求用三种方式实现：读整块内存、循环读结构体大小、移位读取每个成员。

```
1.  #include <stdio.h>
2.  #include <stdlib.h>
3.  #include <string.h>
4.  #include <fcntl.h>
5.  #include <errno.h>
6.  #include <sys/stat.h>
```

```
7.  #include <sys/types.h>
8.  struct STU{
9.      int num;
10.     char name[32];
11. };
12. int main(int argc,char **argv){
13.     struct STU stu[5]={
14.        {23,"asdf"},
15.        {34,"gadf"},
16.        {44,"gasdfsaf"},
17.        {33,"ffffff"},
18.        {22,"fssssssss"}
19.     };
20.     int fd;
21.     int ishas=!access(argv[1],0);
22.     if(ishas)
23.        fd=open(argv[1],O_RDWR);
24.     else
25.        fd=open(argv[1],O_CREAT | O_RDWR);
26.      if (fd<0){
27.          printf("errno= %s\n",strerror(errno));
28.          return -1;
29.                    }
30.     if (ishas){
31.        int size=lseek(fd,0,2);
32.        int n=size/sizeof(struct STU);
33.        lseek(fd,0,0);
34.        struct STU *p=(struct STU *)malloc(size);
35.        //第一种方式
36.        size=read(fd,p,size);
37.        //第二种方式
38.        //for(int i=0;i<n;i++)
39.        //read(fd,p,sizeof(struct STU));
40.        //第三种方式
41.        //void *pv=p;
42.        //for(i=0;i<n;i++) {
43.        //read(fd,pv,4); fd+=4;
44.        //read(fd,pv,32);fd+=32;
45.        //}
46.        //for(int i=0;i<n;i++) printf("%d,%s\n",p->num,p->name);
47.     }
48.     else {
49.        //第一种方式
50.        int size=write(fd,stu,sizeof(struct STU)*5);
51.        //第二种方式
52.        //for(int i=0;i<5;i++) write(fd,&stu[i],sizeof(struct STU));
53.        //第三种方式
```

```
54.         //void *pv=p;
55.         //for(i=0;i<sizeof(struct STU)*5;i++) write(fd,pv++,1);
56.     }
57.     close(fd);
58.     return 0;
59. }
```

编译运行 Example5.3.8-2，创建 text 文件，在 text 文件中可查看结构体数组中的数据。

```
1.  root@ubuntu:/home/linux/chapter5# gcc Example5.3.8-2.c -o Example5.3.8-2
2.  root@ubuntu:/home/linux/chapter5# ./Example5.3.8-2 text
```

5.4 设备控制

微课视频

设备控制，就是在设备驱动中对设备 I/O 进行管理。即对设备的一些特性进行控制，例如串口的传输波特率、马达的转速、混音器的音量、声卡的采样率等进行设置。本节主要对 ALSA 声音编程进行简要介绍。

1. ALSA 概述

ALSA 是 Advanced Linux Sound Architecture 的缩写，目前已经成为 Linux 系统下的主流音频体系架构，提供了音频和 MIDI 的支持，替代了原先旧版本中的 OSS（开发声音系统）；事实上，ALSA 是 Linux 系统下一套标准的、先进的音频驱动框架，那么这套框架的设计本身是比较复杂的，采用分离、分层思想设计而成。

在应用层，ALSA 为我们提供了一套标准的 API，应用程序只需要调用这些 API 就可完成对底层音频硬件设备的控制，譬如播放、录音等，这套 API 称为 alsa-lib。对应用程序提供了统一的 API 接口，这样可以隐藏驱动层的实现细节，简化应用程序实现难度，无须应用程序开发人员直接去读写音频设备节点。

2. sound 设备节点

在 Linux 内核设备驱动层，基于 ALSA 音频驱动框架注册的 sound 设备会在/dev/snd 目录下生成相应的设备节点文件，例如在终端进入/dev/snd 目录并输入 ls -l 指令，可查询如下信息：

```
1.  root@ubuntu:/home/linux# cd /dev/snd
2.  root@ubuntu:/dev/snd# ls -l
3.  total 0
4.  drwxr-xr-x  2 root root         60 2月  10 14:56 by-path
5.  crw-rw----+ 1 root audio 116,    2 2月  10 14:56 controlC0
6.  crw-rw----+ 1 root audio 116,    6 2月  10 14:56 midiC0D0
7.  crw-rw----+ 1 root audio 116,    4 2月  10 14:57 pcmC0D0c
8.  crw-rw----+ 1 root audio 116,    3 2月  10 16:26 pcmC0D0p
9.  crw-rw----+ 1 root audio 116,    5 2月  10 14:56 pcmC0D1p
10. crw-rw----+ 1 root audio 116,    1 2月  10 14:56 seq
11. crw-rw----+ 1 root audio 116,   33 2月  10 14:56 timer
```

（1）**controlC0**：用于声卡控制的设备节点，譬如通道选择、混音器、麦克风的控制等，C0 表示声卡 0（card0）。

（2）**pcmC0D0c**：用于录音的 PCM 设备节点。其中 C0 表示 card0，也就是声卡 0；而 D0 表示 device 0，也就是设备 0；最后一个字母 c 是 capture 的缩写，表示录音；所以 pcmC0D0c 便是系统的声卡 0 中的录音设备 0。

（3）**pcmC0D0p**：用于播放（或叫放音、回放）的 PCM 设备节点。其中 C0 表示 card0，也就是声卡 0；而 D0 表示 device 0，也就是设备 0；最后一个字母 p 是 playback 的缩写，表示播放；所以 pcmC0D0p 便是系统的声卡 0 中的播放设备 0。

（4）**pcmC0D1c**：用于录音的 PCM 设备节点。对应系统的声卡 0 中的录音设备 1。

（5）**pcmC0D1p**：用于播放的 PCM 设备节点。对应系统的声卡 0 中的播放设备 1。

（6）**timer**：定时器。

在 Linux 系统的/proc/asound 目录下，有很多的文件，这些文件记录了系统中声卡相关的信息。

（1）**cards**：通过 cat /proc/asound/cards 命令，查看 cards 文件的内容，可列出系统中可用的、注册的声卡。

```
1.  root@ubuntu:/dev/snd# cat /proc/asound/cards
2.   0 [AudioPCI       ]: ENS1371 - Ensoniq AudioPCI
3.                         Ensoniq AudioPCI ENS1371 at 0x2040, irq 16
```

系统中注册的所有声卡都会在/proc/asound/目录下形成相应的目录，该目录的命名方式为 cardX（X 表示声卡的编号），譬如上文中的 card0；card0 目录下记录了声卡 0 相关的信息，如声卡的名字以及声卡注册的 PCM 设备。

```
1.  root@ubuntu:/proc/asound# ls
2.  AudioPCI  card0  cards  devices  modules  oss  pcm  seq  timers  version
3.  root@ubuntu:/dev/snd# cd /proc/asound/card0
4.  root@ubuntu:/proc/asound/card0# ls
5.  audiopci  codec97#0  id  midi0  pcm0c  pcm0p  pcm1p
```

（2）**devices**：devices 目录列出系统中所有声卡注册的设备，包括 control、pcm、timer、seq 等。

```
1.  root@ubuntu:/proc/asound/card0# cat /proc/asound/devices
2.  1:      : sequencer
3.  2: [ 0]   : control
4.  3: [ 0- 0]: digital audio playback
5.  4: [ 0- 0]: digital audio capture
6.  5: [ 0- 1]: digital audio playback
7.  6: [ 0- 0]: raw midi
8.  33:      : timer
```

（3）**pcm**：pcm 目录列出系统中的所有 PCM 设备，包括 playback 和 capture。

```
1.  root@ubuntu:/proc/asound/card0# cat /proc/asound/pcm
2.  00-00: ES1371/1 : ES1371 DAC2/ADC : playback 1 : capture 1
3.  00-01: ES1371/2 : ES1371 DAC1 : playback 1
```

示例 5.4-1　显示 PCM 数据类型和参数。

```
1.  #include <alsa/asoundlib.h>
2.  #include <stdio.h>
3.  #include <stdlib.h>
4.  int main() {
5.     int val;
6.     printf("ALSA library version: %s\n", SND_LIB_VERSION_STR);
7.     printf("\nPCM stream types:\n");
8.         for (val = 0; val <= SND_PCM_STREAM_LAST; val++)
9.     printf(" %s\n", snd_pcm_stream_name((snd_pcm_stream_t)val));
10.    printf("\nPCM access types:\n");
11.        for (val = 0; val <= SND_PCM_ACCESS_LAST; val++)
12.    printf(" %s\n", snd_pcm_access_name((snd_pcm_access_t)val));
13.    printf("\nPCM formats:\n");
14.        for (val = 0; val <= SND_PCM_FORMAT_LAST; val++)
15.        if (snd_pcm_format_name((snd_pcm_format_t)val) != NULL)
16.    printf(" %s (%s)\n",snd_pcm_format_name((snd_pcm_format_t)val),
17.         snd_pcm_format_description( (snd_pcm_format_t)val));
18.    printf("\nPCM subformats:\n");
19.         for (val = 0; val <= SND_PCM_SUBFORMAT_LAST;val++)
20.    printf(" %s (%s)\n",snd_pcm_subformat_name((snd_pcm_subformat_t)val),
21.    snd_pcm_subformat_description((snd_pcm_subformat_t)val));
22.    printf("\nPCM states:\n");
23.         for (val = 0; val <= SND_PCM_STATE_LAST; val++)
24.    printf(" %s\n",snd_pcm_state_name((snd_pcm_state_t)val));
25.    return 0;
26. }
```

编译并运行示例 5.4-1。由于必须与 ALSA 库 libasound 链接才能运行，所以输入指令时需添加选项-lasound。

```
1.  root@ubuntu:/home/linux/chapter5# gcc Example5.4-1.c -o Example5.4-1
    -lasound
2.  root@ubuntu:/home/linux/chapter5# ./Example5.4-1
3.  ALSA library version: 1.1.3
4.
5.  PCM stream types:
6.   PLAYBACK
7.   CAPTURE
8.
9.  PCM access types:
10.  MMAP_INTERLEAVED
11.  MMAP_NONINTERLEAVED
12.  MMAP_COMPLEX
13.  RW_INTERLEAVED
14.  RW_NONINTERLEAVED
15.
16. PCM formats:
17.  S8 (Signed 8 bit)
```

```
18.  U8 (Unsigned 8 bit)
19.  S16_LE (Signed 16 bit Little Endian)
20.  S16_BE (Signed 16 bit Big Endian)
21.  U16_LE (Unsigned 16 bit Little Endian)
22. …
```

3. 控制采样设备

在 alsa-lib 应用编程中会涉及一些概念，具体如下：

1）样本长度

样本是记录音频数据最基本的单元，样本长度（sample）就是采样位数，也称为位深度。是指计算机在采集和播放声音文件时，所使用数字声音信号的二进制位数，或者说每个采样样本所包含的位数，通常有 8bit、16bit、24bit 等。

2）声道数

声道数（channel）分为单声道（Mono）和双声道/立体声（Stereo）。1 表示单声道、2 表示立体声。

3）帧

帧（frame）记录了一个声音单元，其长度为样本长度与声道数的乘积，一段音频数据就是由若干帧组成的。把所有声道中的数据加在一起叫作一帧，对于单声道：一帧 = 样本长度×1；双声道：一帧 = 样本长度×2。例如，对于样本长度为 16bit 的双声道来说，一帧的大小等于：16×2 / 8 = 4 字节。

4）采样率

采样率（sample rate）也叫采样频率，是指每秒钟采样次数，该次数是针对帧而言。常见的采样率包括：

（1）8 000 Hz：电话所用采样率，对于人的说话已经足够。

（2）22 050 Hz：无线电广播所用采样率。

（3）32 000 Hz：miniDV、数码视频 camcorder、DAT (LP mode)所用采样率。

（4）44 100 Hz：音频 CD，也常用于 MPEG-1 音频（VCD、SVCD、MP3）所用采样率。

（5）47 250 Hz：PCM 录音机所用采样率。

（6）48 000 Hz：miniDV、数字电视、DVD、DAT、电影和专业音频的数字声音所用采样率。

（7）50 000 Hz：商用数字录音机所用采样率。

（8）50 400 Hz：三菱 X-80 数字录音机所用采样率。

（9）96 000 Hz：DVD-Audio、LPCM DVD 音轨、BD-ROM 音轨和 HD-DVD 音轨所用采样率。

5）交错模式

交错模式（interleaved）是一种音频数据的记录方式，分为交错模式和非交错模式。在交错模式下，数据以连续帧的形式存放，即首先记录完帧 1 的左声道样本和右声道样本（假设为立体声格式），再记录帧 2 的左声道样本和右声道样本。而在非交错模式下，首先记录的是一个周期内所有帧的左声道样本，再记录右声道样本，数据以连续通道的方式存储。多数情况下，都是使用交错模式。

6）周期

周期（period）是音频设备处理（读、写）数据的单位，也就是说音频设备读、写数据的单位是周期，每次读或写一个周期的数据，一个周期包含若干个帧；例如周期的大小为1024帧，则表示音频设备进行一次读或写操作的数据量大小为1024帧，假设一帧为4字节，那么也就是1024×4=4096字节数据。

7）缓冲区

一个缓冲区（buffer）包含若干个周期，所以buffer是由若干个周期所组成的一块空间。例如一个buffer包含4个周期、而一个周期包含1024帧、一帧包含两个样本（左、右两个声道）。

如果数据缓存区buffer很大，一次传输整个buffer中的数据可能会导致不可接受的延迟，因为数据量越大，所花费的数据传输时间就越长，那么必然会导致数据从传输开始到发出声音（以播放为例）这个过程所经历的时间就会越长，这就是延迟。为了解决这个问题，ALSA把缓存区拆分成多个周期，以周期为传输单元进行传输数据。

所以，周期不宜设置过大，周期过大会导致延迟过高；但周期也不能太小，周期太小会导致频繁触发中断，这样会使得CPU被频繁中断而无法执行其他的任务，使得效率降低。所以，周期大小要合适，在延迟可接受的情况下，尽量设置大一些，不过这个需要根据实际应用场合而定，有些应用场合，可能要求低延迟、实时性高，但有些应用场合没有这种需求。

4. 打开PCM设备

表头文件：

```
#include <alsa/asoundlib.h>
```

函数声明：

```
int snd_pcm_open(snd_pcm_t **pcmp, const char *name, snd_pcm_stream_t stream,
int mode)
```

参数：

pcmp：snd_pcm_t用于描述一个PCM设备，所以一个snd_pcm_t对象表示一个PCM设备；snd_pcm_open函数会打开参数name所指定的设备，实例化snd_pcm_t对象，并将对象的指针（也就是PCM设备的句柄）通过pcmp返回出来。

name：指定PCM设备的名字。alsa-lib库函数中使用逻辑设备名而不是设备文件名，命名方式为"hw:i,j"，其中i表示声卡的卡号，j则表示这块声卡上的设备号；如"hw:0,0"表示声卡0上的PCM设备0，在播放情况下，这其实就对应/dev/snd/pcmC0D0p（如果是录音，则对应/dev/snd/pcmC0D0c）。

stream：指定流类型，有两种不同类SND_PCM_STREAM_PLAYBACK和SND_PCM_STREAM_CAPTURE；SND_PCM_STREAM_PLAYBACK表示播放，SND_PCM_STREAM_CAPTURE则表示采集。

mode：指定了open模式。通常情况下，会将其设置为0，表示默认打开模式，默认情况下使用阻塞方式打开设备；当然，也可将其设置为SND_PCM_NONBLOCK模式，表示以非阻塞方式打开设备。

如果设备打开成功，则 snd_pcm_open 函数返回 0；如果打开失败，则返回一个小于 0 的错误编号，可以使用 alsa-lib 提供的库函数 snd_strerror()来得到对应的错误描述信息，该函数与 C 库函数 strerror()用法相同。

与 snd_pcm_open 相对应的是 snd_pcm_close()，函数 snd_pcm_close()用于关闭 PCM 设备，函数原型如下：

```
int snd_pcm_close(snd_pcm_t *pcm);
```

例如：调用 snd_pcm_open()函数打开声卡 0 的 PCM 播放设备 0：

```
snd_pcm_t *pcm_handle = NULL;
int ret;
ret = snd_pcm_open(&pcm_handle, "hw:0,0", SND_PCM_STREAM_PLAYBACK, 0); if
(0 > ret) {
fprintf(stderr, "snd_pcm_open error: %s\n", snd_strerror(ret));
return -1;
}
```

5. 设置硬件参数

alsa-lib 提供了一系列的 snd_pcm_hw_params_set_xxx 函数用于设置 PCM 设备的硬件参数，同样也提供了一系列的 snd_pcm_hw_params_get_xxx 函数用于获取硬件参数。

1）设置 access 访问类型

调用 snd_pcm_hw_params_set_access 设置访问类型，其函数原型如下：

```
int snd_pcm_hw_params_set_access(snd_pcm_t *pcm,
snd_pcm_hw_params_t * params,
    snd_pcm_access_t access )
```

参数：access 指定设备的访问类型，是一个 snd_pcm_access_t 类型常量，这是一个枚举类型，格式如下：

```
enum snd_pcm_access_t {
SND_PCM_ACCESS_MMAP_INTERLEAVED=0,
SND_PCM_ACCESS_MMAP_NONINTERLEAVED,
SND_PCM_ACCESS_MMAP_COMPLEX,
SND_PCM_ACCESS_RW_INTERLEAVED,
SND_PCM_ACCESS_RW_NONINTERLEAVED,
SND_PCM_ACCESS_LAST = SND_PCM_ACCESS_RW_NONINTERLEAVED
};
```

通常，将访问类型设置为 SND_PCM_ACCESS_RW_INTERLEAVED，交错访问模式，通过 snd_pcm_readi/snd_pcm_writei 对 PCM 设备进行读/写操作。

如果函数调用成功，则返回 0；如果失败，则将返回一个小于 0 的错误码，可通过 snd_strerror()函数获取错误描述信息。

2）设置数据格式

调用 snd_pcm_hw_params_set_format()函数设置 PCM 设备的数据格式，函数原型如下：

```
int snd_pcm_hw_params_set_format(snd_pcm_t *pcm,
```

```
snd_pcm_hw_params_t *params,
snd_pcm_format_t format
)
```

参数：format 指定数据格式，该参数是一个 snd_pcm_format_t 类型常量，是一个枚举类型，部分格式如下：

```
enum snd_pcm_format_t {
SND_PCM_FORMAT_UNKNOWN = -1,
SND_PCM_FORMAT_S8 = 0,
SND_PCM_FORMAT_U8,
SND_PCM_FORMAT_S16_LE,
SND_PCM_FORMAT_S16_BE,
SND_PCM_FORMAT_U16_LE,
SND_PCM_FORMAT_U16_BE,
SND_PCM_FORMAT_S24_LE,
SND_PCM_FORMAT_S24_BE,
...
SND_PCM_FORMAT_FLOAT64 = SND_PCM_FORMAT_FLOAT64_LE,
SND_PCM_FORMAT_S20 = SND_PCM_FORMAT_S20_LE,
SND_PCM_FORMAT_U20 = SND_PCM_FORMAT_U20_LE
};
```

3）设置声道数

调用 snd_pcm_hw_params_set_channels()函数设置 PCM 设备的声道数，函数原型如下：

```
int snd_pcm_hw_params_set_channels(snd_pcm_t *pcm,
snd_pcm_hw_params_t *params,
unsigned int val
)
```

参数：val 指定声道数量，val=2 表示双声道，也就是立体声。

如果函数调用成功，则返回 0，如果失败，则返回小于 0 的错误码。使用示例如下：

```
ret = snd_pcm_hw_params_set_channels(pcm_handle, hwparams, 2);
if (0 > ret)
fprintf(stderr, "snd_pcm_hw_params_set_channels error: %s\n", snd_strerror
(ret));
```

4）设置采样率

调用 snd_pcm_hw_params_set_rate 设置采样率大小，其函数原型如下：

```
int snd_pcm_hw_params_set_rate(
snd_pcm_t *pcm,
snd_pcm_hw_params_t *params,
unsigned int val,
int dir
)
```

参数：val 指定采样率大小，譬如 44100。

参数 dir 用于控制方向，若 dir=−1，则实际采样率小于参数 val 指定的值；dir=0 表示实际采样率等于参数 val；dir=1 表示实际采样率大于参数 val。

如果函数调用成功，则返回 0；如果失败，则将返回小于 0 的错误码。使用示例：

```
 ret=snd_pcm_hw_params_set_rate(pcm_handle,hwparams,44100, 0);
if (0 > ret)
fprintf(stderr, "snd_pcm_hw_params_set_rate error: %s\n", snd_strerror
(ret));
```

5）设置周期大小

一个周期的大小使用帧来衡量，如一个周期 1024 帧，调用 snd_pcm_hw_params_set_period_size()函数设置周期大小，其函数原型如下：

```
int snd_pcm_hw_params_set_period_size(snd_pcm_t *pcm,
snd_pcm_hw_params_t *params,
snd_pcm_uframes_t val,
int dir
)
```

alsa-lib 使用 snd_pcm_uframes_t 类型表示帧的数量。

参数：dir 与 snd_pcm_hw_params_set_rate()函数的 dir 参数意义相同。

使用示例（将周期大小设置为 1024 帧）：

```
ret = snd_pcm_hw_params_set_period_size(pcm_handle, hwparams, 1024, 0);
if (0 > ret)
fprintf(stderr, "snd_pcm_hw_params_set_period_size error: %s\n", snd_strerror
(ret));
```

6）设置 buffer 大小

调用 snd_pcm_hw_params_set_buffer_size()函数设置 buffer 的大小，其函数原型如下：

```
int snd_pcm_hw_params_set_buffer_size(snd_pcm_t *pcm,
snd_pcm_hw_params_t *params,
snd_pcm_uframes_t val
)
```

参数：val 指定 buffer 的大小，以帧为单位，通常 buffer 的大小是周期大小的整数倍，如 16 个周期；但函数 snd_pcm_hw_params_set_buffer_size()是以帧为单位来表示 buffer 的大小，所以需要转换一下，如将 buffer 大小设置为 16 个周期，则参数 val 等于 16 * 1024（假设一个周期为 1024 帧）=16384 帧。

如果函数调用成功，则返回 0；如果失败，则返回一个小于 0 的错误码。使用示例：

```
ret = snd_pcm_hw_params_set_buffer_size(pcm_handle,hwparams, 16*1024);
if (0 > ret)
fprintf(stderr, "snd_pcm_hw_params_set_buffer_size error: %s\n", snd_strerror
(ret));
```

示例 5.4-2 向扬声器发送随机声音样本。

```
1.  #include <alsa/asoundlib.h>
```

```
2. static char *device = "default";
3. unsigned char buffer[16*1024];
4. int main(void)
5. {
6.     int err;
7.     unsigned int i;
8.     snd_pcm_t *handle;
9.     snd_pcm_sframes_t frames;
10.    for (i = 0; i < sizeof(buffer); i++)
11.    buffer[i] = random() & 0xff;
12. if ((err = snd_pcm_open(&handle, device, SND_PCM_STREAM_PLAYBACK, 0)) < 0)
13. {
14.     printf("Playback open error: %s\n", snd_strerror(err));
15.     exit(EXIT_FAILURE);
16.     }
17.     if ((err = snd_pcm_set_params(handle,
18.          SND_PCM_FORMAT_U8,
19.          SND_PCM_ACCESS_RW_INTERLEAVED,
20.          1,
21.          48000,
22.          1,
23.          500000)) < 0) {
24.       printf("Playback open error: %s\n", snd_strerror(err));
25.       exit(EXIT_FAILURE);
26.    }
27.      for (i = 0; i < 16; i++) {
28.       frames = snd_pcm_writei(handle, buffer, sizeof(buffer));
29.       if (frames < 0)
30.           frames = snd_pcm_recover(handle, frames, 0);
31.       if (frames < 0) {
32.          printf("snd_pcm_writei failed: %s\n", snd_strerror(frames));
33.          break;
34.      }
35.      if (frames > 0 && frames < (long)sizeof(buffer))
36.      printf("Short write (expected %li, wrote %li)\n", (long)sizeof(buffer),
     frames);
37.    }
38.   err = snd_pcm_drain(handle);
39.   if (err < 0)
40.   printf("snd_pcm_drain failed: %s\n", snd_strerror(err));
41.   snd_pcm_close(handle);
42.   return 0;
43. }
```

编译并运行示例 5.4-2，此时计算机的扬声器会发出类似于噪声一样的声音。

```
1. root@ubuntu:/home/linux/chapter5# gcc Example5.4-2.c -o Example5.4-2
   -lasound
```

```
2.  root@ubuntu:/home/linux/chapter5# ./Example5.4-2
```

5.5 Linux 时间编程

在 Linux 系统下，经常需要输出系统当前的时间，涉及获取一些关于时间的信息，时间主要有世界标准时间和日历时间。

协调世界时间（Coordinated Universal Time，UTC）又称为世界标准时间，也就是大家所熟知的格林尼治标准时间（Greenwich MeanTime，GMT）。

日历时间（Calendar Time）是用“从一个标准时间点”（如 1970 年 1 月 1 日 0 点）到此时经过的秒数来表示的时间。这是最基础的计量方式，有了这个基础数据，其他标准时间、本地时间便可轻松转换出来。

微课视频

5.5.1 取得目前的时间

表头文件：

```
#include<time.h>
```

定义函数：

```
time_t time(time_t *t);
```

函数说明：此函数会返回从公元 1970 年 1 月 1 日 0 时 0 分 0 秒算起到现在所经过的秒数。如果 t 不是空指针，此函数也会将返回值存到 t 指针所指的内存。

返回值：如果成功，则返回秒数，如果失败，则返回（(time_t）-1）值。

示例 5.5.1-1 time 函数使用方法。

```
1.  #include<time.h>  //头文件
2.  #include <stdio.h>
3.  int main(){
4.      int seconds= time((time_t*)NULL); //调用 time_t time(time_t *t);
                                          //函数，计算秒数
5.      printf("%d\n",seconds);
6.  }
```

取得目前的时间程序运行结果如下：

```
1.  root@ubuntu:/home/linux/chapter5# gcc Example5.5.1-1.c  -o Example5.5.1-1
2.  root@ubuntu:/home/linux/chapter5# ./Example5.5.1-1
3.  1644029287
```

5.5.2 取得目前时间和日期

通常用户得到日历时间的秒数后可以将这些秒数转换为更容易接受的时间表示方式，这些表示时间的方式有格林尼治时间、本地时间等。本节首先介绍获取格林尼治时间的方法。

表头文件：

```
#include<time.h>
```

定义函数：

```
struct tm*gmtime(const time_t*timep);
```

函数说明： gmtime()将参数 timep 所指的 time_t 结构中的信息转换成真实世界所使用的时间日期表示方法，然后将结果由结构 tm 返回。

tm 的结构定义如下：

```
struct tm
{
        int tm_sec;
        int tm_min;
        int tm_hour;
        int tm_mday;
        int tm_mon;
        int tm_year;
        int tm_wday;
        int tm_yday;
        int tm_isdst;
};
```

其中，int tm_sec 代表目前秒数，正常范围为 0~59，但允许至 61s；int tm_min 代表目前分数，范围为 0~59；int tm_hour 是从午夜算起的小时数，范围为 0~23；int tm_mday 是目前月份的日数，范围为 1~31；int tm_mon 代表目前月份，从一月算起，范围为 0~11；int tm_year 是从 1900 年算起至今的年数；int tm_wday 是一星期的日数，从星期一算起，范围为 0~6；int tm_yday 是从 2022 年 1 月 1 日算起至今的天数，范围为 0~365；int tm_isdst 是日光节约时间的旗标。此函数返回的时间日期未经时区转换，是 UTC 时间。

返回值： 返回结构体 tm 代表的是目前的 UTC 时间。

示例 5.5.2-1　gmtime()函数的使用方法。

```
1.  #include<time.h>
2.  #include <stdio.h>
3.  int main()
4.  {
5.      char *wday[]={"Sun","Mon","Tue","Wed","Thu","Fri","Sat"};
                                                          //定义星期数组
6.      time_t timep;
7.      struct tm *p;
8.      time(&timep);
        p=gmtime(&timep);   //调用 gmtime()函数
9.      printf("%d-%d-%d\n",(1900+p->tm_year),(1+p->tm_mon),p->tm_mday);
                            //获取 UTC 时间
10.     printf("%s%d:%d:%d\n",wday[p->tm_wday],p->tm_hour,p->tm_min, p->
        tm_sec);
11. }
```

取得目前时间和日期程序运行如下：

```
1. root@ubuntu:/home/linux/chapter5# gcc Example5.5.2-1.c  -o Example5.5.2-1
2. root@ubuntu:/home/linux/chapter5# ./Example5.5.2-1
3. 2022-2-5
4. Sat3:22:52
```

5.5.3 取得当地目前时间和日期

表头文件：

```
#include<time.h>
```

定义函数：

```
struct tm *localtime(const time_t * timep);
```

函数说明：localtime()将参数 timep 所指的 time_t 结构中的信息转换成真实世界所使用的时间日期表示方法，然后将结果由结构 tm 返回。此函数返回的时间日期已经转换成当地时间。

返回值：返回结构体 tm，代表目前的当地时间。

示例 5.5.3-1 localtime()函数的使用方法。

```
1.  #include<time.h>
2.  #include <stdio.h>
3.  int main(){
4.      char *wday[]={"Sun","Mon","Tue","Wed","Thu","Fri","Sat"};//定义星
                                                                   //期数组
5.      time_t timep;
6.      struct tm *p;
7.      time(&timep);
8.      p=localtime(&timep);    //调用 localtime 函数
9.      printf("%d-%d-%d ",(1900+p->tm_year), (1+p->tm_mon),p->tm_mday);
                                //获取本地时间
10.     printf("%s%d:%d:%d\n", wday[p->tm_wday], p->tm_hour, p->tm_min,
        p->tm_sec);
11. }
```

取得当地目前时间和日期程序运行如下：

```
1.  root@ubuntu:/home/linux/chapter5# gcc Example5.5.3-1.c  -o Example5.5.3-1
2.  root@ubuntu:/home/linux/chapter5# ./Example5.5.3-1
3.  2022-2-5 Sat11:25:39
```

5.5.4 将时间结构数据转换成经过的秒数

表头文件：

```
#include<time.h>
```

定义函数：

```
time_t mktime(struct tm * timeptr);
```

函数说明：mktime()用来将参数 timeptr 所指的 tm 结构数据转换成从公元 1970 年 1 月 1 日 0 时 0 分 0 秒算起至今的 UTC 时间所经过的秒数。

返回值：返回经过的秒数。

示例 5.5.4-1 用 time()取得时间（秒数），利用 localtime()转换成结构 tm，再利用 mktime()将结构 tm 转换成原来的秒数。

```
1.  #include<time.h>
2.  #include <stdio.h>
3.  int main(){
4.      time_t timep;
5.      struct tm *p;
6.      time(&timep);              //取得时间（秒数）
7.      printf("time(): %ld\n",timep);
8.      p=localtime(&timep);       //获取当地时间和日期
9.      timep= mktime(p);          //调用 mktime()函数，将结构 tm 转换成原来的秒数
10.     printf("time()->localtime()->mktime():%ld\n",timep);
11. }
```

mktime 函数程序运行结果如下：

```
1.  root@ubuntu:/home/linux/chapter5# gcc Example5.5.4-1.c  -o Example5.5.4-1
2.  root@ubuntu:/home/linux/chapter5# ./Example5.5.4-1
3.  time(): 1644032434
4.  time()->localtime()->mktime():1644032434
```

5.5.5 设置目前时间

表头文件：

```
#include<sys/time.h>
#include<unistd.h>
```

定义函数：

```
int settimeofday(const struct timeval *tv,const struct timezone *tz);
```

函数说明：settimeofday()把目前时间设成由 tv 所指的结构信息，当地时区信息则设成 tz 所指的结构。详细的说明参考 gettimeofday()。

注意：只有 root 权限才能使用此函数修改时间。

返回值：如果成功则返回 0；如果失败则返回-1。

5.5.6 取得当前时间

上述中使用 time 获取一个时间值，但是它的精度只能达到秒级，如果只是做一个日历足够了，但是获取更精确的时间，比如计算程序的执行时间，显然 time 函数不能满足要求，那就只能使用 gettimeofday()函数。

表头文件：

```
#include <sys/time.h>
```

```
#include <unistd.h>
```

定义函数：

```
int gettimeofday ( struct timeval * tv , struct timezone * tz )
```

函数说明： gettimeofday()把当前的时间有 tv 所指的结构返回，当地时区的信息则放到 tz 所指的结构中。

timeval 结构定义如下：

```
struct timeval
{
        long tv_sec;         //s
        long tv_usec;        //μs
};
```

struct timeval 结构类型提供了一个微秒级成员 tv_usec，它的类型同样是一个整型类型。而 gettimeofday 函数的 tz 参数用于获取时区信息。

timezone 结构定义如下：

```
struct timezone
{
        int tz_minuteswest; //和格林尼治时间差了多少分钟
        int tz_dsttime;      //日光节约时间的状态
};
```

返回值： 如果成功，则返回 0；如果失败，则返回-1。

说明： DEFAULT 指针 tv 和 tz 所指的内存空间超出存取权限。

示例 5.5.6-1 gettimeofday()函数的使用方法。

```
1.  #include<stdio.h>
2.  #include<sys/time.h>
3.  #include<unistd.h>
4.  int main()
5.  {
6.  struct timeval tv;
7.  struct timezone tz;
8.  gettimeofday (&tv , &tz);
9.  printf("tv_sec; %ld\n", tv.tv_sec);      //输出 s
10. printf("tv_usec; %ld\n",tv.tv_usec);     //输出 μs
11. printf("tz_minuteswest; %d\n", tz.tz_minuteswest);
                                            //输出与格林尼治时间差了多少分钟
12. printf("tz_dsttime, %d\n",tz.tz_dsttime);   //输出日光节约时间的状态
13. }
```

取得当前的时间程序运行如下：

```
1.  root@ubuntu:/home/linux/chapter5# gcc Example5.5.6-1.c  -o Example5.5.6-1
2.  root@ubuntu:/home/linux/chapter5# ./Example5.5.6-1
3.  tv_sec; 1644033365
```

```
4.   tv_usec; 907814
5.   tz_minuteswest; -480
6.   tz_dsttime, 0
```

5.5.7 将时间和日期以 ASCII 码格式表示

利用函数 gmtime()、localtime()可以将日历时间转换为格林尼治时间和本地时间，虽然用户可通过结构体 tm 获取这些时间值，但看起来还不方便，最好是将所有的信息，如年、月、日、星期、时、分、秒以字符串的形式显示出来。

表头文件：

```
#include<time.h>
```

定义函数：

```
char * asctime(const struct tm * timeptr);
```

函数说明：将 tm 格式的时间转换为字符串，若再调用相关的时间日期函数，此字符串可能会被破坏。此函数与 ctime 不同处在于传入的参数是不同的结构。

返回值：返回一字符串表示目前当地的时间日期。

例如：SAT Jul 30 08:43:03 2005。

该函数必须按照下面 3 个步骤来进行。

（1）使用函数 time()获取日历时间。

（2）使用函数 gmtime()将日历时间转换为格林尼治标准时间。

（3）使用函数 asctime()将 tm 格式的时间转换为字符串。

示例 5.5.7-1　asctime 函数的使用方法。

```
1.   #include <time.h>
2.   #include<stdio.h>
3.   int main()
4.   {
5.   time_t timep;
6.   time (&timep);
7.   printf("%s",asctime(gmtime(&timep)));//将时间转换为字符串输出
8.   }
```

asctime 命令程序运行如下：

```
1.   root@ubuntu:/home/linux/chapter5# gcc Example5.5.7-1.c  -o Example5.5.7-1
2.   root@ubuntu:/home/linux/chapter5# ./Example5.5.7-1
3.   Sat Feb 5 04:07:02 2022
```

5.5.8 将时间和日期以字符串格式表示

表头文件：

```
#include<time.h>
```

定义函数：

```
char *ctime(const time_t *timep);
```

函数说明：将日历时间转化为本地时间的字符串形式，若再调用相关的时间日期函数，此字符串可能会被破坏。

返回值：返回一字符串表示目前当地的时间日期。

该函数必须按照下面两个步骤来进行。

（1）使用函数 time()获取日历时间。

（2）使用函数 ctime()将日历时间直接转换为字符串。

示例 5.5.8-1 ctime 函数的使用方法。

```
1.  #include<time.h>
2.  #include<stdio.h>
3.  int main()
4.  {
5.  time_t timep;
6.  time (&timep);
7.  printf("%s",ctime(&timep));//将日历时间直接转换为字符串输出
8.  }
```

ctime 命令程序运行结果如下：

```
1.  root@ubuntu:/home/linux/chapter5# gcc Example5.5.8-1.c  -o Example5.5.8-1
2.  root@ubuntu:/home/linux/chapter5# ./Example5.5.8-1
3.  Sat Feb  5 12:14:39 2022
```

示例 5.5.8-2 写一段程序，实现本地时间和格林尼治时间转换。

```
1.  #include <time.h>
2.  #include <stdio.h>
3.  int main(void){
4.      struct tm *local;
5.      time_t t;
6.      /* 获取日历时间 */
7.      t=time(NULL);
8.      /* 将日历时间转换为本地时间 */
9.      local=localtime(&t);
10.     /*打印当前的小时值*/
11.     printf("Local hour is: %d\n",local->tm_hour);
12.      /* 将日历时间转换为格林尼治时间 */
13.     local=gmtime(&t);
14.     printf("UTC hour is: %d\n",local->tm_hour);
15.     return 0;
16. }
```

运行结果如下：

```
1.  root@ubuntu:/home/linux/chapter5# gcc Example5.5.8-2.c -o Example5.5.8-2
2.  root@ubuntu:/home/linux/chapter5# ./Example5.5.8-2
```

```
3.  Local hour is: 12
4.  UTC hour is: 4
```

示例 5.5.8-3 根据以上时间函数，对代码进行分析。

```
1.  #include <stdio.h>
2.  #include <time.h>
3.  #include <sys/time.h>
4.  #include <unistd.h>
5.  #include <signal.h>
6.  #include<string.h>
7.  /* 检查执行程序时是否输入参数 */
8.  int check_parameter(char *p )
9.  {
10.   if(p == NULL) {
11.       printf("parameter error\n");
12.       printf("Please Enter Parameter'sec'or'tm' or 'string_time' or
          'usetime' or 'alarm'\n");
13.       return -1;
14.     }
15.       return 0;
16. }
17. /*被测试运行时间的一段程序*/
18. int test_function()
19. {
20.     int i,j;
21.     double y;
22.     for(i = 0;i < 1000;i++)
23.         for(j = 0;j < 1000;j++)
24.         y++;
25.     return 0;
26. }
27. /*使用alarm()函数延时5s后执行的程序*/
28. void alarm_handler(int signum)
29. {
30.     printf("Five seconds passed\n");
31. }
32. /*延时函数*/
33. void func(void)
34. {
35.     signal(SIGALRM,alarm_handler);
36.     alarm(5);
37.     pause();
38. }
39. /*主函数*/
40. int main( int argc,char *argv[])
41. {
42.     //定义星期数组常量
```

```
43.     const char *const days[] =
44. {"Sunday","Monday","Tuesday","Wednesday","Thursday","Friday","Saturday"};
45. time_t sec = 0;             //定义日历时间变量
46.     struct tm *ltime;       //定义 tm 类型时间变量
47.     struct timeval tv1,tv2;
48.     float timeuse;
49.  /*调用 check_parameter()函数检查参数输入情况，若没有参数输入，则终止程序*/
50.     if(check_parameter(argv[1]))
51.     return -1;
52.     sec = time(NULL);        //获取日历时间，单位为 s
53.     /* 若输入参数为“sec”，则输出日历时间，单位为 s*/
54.     if(strcmp(argv[1],"sec") == 0)
55.     printf("sec = %ld\n",sec);
56. /* 若输入参数为“tm”，则输出 tm 格式时间*/
57.      if(strcmp(argv[1],"tm") == 0) {
58.      ltime=localtime(&sec); //获取本地时间，tm 类型
59.      printf(" localtime is :%d year %d month %d day %s %d:%d:%d\n ",
60. ltime -> tm_year + 1900,ltime -> tm_mon + 1,ltime -> tm_mday,days[ltime
    -> tm_wday],ltime -> tm_hour,ltime -> tm_min,ltime -> tm_sec);
61. ltime = gmtime(&sec);        //获取 UTC 时间，tm 类型
62. printf("UTC time is  :%d year %d month %d day %s %d:%d:%d\n ",ltime ->
    tm_year + 1900,ltime -> tm_mon + 1,ltime -> tm_mday,days[ltime ->
    tm_wday],ltime -> tm_hour,ltime -> tm_min,ltime -> tm_sec);
63.    }
64. /*输出一串字符串表示的时间*/
65. if(strcmp(argv[1],"string_time") == 0){
66.         printf("local time is:%s\n",ctime(&sec));
67.         printf("UTC  time  is:%s\n",asctime(gmtime(&sec)));
68.        }
69. /*计算函数执行消耗的时间*/
70.      if(strcmp(argv[1],"usetime") == 0){
71.           gettimeofday(&tv1,NULL);             //获取函数执行前的时间
72.           test_function();                     //执行函数
73.           gettimeofday(&tv2,NULL);             //获取函数执行后的时间
74.           /*计算时间差单位为 μs*/
75.           timeuse = 1000000 * (tv2.tv_sec - tv1.tv_sec) + tv2.tv_usec -
              tv1.tv_usec;
76.           timeuse /= 1000000;                  //将时间转换为 s
77.           printf("used time is:%f (s) \n",timeuse);
78.        }
79. /*延时函数的使用*/
80.        if(strcmp(argv[1],"alarm") == 0){
81.         func();            //调用延时函数，5s 后执行函数 alarm_handler()
82.   }
83.   return 0;
84. }
```

运行程序进行测试，结果如下：

```
1.  root@ubuntu:/home/linux/chapter5# gcc Example5.5.8-3.c  -o Example5.5.8-3
2.  root@ubuntu:/home/linux/chapter5# ./Example5.5.8-3
3.  parameter error
4.  Please Enter Parameter'sec'or'tm' or 'string_time' or 'usetime' or 'alarm'
5.  root@ubuntu:/home/linux/chapter5# ./Example5.5.8-3 sec
6.  sec = 1644113985
7.  root@ubuntu:/home/linux/chapter5# ./Example5.5.8-3 tm
8.  localtime is :2022 year 2 month 6 day Sunday 10:19:56
9.  UTC time is :2022 year 2 month 6 day Sunday 2:19:56
10. root@ubuntu:/home/linux/chapter5# ./Example5.5.8-3 string_time
11. local time is:Sun Feb  6 10:20:22 2022
12. UTC  time  is:Sun Feb  6 02:20:22 2022
13. root@ubuntu:/home/linux/chapter5# ./Example5.5.8-3 usetime
14. used time is:0.002732 (s)
15. root@ubuntu:/home/linux/chapter5# ./Example5.5.8-3 alarm
16. Five seconds passed
```

程序分析：源程序中定义了如下 4 个子函数：

```
int check_parameter(char *p )
int test_function()
void alarm_handler(int signum)
void func(void)
```

第 8 行 int check_parameter(char *p)的功能是检查执行程序入口参数，如果没有输入参数则报错，将输出错误信息，并终止程序。

第 18 行 int test_function()由两个 for 循环语句组成，是用来测试执行时间的一段代码。

第 28 行 void alarm_handler(int signum)与 void func(void)的功能是：程序将在 5s 之后执行 alarm_handler 函数，这里还使用了 pause 函数，用于挂起进程直到捕捉到一个信号时才退出。注意 alarm 一次只能发送一个信号，如果要再次发送信号，需要重新调用 alarm 函数。

第 40 行 主程序 main()中主要使用以下 6 个 if 语句判别输入的参数，实现相应的功能。

```
if(check_parameter(argv[1]))              //检查是否有输入参数
if(strcmp(argv[1],"sec") == 0)            //检查是否输出日历时间
if(strcmp(argv[1],"tm") == 0)             //检查是否输出 tm 类型时间
if(strcmp(argv[1],"string_time") == 0)    //检查是否输出字符串时间
if(strcmp(argv[1],"usetime") == 0)        //检查是否查看一段程序的执行时间
if(strcmp(argv[1],"alarm") == 0)          //检查是否延时执行函数
```

5.6 习题

1. 文件 I/O 编程指的是什么?可以用哪些方法实现？
2. 基于 C 语言的库函数文件编程和基于 Linux 系统的文件编程的区别是什么？

3. 什么是标准时间？什么是日历时间？

4. 编写写入数据程序，将一串字符串 a~f 写入/tmp/test.txt 中。

5. 编写读取文件程序，将/tmp/test.txt 中的内容读出。

6. 编写时间转换程序，将当前时间转换为格林尼治时间。

7. 使用 creat 函数创建一个文件，当没有文件名输入时，提示用户输入一个文件名。

第6章 进 程 控 制

CHAPTER 6

进程是计算机中的程序关于某数据集合上的一次运行过程 ，是系统进行资源分配和调度的基本单位，是操作系统结构的基础。在早期面向进程设计的计算机结构中，进程是程序的基本执行实体；在当代面向线程设计的计算机结构中，进程是线程的容器。程序是指令、数据及其组织形式的描述，进程是程序的实体。本章重点阐述进程的基本概念和控制方法。

6.1 进程控制概述

进程管理是操作系统中最为关键的部分，它的设计和实现直接影响到系统的整体性能。对于多任务操作系统 Linux 来说，它允许同时执行多个任务（进程）。由于进程在运行过程中，要使用许多计算机资源，如 CPU、内存、文件等，通过进程管理，合理地分配系统资源，从而提高 CPU 的利用率。为了协调多个进程对这些系统资源的访问，操作系统要跟踪所有的进程的活动及它们对系统资源的使用情况，实施对进程和资源的动态管理。

6.1.1 进程的定义

微课视频

进程是处于执行期的程序，但进程并不仅仅局限于一段可执行程序代码，通常还包括其他资源，如打开的文件、挂起的信号、内核内部数据、处理器状态、地址空间以及一个或者多个执行线程、用来存放全局变量的数据段等。

进程是一个程序的一次执行的过程，同时也是资源分配的最小单位。它和程序是有本质区别的：程序是静态的，是一些保存在磁盘上的指令的有序集合，没有任何执行的概念；而进程是一个动态的概念，它是程序执行的过程，包括动态创建、调度和消亡的整个过程。进程是程序执行和资源管理的最小单位。因此，对系统而言，当用户在系统中输入命令执行一个程序时，它将启动一个进程。

程序本身不是进程，进程是处于执行期的程序以及它所包含的资源的总称。实际上完全可能存在两个不同的进程执行的是同一个程序，并且两个或两个以上并存的进程还可以共享许多如打开文件、地址空间之类的资源。

在当代操作系统中，进程提供两种虚拟机制：虚拟处理器和虚拟内存。虽然实际上可能是许多进程分享同一个处理器，但虚拟处理器给进程一种假象，让这些进程觉得自己在独享处理器。

在 Linux 系统中，进程分为用户进程、守护进程、批处理进程 3 类。

（1）用户进程：也称为终端进程，用户通过终端命令启用的进程。

（2）守护进程：也称为精灵进程，即运行的守护程序，在系统引导时就启动，是后台服务进程，大多数服务进程都是通过守护进程实现的。

（3）批处理进程：执行的是批处理文件、shell 脚本。

6.1.2 进程控制模块

进程是 Linux 系统的调度和资源管理的基本单位，内核把进程存放在任务队列的双向循环链表中。链表中的每项类型都是 task_struct 结构，它是在 include/linux/sched.h 中定义的。进程描述符中包含一个具体进程的所有消息。

在操作系统内，对每个进程进行管理的数据结构称为进程控制模块（PCB），主要描述当前进程状态和进程正在使用的资源。定义如下：

```
typedef structtask_struct{
        intpid;                     //进程 ID,用来标识进程
        unsigned long state;        //进程状态,描述当前进程运行状态
        unsigned long count;        //进程时间片数
        unsigned long timer;        //进程休眠时间
        unsigned long priority;  //进程默认优先级、进程时间片数和优先级都属于进程
                                    //调度信息
        unsigned long content[20];
        //进程执行现场保存区,包含当前进程使用的操作寄存器、状态寄存器和栈指针寄存器等
}PCB;
```

task_struct 相对较大，在 32 位机器上，它大约有 1.7KB。但如果考虑到该结构内包含了内核管理一个进程时所需的所有信息，那么它的大小也算相当小了。进程描述符中包含的数据能完整地描述一个正在执行的程序，包括打开的文件、进程的地址空间、挂起的信号、进程的状态以及其他更多的信息。进程描述符及任务队列如图 6-1 所示。

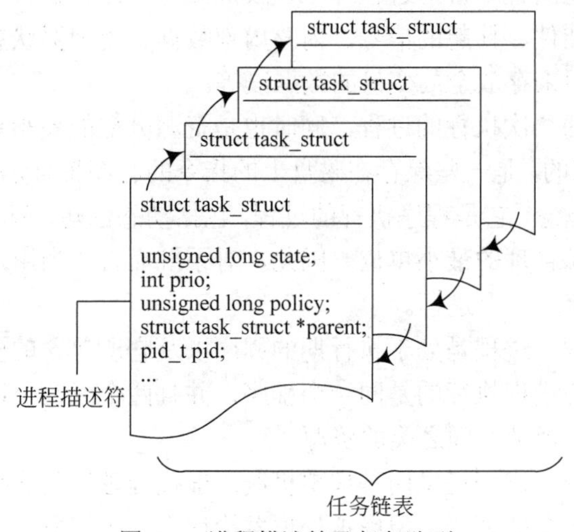

图 6-1 进程描述符及任务队列

6.1.3 分配进程描述符

Linux 通过 slab 分配器分配 task_struct 结构，通过预先分配和重复使用 task_struct，可以避免动态分配和释放所带来的资源消耗，在 Linux 2.6 以前的内核中，各个进程的 task_struct 存放在它们的内核栈的尾端，这样做是为了让那些像 x86 的寄存器较少的硬件体系结构只要通过栈指针就能计算出它的位置，从而避免使用额外的寄存器专门记录。由于现在使用了 slab 分配器动态生成 task_struct，所以只需在栈底（对于向下增长的栈来说）或栈顶（对于向上增长的栈来说）创建一个新的结构 struct thread_info，如图 6-2 所示。这个新的结构能使在汇编代码中计算其偏移变得相当容易。

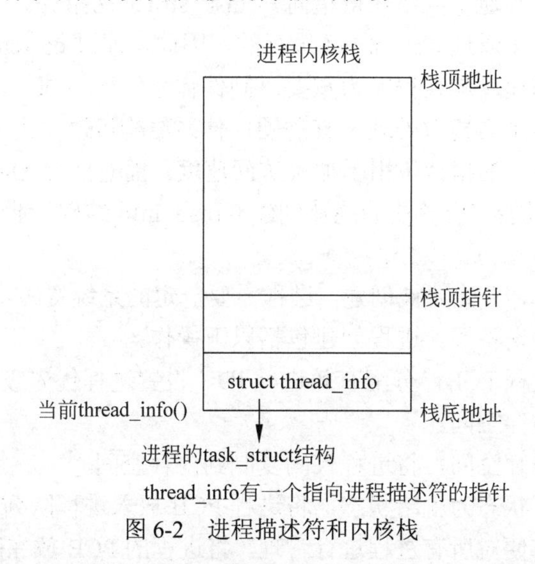

图 6-2　进程描述符和内核栈

在 x86 上，thread_info 结构在文件<asm/thread_info.h>中的定义如下：

```
struct thread_info {
	struct task_struct		*task;
	struct exec_domain		*exec_domain;
	unsigned long			flags;
	unsigned long			status;
	__u32				cpu;
	__s32				preempt_count;
	mm_segment_t			addr_limit;
	struct restart_block	restart_block;
	unsigned long			previous_esp;
	__u8				supervisor_stack[0];
};
```

每个任务的 thread_info 结构在它的内核栈的尾端分配。结构中的 task 域存放的是指向该任务的实际 task_struct 的指针。

6.1.4 进程的创建

内核通过一个唯一的进程标识值 PID 标识每个进程。PID 是一个数，表示为 pid_t 隐含类型，实际上就是一个 int 类型。为了与旧版本的 UNIX 和 Linux 兼容，PID 的最大值默认设置为 32768（短整型（short int）的最大值），这个值也可以增加到类型所允许的范围。内核把每个进程的 PID 存放在它们各自的进程描述符中。

这个最大值很重要，因为它实际上就是系统中允许同时存在的进程的最大数目。尽管 32768 这个值对于一般的桌面系统已经足够，但是大型服务器可能需要更多进程。这个值越小，转一圈就越快，本来数值大的进程比数值小的进程迟运行，但这样一来就破坏了这一原则。如果确实需要，可以不考虑与旧系统的兼容，由系统管理员通过修改/proc/sys/kernel/pid_max 来提高上限。

在内核中，访问任务通常需要获得指向其 task_struct 的指针。实际上，内核中大部分处理进程的代码都是直接通过 task_struct 进行的。因此，通过 current 宏查找到当前正在运行进程的进程描述符的速度就显得尤为重要。硬件体系结构不同，该宏的实现也不同，它必须针对专门的硬件体系结构做处理。有的硬件体系结构可以拿出一个专门寄存器来存放指向当前进程 task_struct 的指针，用于加快访问速度。而有些像 x86 这样的体系结构（其寄存器并不富余），就只能在内核栈的尾端创建 thread_info 结构，通过计算偏移间接地查找 task_struct 结构。

一个进程要被执行，首先要被创建，进程需要一定的系统资源，如 CPU 时间片、内存空间、操作文件、硬件设备等。进程创建包括以下操作：

（1）初始化当前进程 PCB，分配有效进程 ID，设置进程优先级和 CPU 时间片。

（2）为进程分配内存空间。

（3）加载任务到内存空间，将进程代码复制到内存空间。

（4）设置进程执行状态为就绪状态，将进程 PCB 放入进程队列中。

操作系统内核为方便对所有进程进行管理，将进程的 PCB 放在队列中，新创建的进程放入队尾，当进程执行完后，从队列中剔除。Linux 系统中有两个重要的队列：

运行队列：内核要寻找一个新的进程在 CPU 上运行时，必须考虑处于可运行状态的进程，但扫描整个进程链表是相当低效的，所以引入了可运行状态进程的双向循环链表，也叫运行队列。

等待队列：处于睡眠状态的进程被放入等待队列中，等待队列是以双循环链表为基础的数据结构，与进程调度机制紧密结合，能够用于实现核心的异步事件通知机制。

6.1.5 进程状态

进程描述符中的 state 域描述了进程的当前状态，如图 6-3 所示。系统中的每个进程都必然处于五种进程状态中的一种。

（1）TASK_RUNNING（运行状态）：系统中，同一时刻可能有多个进程处于可执行状态，这些进程被放入可执行队列中，进程调度器的任务就是从可执行队列中分别选择一个进程在 CPU 上运行。有些资料将正在 CPU 上执行的进程定义为执行（RUNNING）状态，而将可执行但是尚未被调度执行的进程定义为就绪（READY）状态，这两种状态在 Linux 下统一为 TASK_RUNNING 状态。

（2）TASK_INTERRUPTIBLE（可中断状态）：有些进程因为等待某事件的发生而被挂起，这些进程被放入等待队列中，当这些事件发生时（由外部中断触发或由其他进程触发），对应的等待队列中的一个或多个进程将被唤醒。进程列表中的绝大多数进程都处于可中断睡眠状态。

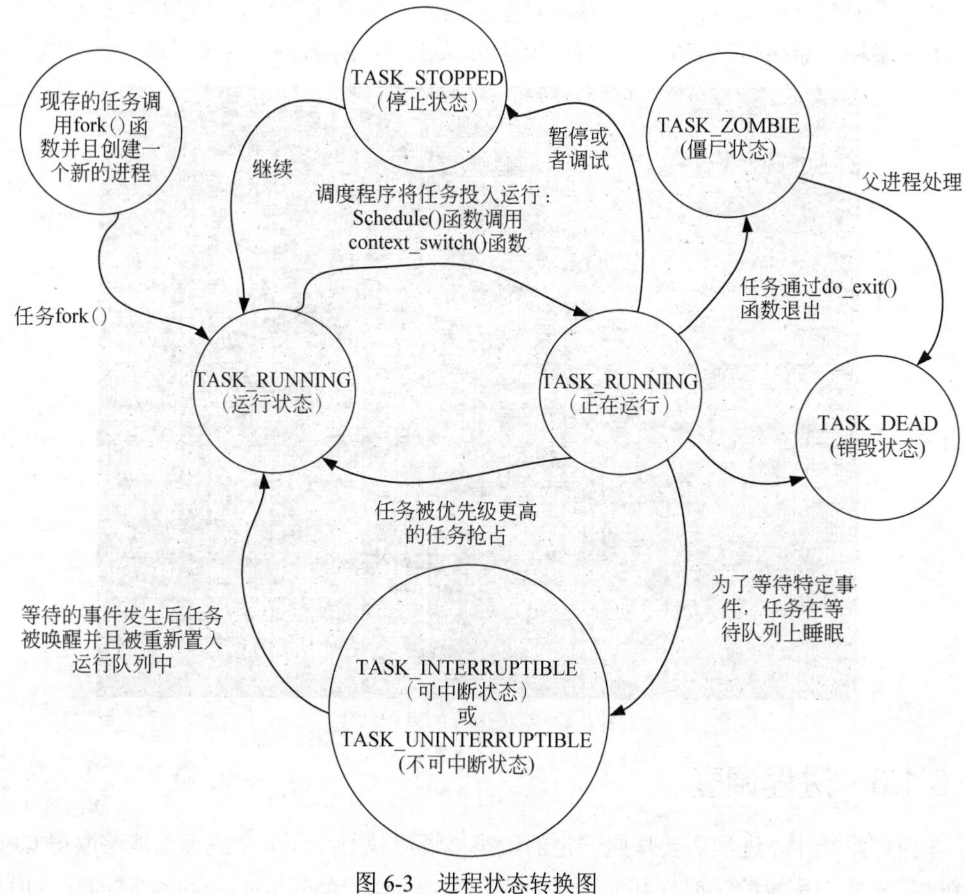

图 6-3　进程状态转换图

（3）TASK_UNINTERRUPTIBLE（不可中断状态）：有些进程处于睡眠状态，但是此刻进程是不可中断的，所以不响应异步信号。在进程对某些硬件进行操作时，需要使用不可中断睡眠状态对进程进行保护，以避免进程与设备交互的过程被打断，造成设备陷入不可控的状态。这种情况下的不可中断睡眠状态总是非常短暂的。

（4）TASK_ZOMBIE（僵尸状态）：进程在退出的过程中，处于 TASK_DEAD 状态，进程占有的所有资源将被回收，进程就只剩下 task_struct 这个空壳，故称为僵尸。之所以保留 task_struct，是因为 task_struct 里面保存了进程的退出码以及一些统计信息。而其父进程很可能会关心这些信息，例如父进程运行时，子进程被关闭，则子进程变成僵尸。在此情况下，父进程可以通过 wait 系列的系统调用来等待某个或某些子进程的退出，wait 系列的系统调用会顺便将子进程的尸体（task_struct）也释放。如果父进程先退出，会将它的所有子进程都托管给其他进程。

（5）TASK_STOPPED（停止状态）：该状态下，进程暂停下来，等待其他进程对它进行操作。例如，在 gdb 中对被跟踪的进程设一个断点，进程在断点处停下来时就处于跟踪状态。向进程发送一个 SIGSTOP 信号，它就会进入暂停状态，再向进程发送一个 SIGCONT 信号，可以让其从暂停状态恢复到可执行状态。

（6）TASK_DEAD（销毁状态）：进程在退出的过程中，如果该进程是多线程程序中被 detach（分离）过的进程，或者父进程通过设置 SIGCHLD 信号的句柄为 SIG_IGN。此时，进程将被置于 EXIT_DEAD 退出状态，且退出过程不会产生僵尸，该进程彻底释放。

在终端输入命名可以查看当前的进程状态，如图 6-4 所示（其中l表示进程是多线程的）。

```
unbuntu@unbuntu-virtual-machine: ~
文件(F) 编辑(E) 查看(V) 搜索(S) 终端(T) 帮助(H)
unbuntu@unbuntu-virtual-machine:~$ ps -aux
USER        PID %CPU %MEM    VSZ   RSS TTY      STAT START   TIME COMMAND
root          1  2.2  0.2 159820  9248 ?        Ss   10:57   0:03 /sbin/init spl
root          2  0.0  0.0      0     0 ?        S    10:57   0:00 [kthreadd]
root          3  0.0  0.0      0     0 ?        I    10:57   0:00 [kworker/0:0]
root          4  0.0  0.0      0     0 ?        I<   10:57   0:00 [kworker/0:0H]
unbuntu    2531  0.0  0.2 374988  8836 tty2     Sl+  10:58   0:00 /usr/lib/gnome
unbuntu    2532  0.0  0.5 508768 22616 tty2     Sl+  10:58   0:00 /usr/lib/gnome
unbuntu    2536  0.1  0.6 803760 25380 tty2     Sl+  10:58   0:00 /usr/lib/gnome
unbuntu    2539  0.0  0.2 296940  8572 tty2     Sl+  10:58   0:00 /usr/lib/gnome
unbuntu    2556  0.0  0.3 508900 12688 tty2     Sl+  10:58   0:00 /usr/lib/gnome
unbuntu    2585  2.8  3.6 1334264 145844 tty2   SLl+ 10:58   0:02 /usr/bin/gnome
unbuntu    2586  0.4  0.7 277900 31484 tty2     Sl+  10:58   0:00 /usr/lib/vmwar
unbuntu    2588  0.0  0.1 271928  6200 tty2     Sl+  10:58   0:00 /usr/lib/gnome
unbuntu    2592  2.2  2.4 1078532 100224 tty2   Sl+  10:58   0:02 nautilus-deskt
unbuntu    2609  0.0  0.2 384284 10148 ?        Sl   10:58   0:00 /usr/lib/gvfs/
unbuntu    2624  0.4  1.6 894020 67428 ?        Ssl  10:58   0:00 /usr/lib/evolu
unbuntu    2645  0.4  1.5 1142260 62948 ?       Sl   10:58   0:00 /usr/lib/evolu
unbuntu    2650  0.1  0.5 245532 20472 tty2     Sl   10:58   0:00 /usr/lib/ibus/
unbuntu    2669  0.0  0.1 187900  5148 ?        Sl   10:58   0:00 /usr/lib/dconf
unbuntu    2674  0.0  0.6 735284 24852 ?        Ssl  10:58   0:00 /usr/lib/evolu
unbuntu    2685  0.2  0.7 1026544 31576 ?       Sl   10:58   0:00 /usr/lib/evolu
root       2707  0.5  0.8 579188 35236 ?        Ssl  10:58   0:00 /usr/lib/fwupd
unbuntu    2720  0.0  0.1 204596  5872 ?        Ssl  10:58   0:00 /usr/lib/gvfs/
unbuntu    2818  0.2  0.6 601220 24228 tty2     Sl+  10:59   0:00 update-notifie
unbuntu    2884  3.2  1.0 821656 43216 ?        Rsl  11:00   0:00 /usr/lib/gnome
unbuntu    2893  0.1  0.1  29700  4692 pts/0    Ss   11:00   0:00 bash
unbuntu    2909  0.0  0.0  46780  3592 pts/0    R+   11:00   0:00 ps -aux
```

图 6-4　系统运行的进程状态

6.1.6　进程调度

在操作系统中，进程需要按照一定的策略被调度执行，让每个进程都能够取得 CPU 的执行权，来增加系统的实时性和交互性。在 PCB 中有一个成员——count 时间片，内核定期检查进程的运行状态，定时器会定期产生中断信号，在定时器中断处理程序中对当前执行进程的时间片 count 进行递减，当时间片用尽时，进程被挂起，进行新进程调度，将 CPU 执行权交给新进程。

时间片即 CPU 分配给各个程序的时间，每个进程被分配一个时间段，称作它的时间片，即该进程允许运行的时间，使各个程序从表面上看是同时进行的。如果在时间片结束时进程还在运行，则 CPU 将被剥夺并分配给另一个进程。如果进程在时间片结束前阻塞或结束，则 CPU 当即进行切换，而不会造成 CPU 资源浪费。

调度程序是内核的组成部分，它负责选择下一个要运行的进程。调度程序最终的目的就是最大限度地利用处理器，但是当要执行的进程数目比处理器的数目多时，就要按照一定的规则和先后顺序执行。

多任务操作系统是能并发地交互执行多个进程的操作系统，多任务操作系统可以分为抢占式多任务操作系统和非抢占式多任务操作系统，Linux 系统提供了抢占式的多任务模式。在该模式下，由调度程序来决定什么时候停止一个进程的运行以便其他进程能够得到执行机会。

调度进程的主要功能是对进程完成中断操作、改变优先级、查看进程状态等。Linux

中常用的调用进程的系统命令如表 6-1 所示。

表 6-1 Linux 中常用的调用进程的系统命令

系统命令	含 义
ps	查看系统中的进程
top	动态显示系统中的进程
nice	按用户指定的优先级运行
renice	改变正在运行进程的优先级
kill	向进程发送信号（包括后台进程）
crontab	用于安装、删除或者列出用于驱动 cron 后台进程的任务
bg	将挂起的进程放到后台执行

进程调度选出新进程后，CPU 就要进行进程上下文切换，将新进程切换成当前执行进程，同时还要保存当前执行进程的执行现场（即寄存器、堆、栈等），为下次调度执行做准备。

6.1.7 虚拟内存

程序代码和数据必须驻留在内存中才能运行，然而系统内存数量很有限，又很可能打开多个处理程序。系统则将程序分割成小份，只让当前系统运行时所需要的那部分留在物理内存，其他部分都留在硬盘。当系统处理完当前任务片段后，再从外存中调入下一个待运行的任务片段。

虚拟内存是将系统硬盘空间和系统实际内存联合在一起供进程使用，给进程提供了一个比内存大得多的虚拟空间。Linux 的 swap 分区就是硬盘专门为虚拟存储空间预留的空间。每字节都有一个内存地址编号，内存的地址为一个 32 位的无符号整型数据，可以表达的内存为 2^{32} 字节的内存地址，即 4GB 的内存空间。系统为每个进程都提供了一个 4GB 的虚拟内存，并且将相应的物理内存、硬盘、特殊的寄存器等虚拟成一系列的地址编号，与之形成映射关系。

系统到底是如何把虚拟地址映射到物理地址上呢？内存又如何能不断地和硬盘之间换入换出虚拟地址呢？

当程序需要的虚拟地址不在物理内存时，需要将虚拟在硬盘上的数据调入物理内存中，每次调入的数据单位为 4 KB，这个存储单位便称为页，管理页换入换出的机制被称为页机制。页机制使用了一个中间地址，称为线性地址，该地址不代表实际物理地址，而代表整个进程的虚拟地址空间，称为段机制。在 Linux 内，段机制用来隔离用户数据和系统数据。

段机制处理逻辑地址向线性地址的映射；页机制则负责把线性地址映射为物理地址。两级映射共同完成了从程序员看到的逻辑地址转换到处理器看到的物理地址这一艰巨任务。

每个用户进程都可以看到 4GB 大小的线性空间，其中 0~3GB 是用户空间，用户态进程可以直接访问；3~4GB 为内核空间，存放内核代码和数据，只有内核态进程能够直接访问，用户态进程不能直接访问，只能通过系统调用和中断进入内核空间，而这时就要进行特权切换。

6.1.8　文件锁

每个进程都可以打开文件，为防止多个进程同时操作一个文件，则由文件锁进行控制。文件锁的作用是阻止多个进程同时操作同一个文件。

（1）在进程中，关闭一个描述符时，则该进程通过描述符引用文件上的任何一把锁都被释放。

（2）当一个进程终止时，它所建立的锁全部释放。

（3）由 fork 函数产生的子进程不继承父进程所设置的锁，子进程需要调用 fcnt 才能获得它自己的锁。

（4）当调用 exec 函数后，新程序可以继续执行原程序的文件锁。

6.2　进程控制编程

下面对进程控制方面的一些函数、方法进行简单分析，主要包括启动进程、等待进程、终止进程、守护进程等。

微课视频

6.2.1　启动进程

1．system 函数调用

system 函数用于执行 shell 命令。

表头文件：

```
#include <stdlib.h>
```

定义函数：

```
int system(const char *command);
```

参数：command 为 Linux 指令。

返回值：如果返回值为-1，则表示错误。

如果返回值为 0，则表示调用成功但没有出现子进程。

如果返回值大于 0，则表示成功退出子进程 ID。

如果调用/bin/sh 时失败，则返回 127，若参数 command 为空指针（NULL），则返回非零值。例如：

```
system("ls -l");
system("./mplay");
```

system()会调用 fork()产生子进程，由子进程调用/bin/sh-c command 来执行参数 command 字符串所代表的命令，被调用者成为当前进程的子进程，父进程被关闭时子进程同时被关闭。

示例 6.2.1-1　用 system 函数启动一个新的进程。

```
1.  #include <sys/types.h>
2.  #include <unistd.h>
3.  #include <stdio.h>
```

```
4.  #include <stdlib.h>
5.  int main(void)
6.  {
7.  pid_t result;
8.  printf("This is a system demo!\n\n");
9.  result = system("ls -l");
10. return result;
11. }
```

编译该段程序，运行代码，结果如下：

```
root@ubuntu:/home/linux/chapter6# gcc Example6.2.1-1.c -o Example6.2.1-1
root@ubuntu:/home/linux/chapter6# ./Example6.2.1-1
This is a system demo!
total 16
-rwxr-xr-x 1 root root 8344 Feb  6 14:00 Example6.2.1-1
-rwxrwxrwx 1 root root  195 Feb  6 13:59 Example6.2.1-1.c
```

2. exec 系列函数调用

在高级编程语言中提出了函数的概念，使用函数可以提高代码使用率，优化代码结构。进程控制中也有类似的功能，若要使进程执行另外一段程序，可以通过调用 exec 函数族来实现。exec 家族一共有 6 个函数，分别是 execl()、execlp()、execle()、execv()、execvp()、execve()，它们包含在系统库 unistd.h 中，函数声明分别如下：

```
#include <unistd.h>
int execl(const char *path, const char *arg, …);
int execle(const char *path, const char *arg, … , char * const envp[]);
int execv(const char *path, char *const argv[]);
int execve(const char *filename, char *const argv[], char *const envp[]);
int execvp(const char *file, char * const argv[]);
int execlp(const char *file, const char *arg, …);
```

参数：path 和 file 分别表示要执行的程序所包含的路径和文件名。
arg 为参数序列，中间用逗号分隔。
argv 为参数列表。
envp 为环境变量列表。

返回值：exec 函数族的函数执行成功后不会返回值，因为调用进程的实体，包括代码段、数据段和堆栈等都已经被新的内容取代，只留下进程 ID 等一些表面上的信息仍保持原样，只有调用失败了，才会返回-1，从原程序的调用点接着往下执行。

其中，只有 execve 函数是真正意义上的系统调用，其他都是在此基础上经过包装的库函数。exec 函数族的作用是根据指定的文件名找到可执行文件，并用它来取代调用进程的内容，即 exec 系列不创建进程，被调用者成为当前进程，同时清除了调用进程。

示例 6.2.1-2　用 execl 函数调用指令。

```
1.  #include <unistd.h>
2.  #include<stdio.h>
3.  #include <errno.h>
```

```
4.  #include<string.h>
5.  int main(int argc,char **argv){
6.  if (execl("/bin/ls","ls","-l",NULL) <0){
7.  printf("err=%s\n",strerror(errno));
8.  }
9.  return 0;
10. }
```

第 6 行代码的第一个参数是包含路径的指令名，第二个参数是指令名，最后一个参数必须为 NULL，代表参数序列结束。

编译该段程序，运行代码，结果如下：

```
root@ubuntu:/home/linux/chapter6# gcc Example6.2.1-2.c -o Example6.2.1-2
root@ubuntu:/home/linux/chapter6# ./Example6.2.1-2
total 32
-rwxr-xr-x 1 root root 8344 Feb  6 14:00 Example6.2.1-1
-rwxrwxrwx 1 root root  195 Feb  6 13:59 Example6.2.1-1.c
-rwxr-xr-x 1 root root 8448 Feb  6 14:40 Example6.2.1-2
-rwxrwxrwx 1 root root  201 Feb  6 14:38 Example6.2.1-2.c
```

示例 6.2.1-3　用 execvp 函数调用指令。

```
1.  #include <unistd.h>
2.  #include<stdio.h>
3.  #include <errno.h>
4.  #include<string.h>
5.  int main(int argc,char **argv){
6.  char *argls[]={ //argv
7.  "ls",
8.  "-l",
9.  NULL
10. };
11. if (execvp("/bin/ls",argls) <0){
12. printf("err=%s\n",strerror(errno));
13. }
14. return 0;
15. }
```

第 11 行代码与示例 6.2.1-2 的区别是将参数序列加入了字符串列表内。

编译该段程序，运行代码，结果如下：

```
root@ubuntu:/home/linux/chapter6# gcc Example6.2.1-3.c -o Example6.2.1-3
root@ubuntu:/home/linux/chapter6# ./Example6.2.1-3
total 48
-rwxr-xr-x 1 root root 8344 Feb  6 14:00 Example6.2.1-1
-rwxrwxrwx 1 root root  195 Feb  6 13:59 Example6.2.1-1.c
-rwxr-xr-x 1 root root 8448 Feb  6 14:40 Example6.2.1-2
-rwxrwxrwx 1 root root  201 Feb  6 14:38 Example6.2.1-2.c
```

```
-rwxr-xr-x 1 root root 8496 Feb  6 14:43 Example6.2.1-3
-rwxrwxrwx 1 root root  238 Feb  6 14:43 Example6.2.1-3.c
```

3．fork 分叉函数调用

表头文件：

```
#include <unistd.h>
```

定义函数：

（1）获取进程 ID 的函数如下：

```
pid_tgetpid(void);                //获取当前进程 ID
pid_tgetppid(void);               //获取父进程 ID
```

（2）创建子进程的 fork 函数如下：

```
pid_t fork(void);
```

返回值：如果失败，则返回-1；如果成功，则返回进程 ID。

fork 创建了一个新的进程，原进程称为父进程，新的进程称为子进程。fork 创建进程后，函数在子进程中返回 0 值，在父进程中返回子进程的 PID。两个进程都有自己的数据段、BBS 段、栈、堆等资源，父子进程间不共享这些存储空间。而代码段为父进程和子进程共享。父进程和子进程各自从 fork 函数后开始执行代码。在创建子进程后，子进程复制了父进程打开的文件描述符，但不复制文件锁。子进程的未处理的闹钟定时被清除，子进程不继承父进程的未决信号集。

示例 6.2.1-4 用 fork 创建子进程。

```
1.  #include <stdio.h>
2.  #include <stdlib.h>
3.  #include <string.h>
4.  #include <unistd.h>
5.  #include <errno.h>
6.  int main(int argc,char **argv){
7.  char buf[256];
8.  pid_tpid=fork();
9.  if(pid==-1) return 0;
10. else if (pid==0){
11. strcpy(buf,"我是子进程");
12. int i,a=5;
13. for(i=0;i<5;i++) {
14. printf("son ---- %d\n",i);
15. sleep(1);
16. }
17. }
18. else {
19. strcpy(buf,"我是父进程");
20. int i,a=10;
21. for(i=5;i<a;i++){
22. printf("parent---- %d\n",i);
```

```
23. sleep(3);
24. }
25. }
26. printf("---- %s,mypid= %d\n",buf,getpid());
27. return 0;
28. }
```

第 8 行和第 9 行代码用 fork 创建子进程后，子进程具有与父进程同样的代码。

当 pid 的值为-1 时，代表没有创建成功，目前还只有一个进程。

如果创建成功，则父子进程中都会从 fork 执行代码，为区分开代码是要从子进程运行还是父进程中运行，用 pid 的值判断当前执行的进程是子进程或父进程。当 pid=0 时，当前进程为子进程要执行的代码。当 pid>0 时，当前进程为父进程。

编译该段程序，运行代码，结果如下：

```
root@ubuntu:/home/linux/chapter6# gcc Example6.2.1-4.c -o Example6.2.1-4
root@ubuntu:/home/linux/chapter6# ./Example6.2.1-4
son ---- 0
parent---- 5
son ---- 1
son ---- 2
parent---- 6
son ---- 3
son ---- 4
---- 我是子进程,my pid= 14745
parent---- 7
parent---- 8
parent---- 9
---- 我是父进程,my pid= 14744
```

（3）创建子进程的 vfork 函数如下：

表头文件：

```
#include<unistd.h>
```

定义函数：

```
pid_tvfork(void);
```

函数说明：vfork()会产生一个新的子进程，其子进程会复制父进程的数据与堆栈空间，并继承父进程的用户代码、组代码、环境变量、已打开的文件代码、工作目录和资源限制等。Linux 使用 copy-on-write 技术，只有当其中一进程试图修改欲复制的空间时才会做真正的复制动作，由于这些继承的信息是复制而来，并非指相同的内存空间，因此子进程对这些变量的修改和父进程并不会同步。此外，子进程不会继承父进程的文件锁定和未处理的信号。

注意：Linux 不保证子进程会比父进程先执行或晚执行，因此编写程序时要留意死锁或竞争条件的发生。

返回值：如果 vfork()成功，则在父进程会返回新建立的子进程代码（PID），而在新建立的子进程中返回 0，如果 vfork 失败则直接返回-1，而失败原因存于 errno 中。

错误代码：

EAGAIN：内存不足。

ENOMEM：内存不足，无法配置核心所需的数据结构空间。

vfork()系统调用和 fork()的功能相同，除了不复制父进程的页表项。子进程作为父进程的一个单独的线程在它的地址空间里运行，父进程被阻塞，直到子进程退出或执行 exec()。子进程不能向地址空间写入。vfork()系统调用的实现是通过向 clone()系统调用传递一个特殊标志来进行的。具体操作如下：

① 在调用 copy_process()时，task_struct 的 vfork_done 成员被设置为 NULL。

② 在执行 do_fork()时，如果给定特别标志，则 vfork_done 会指向一个特殊地址。

③ 子进程开始执行后，父进程不是马上恢复执行，而是一直等待，直到子进程通过 vfork_done 指针向它发送信号。

④ 在调用 mm_release()时，该函数用于进程退出内存地址空间，并且检查 vfork_done 是否为空，如果不为空，则会向父进程发送信号。

⑤ 回到 do_fork()，父进程醒来并返回。

⑥ 如果一切执行顺利，子进程在新的地址空间里运行而父进程也恢复了在原地址空间的运行。这种实现方式，确实降低了开销，但是它的设计并不是优良的。

---

vfork 与 fork 的主要区别：fork 要复制父进程的数据段，而 vfork 则不需要完全复制父进程的数据段，子进程与父进程共享数据段。fork 不对父子进程的执行次序进行任何限制；而在 vfork 调用中，子进程先运行，父进程挂起。

示例 6.2.1-5 vfork 函数的使用。

```
1.  #include<sys/types.h>
2.  #include<sys/stat.h>
3.  #include<unistd.h>
4.  #include<stdio.h>
5.  #include<stdlib.h>
6.  int main()
7.  {
8.  int count=1;
9.  int child;
10. printf("Before create son, the father's count is:%d\n",count);
11. if(!(child = vfork()))
12. {
13. printf("This is son, his pid is: %d and the count is: %d\n", getpid(),
    ++count);
14. exit(1);
15. }else{
16. printf("After son,This is father, his pid is: %d and the count is: %d,
    and the child is: %d\n",getpid(),count,child);} }
```

运行调试结果如下：

```
root@ubuntu:/home/linux/chapter6# gcc Example6.2.1-5.c -o Example6.2.1-5
root@ubuntu:/home/linux/chapter6# ./Example6.2.1-5
Before create son, the father's count is:1
This is son, his pid is: 14805 and the count is: 2
After son,This is father, his pid is: 14804 and the count is: 2, and the child
is: 14805
```

示例 6.2.1-6 判断 count 的结果。

```
1. #include <unistd.h>
2. #include <stdio.h>
3. int main(void)
4. {
5.          pid_tpid;
6.          int count=0;
7.          count++;
8.          pid = fork();
9.          printf( "This is first time, pid = %d\n", pid );
10.         printf( "This is second time, pid = %d\n", pid );
11.         count++;
12.         printf( "count = %d\n", count );
13.         if ( pid>0 )
14.         printf( "This is parent process,the child has the pid:%d\n", pid );
15.         else if ( !pid )
16.         printf( "This is the child process.\n");
17.         else
18.         printf( "fork failed.\n" );
19.         printf( "This is third time, pid = %d\n", pid );
20.         printf( "This is fourth time, pid = %d\n", pid );
21.         return 0;}
```

运行调试结果如下：

```
root@ubuntu:/home/linux/chapter6# gcc Example6.2.1-6.c -o Example6.2.1-6
root@ubuntu:/home/linux/chapter6# ./Example6.2.1-6
This is first time, pid = 14824
This is second time, pid = 14824
count = 2
This is parent process,the child has the pid:14824
This is third time, pid = 14824
This is fourth time, pid = 14824
This is first time, pid = 0
This is second time, pid = 0
count = 2
This is the child process.
This is third time, pid = 0
This is fourth time, pid = 0
```

父进程的数据空间、堆栈空间都会复制给子进程，而不是共享这些内存。在子进程中对 count 进行自加 1 的操作，并没有影响到父进程中的 count 值，父进程中的 count 值仍然为 0。

6.2.2 等待进程

在 Linux 中，当使用 fork()函数启动一个子进程时，子进程就有了它自己的生命周期并将独立运行，在某些时候，可能父进程希望知道一个子进程何时结束，或者想要知道子进程结束的状态，甚至是等待着子进程结束，那么可以通过在父进程中调用 wait()或者 waitpid()函数让父进程等待子进程的结束。

1. wait()函数

表头文件：

```
#include <linuxsys/wait.h>
```

函数声明：

```
pid_t wait(int *status);
```

wait()函数在被调用时，系统将暂停父进程的执行，直到有信号来到或子进程结束，如果在调用 wait()函数时子进程已经结束，则会立即返回子进程结束状态值。子进程的结束状态信息会由参数 status 返回，与此同时该函数会返回子进程的 PID，它通常是已经结束运行的子进程的 PID。

wait()函数有如下需要注意的地方：

（1）wait()要与 fork()配套出现，如果在使用 fork()之前就调用 wait()，wait()的返回值则为-1，正常情况下 wait()的返回值为子进程的 PID。

（2）参数 status 用来保存被收集进程退出时的一些状态，它是一个指向 int 类型的指针，但如果对这个子进程是如何死掉毫不在意，只想把这个僵尸进程消灭（事实上绝大多数情况下，我们都会这样做），就可以设定这个参数为 NULL。

2. waitpid()函数

函数声明：

```
pid_t waitpid(pid_tpid, int *status, int options);
```

waitpid()函数的作用和 wait()函数一样，但它并不一定要等待第一个终止的子进程，它还有其他选项，比如指定等待某个 pid 的子进程、提供一个非阻塞版本的 wait()功能等。实际上 wait()函数只是 waitpid()函数的一个特例，在 Linux 内部实现 wait()函数时直接调用的就是 waitpid()函数。

参数：status 是进程的返回值，16 位数，前 8 位是子进程返回的值，后 8 位用于系统占用的位。

pid 用来指定要等待哪个进程结束：当 pid>0 时，只等待进程 ID 等于 pid 的子进程结束；当 pid=-1 时，等待任何一个子进程退出，此时等同于 wait 的作用；当 pid=0 时，等待同一个进程组中的任何子进程，如果子进程已经加入了别的进程组，waitpid 不会对它做任何理睬；当 pid<-1 时，等待指定进程组中的任何子进程，这个进程组的 ID 等于 pid 的绝对值。

options 用于指定等待方式：WNOHANG 表示不阻塞，即使没有子进程退出，它也会立即返回；WUNTRACED 表示如果子进程进入暂停，则马上返回；0 表示阻塞，直到子进程结束。

返回值：正常返回时，waitpid 返回子进程 ID；如果设置了选项 WNOHANG，而调用中 waitpid 发现没有已退出的子进程，则返回 0；如果调用中出错，则返回-1。

示例 6.2.2-1 阻塞等待。

```
1.  #include <stdio.h>
2.    #include <stdlib.h>
3.    #include <unistd.h>
4.    #include <sys/wait.h>
5.    int A;
6.    int main(int argc,char **argv){
7.         int i=0;
8.         pid_tpid=fork();
9.         if (pid==-1) return 0;
10.        else if (pid==0){
11.         printf("son pid =%d\n",getpid());
12.         A=10;
13.         while(1){
14.             printf("son ----- %d,%d\n",i,A);
15.             sleep(1);
16.             A++;
17.             i++;
18.             if (i==5) return 111;//exit(234);
19.         }
20.             printf("son -- over\n");
21.        }
22.         else if (pid>0){
23.         printf("parent pid =%d\n",getpid());
24.         int a;
25.         wait(&a);
26.         printf("----a=%d\n",a>>8);
27.        }
28.   }
```

运行调试结果如下：

```
root@ubuntu:/home/linux/chapter6# gcc Example6.2.2-1.c -o Example6.2.2-1
root@ubuntu:/home/linux/chapter6# ./Example6.2.2-1
parent pid =14935
son pid =14936
son ----- 0,10
son ----- 1,11
son ----- 2,12
son ----- 3,13
son ----- 4,14
----a=111
```

示例 6.2.2-2 非阻塞等待。

```
1. #include <stdio.h>
2.    #include <stdlib.h>
3.    #include <unistd.h>
4.    #include <sys/wait.h>
5.    int A;
6.    int main(int argc,char **argv){
7.     int i=0;
8.          pid_t pid=fork();
9.          if (pid==-1) return 0;
10.         else if (pid==0){
11.         printf("son pid =%d\n",getpid());
12.         A=10;
13.         while(1){
14.           printf("son ----- %d,%d\n",i,A);
15.           sleep(1);
16.           A++;
17.           i++;
18.           if (i==5)exit(234);
19.         }
20.         printf("son -- over\n");
21.        }
22.         else if (pid>0){
23.         printf("parent pid =%d\n",getpid());
24.         int a;
25.         pid_t tmpd;
26.         tmpd=waitpid(pid,&a,0);
27.         printf("----a=%d\n",a>>8);
28.        }
29. }
```

运行调试结果如下：

```
root@ubuntu:/home/linux/chapter6# gcc Example6.2.2-2.c -o Example6.2.2-2
root@ubuntu:/home/linux/chapter6# ./Example6.2.2-2
parent pid =14958
son pid =14959
son ----- 0,10
son ----- 1,11
son ----- 2,12
son ----- 3,13
son ----- 4,14
----a=234
```

6.2.3 终止进程

1. 终止进程的方式

终止进程的方式有如下 8 种，前 5 种为正常终止，后 3 种为异常终止。

（1）主函数结束，进程终止。

结束主函数的方法是代码运行完毕，或调用 return。

（2）调用 exit 函数，进程终止。

```
void exit(int status)
```

参数：进程结束后要返回给父进程的值。

该函数可以在程序的任何位置结束进程，退出之前先检查是否有文件被打开，如果有文件打开，则把文件缓冲区数据写入文件，然后退出进程。

示例 6.2.3-1 退出进程。

```
1.  #include <stdio.h>
2.  #include <stdlib.h>
3.  #include <unistd.h>
4.  #include <sys/wait.h>
5.  int main(int argc,char **argv){
6.       int i=0;
7.       pid_tpid=fork();
8.       if (pid==-1) return 0;
9.       else if (pid==0){
10.               printf("son pid =%d\n",getpid());
11.               while(1){
12.                       printf("son ----- %d\n",i);
13.                       sleep(1);
14.                       i++;
15.                       if (i==5) {
16.                       printf("我要退出子进程\n");
17.                       exit(0);
18.                   }
19.               }
20.               printf("son -- over\n");
21.       }
22.       else if (pid>0){
23.                printf("parent pid =%d\n",getpid());
24.                int a;
25.                wait(&a);
26.                printf("----a=%d\n",a>>8);
27.       }
28.   }
```

运行程序，结果如下：

```
root@ubuntu:/home/linux/chapter6# gcc Example6.2.3-1.c -o Example6.2.3-1
root@ubuntu:/home/linux/chapter6# ./Example6.2.3-1
parent pid =15023
son pid =15024
son ----- 0
son ----- 1
```

```
son ----- 2
son ----- 3
son ----- 4
我要退出子进程
----a=0
```

（3）调用_exit 函数，终止进程。

```
void _exit(int status)
```

参数：进程结束后要返回给父进程的值。

直接进入内核，不做任何检查，直接终止进程，可以用_exit 或_Exit 函数。

示例 6.2.3-2 退出进程。

```
1.  #include <stdio.h>
2.  #include <stdlib.h>
3.  #include <unistd.h>
4.  #include <sys/wait.h>
5.  int main(int argc,char **argv){
6.        int i=0;
7.        pid_t pid=fork();
8.        if (pid==-1) return 0;
9.        else if (pid==0){
10.               printf("son pid =%d\n",getpid());
11.               while(1){
12.                      printf("son ----- %d\n",i);
13.                      sleep(1);
14.                      i++;
15.                      if (i==5) {
16.                          printf("我要退出子进程\n");
17.                         _exit(0);
18.                      }
19.               }
20.               printf("son -- over\n");
21.        }
22.        else if (pid>0){
23.               printf("parent pid =%d\n",getpid());
24.               int a;
25.               wait(&a);
26.               printf("----a=%d\n",a>>8);
27.        }
28. }
```

运行代码，结果如下：

```
root@ubuntu:/home/linux/chapter6# gcc Example6.2.3-2.c -o Example6.2.3-2
root@ubuntu:/home/linux/chapter6# ./Example6.2.3-2
parent pid =15043
son pid =15044
```

```
son ----- 0
son ----- 1
son ----- 2
son ----- 3
son ----- 4
我要退出子进程
----a=0
```

（4）最后一个线程从启动例程返回，进程终止。

示例 6.2.3-3 等待线程返回。

```
1.  #include <stdio.h>
2.   #include <stdlib.h>
3.   #include <pthread.h>
4.   #include<unistd.h>
5.   pthread_tpthread_id;
6.   void *run(void *buf){
7.             int i;
8.             for(i=0;i<10;i++){
9.             printf("------ %d\n",i);
10.            sleep(1);
11.        }
12.  }
13.
14.  void close_handler(){
15.        pthread_join(pthread_id,NULL);
16.  }
17.
18.  int main(int argc,char **argv){
19.       atexit(close_handler);
20.       pthread_create(&pthread_id,NULL,run,NULL);
21.       pthread_join(pthread_id,NULL);
22.       return 0;
23.  }
```

运行代码，结果如下：

```
root@ubuntu:/home/linux/chapter6# gcc Example6.2.3-3.c -o Example6.2.3-3
-lpthread
root@ubuntu:/home/linux/chapter6# ./Example6.2.3-3
------ 0
------ 1
------ 2
------ 3
------ 4
------ 5
------ 6
------ 7
------ 8
```

```
------ 9
```

（5）最后一个线程调用 pthread_exit，终止进程，同终止进程方式（4）。
（6）最后一个线程对取消请求做出响应，终止进程，同终止进程方式（4）。
（7）调用 abort 函数，异常终止进程。

```
#include <stdlib.h>
void abort(void);          //异常终止进程
```

调用 abort 函数通常伴随 core 文件产生，如果直接调用 exit 函数，不会产生 core 文件。

示例 6.2.3-4　异常终止进程。

```
1.  #include <stdio.h>
2.    #include <stdlib.h>
3.    #include <unistd.h>
4.    #include<sys/wait.h>
5.    int main(int argc,char **argv){
6.        int i=0;
7.        pid_tpid=fork();
8.        if (pid==-1) return 0;//失败
9.        else if (pid==0){      //子进程
10.                   printf("son pid =%d\n",getpid());
11.                   while(1){
12.                          printf("son ----- %d\n",i);
13.                          sleep(1);
14.                          i++;
15.                           if (i==5) {
16.                               printf("我要异常终止子进程\n");
17.                               abort();
18.                           }
19.                   }
20.                   printf("son -- over\n");
21.         }
22.         else if (pid>0){ //父进程
23.                  printf("parent pid =%d\n",getpid());
24.                  int a;
25.                  wait(&a);
26.                  printf("----a=%d\n",a>>8);
27.         }
28.    }
```

运行代码，结果如下：

```
root@ubuntu:/home/linux/chapter6# gcc Example6.2.3-4.c -o Example6.2.3-4
root@ubuntu:/home/linux/chapter6# ./Example6.2.3-4
parent pid =15483
son pid =15484
son ----- 0
son ----- 1
```

```
son ----- 2
son ----- 3
son ----- 4
我要异常终止子进程
----a=0
```

（8）接到 SIGKILL 信号并终止进程。

如按 Ctrl+C 快捷键发送 SIGKILL 信号给进程，则进程会强行关闭。raise()函数则允许进程向自身发送信号。

示例 6.2.3-5 发送 SIGKILL 信号终止进程。

```
1.   #include <stdio.h>
2.   #include <stdlib.h>
3.   #include <unistd.h>
4.   #include <signal.h>
5.   #include<sys/wait.h>
6.   int main(int argc,char **argv){
7.        int i=0;
8.        pid_tpid=fork();
9.        if (pid==-1) return 0;//失败
10.       else if (pid==0){      //子进程
11.                  printf("son pid =%d\n",getpid());
12.                  while(1){
13.                            printf("son ----- %d\n",i);
14.                            sleep(1);
15.                            i++;
16.                            if (i==5) {
17.                               printf("我要发送信号终止子进程\n");
18.                               raise(SIGKILL);
19.                            }
20.                  }
21.                  printf("son -- over\n");
22.       }
23.        else if (pid>0){      //父进程
24.                  printf("parent pid =%d\n",getpid());
25.                  int a;
26.                  wait(&a);
27.                  printf("----a=%d\n",a>>8);
28.        }
29.  }
```

运行代码，结果如下：

```
root@ubuntu:/home/linux/chapter6# gcc Example6.2.3-5.c -o Example6.2.3-5
root@ubuntu:/home/linux/chapter6# ./Example6.2.3-5
parent pid =15519
son pid =15520
son ----- 0
```

```
son ----- 1
son ----- 2
son ----- 3
son ----- 4
我要发送信号终止子进程
----a=0
```

2. atexit()函数

atexit()函数为指定程序正常结束前调用的函数，用法如下：

表头文件：

```
#include <stdlib.h>
```

函数声明：

```
int atexit(void (*function)(void));
```

参数：function 程序关闭时要执行函数的指针。

一个进程可以登记 32 个函数，这些函数由 exit 自动调用，被称为终止处理函数，atexit()函数可以登记这些函数。

示例 6.2.3-6 指定程序关闭时调用的函数。

```
1.  #include <stdlib.h>
2.  #include <stdio.h>
3.  void close_handler(){
4.      printf("我是进程关闭时自动调用的函数，相当于析构\n");
5.  }
6.  int main(int argc,char **argv){
7.       atexit(close_handler);
8.       return 0;
9.  }
```

运行代码，结果如下：

```
root@ubuntu:/home/linux/chapter6# gcc Example6.2.3-6.c -o Example6.2.3-6
root@ubuntu:/home/linux/chapter6# ./Example6.2.3-6
我是进程关闭时自动调用的函数，相当于析构
```

6.2.4 守护进程

守护进程的编程步骤如下：

（1）创建子进程，父进程退出，所有工作在子进程中进行，形式上脱离了控制终端。

（2）在子进程中创建新会话，用 setsid 函数使子进程完全独立出来，脱离控制。

（3）改变当前目录为根目录，用 chdir 函数，防止占用可卸载的文件系统。

（4）重设文件权限掩码，用 umask 函数防止继承的文件创建屏蔽字拒绝某些权限，增加守护进程的灵活性。

（5）关闭文件描述符，继承的打开文件不会用到，浪费系统资源，无法卸载，用 getdtablesize()函数返回所在进程的文件描述符表的项数，即该进程打开的文件数目。

示例 6.2.4-1 实现守护进程。

```
1.  #include <stdio.h>
2.  #include <stdlib.h>
3.  #include <string.h>
4.  #include <unistd.h>
5.  #include <sys/wait.h>
6.  #include <sys/types.h>
7.  #include <sys/stat.h>
8.  #include <fcntl.h>
9.  int main(int argc,char **argv){
10.      pid_tpid;
11.      int i,fd;
12.      char *buf="这是守护进程";
13.      pid=fork();
14.      if (pid ==-1) exit(1);     //创建进程失败
15.      else if (pid>0) exit(1); //父进程被关闭
16.      //----子进程要处理的代码
17.      printf("进入子进程\n");
18.      //在子进程创建新的会话
19.      setsid();
20.      //设置工作目录为根
21.      chdir("/");
22.      //设置权限掩码
23.      umask(0);
24.      //返回子进程文件描述符表的项数，并关闭描述符
25.      for(i=0;i<getdtablesize();i++) close(i);
26.      //死循环进行守护
27.      while(1){
28.          printf("永远写下去\n");
29.          //以追加方式打开一个日志文件，将适应的信息写入文件
30.          fd=open("/tmp/daemon.log",O_CREAT |O_WRONLY | O_APPEND,0600);
31.          if (fd==-1){
32.                printf("open file error\n");
33.                exit(1); //结束子进程
34.          }
35.          write(fd,buf,strlen(buf)+1);
36.          close(fd);
37.          sleep(3);
38.      }
39.      return 0;
40.  }
```

运行代码，结果如下：

```
root@ubuntu:/home/linux/chapter6# gcc Example6.2.4-1.c -o Example6.2.4-1
root@ubuntu:/home/linux/chapter6# ./Example6.2.4-1
进入子进程
```

6.3 习题

1．什么是进程？子进程和父进程的区别和联系是什么？

2．什么是进程描述符？

3．进程有哪几种状态？含义分别是什么？

4．什么是僵尸进程？

5．编写一个进程程序，创建一个子进程，调用等待函数等待 10s，打印输出进程的 ID 号。

6．编写程序，在程序中创建一个子进程，使父子进程分别打印不同的内容。

7．编写程序，在程序中创建一个子进程，使子进程通过 exec 更改代码段，执行 cat 命令。

第 7 章 进程间通信

CHAPTER 7

一个大型的应用系统，往往需要众多进程协作，进程间通信的重要性显而易见。本章从进程间通信的基本概念开始介绍，阐述了 Linux 环境下的几种主要进程间通信手段，并针对每个通信手段的关键技术环节给出实例。此外，还对某些通信手段的内部实现机制进行了分析。

7.1 进程间通信概述

Linux 下的进程通信手段基本上是从 UNIX 平台上的进程通信手段继承而来。而对 UNIX 发展做出重大贡献的两大主力 AT&T 的贝尔实验室及 BSD（加州大学伯克利分校的伯克利软件发布中心）在进程间通信方面的侧重点有所不同。前者对 UNIX 早期的进程间通信手段进行了系统的改进和扩充，形成了 System V IPC（进程间通信）机制，通信进程局限在单个计算机内；后者则跳过了该限制，形成了基于套接字（Socket）IPC 机制。Linux 则把两者继承了下来，Linux 所继承的进程间通信如图 7-1 所示。

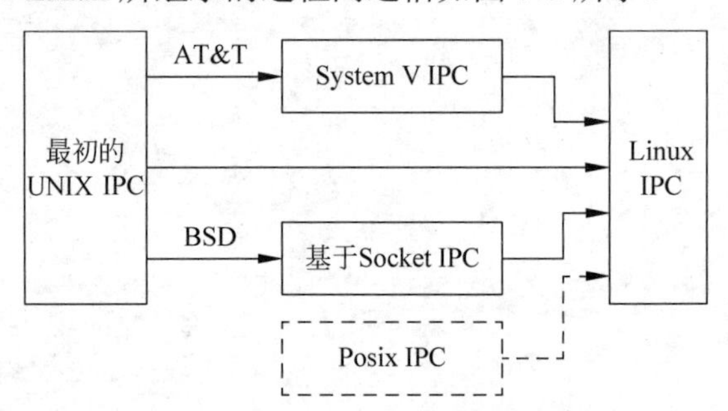

图 7-1 Linux 所继承的进程间通信

其中，最初的 UNIX IPC 包括管道、FIFO、信号；System V IPC 包括 System V 消息队列、System V 信号灯、System V 共享内存区；Posix IPC 包括 Posix 消息队列、Posix 信号灯、Posix 共享内存区。

有下面两点需要说明：

（1）由于 UNIX 版本的多样性，电子电气工程协会（IEEE）开发了一个独立的 UNIX 标准，这个新的 ANSI UNIX 标准被称为计算机环境的可移植性操作系统界面（PSOIX）。现有的大部分 UNIX 和流行版本都是遵循 POSIX 标准的，而 Linux 从一开始就遵循 POSIX

标准。

（2）BSD 并不是没有涉足单机内的进程间通信（Socket 本身就可以用于单机内的进程间通信）。事实上，很多 UNIX 版本的单机 IPC 留有 BSD 的痕迹，如 4.4BSD 支持的匿名内存映射、4.3+BSD 对可靠信号语义的实现等。

为了避免概念上的混淆，在尽可能少提及 UNIX 的各个版本的情况下，所有问题的讨论最终都会归结到 Linux 环境下的进程间通信上来。并且，对于 Linux 所支持的通信手段的不同实现版本（如对于共享内存来说，有 Posix 共享内存区以及 System V 共享内存区两个实现版本）。

Linux 下进程间通信的几种主要方式简介如下：

（1）无名管道（pipe）及命名管道（named pipe）：管道可用于具有亲缘关系的进程间的通信，命名管道克服了管道没有名字的限制，因此，除具有管道所具有的功能外，它还允许无亲缘关系进程间的通信。

（2）信号（signal）：信号是比较复杂的通信方式，用于通知进程有某种事件发生，除了用于进程间通信外，进程还可以发送信号给进程本身；Linux 除了支持 UNIX 早期信号语义函数 signal 外，还支持语义符合 Posix.1 标准的信号函数 sigaction（实际上，该函数是基于 BSD 的，BSD 为了实现可靠信号机制，又能够统一对外接口，用 sigaction 函数重新实现了 signal 函数）。

（3）消息队列（message）：消息队列是消息的链接表，包括 Posix 消息队列和 System V 消息队列。有足够权限的进程可以向队列中添加消息，被赋予读权限的进程则可以读取队列中的消息。消息队列克服了信号承载信息量少、管道只能承载无格式字节流以及缓冲区大小受限等缺点。

（4）共享内存：使多个进程可以访问同一块内存空间，最快的可用 IPC 形式，是针对其他通信机制运行效率较低而设计的。往往与其他通信机制，例如信号量结合使用，来达到进程间的同步及互斥。

（5）信号量（semaphore）：主要作为进程间以及同一进程不同线程之间的同步手段。

（6）套接字：为一般的进程间通信机制，可用于不同机器之间的进程间通信。起初是由 UNIX 系统的 BSD 分支开发出来的，但现在一般可以移植到其他类 UNIX 系统上，Linux 和 System V 的变种都支持套接字。

下面对上述通信机制作具体阐述。一般来说，Linux 下的进程包含以下几个关键要素：

（1）有一段可执行程序。

（2）有专用的系统堆栈空间。

（3）内核中有它的控制块（进程控制块），描述进程所占用的资源，这样，进程才能接受内核的调度。

（4）具有独立的存储空间。

（5）进程和线程有时并不完全区分，而往往根据上下文理解其含义。

典型进程间通信效率比较如表 7-1 所示。

表 7-1 典型进程间通信效率比较

类　型	无连接	可靠	流控制	消息类型是否为优先级
无名管道	否	是	是	否
流信号	否	否	否	是
命名管道（FIFO）	否	是	是	否
消息队列	否	是	是	是
信号量	否	是	是	是
共享内存	否	是	是	是
UNIX 流 Socket	否	是	是	否
UNIX 数据包 Socket	是	是	否	否

7.2 管道通信

管道是 Linux 中最早支持的 IPC 机制，是一个连接两个进程的连接器，它实际上是在进程间开辟一个固定大小的缓冲区，需要发布信息的进程运行写操作，需要接收信息的进程运行读操作。管道是半双工的，输入/输出原则是先入先出 FIFO（First In First Out），写入数据在管道的尾端，读取数据在管道的头部。如果要实现双向交互，必须创建两个管道。

管道分为以下 3 种：

（1）无名管道：用于父子进程之间的通信，没有磁盘节点，位于内存中，它仅作为一个内存对象存在，用完后就销毁。

（2）命名管道：用于任意进程之间的通信，具有文件名和磁盘节点，位于文件系统，读写的内部实现和普通文件不同，而是和无名管道一样采用字节流的方式。

（3）标准流管道：用于获取指令运行结果集。本节主要介绍无名管道和命名管道，标准流管道不做详细介绍。

管道具有以下特点：

（1）管道是半双工的，数据只能向一个方向流动。

（2）需要双向通信时，建立起两个管道。

（3）只能用于父子进程或者兄弟进程之间（具有亲缘关系的进程）。

（4）单独构成一种独立的文件系统，管道对于管道两端的进程而言，就是一个文件，但它不是普通的文件，它不属于某种文件系统，而是自立门户，单独构成一种文件系统，并且只存在于内存中。

微课视频

7.2.1 无名管道

用于父子进程之间的通信，管道以先进先出方式保存一定数量的数据。使用管道时一个进程从管道的一端写，另一个进程从管道的另一端读。在主进程中利用 fork 函数创建一个子进程，让父子进程同时拥有对同一管道的读写句柄，然后在相应进程中关闭不需要的句柄。

操作流程为：管道创建（pipe）→管道读/写（read/write）→管道关闭（close）。

1. 管道创建

表头文件：

```
#include<unistd.h>
```

定义函数：

```
int pipe(int fd[2])
```

参数：fd 文件描述符数组，由函数填写数据，fd[0]用于管道的 read 端，fd[1]用于管道的 write 端。

返回值：如果返回 0，则表示成功；如果返回-1，则表示失败。

2. 管道读/写

管道读/写使用 read()函数和 write()函数，管道读/写采用字节流的方式，具有流动性，读数据时，每读一段数据，则管道内会清除已读走的数据。

（1）读管道时，若管道为空，则被阻塞，直到管道另一端 write()函数将数据写入管道为止。若写端已关闭，则返回 0。

（2）写管道时，若管道已满，则被阻塞，直到管道另一端 read()函数将管道内数据读走为止。若读端已关闭，则写端返回 21，errno 被设为 EPIPE，进程还会收到 SIGPIPE 信号（默认处理是终止进程，该信号可以被捕捉）。

3. 管道关闭

管道关闭用 close()函数，在创建管道时，写端需要关闭 f[0]描述符，读端需要关闭 f[1]描述符。当进程关闭前，每个进程需要把没有关闭的描述符都进行关闭。

无名管道需要注意以下问题：

（1）管道是半双工方式，数据只能单向传输。如果在两个进程之间相互传送数据，要建立两条管道。

（2）调用 pipe()函数必须在调用 fork()函数以前进行，否则子进程将无法继承文件描述符。

（3）使用无名管道互相连接的任意进程必须位于一个相关的进程组中。

示例 7.2.1-1　使用 pipe()实现父子进程通信，要求父进程作为写端，子进程作为读端。

```
1.    #include <stdio.h>
2.    #include <stdlib.h>
3.    #include <string.h>
4.    #include <unistd.h>
5.    #include <sys/wait.h>
6.    int main(int argc,char **argv){
7.    int fd[2];                    //定义文件描述符数组，0 表示读，1 表示写
8.    int err=pipe(fd);             //创建管道
9.    if (err==-1){
10.               printf("pipe err\n");
11.               exit(0);
12.       }
13.   pid_tpid=fork();
14.   if (pid==-1) exit(0);
15.   else if (pid==0){        //子进程-读
```

```
16.        close(fd[1]);        //关闭写端
17.        char buf[256]={0};
18.        int size=read(fd[0],buf,256);   //读数据
19.        if (size >0)
20.           printf("son ---- %s\n",buf); //如果管道为空时，则关闭管道 read 则返回 0
21.           else printf("son read err\n");
22.           close(fd[0]);
23.           exit(0);
24.        }
25.      else if (pid>0){          //父进程-写
26.              close(fd[0]);   //关闭读端
27.              char *str="1234567890";
28.              int size=write(fd[1],str,strlen(str));  //写数据
29.              sleep(5);
30.              close(fd[1]);
31.              wait(NULL);
32.              exit(0);
33.    }
34. }
```

运行程序，结果如下：

```
1. root@ubuntu:/home/linux/chapter7# gcc Example7.2.1-1.c -o Example7.2.1-1
2. root@ubuntu:/home/linux/chapter7# ./Example7.2.1-1
3. son ---- 1234567890
```

示例 7.2.1-2 父进程用管道将字符串“hello!\n”传给子进程并显示。

```
1.     #include <unistd.h>
2.     #include <stdio.h>
3.     int main()
4.     {
5.        int filedes[2];   //定义文件描述符
6.        char buffer[80];  //定义数据存储区
7.        pipe(filedes);
8.        if(fork()>0)
9.        {/*父进程写 hello!\n*/
10.         char s[ ] = "hello!\n";
11.         write(filedes[1],s,sizeof(s));
12. }
13.    else
14.    {/*子进程读 hello!\n*/
15.        read(filedes[0],buffer,80);
16.        printf("%s",buffer);
17.    }
18. }
```

运行结果如下：

```
1. root@ubuntu:/home/linux/chapter7# gcc Example7.2.1-2.c -o Example7.2.1-2
```

```
2. root@ubuntu:/home/linux/chapter7# ./Example7.2.1-2
3. hello!
```

无名管道总结如下：

（1）没有名字，因此不能使用 open()函数打开，但可以使用 close()函数关闭。

（2）只提供单向通信（半双工），也就是说，两个进程都能访问这个文件，假设进程 1 往文件内写数据，那么进程 2 就只能读取文件的内容。

（3）只能用于具有血缘关系的进程间通信，通常用于父子进程间通信。

（4）管道是基于字节流来通信的。

（5）依赖于文件系统，它的生命周期随进程的结束而结束。

（6）写入操作不具有原子性，因此只能用于一对一的简单通信情形。

（7）管道也可以看成是一种特殊的文件，对于它的读写也可以使用普通的 read()和 write()等函数。但是它又不是普通的文件，并不属于其他任何文件系统，只存在于内核的内存空间中，因此不能使用 lseek()来定位。

7.2.2 命名管道

无名管道没有名字，只能用于有亲缘关系的进程间通信，为了打破这一局限，Linux 中设计了命名管道，也叫有名管道，用于任意进程间通信。命名管道又称 FIFO，它与无名管道不同之处在于：命名管道提供一个路径名与之关联，以 FIFO 的文件形式存在于文件系统中，在文件系统中产生一个物理文件，其他进程只要访问该文件路径，就能彼此通过管道通信。在读数据端以只读方式打开管道文件，在写数据端以只写方式打开管道文件。

FIFO 文件与普通文件的区别：

（1）普通文件无法实现字节流方式管理，而且多进程之间访问共享资源会造成意想不到的问题。

（2）FIFO 文件采用字节流方式管理，遵守先入先出原则，不涉及共享资源访问。

操作流程为 mkfifo（创建有名管道）→open（打开管道）→read（write）（读写管道）→close（关闭管道）→unlink（文件移除）。

1．创建有名管道

表头文件：

```
#include<sys/type.h>
#include<sys/stat.h>
```

定义函数：

```
int mkfifo(char *pathname,mode_t mode);
```

参数：pathname 为管道建立的临时文件，文件名在创建管道之前不能存在。

mode 为管道的访问权限，如 0666。

返回值：如果成功，则返回 0，失败，则返回-1。如果文件已存在，则失败。

命名管道只需在写端创建，不需要在读端创建。

2．打开管道

打开管道使用 open()函数，默认设置为阻塞模式，不需要使用创建的方式，也不需要在此处再设置访问权限。在读端以只读方式打开，在写端以只写方式打开。

3．读写管道

读写管道使用 read()函数和 write()函数。

（1）阻塞模式

读取数据时，以只读方式打开，若管道为空，则被阻塞，直到写数据端写入数据为止。读取数据端时，可能有多个进程读取管道，所有的读进程都被阻塞。当有任意一个进程能读取数据时，其他所有进程都被解阻，只不过返回值为 0，数据只能被其中一个进程读走。

写入数据时，以只写方式打开，若管道已满，则被阻塞，直到读进程将数据读走。管道最大长度为 4096 B，有些操作系统为 512 B。如果写入端是多个进程，当管道满时，Linux 保证了写入的原子性，即采用互斥方式实现。

（2）非阻塞模式

读取数据时，立即返回，管道没有数据时，返回 0，且 errno 值为 EAGAIN，有数据时，返回实际读取的字节数。

写入数据时，当要写入的数据量不大于 PIPE_BUF 时，Linux 将保证写入的原子性。如果当前 FIFO 空闲缓冲区能够容纳请求写入的字节数，写完后则成功返回；如果当前 FIFO 空闲缓冲区不能够容纳请求写入的字节数，则返回 EAGAIN 错误，提醒以后再写。

4．关闭管道

关闭管道使用 close()函数，在进程关闭前，只需关闭各自的描述符即可。

5．文件移除

使用 unlink()函数将临时文件及时清除。在写端移除，不需要在读端移除。

示例 7.2.2-1 使用 FIFO 实现没有亲缘关系进程间的通信。

服务端代码 Example7.2.2-1-server.c：

```
1.   #include <stdio.h>
2.   #include <sys/stat.h>
3.   #include <sys/types.h>
4.   #include <string.h>
5.   #include <fcntl.h>
6.   #include <unistd.h>
7.   int main(){
8.       int err=mkfifo("/tmp/myfifo",0666);  //判断 fifo 文件是否存在
9.       if (err==-1){    //若 fifo 文件不存在就创建 fifo，若存在则提示
10.          printf(" file name is exist\n");
11.          return 0;
12.      }
13.      int fd=open("/tmp/myfifo",O_WRONLY);   //以读写方式打开文件
14.      if (fd==-1){
15.          printf(" open err\n");
16.          unlink("/tmp/myfifo");
17.          return 0;
18.      }
19.      char buf[256];
20.      while(1){        //循环写入数据
```

```
21.            scanf("%s",buf);
22.            int size=write(fd,buf,strlen(buf));
23.            printf("write  size =%d,buf=%s\n",size,buf);
24.            if (strcmp(buf,"q")==0) break;
25.        }
26.        close(fd);
27.        unlink("/tmp/myfifo");  //移除文件
28.  }
```

客户端代码 Example7.2.2-1-client.c：

```
1.   #include <stdio.h>
2.   #include <sys/stat.h>
3.   #include <sys/types.h>
4.   #include <string.h>
5.   #include <fcntl.h>
6.   #include <unistd.h>
7.   int main(){
8.         int fd=open("/tmp/myfifo",O_RDONLY);  //以只读方式打开文件
9.         if (fd==-1){
10.              printf(" open err\n");
11.              return 0;
12.        }
13.        char buf[256];
14.        while(1){   //不断读取 fifo 中的数据并打印
15.           bzero(buf,256);
16.           int size=read(fd,buf,256);
17.           printf("read  size =%d,buf=%s\n",size,buf);
18.           if (strcmp(buf,"q")==0) break;
19.        }
20.        close(fd);      //关闭文件
21.  }
```

在终端下编译这两段程序：

```
1. root@ubuntu:/home/linux/chapter7# gcc Example7.2.2-1-server.c -o Example
   7.2.2-1-server
2. root@ubuntu:/home/linux/chapter7# gcc Example7.2.2-1-client.c -o Example
   7.2.2-1-client
```

打开两个终端，先运行服务端，结果如下：

```
1. root@ubuntu:/home/linux/chapter7# ./Example7.2.2-1-server
2. hello
3. write  size =5,buf=hello
4. how are you!
5. write  size =3,buf=how
6. write  size =3,buf=are
7. write  size =4,buf=you!
```

再运行客户端，结果如下：

```
1. root@ubuntu:/home/linux/chapter7# ./Example7.2.2-1-client
2. read  size =5,buf=hello
3. read  size =10,buf=howareyou!
```

程序分析：由于是没有亲缘关系的进程间通信，因此需要在两段程序中实现。Example7.2.2-1-server 实现 FIFO 写操作，Example7.2.2-1-client 实现 FIFO 读操作。

7.3 消息队列

早期通信机制之一的信号能够传送的信息量有限，管道则只能传送无格式的字节流，这无疑会给应用程序开发带来不便。消息队列则克服了这些缺点。消息队列的实质就是一个存放消息的链表，该链表由内核维护。可以把消息看作一个记录，具有特定的格式。一些进程可以向其中按照一定的规则添加新消息；另一些进程则可以从消息队列中读取消息。

目前主要有两种类型的消息队列：POSIX 消息队列以及 System V 消息队列。System V 消息队列目前被大量使用。该消息队列是随内核持续的，只有在内核重启或者人工删除时，该消息队列才会被删除。消息队列的内核持续性要求每个消息队列都在系统范围内对应唯一的键值，所以，要获得一个消息队列的描述字，必须提供该消息队列的键值。

消息队列就是消息的一个链表，它允许一个或者多个进程向它写消息，或一个或多个进程向它读消息。在内核中以队列的方式管理，队列先进先出，是线性表。消息信息写在结构体中，并送到内核中，由内核管理。

消息的发送不是同步机制，而是先发送到内核，只要消息没有被清除，则另一个程序无论何时打开都可以读取消息。消息可以用在同一程序之间（多个文件之间的信息传递），也可以用在不同进程之间。消息结构体必须自己定义，并按系统的要求定义。

```
struct msgbuf{              //结构体的名称自己定义
   long mtype;              //必须是 long,变量名必须是 mtype
   char mdata[256];         //必须是 char 类型数组,数组名和数组长度由自己定义
};
```

其中，mtype 是消息标识，大多用宏定义一组消息指令；mdata 是对消息的文件说明。

消息队列操作的一般步骤是获取或者创建消息队列，在此基础上完成信息的收发。与消息队列相关的主要函数有创建消息队列、发送消息队列和控制消息队列等。

微课视频

7.3.1 键值

表头文件：

```
#include<sys/types.h>
#include<sys/ipc.h>
```

定义函数：

```
key_t ftok const(char*pathname, int proj-id);
```

函数说明：系统建立IPC通信（消息队列、信号量和共享内存）时必须指定一个ID值。通常情况下，该ID值通过ftok()函数得到。ftok()函数使用由给定路径名（必须引用现有的可访问文件）命名的文件的身份以及proj_id的最低有效8位（必须为非零）来生成key_t类型的SystemV IPC密钥。

返回值：如果成功，则将返回生成的key_t值；如果失败，则返回-1。

7.3.2　创建消息队列

表头文件：

```
#include <sys/types.h>
#include <sys/ipc.h>
#include <sys/msg.h>
```

定义函数：

```
int msgget(key_t key, int msgflg)
```

函数说明：

（1）key：key为键值，由ftok()函数获得，通常为一个整数，若键值为IPC_PRIVATE，将会创建一个只能被创建消息队列的进程读写的消息队列。

（2）msgflg：msgflg为标志位，用于设置消息队列的创建方式或权限，通常由一个9位的权限与以下值进行位操作后获得：

① IPC_CREAT：若内核中不存在指定消息队列，该函数会创建一个消息队列；若内核中已存在指定消息队列，则获取该消息队列；

② IPC_EXCL：与IPC_CREAT一同使用，表示如果要创建的消息队列已经存在，则返回错误。

③ IPC_NOWAIT：读写消息队列要求无法得到满足时，不阻塞。

返回值：如果成功，则返回值将是消息队列标识符（非负整数），否则为-1。

在以下两种情况下，将创建一个新的消息队列：

（1）如果没有消息队列与键值key相对应，并且msgflg中包含IPC_CREAT标志位。

（2）key参数为IPC_PRIVATE。

创建消息队列格式如下：

```
int open_queue(key_t keyval)
{
    intqid;
    if((qid=msgget(keyval,IPC_CREAT))==-1)
    {
        return(-1);
    }
        return(qid);
}
```

7.3.3 发送消息队列

表头文件：

```
#include <sys/types.h>
#include <sys/ipc.h>
#include <sys/msg.h>
```

定义函数：

```
int msgsnd(int msqid,struct msgbuf*msgp,int msgsz,int msgflg)
```

函数说明：向消息队列发送一条消息。msqid 为已打开的消息队列 ID；msgp 为存放消息的结构；msgsz 为消息数据长度；msgflg 为发送标志，可以设置为 0 或 IPC_NOWAIT。

返回值：如果操作成功，则返回 0，如果操作失败，则返回-1。

消息格式如下：

```
struct msgbuf
{
        long mtype;         //消息类型大于 0
        data;               //消息数据
};
```

7.3.4 接收消息队列

表头文件：

```
#include <sys/types.h>
#include <sys/ipc.h>
#include <sys/msg.h>
```

定义函数：

```
int msgrcv(int msqid, struct msgbuf *msgp, int msgsz, long msgtyp, int msgflg)
```

函数说明：从 msqid 代表的消息队列中读取一个消息，并把消息存储在 msgp 指向的 msgbuf 结构中。在成功地读取了一条消息后，队列中的这条消息将被删除。

返回值：如果操作成功，则返回 0；如果操作失败，则返回-1。

7.3.5 控制消息队列

表头文件：

```
#include <sys/types.h>
#include <sys/ipc.h>
#include <sys/msg.h>
```

定义函数：

```
int msgctl(int msqid, int cmd, struct msqid_ds *buf)
```

函数说明：该系统调用对由 msqid 标识的消息队列执行 cmd 操作，共有以下三种 cmd

操作：

（1）IPC_STAT：获取消息队列信息，返回信息存储在 buf 指向的 msqid 结构中。

（2）IPC_SET：设置消息队列的属性，要设置的属性存储在 buf 指向的 msqid 结构中。

（3）IPC_RMID：删除 msqid 标识的消息队列。

参数：buf 是一个缓冲区，用于传递属性值给指定消息队列，或从指定消息队列获取属性值，其功能视参数 cmd 而定。其数据类型 struct msqid 为一个结构体，内核为每个消息队列维护了一个 msqid_ds 结构，用于消息队列的管理。

返回值：如果成功，IPC_STAT、IPC_SET、IPC_RMID 则返回 0，如果发生错误，则返回-1。

示例 7.3.5-1　创建一个消息队列，实现向队列中存放数据和读取数据。

存放数据 Example7.3.5-1msgt.c 代码如下：

```
1.  #include <stdlib.h>
2.  #include <stdio.h>
3.  #include <string.h>
4.  #include <errno.h>
5.  #include <unistd.h>
6.  #include <sys/types.h>
7.  #include <sys/ipc.h>
8.  #include <sys/msg.h>
9.  #define MAX_TEXT 512
10. struct my_msg_st
11. {
12.     long int my_msg_type;           //消息类型
13.         char some_text[MAX_TEXT];   //消息数据
14. };
15. int main(void)
16. {
17.    int running=1;
18.    struct my_msg_stsome_data;
19.    int msgid;
20.    char buffer[BUFSIZ];     //设置缓存变量
21.    /*创建消息队列*/
22.    msgid=msgget((key_t)1234,0666 | IPC_CREAT);
23.    if(msgid==-1)
24.    {
25.         fprintf(stderr,"msgget failed with error:%d\n",errno);
26.                       exit(EXIT_FAILURE);
27.    }
28.    /*循环向消息队列中添加消息*/
29.    while(running)
30.    {
31.    printf("Enter some text:");
32.          fgets(buffer,BUFSIZ,stdin);
33.          some_data.my_msg_type=1;
```

```
34.           strcpy(some_data.some_text,buffer);
35.           /*添加消息*/
36.           if(msgsnd(msgid,(void *)&some_data,MAX_TEXT,0)==-1)
37.           {
38.              fprintf(stderr,"msgsed failed\n");
39.                exit(EXIT_FAILURE);
40.           }
41.           /*用户输入为"end"时结束循环*/
42.           if(strncmp(buffer,"end",3)==0)
43.          {
44.               running=0;
45.          }
46.     }
47.     exit(EXIT_SUCCESS);
48. }
```

读取数据 Example7.3.5-1msgr.c 代码如下：

```
1.   #include <stdlib.h>
2.   #include <stdio.h>
3.   #include <string.h>
4.   #include <errno.h>
5.   #include <unistd.h>
6.   #include <sys/types.h>
7.   #include <sys/ipc.h>
8.   #include <sys/msg.h>
9.   struct my_msg_st
10.  {
11.      long int my_msg_type;  //消息类型
12.  char some_text[BUFSIZ];    //消息数据
13.  };
14.  int main(void)
15.  {
16.      int running=1;
17.      int msgid;
18.      struct my_msg_stsome_data;
19.      long int msg_to_receive=0;
20.      /*创建消息队列*/
21.      msgid=msgget((key_t)1234,0666 | IPC_CREAT);
22.      if(msgid==-1)
23.      {
24.          fprintf(stderr,"msgget failed with error: %d\n",errno);
25.          exit(EXIT_FAILURE);
26.      }
27.      /*循环从消息队列中接收消息*/
28.      while(running)
29.      {
30.         /*读取消息*/
```

```
31.          if(msgrcv(msgid,(void *)&some_data,BUFSIZ,msg_to_receive,0)==-1)
32.          {
33.             fprintf(stderr,"msgrcv failed with error: %d\n",errno);
34.             exit(EXIT_FAILURE);
35.          }
36.          printf("You wrote: %s",some_data.some_text);
37.          /*接收到的消息为"end"时结束循环*/
38.          if(strncmp(some_data.some_text,"end",3)==0)
39.          {running=0;
40.          }
41.      }
42.      /*从系统内核中移走消息队列*/
43.      if(msgctl(msgid,IPC_RMID,0)==-1)
44.      {
45.          fprintf(stderr,"msgctl(IPC_RMID) failed\n");
46. exit(EXIT_FAILURE);
47.      }
48.      exit(EXIT_SUCCESS);
49. }
```

编译两段代码，具体如下：

```
1. root@ubuntu:/home/linux/chapter7# gcc Example7.3.5-1msgt.c -o Example
   7.3.5-1msgt
2. root@ubuntu:/home/linux/chapter7# gcc Example7.3.5-1msgc.c -o Example
   7.3.5-1msgc
```

Example 7.3.5-1msgt 存放数据运行结果如下：

```
1. root@ubuntu:/home/linux/chapter7# ./Example7.3.5-1msgt
2. Enter some text:hello
3. Enter some text:how are you!
4. Enter some text:
```

Example 7.3.5-1msgr 读取数据运行结果如下：

```
1. root@ubuntu:/home/linux/chapter7# ./Example7.3.5-1msgr
2. You wrote: hello
3. You wrote: how are you!
```

7.4　信号

信号是进程在运行过程中，由自身产生或由进程外部发过来，用来通知进程发生了异步事件的通信机制，是硬件中断的软件模拟（软中断），是进程间通信机制中唯一的异步通信机制。每个信号用一个整型常量宏表示，以 SIG 开头，比如 SIGCHLD、SIGINT 等，它们在系统头文件<signal.h>中定义。

信号的产生方式如下：

（1）程序执行错误，如除零、内存越界，内核发送信号给程序。

（2）由另一个进程（信号函数）发送过来的信号。

（3）由用户控制中断产生信号，按 Ctrl+C 快捷键终止程序信号。

（4）子进程结束时向父进程发送 SIGCHLD 信号。

（5）程序中设定的定时器产生 SIGALRM 信号。

微课视频

7.4.1 信号处理的方式

Linux 系统中的信号可能会处于几个状态，分别为发送状态、阻塞状态、未决状态、递达状态和处理状态。

发送状态：当某种情况驱使内核发送信号时，信号会有一个短暂的发送状态。

阻塞状态：由于某种原因，发送的信号无法被传递，将处于阻塞状态。

未决状态：发送的信号被阻塞，无法到达进程，内核就会将该信号的状态设置为未决。

递达状态：若信号发送后没有阻塞，信号就会被成功传递并到达进程，此时为递达状态。

处理状态：信号被递达后会被立刻处理，此时信号处于处理状态。

信号递达进程后才可能被处理，信号的处理方式有三种：忽略信号、捕捉信号和执行默认处理。

1．默认处理

接收默认处理的进程通常会导致进程本身消亡。例如，连接到终端的进程，用户按下 Ctrl+C 快捷键，将导致内核向进程发送一个 SIGINT 信号，进程如果不对该信号做特殊的处理，系统将采用默认的方式处理该信号，即终止进程的执行。

2．忽略信号

进程可以通过代码，显式地忽略某个信号的处理，则进程遇到信号后，不会有任何动作。但有些信号不能被忽略。

3．捕捉信号

进程可以事先注册信号处理函数，当接收到信号时，由信号处理函数自动捕捉并且处理信号。

7.4.2 信号操作指令

1．信号指令

（1）kill [-s <信息名称或编号>][程序]。

参数：-s 用于发送指定信号，程序是指进程的 PID 或工作编号。

（2）kill [-l <信息编号>]。

参数：-l 用于显示所有信号。

例如，发送信号的指令如下：

```
kill 15523               //杀死 PID 是 15523 的进程,默认-s 的情况发送的是 SIGKILL 信号
kill -s SIGHUP 12523     //向 PID 是 12523 的进程发送 SIGHUP 信号
```

2．信号说明

不同事件发生时，信号会被发送给对应过程，每个进程对应的事件如下：

（1）SIGHUP：用户终端连接结束时发出，通常是在终端的控制进程结束时，默认终止进程。

（2）SIGINT：用户输入 INTR 字符（通常是 Ctrl+C 快捷键）时发出，用于通知前台进程组终止进程。

（3）SIGQUIT：用户输入 QUIT 字符（通常是 Ctrl+\ 快捷键）来控制，类似于一个程序错误信号。

（4）SIGILL：执行了非法指令，通常是因为可执行文件本身出现错误，或者试图执行数据段，堆栈溢出时也有可能产生这个信号。

（5）SIGTRAP：由断点指令或其他 trap 指令产生。

（6）SIGABRT：调用 abort()函数生成的信号。

（7）SIGBUS：非法地址，包括内存地址对齐（alignment）出错。例如，访问一个四个字长的整数，但其地址不是 4 的倍数。

（8）SIGFPE：在发生致命的算术运算错误时发出，不仅包括浮点运算错误，还包括溢出及除数为 0 等其他所有的算术错误。

（9）SIGKILL：用来立即结束程序的运行，本信号不能被阻塞、处理和忽略。强行终止进程。

（10）SIGUSR1：留给用户使用。

（11）SIGSEGV：试图访问未分配给自己的内存，或试图往没有写权限的内存地址写数据。

（12）SIGUSR2：留给用户使用。

（13）SIGPIPE：管道破裂。这个信号通常在进程间通信产生，例如采用 FIFO（管道）通信的两个进程，读管道没打开或者意外终止就往管道写，写进程会收到 SIGPIPE 信号。此外用 Socket 通信的两个进程，写进程在写 Socket 时，读进程已经终止。

（14）SIGALRM：时钟定时信号，计算的是实际的时间或时钟时间，alarm()函数使用该信号。

（15）SIGTERM：程序结束（terminate）信号，与 SIGKILL 不同的是，该信号可以被阻塞和处理。

（16）SIGCHLD：子进程结束时，父进程会收到这个信号。

（17）SIGCONT：让一个停止（stopped）的进程继续执行，本信号不能被阻塞，可以用一个 handler 来让程序在由 stopped 状态变为继续执行时完成特定的工作。

（18）SIGSTOP：停止进程的执行，该进程还未结束，只是暂停执行。本信号不能被阻塞、处理或忽略。

（19）SIGTSTP：停止进程的运行，但该信号可以被处理和忽略，用户输入 SUSP 字符（通常是 Ctrl+Z 快捷键）时发出这个信号。

（20）SIGTTIN：当后台作业要从用户终端读数据时，该作业中的所有进程会收到 SIGTTIN 信号。

（21）SIGTTOU：在写终端（或修改终端模式）时收到。

（22）SIGURG：有“紧急”数据或 out-of-band 数据到达 Socket 时产生。

（23）SIGXCPU：超过 CPU 时间资源限制，这个限制可以由 getrlimit/setrlimit 读取/改变。

（24）SIGXFSZ：当进程企图扩大文件以至于超过文件大小资源限制。

（25）SIGVTALRM：虚拟时钟信号，类似于 SIGALRM，但是计算的是该进程占用的 CPU 时间。

（26）SIGPROF：类似于 SIGALRM/SIGVTALRM，但包括该进程占用的 CPU 时间以及系统调用的时间。

（27）SIGWINCH：窗口大小改变时发出。

（28）SIGIO：文件描述符准备就绪，可以开始进行输入/输出操作。

（29）SIGPWR：暂停失败。

（30）SIGSYS：非法的系统调用。

在以上列出的信号中，程序不可捕获、阻塞或忽略的信号有 SIGKILL、SIGSTOP；不能恢复至默认动作的信号有 SIGILL、SIGTRAP；默认会导致进程流产的信号有 SIGABRT、SIGBUS、SIGFPE、SIGILL、SIGIOT、SIGQUIT、SIGSEGV、SIGTRAP、SIGXCPU 和 SIGXFSZ；默认会导致进程退出的信号有 SIGALRM、SIGHUP、SIGINT、SIGKILL、SIGPIPE、SIGPOLL、SIGPROF、SIGSYS、SIGTERM、SIGUSR1、SIGUSR2 和 SIGVTALRM；默认会导致进程停止的信号有 SIGSTOP、SIGTSTP、SIGTTIN、SIGTTOU；默认进程忽略的信号有 SIGCHLD、SIGPWR、SIGURG 和 SIGWINCH。

3．处理信号

信号的产生是一个异步事件，进程不知道信号何时会递达，也不会等待信号到来，因此进程需要能捕获到递达的信号；此外，用户可通过为信号自定义的处理动作，让进程在接收到信号后执行指定的操作。Linux 系统中为用户提供了两个捕获信号——signal()函数和 sigaction()函数，用于自定义信号处理方法。

（1）signal()函数。

表头文件：

```
#include <signal.h>
```

定义函数：

信号捕捉函数如下：

```
typedef void (*sighandler_t)(int);              //函数指针类型
sighandler_t signal(int signum, sighandler_t handler);
```

参数： signum 是要捕捉的信号编号。

handler 是用于处理信号的函数，该参数还可以如下选择：

① SIG_DFN：采用默认方式处理信号。

② SIG_IGN：忽略信号。

返回值： 如果成功，则返回原来的信号处理函数指针，如果失败，则返回 SIG_ERR。

示例 7.4.2-1 用 signal()函数捕捉信号。

```
1.   #include <stdio.h>
2.   #include <signal.h>
3.   #include <stdlib.h>
4.   #include <unistd.h>
```

```
5.  void f1(int signum){   //自定义信号处理函数
6.      switch(signum){
7.      case SIGINT:
8.              printf("is SIGINT\n");
9.              break;
10.     case SIGQUIT:
11.             printf("is SIGQUIT\n");
12.             exit(0);
13.     case SIGKILL:
14.             printf("is SIGKILL\n");
15.     }
16. }
17. int main(int argc,char **argv){
18.      signal(SIGINT,f1);  //可捕捉信号 Ctrl+C
19.      signal(SIGQUIT,f1); //可捕捉信号  Ctrl+\
20.      signal(SIGKILL,f1); //无法捕捉的信号  kill pid
21.      while(1){
22.             sleep(1);
23.      }
24. }
25.
```

编译并运行代码，当按下 Ctrl+C 和 Ctrl+\快捷键时，结果如下：

```
1. root@ubuntu:/home/linux/chapter7# gcc Example7.4.2-1.c -o Example7.4.2-1
2. root@ubuntu:/home/linux/chapter7# ./Example7.4.2-1
3. is SIGINT
4. is SIGQUIT
```

（2）sigaction()函数。

```
int sigaction(int signum, const struct sigaction *act, struct sigaction
*oldact);
```

参数：signum 是信号编号；act 是传入参数，包含自定义信息处理函数和一些携带信息；oldact 是传出参数，包含旧的信息处理函数。act 和 oldact 是自定义结构体类型的数据，其类型定义如下：

```
struct sigaction {
    void(*sa_handler)(int);
    void(*sa_sigaction)(int, siginfo_t *, void *);
    sigset_t  sa_mask;
    int sa_flags;
    void(*sa_restorer)(void);
};
```

sigaction 结构体的第一个成员与 signal()函数的返回值类型相同，都返回类型为 void，包含一个整型参数的函数指针。除此之外，比较重要的是参数 sa_mask 和 sa_flags，sa_mask 是一个位图，该位图可指定捕捉函数执行期间屏蔽的信号；sa_flags 则用于设置是否使用默认值，默认情况下，该函数会屏蔽自己发送的信号，避免重新进入函数。

信号处理函数执行中，信号被阻塞，直到函数执行完，通过 sigaction()函数捕捉信号，如果没有设置 sa_mask 阻塞信号集，则执行处理函数时被阻塞；通过 sigprocmask()函数设置 sa_mask 的数据，用来指定某个进入被阻塞。

```
int sigprocmask(int how, const sigset_t *set, sigset_t *oldset);
```

其中，how 为设置阻塞掩码方式，可选择：

① SIG_BLOCK：阻塞信号。

② SIG_UNBLOCK：解除阻塞信号。

③ SIG_SETMASK：设置阻塞掩码。

set 阻塞信号集；oldset 原阻塞信号集。

示例 7.4.2-2 用 sigaction()函数捕捉信号。

```
1.   #include <stdio.h>
2.   #include <stdlib.h>
3.   #include <unistd.h>
4.   #include <string.h>
5.   #include <signal.h>
6.   void sig_int(int signo)
7.   {
8.   printf("..........catch you,SIGINT,signo=%d\n", signo);
9.   sleep(5);                                   //模拟信号处理函数执行时间
10. }
11. int main()
12. {
13. struct sigaction act, oldact;
14. act.sa_handler = sig_int;                    //修改信号处理函数指针
15. sigemptyset(&act.sa_mask);                   //初始化位图，表示不屏蔽任何信号
16. sigaddset(&act.sa_mask, SIGINT);             //更改信号 SIGINT 的信号处理函数
17. act.sa_flags = 0;                            //设置 flags，屏蔽自身所发信号
18. sigaction(SIGINT, &act, &oldact);
19. while (1);
20. return 0;
21. }
```

编译并运行代码，当按下 Ctrl+C 快捷键时，结果如下：

```
1. root@ubuntu:/home/linux/chapter7# gcc Example7.4.2-2.c -o Example7.4.2-2
2. root@ubuntu:/home/linux/chapter7# ./Example7.4.2-2
3. ^C..........catch you,SIGINT,signo=2
```

4. 发送信号

系统调用中发送信号常用的函数有 kill()、raise()和 abort()等，其中 kill 是最常用的函数，该函数的作用是给指定进程发送信号，但是否杀死进程，取决于所发送信号的默认动作。

（1）kill 和 raise 函数。

表头文件：

```
#include<signal.h>
```

定义函数：

```
int kill(pid_t pid,int signo);
```

功能：向指定的进程发送信号。

参数：pid 表示接收信号的进程的 pid；signo 表示要发送的信号的编号。

参数 pid 的不同取值会影响 kill()函数作用的进程，其取值可分为 4 种情况，每种取值代表的含义如下：

若 pid> 0，则发送信号 sig 给进程号为 pid 的进程。

若 pid = 0，则发送信号 sig 给当前进程所属组中的所有进程。

若 pid = −1，则发送信号 sig 给除 1 号进程与当前进程的所有进程。

若 pid< −1，则发送信号 sig 给属于进程组-pid 的所有进程。

返回值：如果成功，则返回 0；如果失败，则返回−1。

定义函数：

```
int raise(int sig);
```

功能：把信号发送到当前的进程。

参数：sig 为要发送信号的编号，使用 kill()函数可以实现与该函数相同的功能，该函数与 kill()之间的关系如下：

```
raise(sig==kill(getpid(),sig)
```

示例 7.4.2-3　使用 fork()函数创建一个子进程，在父进程中使用 kill()发送信号，杀死子进程，并使用 raise()函数自杀。

```
1.  #include <stdio.h>
2.  #include <stdlib.h>
3.  #include <string.h>
4.  #include <signal.h>
5.  #include <unistd.h>
6.  #include <wait.h>
7.  int main(int argc,char **argv){
8.      pid_tpid=fork();
9.      if (pid==-1) return 0;
10.     else if (pid==0) { //子进程
11.             printf("son ----- pid=%d\n",getpid());
12.             while(1)
13.     sleep(1);
14.   }
15.   else { //父进程
16.      int i;
17.      printf("parent ----- pid=%d\n",getpid());
18.      sleep(10);
19.      kill(pid,SIGKILL); //杀死子进程
```

```
20.         wait(NULL);
21.         printf("kill son over\n");
22.         sleep(3);
23.         raise(SIGKILL); //父进程自杀
24.         for(i=0;i<10;i++)
25.            printf("parent --kill waiting\n");
26.            sleep(1);
27.         }
28.     }
```

编译并运行代码，结果如下：

```
1. root@ubuntu:/home/linux/chapter7# gcc Example7.4.2-3.c -o Example7.4.2-3
2. root@ubuntu:/home/linux/chapter7# ./Example7.4.2-3
3. parent ----- pid=5004
4. son ----- pid=5005
5. kill son over
6. Killed
```

（2）alarm()和 pause()函数。

表头文件：

```
#include <unistd.h>
```

定义函数：

```
int pause(void);
```

函数说明：造成进程主动挂起，等待信号唤醒。调用该函数后进程将主动放弃 CPU，进入阻塞状态，直到有信号递达将其唤醒，才继续工作。

定义函数：

```
unsigned int alarm(unsigned int seconds);
```

函数说明：计时器，驱使内核在指定秒数后发送信号到调用该函数的进程。

参数：seconds 为时间（s），通过设置参数倒计时，当时间到达时发出 SIGALRM 信号。

示例 7.4.2-4 时钟计时器。

```
1.   #include <stdio.h>
2.   #include <stdlib.h>
3.   #include <string.h>
4.   #include <signal.h>
5.   int b=0;
6.       void f1(int a){
7.         b+=20;
8.         printf("%d:%d\n",b/60 ,b%60);
9.         alarm(20);
10.      }
11.      int main(int argc,char **argv){
12.        signal(SIGALRM,f1);   //可捕捉信号
13.        alarm(20);            //时钟计时器可以唤醒 sleep
14.
```

```
15.         pause();                    //任何信号都可以激活暂停
16.         sleep(10);
17.         while(1) {
18.             sleep(1);
19.             printf("---- \n");
20.         }
21.     }
```

编译并运行代码，结果如下：

```
1.  root@ubuntu:/home/linux/chapter7# gcc Example7.4.2-4.c -o Example7.4.2-4
2.  root@ubuntu:/home/linux/chapter7# ./Example7.4.2-4
3.  0:20
4.  ----
5.  ----
6.  ----
7.  ----
8.  ----
9.  ----
10. ----
11. ----
12. ----
13. 0:40
14. ----
15. …………
```

（3）abort()函数。

表头文件：

```
#include <stdlib.h>
```

定义函数：

```
void abort(void);
```

函数说明：abort()函数是使程序异常终止，同时发送SIGABRT信号给调用进程。该函数在调用之时会先解除阻塞信号 SIGABRT，然后才发送信号给自己。它不会返回任何值，可以视为百分百调用成功。

示例 7.4.2-5　abort 函数应用。

```
1.   #include <stdio.h>
2.   #include <stdlib.h>
3.   void main(void){
4.           FILE *stream;
5.           if((stream = fopen("NOSUCHF.ILE", "r")) == NULL)
6.             {
7.               perror("Couldn't open file");
8.               abort();
9.             }
10.            else
11.              fclose(stream);
12.          }
```

编译并运行代码，结果如下：

```
1.  root@ubuntu:/home/linux/chapter7# gcc Example7.4.2-5.c -o Example7.4.2-5
2.  root@ubuntu:/home/linux/chapter7# ./Example7.4.2-5
3.  Couldn't open file: No such file or directory
4.  Aborted (core dumped)
```

7.5 信号量

1．基本概念

信号量（semaphore）是 System V IPC 机制，System V IPC 机制包括信号量、消息队列、共享内存。该机制为保证多个进程之间通信，需要提供一个每个进程都必须一致的主键值，来识别另一个进程已创建的 IPC。

2．信号量原理

在多任务的操作系统中，多个进程为了完成一个任务会相互协作，这就是进程间的同步，有时为了争夺有限的系统资源，会进入竞争状态，这就是进程的互斥关系。

信号量是用来解决进程间同步和互斥问题的一种进程之间的通信机制。

Posix IPC 机制的函数 sem_init 用于线程之间的共享资源保护；System V IPC 机制的 semget 常用于进程之间的共享资源保护。

信号量的实现原理是 PV 原子操作。P 操作使信号量减 1，如果信号量为 0，则被阻塞，直到信号量大于 0；V 操作使信号量加 1。

信号量有时被称为信号灯，是在多线程环境下使用的一种进程通信形式，可以用来保证两个或多个关键代码段不被并发调用。在进入一个关键代码段之前，线程必须获取一个信号量，一旦该关键代码段完成了，那么该线程必须释放信号量。其他想进入该关键代码段的线程必须等待，直到第一个线程释放信号量。

信号量操作如下：

（1）初始化（initialize），也叫作建立（create）。

（2）等信号（wait），也可叫作挂起（pend）。

（3）发信号（signal）也叫作释放（post）。

信号量分类如下：

（1）整型信号量（integer semaphore）：信号量是整数。

（2）记录型信号量（record semaphore）：每个信号量 s 除了有一个整数值 s.value（计数）外，还有一个进程等待队列 s.L，其中，等待队列是阻塞在该信号量的各个进程的标识。

（3）二进制信号量（binary semaphore）：只允许信号量取 0 或 1 值。

每个信号量至少要记录两个信息：信号量的值和等待该信号量的进程队列。

微课视频

7.5.1 信号量创建

表头文件：

```
#include <sys/shm.h>
```

定义函数：

```
int semget( key_t key, int nsems, int flag);
```

函数说明：使用函数 semget 可以创建或者获得一个信号量集 ID，函数中，参数 key 用来变换成一个标识符，每个 IPC 对象与一个 key 相对应。

参数：key 是主键，用于其他进程中进行识别的唯一标识；nsems 为信号量的个数；flag 是访问权限和创建标识，可选择 IPC_CREAT：创建；IPC_EXCL：防止重复创建。

返回值：如果成功，则返回信号量的 ID；如果失败，则返回-1。

7.5.2 信号量操作

表头文件：

```
#include <sys/sem.h>
```

1. 控制信号量

```
int semctl(int semid, int semnum, int cmd,union semun arg);
```

函数说明：对信号量或信号量集进行控制。

参数：semid 为信号量 ID，是 semget 的返回值；semnum 是信号量的编号；cmd 为各种操作指令，包括 IPC_STAT：获取信号量信息；SETVAL：设置信号量的值；GETVAL：获取信号量的值；IPC_RMID：删除信号量。arg 是需要设置或获取信号量的结构，这个联合体的结构需要自己定义。

```
union semun{
            int val;
            struct semid_ds *buf;
            unsigned short *array;
};
```

2. 操作信号量

```
int  semop(int  semid,  struct  sembuf  *sops, unsigned nsops);
```

函数说明：改变信号量的值。

参数：semid 是信号量 ID；sops 是信号量结构指针，定义如下：

```
struct  sembuf{
     short sem_num;         //信号量编号,通常设为 0
     short sem_op;          //信号量操作,-1 则表示 P 操作,1 则表示 V 操作
     short sem_flg;         //信号量操作标志,通常设为 SEM_UNDO
     //在没释放信号量时,系统自动释放
};
```

其中，nsops 是操作数组 sops 中的操作个数，通常为 1。

使用 System V IPC 机制的信号量，没有明显的 PV 操作函数，操作起来不如 Posix IPC 机制方便，所以通常用上面的函数来实现方便 PV 操作函数。

示例 7.5.2-1 semop 函数的使用。

```
1.   #include <sys/types.h>
2.   #include <sys/ipc.h>
3.   #include <sys/sem.h>
4.   #include <stdio.h>
5.   #include <stdlib.h>
6.   int main( void )
7.   {
8.     int sem_id;
9.     int nsems = 1;
10.    int flags = 0666;
11.    struct sembufbuf;
12.    sem_id = semget(IPC_PRIVATE, nsems, flags);
13.    /*创建一个新的信号量集*/
14.    if ( sem_id< 0 )
15.    {
16.      perror("semget");
17.      exit(1);
18.    }
19.    /*输出相应的信号量集标识符*/
20.    printf ("successfully created a semaphore: %d\n",sem_id);
21.    buf.sem_num = 0;
22.    /*定义一个信号量操作*/
23.    buf.sem_op = 1;
24.    /*执行释放资源操作*/
25.    buf.sem_flg = IPC_NOWAIT;
26.    /*定义 semop 函数的行为*/
27.    if ((semop( sem_id, &buf, nsems))<0)
28.    {
29.      /*执行操作*/
30.      perror ("semop");
31.      exit (1);
32.    }
33.    system ( "ipcs -s ");
34.    /*查看系统 IPC 状态*/
35.    exit ( 0 );
36. }
```

编译并运行代码，结果如下：

```
1. root@ubuntu:/home/linux/chapter7# gcc Example7.5.2-1.c -o Example7.5.2-1
2. root@ubuntu:/home/linux/chapter7# ./Example7.5.2-1
3. successfully created a semaphore: 0

4. ------ Semaphore Arrays --------
5. key        semid      owner      perms      nsems
6. 0x00000000 0          root       666        1
```

第 12 行　用 semget()函数创建了一个信号量集，定义信号量集的资源数为 1。

第 27 行　接下来使用 semop()函数进行资源释放操作。

第 33 行　在程序的最后使用 shell 命令 ipcs 查看系统 IPC 的状态。

说明：命令 ipcs 的参数-s 表示查看系统 IPC 的信号量集状态。

示例 7.5.2-2　使用互斥访问磁盘映射内存。

磁盘或文件映射，如果采用共享的模式，则涉及多个进程之间访问共享资源，此时需要使用信号量来实现互斥与同步。

（1）实现 PV 操作函数 system_sem.h 和 system_sem.c。

system_sem.h 代码如下：

```
1.  #ifndef SYSTEM_SEM_H
2.  #define SYSTEM_SEM_H
3.  #include <stdlib.h>
4.  #include <unistd.h>
5.  #include <sys/ipc.h>
6.  union semun{
7.     int val;
8.     struct semid_ds *buf;
9.     unsigned short *array;
10. };
11. extern int init_sem(int key,int val,int semflg);    //初始化信号量
12. extern int del_sem(int sem_id);                     //销毁信号量
13. extern int wait_sem(int sem_id);                    //P 操作,信号量减 1
14. extern int post_sem(int sem_id);                    //V 操作,信号量加 1
15. #endif
```

system_sem.c 代码如下：

```
1.  #include "system_sem.h"
2.  #include <sys/types.h>
3.  #include <sys/stat.h>
4.  #include <sys/sem.h>
5.  #include <sys/shm.h>
6.  #include <fcntl.h>
7.  //初始化信号量
8.  int init_sem(int key,int val,int semflg){
9.      union semun sem_union;
10.     sem_union.val=val;
11      int sem_id=semget(key,1,semflg);                //创建信号量
12      if (sem_id!=-1){
13.        if (semctl(sem_id,0,SETVAL,sem_union)==-1) return -1;//设置信号量
                                                           //初始值
14.     }
15.     return sem_id;
16. }
17. //销毁信号量
18. int del_sem(int sem_id){
```

```
19.     union semun sem_union;
20.     int err=semctl(sem_id,0,IPC_RMID,sem_union);
21.     if (err==-11) exit(-11);
22.     return 0;
23. }
24. //P操作,信号量减1
25. int wait_sem(int sem_id){
26.     struct sembuf sem={0,-1,SEM_UNDO};        //填写结构,指明信号量减1
27.     int err=semop(sem_id,&sem,1);   //调用信号操作,如果信号量当前为0,则阻塞
28.     if (err==-1) exit(0);
29.     return 0;
30. }
31. //V操作,信号量加1
32. int post_sem(int sem_id){
33.     struct sembuf sem={0,1,SEM_UNDO};
34.     int err=semop(sem_id,&sem,1);
35.     if (err==-1) exit(0);
36.     return 0;
37. }
```

（2）使用互斥访问磁盘映射内存。

write.c 代码如下：

```
1.  #include <stdio.h>
2.  #include <stdlib.h>
3.  #include <string.h>
4.  #include <errno.h>
5.  #include <pthread.h>
6.  #include <sys/mman.h>
7.  #include <fcntl.h>
8.  #include <sys/types.h>
9.  #include "system_sem.h"
10. #define SHMSIZE 4096
11. int main(int argc,char **argv){
12.     char *shmbuf;
13.     int  fd;
14.     //生成一个主键,尽量保持主键永久不变
15.     key_t key=ftok("/bin/ls",42);
16.     //调用信号量初始化函数
17.     int sem_id=init_sem(key,1,IPC_CREAT | IPC_EXCL |0666);
18.     if (sem_id==-1){
19.        printf("init_sem err=%s\n",strerror(errno));
20.        goto INITSEM_ERR;
21.     }
22.     //设置共享区域
23.     //fd=shm_open("./test.map",O_CREAT | O_RDWR | O_EXCL,0666);
24.     fd=open("./test.f",O_CREAT | O_RDWR ,0666);
25.     if (fd==-1){
```

```
26.         printf("open err =%s\n",strerror(errno));
27.         goto SHMOPEN_ERR;
28. }
29.     //内存映射
30.     shmbuf=mmap(NULL,SHMSIZE,PROT_READ | PROT_WRITE,MAP_SHARED,fd,0);
31.     if (shmbuf==NULL){
32.         printf("mmap err =%s\n",strerror(errno));
33.         goto MMAP_ERR;
34.     }
35.     //设定文件长度
36.     ftruncate(fd,SHMSIZE);
37.     //写操作
38.     char buf[256];
39.     while(1){
40.       wait_sem(sem_id);                   //信号量 P 操作
41.       scanf("%s",shmbuf);
42.       printf("write ---- %s\n",buf);
43.       if (strcmp(shmbuf,"q")==0) {
44.         post_sem(sem_id);               //信号量 V 操作
45.         break;
46.       }
47.       post_sem(sem_id);                   //信号量 V 操作
48.     }
49.     //解除映射
50.     munmap(shmbuf,SHMSIZE);
51. MMAP_ERR:
52.     //关闭文件并移除文件
53.     close(fd);
54.     //shm_unlink("./test.map");
55. SHMOPEN_ERR:
56.     //销毁信号量
57.     del_sem(sem_id);
58. INITSEM_ERR:
59.     return 0;
60. }
```

read.c 代码如下：

```
1.  #include <stdio.h>
2.  #include <stdlib.h>
3.  #include <string.h>
4.  #include <errno.h>
5.  #include <pthread.h>
6.  #include <sys/mman.h>
7.  #include <fcntl.h>
8.  #include <sys/types.h>
9.  #include "system_sem.h"
10. #define SHMSIZE 4096
```

```
11. pthread_t pid;
12. char *shmbuf;
13. int  fd;
14. void *run(void *buf){
15.     //key键的生成条件必须和写函数相同
16.     key_t key=ftok("/bin/ls",42);
17. //读内存部分信号不需创建,只需获取,当标志设为 0 时代表获取,需要设置初始值为 0
18.     int sem_id=init_sem(key,0,0);
19.     //读数据
20.     char readbuf[256];
21.     while(1){
22.         wait_sem(sem_id);              //信号量 P 操作
23.         strcpy(readbuf,shmbuf);
24.         post_sem(sem_id);              //信号量 V 操作
25.         //------------------------------
26.         if (strcmp(readbuf,"")!=0){
27.            printf("read------%s\n",readbuf);
28.            if (strcmp(readbuf,"q")==0) break;
29.         }
30.         usleep(500000);
31.     }
32.     //销毁信号量
33.     del_sem(sem_id);
34. }
35. int main(int argc,char **argv){
36.     //fd=shm_open("./test.map", O_RDWR,0666);
37.     fd=open("./test.f", O_RDWR,0666);
38.     if (fd==-1){
39.         printf("open err =%s\n",strerror(errno));
40.         return 0;
41.     }
42.     shmbuf=mmap(NULL,SHMSIZE,PROT_READ | PROT_WRITE,MAP_SHARED,fd,0);
43.     if (shmbuf==NULL){
44.         printf("mmap err =%s\n",strerror(errno));
45.         return 0;
46.     }
47.     ftruncate(fd,SHMSIZE);
48.     pthread_create(&pid,NULL,run,NULL);
49.     while(1){
50.        scanf("%s",shmbuf);
51.        printf("write----  %s\n",shmbuf);
52.        if (strcmp(shmbuf,"q")==0) break;
53.     }
54.     pthread_join(pid,NULL);
55.     munmap(shmbuf,SHMSIZE);
56.     close(fd);
57. }
```

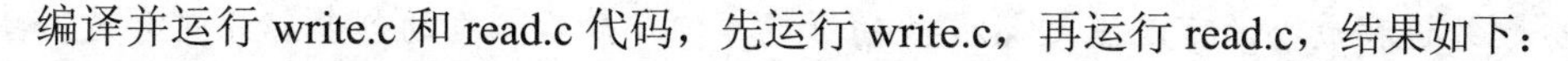

编译并运行 write.c 和 read.c 代码，先运行 write.c，再运行 read.c，结果如下：

```
1.  root@ubuntu:/home/linux/chapter7/Example7.5.2-2# gcc system_sem.c
    write.c  -o write
2.  root@ubuntu:/home/linux/chapter7/Example7.5.2-2# ./write
3.  hello
4.  write ----
5.  root@ubuntu:/home/linux/chapter7/Example7.5.2-2# gcc system_sem.c
    read.c -o read -lpthread
6.  root@ubuntu:/home/linux/chapter7/Example7.5.2-2# ./read
7.  read------hello
8.  how are you!
9.  write----  how
10. write----  are
11. write----  you!
```

7.6　共享内存

共享内存指在多处理器的计算机系统中，可以被不同中央处理器访问的大容量内存。由于多个 CPU 需要快速访问存储器，这样就要对存储器进行缓存。任何一个缓存的数据被更新后，由于其他处理器也可能要存取，共享内存就需要立即更新，否则不同的处理器可能用到不同的数据。共享内存是 UNIX 下的多进程之间的通信方法，这种方法通常用于一个程序的多进程间通信，实际上多个程序间也可以通过共享内存来传递信息。

7.6.1　共享内存创建

微课视频

共享内存是存在于内核级别的一种资源，在 shell 中可以使用 ipcs 命令来查看当前系统 IPC 中的状态，在文件系统/proc 目录下有对其描述的相应文件。shmget()函数可以创建或打开一块共享内存区。

表头文件：

```
#include <sys/shm.h>
```

定义函数：

```
int shmget( key_t key, size_t size, int flag );
```

函数说明：函数中参数 key 用来变换成一个标识符，而且每个 IPC 对象与一个 key 相对应。当新建一个共享内存段时，size 参数为要请求的内存长度（以字节为单位）。

flag 为标志，可选的标志包括：①S_IRUSR：属主的读权限；②S_IWUSR：属主的写权限；③S_IROTH：其他用户读权限；④S_IWOTH：其他用户写权限；⑤S_IRGRP：属组的读权限；⑥S_IWGRP：属组的写权限；⑦IPC_CREAT：创建；⑧IPC_EXCL：如果已创建，则再次创建时失败。

返回值：如果成功，则返回内存 ID；如果失败，则返回−1。

注意：内核是以页为单位分配内存，当 size 参数的值不是系统内存页长的整数倍时，系统会分配给进程最小的可以满足 size 长的页数，但是最后一页的剩余部分内存是不可用的。当打开一个内存段时，参数 size 的值为 0。参数 flag 中的相应权限为初始化 ipc_perm 结构体中的 mode 域。同时参数 flag 是函数行为参数，它指定一些当函数遇到阻塞或其他情况时应做出的反应。

下面的示例演示了使用 shmget()函数创建一块共享内存。程序在调用 shmget()函数时，指定 key 参数值为 IPC_PRIVATE，这个参数的意义是创建一个新的共享内存区。当创建成功后使用 shell 命令 ipcs 来显示目前系统下共享内存的状态，命令参数-m 为只显示共享内存的状态。

示例 7.6.1-1　shmget()函数的使用。

```
1.  #include <sys/types.h>
2.  #include <sys/ipc.h>
3.  #include <sys/shm.h>
4.  #include <stdlib.h>
5.  #include <stdio.h>
6.  #define BUFSZ 4096
7.  int main ( void )
8.  {
9.    int shm_id;                 //共享内存标识符
10.   shm_id=shmget(IPC_PRIVATE,BUFSZ,0666);
11.   if(shm_id<0){               //创建共享内存
12.     perror("shmget");
13.     exit(1);}
14.   printf("successfully created segment : %d \n", shm_id ) ;
15.   system("ipcs -m");          //调用 ipcs 命令查看 IPC
16.   exit(0);
17. }
```

编译代码，运行结果如下：

```
1.  root@ubuntu:/home/linux/chapter7# gcc Example7.6.1-1.c -o Example7.6.1-1
2.  root@ubuntu:/home/linux/chapter7# ./Example7.6.1-1
3.  successfully created segment : 1671170

4.  ------ Shared Memory Segments --------
5.  key        shmid     owner    perms      bytes      nattch   status
6.  0x00000000 196608    linux     600       67108864   2         dest
7.  0x00000000 360449    linux     600       524288     2         dest
8.  0x00000000 1671170   root      666       4096       0
9.  0x00000000 491523    linux     600       16777216   2         dest
10. 0x00000000 524292    linux     600       524288     2         dest
11. 0x00000000 622597    linux     600       524288     2         dest
12. 0x00000000 655366    linux     600       524288     2         dest
13. 0x00000000 1540103   linux     600       524288     2         dest
```

程序分析：上述程序中使用 shmget()函数创建一段共享内存，并在结束前调用了系统 shell 命令 ipcs -m 来查看当前系统 IPC 的状态。

7.6.2 共享内存的操作

共享内存这一特殊的资源类型不同于普通的文件，因此，系统需要为其提供专有的操作函数，而这无疑增加了程序员开发的难度（需要记忆额外的专有函数）。

表头文件：

```
#include <sys/shm.h>
```

定义函数：

```
int shmctl( int shm_id, int cmd, struct shmid_ds *buf );
```

函数说明：函数中参数 shm_id 为所要操作的共享内存段的标识符；struct shmid_ds 型指针参数 buf 的作用与参数 cmd 的值相关，参数 cmd 指明了所要进行的操作，cmd 命令及含义如表 7-2 所示。

表 7-2 cmd 命令及含义

cmd 命令	含 义
IPC_STAT	取 shm_id 所指向内存共享段的 shmid_ds 结构，对参数 buf 指向的结构赋值
IPC_SET	使用 buf 指向的结构对 sh_mid 段的相关结构赋值，只对以下几个域有作用：shm_perm. uid、shm_perm.gid 以及 shm_perm.mode 注意：此命令只有具备以下条件的进程才可以请求： （1）进程的用户 ID 等于 shm_perm.cuid 或者等于 shm_perm.uid （2）超级用户特权进程
IPC_RMID	删除 shm_id 所指向的共享内存段，只有当 shmid_ds 结构的 shm_nattch 域为零时，才会真正执行删除命令，否则不会删除该段 注意：此命令的请求规则与 IPC_SET 命令相同
SHM_LOCK	锁定共享内存段，此命令只能由超级用户请求
SHM_UNLOCK	对共享内存段解锁，此命令只能由超级用户请求

注意：共享内存与消息队列以及信号量相同，在使用完毕后都应该进行释放。另外，当调用 fork()函数创建子进程时，子进程会继承父进程已绑定的共享内存；当调用 exec()函数更改子进程功能以及调用 exit()函数时，子进程中都会解除与共享内存的映射关系，因此在必要时仍应使用 shmctl()函数对共享内存进行删除。

7.6.3 共享内存段连接到本进程空间

表头文件：

```
#include <sys/shm.h>
```

定义函数：

```
void *shmat( int shm_id, const void *addr, int flag );
```

函数说明：函数中参数 shm_id 指定要引入的共享内存；参数 addr 与 flag 组合说明要引入的地址值，通常只有两种用法：①当 addr 为 0 时，表明让内核来决定第 1 个可以引入的位置；②当 addr 为非 0 时，并且在 flag 中指定 SHM_RND，则此字段引入 addr 所指向的位置（此操作不推荐使用，因为不会只在同一平台上运行应用程序，为了程序的通用性推荐使用第①种方法），在 flag 参数中可以指定要引入的方式（由读写方式指定）。

返回值：如果函数成功执行，则返回值为实际引入的地址，如果失败，则返回-1。shmat()函数成功执行时会将 shm_id 字段中的 shmid_ds 结构的 shm_nattch 计数器的值加 1。

7.6.4 共享内存解除

表头文件：

```
#include <sys/shm.h>
```

定义函数：

```
int shmdt( void *addr);
```

函数说明：当对共享内存段操作结束时，应调用 shmdt()函数，其作用是将指定的共享内存段从当前进程空间中脱离出去。

返回值：参数 addr 是调用 shmat()函数的返回值，如果函数执行成功，则返回 0，并将该共享内存段中的 shmid_ds 结构的 shm_nattch 计数器的值减 1，如果失败，则返回-1。

下面的示例演示了操作共享内存段的流程。程序首先检测用户是否有输入，如果程序出错，则打印帮助消息。接下来从命令行读取将要引入的共享内存段 ID，使用 shmat()函数引入共享内存段 ID，并在分离该共享内存之前休眠 3s 以方便查看系统 IPC 状态。

示例 7.6.4-1 shmdt()函数的使用。

```
1.  #include <sys/types.h>
2.  #include <sys/ipc.h>
3.  #include <sys/shm.h>
4.  #include <stdlib.h>
5.  #include <stdio.h>
6.  int main ( int argc, char *argv[] )
7.  {
8.    int shm_id ;
9.    char * shm_buf;
10.   if ( argc != 2 ){
11.     /*命令行参数错误*/
12.     printf ("USAGE: atshm <identifier>");          //打印帮助消息
13.     exit (1);
14.   }
15.   shm_id = atoi(argv[1]);                          //得到要引入的共享内存段
16.   /*引入共享内存段,由内核选择要引入的位置*/
17.   if ((shm_buf = shmat( shm_id, 0, 0))<(char *) 0 ){
18.     perror ("shmat");
19.     exit(1);}
20.   printf("segment attached at %p\n",shm_buf);     //输出导入的位置
21.   system("ipcs -m");
22.   sleep(3);                                        //休眠
23.   if((shmdt(shm_buf)) < 0 ){                       //与导入的共享内存段分离
```

```
24.     perror("shmdt");
25.     exit(1);}
26.   printf("segment detached \n");
27.   system("ipcs -m " );                                  //再次查看系统 IPC 状态
28.   exit (0);
29. }
```

编译并运行代码，结果如下：

```
1.  root@ubuntu:/home/linux/chapter7# gcc Example7.6.4-1.c -o Example7.6.4-1
2.  root@ubuntu:/home/linux/chapter7# ./Example7.6.4-1 1671170
3.  segment attached at 0x7fbb4f3a2000

4.  ------ Shared Memory Segments --------
5.  key         shmid      owner      perms      bytes      nattch     status
6.  0x00000000 196608     linux      600        67108864   2          dest
7.  0x00000000 360449     linux      600        524288     2          dest
8.  0x00000000 1671170    root       666        4096       1
9.  0x00000000 491523     linux      600        16777216   2          dest
10. 0x00000000 524292     linux      600        524288     2          dest
11. 0x00000000 622597     linux      600        524288     2          dest
12. 0x00000000 655366     linux      600        524288     2          dest
13. 0x00000000 1540103    linux      600        524288     2          dest
14. 0x00000000 1703944    linux      600        524288     2          dest
15. 0x00000000 1736713    linux      600        524288     2          dest

16. segment detached

17. ------ Shared Memory Segments --------
18. key         shmid      owner      perms      bytes      nattch     status
19. 0x00000000 196608     linux      600        67108864   2          dest
20. 0x00000000 360449     linux      600        524288     2          dest
21. 0x00000000 1671170    root       666        4096       0
22. 0x00000000 491523     linux      600        16777216   2          dest
23. 0x00000000 524292     linux      600        524288     2          dest
24. 0x00000000 622597     linux      600        524288     2          dest
25. 0x00000000 655366     linux      600        524288     2          dest
26. 0x00000000 1540103    linux      600        524288     2          dest
27. 0x00000000 1703944    linux      600        524288     2          dest
28. 0x00000000 1736713    linux      600        524288     2          dest
```

程序分析：上述程序从命令行中读取所要引入的共享内存段 ID，即示例 7.6.1-1 创建的共享内存标识符 1671170，并使用 shmat()函数引入该共享内存段到当前的进程空间中。注意，在使用 shmat()函数时，将参数 addr 的值设为 0，所表达的意义是由内核决定该共享内存段在当前进程中的位置。由于在编程的过程中，很少会针对某个特定的硬件或系统编程，所以由内核决定引入位置也是 shmat()函数推荐的使用方式。在引入后使用 shell 命令“ipcs -m”来显示当前系统 IPC 的状态，可以看出输出信息中 nattch 字段为该共享内存时的引用值，最后使用 shmdt()函数分离该共享内存并打印系统 IPC 的状态。

示例 7.6.4-2 创建两个进程，使用共享内存机制实现这两个进程间的通信。

（1）shm_w.c 代码如下：

```
1.  #include <stdio.h>
2.  #include <sys/ipc.h>
3.  #include <sys/shm.h>
4.  #include <sys/types.h>
5.  #include <unistd.h>
6.  #include <string.h>
7.  #define SEGSIZE 4096                //定义共享内存容量
8.  typedef struct{                     //读写数据结构体
9.  char name[8];
10. int age;
11. } Stu;
12. int main()
13. {
14. int shm_id, i;
15. key_t key;
16. char name[8];
17. Stu *smap;
18. key = ftok("/", 0);                 //获取关键字
19. if (key == -1)
20. {
21. perror("ftok error");
22. return -1;
23. }
24. printf("key=%d\n", key);
25. //创建共享内存
26. shm_id = shmget(key, SEGSIZE, IPC_CREAT | IPC_EXCL | 0664);
27. if (shm_id == -1)
28. {
29. perror("create shared memory error\n");
30. return -1;
31. }
32. printf("shm_id=%d\n", shm_id);
33. smap = (Stu*)shmat(shm_id, NULL, 0);    //将进程与共享内存绑定
34. memset(name, 0x00, sizeof(name));
35. strcpy(name, "Jhon");
36. name[4] = '0';
37. for (i = 0; i< 3; i++)                      //写数据
38. {
39. name[4] += 1;
40. strncpy((smap + i)->name, name, 5);
41. (smap + i)->age = 20 + i;
42. }
43. if (shmdt(smap) == -1)                      //解除绑定
```

```
44. {
45. perror("detach error");
46. return -1;
47. }
48. return 0;
49. }
```

（2）shm_r.c 代码如下：

```
1.  #include <stdio.h>
2.  #include <string.h>
3.  #include <sys/ipc.h>
4.  #include <sys/shm.h>
5.  #include <sys/types.h>
6.  #include <unistd.h>
7.  typedef struct{
8.      char name[8];
9.      int age;
10. } Stu;
11. int main()
12. {
13.    int shm_id, i;
14.    key_t key;
15.    Stu *smap;
16.    struct shmid_dsbuf;
17.    key = ftok("/", 0);                        //获取关键字
18.    if (key == -1)
19.    {
20.       perror("ftok error");
21.       return -1;
22.    }
23.    printf("key=%d\n", key);
24.    shm_id = shmget(key, 0, 0);               //创建共享内存
25.    if (shm_id == -1)
26.    {
27.       perror("shmget error");
28.       return -1;
29.    }
30.    printf("shm_id=%d\n", shm_id);
31.    smap = (Stu*)shmat(shm_id, NULL, 0);       //将进程与共享内存绑定
32.    for (i = 0; i< 3; i++)                     //读数据
33.    {
34.       printf("name:%s\n", (*(smap + i)).name);
35.       printf("age : %d\n", (*(smap + i)).age);
36.    }
37.    if (shmdt(smap) == -1)                     //解除绑定
38.    {
39.       perror("detach error");
40.       return -1;
41.    }
```

```
42.    shmctl(shm_id, IPC_RMID, &buf);          //删除共享内存
43.    return 0;
44. }
```

分别编译程序并执行 shm_w.c 和 shm_r.c，运行结果如下：

```
1.  root@ubuntu:/home/linux/chapter7/Example7.6.4-2# gccshm_w.c -o shm_w
2.  root@ubuntu:/home/linux/chapter7/Example7.6.4-2# gccshm_r.c -o shm_r
3.  root@ubuntu:/home/linux/chapter7/Example7.6.4-2# ./shm_w
4.  key=65538
5.  shm_id=1769480
6.  root@ubuntu:/home/linux/chapter7/Example7.6.4-2# ./shm_r
7.  key=65538
8.  shm_id=1769480
9.  name:Jhon1
10. age : 20
11. name:Jhon2
12. age : 21
13. name:Jhon3
14. age : 22
```

之后再次执行 shm_r，运行结果如下：

```
1. root@ubuntu:/home/linux/chapter7/Example7.6.4-2# ./shm_r
2. key=65538
3. shmget error: No such file or directory
```

程序分析：在中端运行可执行程序，先执行 shm_w 创建共享内存，并向共享内存中写入数据；之后执行 shm_r 从共享内存中读取数据，数据读取完毕后将共享内存删除。

7.7 习题

1. 什么是管道？什么是命名管道？它们之间的区别是什么？
2. 消息队列的作用是什么？
3. 信号和信号量的区别是什么？
4. 简述使用消息队列实现进程间通信的步骤。
5. 编写程序，在父进程中创建一无名管道，并创建子进程来读取该管道，父进程来写该管道。
6. 编写程序，启动一个进程，创建一有名管道，并向其写入一些数据，启动另外一个进程，把刚才写入的数据读出。
7. 在进程中为 SIGBUS 注册处理函数，并向该进程发送 SIGBUS 信号。
8. 编写程序，启动一个进程，创建一共享内存，并向其写入一些数据，启动另外一个进程，把刚才写入的数据从共享内存中读出。
9. 编写程序，在进程中创建一个子进程，并通过信号实现父子进程交替计数功能。

第8章 多线程技术

CHAPTER 8

线程(thread)技术早在20世纪60年代就被提出,但真正将多线程应用到操作系统中,是在20世纪80年代中期,Solaris是这方面的佼佼者。传统的UNIX也支持线程的概念,但是在一个进程中只允许有一个线程,这样多线程就意味着多进程。现在,多线程技术已经被许多操作系统所支持,包括Windows、Linux。

8.1 Linux 多线程概念

1. 线程的概念

线程是计算机科学中的一个术语,是指运行中的程序的调度单位。一个线程指的是进程中一个单一顺序的控制流,也被称为轻量进程,它是系统独立调度和分派的基本单位。同一进程中的多个线程将共享该进程中的全部系统资源,例如文件描述符和信号处理等。一个进程可以有很多线程,每个线程并行执行不同的任务。

2. 线程的优点

使用多线程的理由之一:和进程相比,它是一种非常"节俭"的多任务操作方式。在Linux系统下,启动一个新的进程必须给它分配独立的地址空间,建立众多的数据表来维护它的代码段、堆栈段和数据段,这是一种"昂贵"的多任务工作方式。而运行于一个进程中的多个线程,它们彼此之间使用相同的地址空间,共享大部分数据,启动一个线程所花费的空间远远小于启动一个进程所花费的空间,并且,线程间彼此切换所需的时间也远远小于进程间切换所需要的时间。

使用多线程的理由之二:线程间通信机制方便。对不同的进程来说,它们具有独立的数据空间,要进行数据的传递只能通过通信的方式进行,这种方式不仅费时,而且很不方便。线程则不然,由于同一进程下的线程之间共享数据空间,所以一个线程的数据可以直接为其他线程所用,这不仅快捷,而且方便。

除了上述优点外,多线程程序作为一种多任务、并发的工作方式,还有以下的优点:

(1)提高应用程序响应。这对图形界面的程序尤其有意义,当一个操作耗时很长时,整个系统都会等待这个操作,此时程序不会响应键盘、鼠标、菜单的操作,而使用多线程技术,将耗时长的操作置于一个新的线程,可以避免这种尴尬的情况。

(2)使多CPU系统更加有效。操作系统会保证当线程数目不大于CPU数目时,不同的线程运行于不同的CPU上。

（3）改善程序结构。一个既长又复杂的进程可以考虑分为多个线程，成为几个独立或半独立的运行部分，这样的程序会利于理解和修改。

线程的生命周期包括以下内容：

（1）就绪：线程能够运行，但是在等待可用的处理器，可能刚启动，或者刚从阻塞中恢复，或者被其他线程抢占。

（2）运行：线程正在运行。在单处理器系统中，只能有一个线程处于运行状态，在多处理器系统中，可能有多个线程处于运行态。

（3）阻塞：线程由于等待“处理器”外的其他条件而无法运行，例如条件变量的改变、加锁互斥量或者等待 I/O 操作结束。

（4）终止：线程从线程函数中返回，或者调用 pthread_exit，或者被取消，或随进程的终止而终止。线程终止后会完成所有的清理工作。

8.2 Linux 线程实现

Linux 系统下的多线程遵循 POSIX 线程接口，称为 pthread。编写 Linux 下的多线程程序，需要使用头文件 pthread.h，连接时需要使用库 libpthread.a。Linux 下 pthread 是通过系统调用 clone()来实现的。clone()是 Linux 所特有的系统调用，它的使用方式类似于 fork。

微课视频

8.2.1 线程创建

相关函数：

```
pthread_create,pthread_join,pthread_fcntl
```

表头文件：

```
#include<pthread.h>
```

定义函数：

```
int pthread_create(pthread_t *thread, const pthread_attr_t *attr, void *(*start_routine) (void *), void *arg);
```

函数说明：参数 thread 表示待创建线程的线程 id 指针；参数 attr 用于设置待创建线程的属性；参数 start_routine 是一个函数指针，该函数为待创建线程的执行函数，线程创建成功后将会执行该函数中的代码；参数 arg 为要传给线程执行函数的参数。

在线程调用 pthread_create()函数创建出新线程之后，当前线程会从 pthread_create()函数返回并继续向下执行，新线程会执行函数指针 start_routine 所指的函数。

返回值：如果线程创建成功，则返回 0，如果发生错误，则返回错误码。

因为 pthread 的库不是 Linux 系统的库，所以在进行编译时要加上-lpthread，如：

```
# gcc filename -lpthread
```

示例 8.2.1-1 使用 pthread_create()函数创建线程，并使原线程与新线程分别打印自己的线程 id。

```
1.  #include <stdio.h>
```

```
2.  #include <stdlib.h>
3.  #include <pthread.h>
4.  #include <unistd.h>
5.  #include<string.h>
6.  void *tfn(void *arg)
7.  {
8.     printf("tfn--pid=%d,tid=%lu\n", getpid(), pthread_self());
9.     return (void*)0;
10. }
11. int main()
12. {
13.    pthread_ttid;
14.    printf("main--pid=%d,tid=%lu\n", getpid(), pthread_self());
15.    int ret = pthread_create(&tid, NULL, tfn, NULL);
16.    if (ret != 0){
17.         fprintf(stderr, "pthread_create error:%s\n", strerror(ret));
18.         exit(1);
19.    }
20.    sleep(1);
21.    return 0;
22. }
```

编译该段程序，运行代码，结果如下：

```
[root@ubuntu:/home/linux/chapter8# gcc Example8.2.1-1.c -o Example8.2.1-1
-lpthread
1. root@ubuntu:/home/linux/chapter8# ./Example8.2.1-1
2. main--pid=8519,tid=140659556202304
3. tfn--pid=8519,tid=140659547682560
```

程序分析：

第14行 线程id值不能简单地使用printf()函数打印，而应使用pthread_self()函数获取。

第15行 调用pthread_create()函数获取新线程id值。

示例8.2.1-2 交替创建线程1与线程2。

```
1. #include <stdio.h>
2. #include <pthread.h>
3. #include <unistd.h>
4. void *myThread1(void)
5. {
6.    int i;
7.    for (i=0;i<100;i++)
8.    {
9.        printf("This is the 1st pthread, created by zieckey.\n");
10.       sleep(1); //线程休眠1s后继续运行
11.   }
12. }
13. void *myThread2(void)
```

```
14. {
15.     int i;
16.     for (i=0;i<100;i++)
17.     {
18.         printf("This is the 2st pthread, created by zieckey.\n");
19.         sleep(1);
20.     }
21. }
22. int main()
23. {
24.     int i=0,ret=0;
25.     pthread_t id1,id2;
26.     ret = pthread_create(&id1,NULL,(void*)myThread1,NULL);//创建线程1
27.     if (ret)
28.     {
29.        printf("Create pthread error!\n");
30.        return 1;
31.     }
32.     ret = pthread_create(&id2,NULL,(void*)myThread2,NULL); //创建线程2
33.     if (ret)
34.     {
35.        printf("Create pthread error!\n");
36.        return 1;
37.     }
38.     pthread_join(id1, NULL);  //挂起线程1
39.     pthread_join(id2, NULL);  //挂起线程2
40.     return 0;
41. }
```

编译该段程序，运行代码，结果如下：

```
1. root@ubuntu:/home/linux/chapter8# gcc Example8.2.1-2.c -o Example8.2.1-2
   -lpthread
2. root@ubuntu:/home/linux/chapter8# ./Example8.2.1-2
3. This is the 1st pthread, created by zieckey.
4. This is the 2st pthread, created by zieckey.
5. This is the 2st pthread, created by zieckey.
6. This is the 1st pthread, created by zieckey.
7. This is the 2st pthread, created by zieckey.
8. This is the 1st pthread, created by zieckey.
9. This is the 2st pthread, created by zieckey
10. …
```

8.2.2 线程退出

表头文件：

```
#include <pthread.h>
```

定义函数：

```
void pthread_exit(void * rval_ptr)
```

函数说明： 用于终止调用线程。rval_ptr 是线程结束时的返回值，可由其他函数如 pthread_join()来获取。

如果进程中任何一个线程调用 exit 或_exit，那么整个进程都会终止。线程的正常退出方式由线程从启动例程中返回、线程可以被另一个进程终止以及线程自己调用 pthread_exit 函数。

示例 8.2.2-1　通过一个进程创建 4 个新线程，分别使用 pthread_exit()、return、exit()函数退出线程，观察其他线程执行状况。

```
1. #include <pthread.h>
2. #include <stdio.h>
3. #include <unistd.h>
4. #include <stdlib.h>
5. void *tfn(void *arg)
6. {
7.     long int i;
8.     i = (long int)arg;              //强转
9.     if (i == 2)
10.         pthread_exit(NULL);
11.     sleep(i);                      //通过 i 来区别每个线程
12.     printf("I'm %ldth thread, Thread_ID = %lu\n", i + 1, pthread_self());
13.     return NULL;
14. }
15. int main(int argc, char *argv[])
16. {
17.     long int n = 5, i;
18.     pthread_ttid;
19.     if (argc == 2)
20.         n = atoi(argv[1]);
21.     for (i = 0; i< n; i++) {
22.         //将 i 转换为指针，在 tfn 中再强转回整形
23.         pthread_create(&tid, NULL, tfn, (void *)i);
24.     }
25.     sleep(n);
26.     printf("I am main, I'm a thread!\n"
27.         "main_thread_ID = %lu\n", pthread_self());
28.     return 0;
29. }
```

编译该段程序，运行代码，结果如下：

```
1. root@ubuntu:/home/linux/chapter8# gcc Example8.2.2-1.c -o Example8.2.2-1
   -lpthread
2. root@ubuntu:/home/linux/chapter8# ./Example8.2.2-1
3. I'm 1th thread, Thread_ID = 140116169053952
```

```
4. I'm 2th thread, Thread_ID = 140116160661248
5. I'm 4th thread, Thread_ID = 140116143875840
6. I'm 5th thread, Thread_ID = 140116135483136
7. I am main, I'm a thread!
8. main_thread_ID = 140116177573696
```

程序分析:

第 10 行 调用 pthread_exit()函数，使线程退出。若将第 10 行代码改为 return;，重新编译、运行，输出结果仍为以上信息，原因是 return 用于退出函数，使函数返回至调用处。若将其改为 exit（0），经多次编译程序，终端无输出信息，原因为多个线程在系统中是并行执行的，在第 1、2 个线程尚未结束时，第 3 个线程就已经在 CPU 上运行。另外，第 3 个线程在运行到第 10 行代码时，使整个进程退出，因此该进程中的所有线程都无法再执行。

示例 8.2.2-2 利用 pthread_exit 函数实现线程退出。

```
1.  #include <stdio.h>
2.  #include <pthread.h>
3.  #include <unistd.h>
4.  void *create(void *arg)
5.  {
6.  printf("new thread is created ... \n");
7.  pthread_exit ((void *)8);
8.  }
9.  int main(int argc,char *argv[])
10. {
11. pthread_ttid;
12. int error;
13. void *temp;
14. error = pthread_create(&tid,NULL,create, NULL);
15. printf("main thread!\n");
16. if( error )
17. {
18. printf("thread is not created ... \n");
19. return -1;
20. }
21. error = pthread_join(tid,&temp);
22. if( error )
23. {
24. printf("thread is not exit ... \n");
25. return -2;
26. }
27. printf("thread is exit code %d \n", (int)temp);
28. return 0;
29. }
```

编译该段程序，运行代码，结果如下：

```
1. root@ubuntu:/home/linux/chapter8# gcc Example8.2.2-2.c -o Example8.2.2-2
   -lpthread
```

```
2. root@ubuntu:/home/linux/chapter8# ./Example8.2.2-2
3. main thread!
4. new thread is created ...
5. thread is exit code 8
```

8.2.3 线程等待

在调用 pthread_create 后，就会运行相关的线程函数了。pthread_join 是一个线程阻塞函数，如果调用后，则一直等待指定的线程结束才返回函数，被等待线程的资源就会收回。

表头文件：

```
#include <pthread.h>
```

定义函数：

```
int pthread_join(pthread_t tid,void **rval_ptr)
```

函数说明：阻塞调用线程，直到指定的线程终止。tid 是等待退出的线程 id；rval_ptr 是用户定义的指针，用来存储被等待线程结束时的返回值（不为 NULL 时）。

示例 8.2.3-1 随进程的终止而终止。

```
1. #include <pthread.h>
2. #include <stdio.h>
3. #include <pthread.h>
4. #include <unistd.h>
5. void *run(void *buf){
6.       int i=0;
7.       while(i<10){
8.     printf("----------pthread id =%ld,i=%d\n", pthread_self(),i);
9.         usleep(1000000);
10.        i++;
11.       }
12.     }
13.
14.     int main(int argc,char **argv){
15.       pthread_ttid;
16.       pthread_create(&tid,NULL,run,NULL);  //创建线程
17.       sleep(1);
18.     }
```

编译该段程序，运行代码，结果如下：

```
1. root@ubuntu:/home/linux/chapter8# gcc Example8.2.3-1.c -o Example8.2.3-1
   -lpthread
2. root@ubuntu:/home/linux/chapter8# ./Example8.2.3-1
3. ----------pthread id =140380341823232,i=0
```

示例 8.2.3-2 从线程函数中返回而终止。

```
1. #include <pthread.h>
```

```
2. #include <stdio.h>
3. #include <pthread.h>
4. #include <unistd.h>
5. void *run(void *buf){
6.       int i=0;
7.       while(i<10){
8.          printf("----------pthread id =%ld,i=%d\n", pthread_self(),i);
9.          usleep(1000000);
10.         if (i==5) return NULL;  //return 的作用是结束函数
11.         i++;
12.      }
13.    }
14.
15.    int main(int argc,char **argv){
16.         pthread_ttid;
17.         pthread_create(&tid,NULL,run,NULL);  //创建线程
18.         pthread_join(tid,NULL);
19.    }
```

编译该段程序，运行代码，结果如下：

```
1. root@ubuntu:/home/linux/chapter8# gcc Example8.2.3-2.c -o Example8.2.3-2
   -lpthread
2. root@ubuntu:/home/linux/chapter8# ./Example8.2.3-2
3. ----------pthread id =140200328300288,i=0
4. ----------pthread id =140200328300288,i=1
5. ----------pthread id =140200328300288,i=2
6. ----------pthread id =140200328300288,i=3
7. ----------pthread id =140200328300288,i=4
8. ----------pthread id =140200328300288,i=5
```

示例 8.2.3-3 用 pthread_join 实现线程等待。

```
1. #include <pthread.h>
2. #include <unistd.h>
3. #include <stdio.h>
4. void *thread(void *str)
5. {
6.     int i;
7.     for (i = 0; i<4; ++i)
8.     {
9.         sleep(2);
10.        printf("This in the thread : %d\n",i);
11.    }
12.    return NULL;
13. }
14. int main()
15. {
16.     pthread_t pth;
```

```
17.     int i;
18.     int ret = pthread_create(&pth, NULL, thread,(void *)(i));
19.     pthread_join(pth,NULL); //挂起
20.     printf("123\n");
21.     for (i = 0; i< 3; ++i)
22.     {
23.         sleep(1);
24.         printf( "This in the main : %d\n" ,i );
25.     }
26.      return 0;
27. }
```

从以上程序中可以看出，pthread_join等到线程结束后，程序才继续执行。运行结果如下：

```
1. root@ubuntu:/home/linux/chapter8# gcc Example8.2.3-3.c -o Example8.2.3-3
   -lpthread
2. root@ubuntu:/home/linux/chapter8# ./Example8.2.3-3
3. This in the thread : 0
4. This in the thread : 1
5. This in the thread : 2
6. This in the thread : 3
7. 123
8. This in the main : 0
9. This in the main : 1
10. This in the main : 2
```

8.2.4 线程标识获取

表头文件：

```
#include <pthread.h>
```

定义函数：

```
pthread_t pthread_self(void)
```

函数说明：获取调用线程的标识。

示例 8.2.4-1 获取一段线程的标识。

```
1.  #include <stdio.h>
2.  #include <pthread.h>
3.  #include <unistd.h> /*getpid()*/
4.  void *create(void *arg)
5.  {
6.  printf("New thread .... \n");
7.  printf("This thread's id is %u \n",(unsigned int)pthread_self());
8.  printf("The process pid is %d\n",getpid());
9.      return (void *)0;
10. }
11. int main(int argc,char *argv[])
```

```
12. {
13.     pthread_ttid;
14.     int error;
15.     printf("Main thread is starting ... \n");
16.     error = pthread_create(&tid, NULL,create,NULL);
17.     if(error)
18.     {
19.         printf("thread is not created ... \n");
20.         return -1;
21.    }
22.     printf("The main process's pid is %d \n",getpid());
23.     sleep(1);
24.    return 0;
25. }
```

获取线程，运行结果如下：

```
1. root@ubuntu:/home/linux/chapter8# gcc Example8.2.4-1.c -o Example8.2.4-1
   -lpthread
2. root@ubuntu:/home/linux/chapter8# ./Example8.2.4-1
3. Main thread is starting ...
4. The main process's pid is 9173
5. New thread ...
6. This thread's id is 2901370624
7. The process pid is 9173
```

8.2.5 线程清除

线程终止有两种情况：正常终止和异常终止。线程主动调用 pthread_exit 或者从线程函数中调用 return 都将使线程正常退出，这是可预见的退出方式；异常终止是线程在其他线程的干预下，或者由于自身运行出错（比如访问非法地址）而退出，这种退出方式是不可预见的。

不论是可预见的线程终止还是异常终止，都会存在资源释放的问题，如何保证线程终止时能顺利地释放自己所占用的资源，是一个必须考虑和解决的问题。

在 POSIX 线程 API 中提供了一个 pthread_cleanup_push()/pthread_cleanup_pop()函数对用于自动释放资源。从 pthread_cleanup_push 的调用点到 pthread_cleanup_pop 的程序段中的终止动作（包括调用 pthread_exit()和异常终止，不包括 return）都将执行 pthread_cleanup_push()所指定的清理函数。

1. pthread_cleanup_push

表头文件：

```
#include <pthread.h>
```

定义函数：

```
void pthread_cleanup_push(void (*rtn)(void *),void *arg)
```

函数说明： 将清除函数压入清除栈。rtn 是清除函数；arg 是清除函数的参数。

2．pthread_cleanup_pop

表头文件：

```
#include <pthread.h>
```

定义函数：

```
void pthread_cleanup_pop(int execute)
```

函数说明： 将清除函数弹出清除栈。执行到 pthread_cleanup_pop()时，参数 execute 决定是否在弹出清理函数的同时执行该函数，execute 为非 0 时执行；execute 为 0 时不执行。

3．pthread_cancel

表头文件：

```
#include <pthread.h>
```

定义函数：

```
int pthread_cancel(pthread_t thread);
```

参数： thread 指定要退出的线程 ID。

函数说明： 如果取消线程，则该函数在其他线程中调用，用来强行杀死指定的线程。

示例 8.2.5-1　线程清除。

```
1.  #include <stdio.h>
2.  #include <pthread.h>
3.  #include <unistd.h>
4.  void *clean(void *arg)
5.  {
6.      printf("cleanup :%s  \n",(char *)arg);
7.      return (void *)0;
8.  }
9.  void *thr_fn1(void *arg)
10. {
11.     printf("thread 1 start  \n");
12.     pthread_cleanup_push( (void*)clean,"thread 1 first handler");
13.     pthread_cleanup_push( (void*)clean,"thread 1 second hadler");
14.     printf("thread 1 push complete  \n");
15.     if(arg)
16.     {
17.         return((void *)1);
18.     }
19.     pthread_cleanup_pop(0);
20.     pthread_cleanup_pop(0);
21.     return (void *)1;
22. }
23. void *thr_fn2(void *arg)
24. {
25.     printf("thread 2 start  \n");
```

```
26.     pthread_cleanup_push( (void*)clean,"thread 2 first handler");
27.     pthread_cleanup_push( (void*)clean,"thread 2 second handler");
28.     printf("thread 2 push complete  \n");
29.     if(arg)
30.     {
31.        pthread_exit((void *)2);
32.     }
33.     pthread_cleanup_pop(0);
34.     pthread_cleanup_pop(0);
35.     pthread_exit((void *)2);
36. }
37. int main(void)
38. {
39.     int err;
40.     pthread_t tid1,tid2;
41.     void *tret;
42.     err=pthread_create(&tid1,NULL,thr_fn1,(void *)1);
43.     if(err!=0)
44.     {
45.        printf("error … \n");
46.        return-1;
47.     }
48.     err=pthread_create(&tid2,NULL,thr_fn2,(void *)1);
49.     if(err!=0)
50.     {
51.        printf("error … \n");
52.        return-1;
53.     }
54.     err=pthread_join(tid1,&tret);
55.     if(err!=0)
56.     {
57.        printf("error … \n");
58.        return-1;
59.     }
60.     printf("thread 1 exit code %d  \n",(int)tret);
61.     err=pthread_join(tid2,&tret);
62.     if(err!=0)
63.     {
64.        printf("error … ");
65.        return-1;
66.     }
67.     printf("thread 2 exit code %d  \n",(int)tret);
68.     return 1;
69. }
```

编译该段程序，运行代码，结果如下：

```
1. root@ubuntu:/home/linux/chapter8# gcc Example8.2.5-1.c -o Example8.2.5-1
```

```
    -lpthread
2. root@ubuntu:/home/linux/chapter8# ./Example8.2.5-1
3. thread 1 start
4. thread 1 push complete
5. thread 1 exit code 1
6. thread 2 start
7. thread 2 push complete
8. cleanup :thread 2 second handler
9. cleanup :thread 2 first handler
10. thread 2 exit code 2
```

程序分析：两个线程都调用了，但是却只调用了第 2 个线程的清理处理程序，所以如果线程是通过从它的启动历程中返回而终止的话（代码第 17 行），那么它的清理处理程序就不会被调用。还要注意清理处理程序是按照与它们安装时相反的顺序被调用的（代码第 26 和第 27 行），从代码输出结果也可以看到先执行 thread 2 second handler 后执行 thread 2 first handler。

示例 8.2.5-2 线程清除。

```
1.  #include <stdio.h>
2.  #include <pthread.h>
3.  #include <unistd.h>
4.  void *run(void *buf){
5.           int i=0;
6.  while(1){
7.           printf("----------pthread id =%lu,i=%d\n",pthread_self(),i);
8.           usleep(1000000);
9.           i++;
10.        }
11.        return NULL;
12.      }
13.      int main(int argc,char **argv){
14.      pthread_ttid;
15.      pthread_create(&tid,NULL,run,NULL);  //创建线程
16.      sleep(5);
17.      pthread_cancel(tid);
18. pthread_join(tid,NULL);
19.      }
```

编译该段程序，运行代码，结果如下：

```
1. root@ubuntu:/home/linux/chapter8# gcc Example8.2.5-2.c -o Example8.2.5-2
   -lpthread
2. root@ubuntu:/home/linux/chapter8# ./Example8.2.5-2
3. ----------pthread id =140270171244288,i=0
4. ----------pthread id =140270171244288,i=1
5. ----------pthread id =140270171244288,i=2
6. ----------pthread id =140270171244288,i=3
7. ----------pthread id =140270171244288,i=4
```

8.3 线程函数传递及修改线程的属性

微课视频

8.3.1 线程函数传递

在示例 8.2.1-1 函数 pthread_create 中的 arg 参数会被传递到 tfn 函数中。其中，tfn 的形参为 void*类型，该类型为任意类型的指针。所以任意一种类型都可以通过地址将数据传递到线程函数中。

示例 8.3.1-1 传递字符串指针。

```
1.  #include <stdio.h>
2.  #include <pthread.h>
3.  #include <unistd.h>
4.  void *run(void *buf){
5.      char *str=(char*)buf;
6.      printf("---------pthread id=%lu,%s\n", pthread_self(),str);
7.      int i=0;
8.      while(1){
9.      printf("----------pthread id =%lu,i=%d\n", pthread_self(),i);
10.     usleep(1000000);
11.     i++;
12.   }
13. }
14.   int main(int argc,char **argv){
15.       pthread_ttid;
16.       char buf[256]="abcdefg";
17.       pthread_create(&tid,NULL,run,buf);
18.       void *val;   //val 是变量,指针变量就是整型变量
19.       pthread_join(tid,&val);
20.       printf("%d\n",val);
21.      }
```

编译该段程序，运行代码，结果如下：

```
1. root@ubuntu:/home/linux/chapter8# gcc Example8.3.1-1.c -o Example8.3.1-1
   -lpthread
2. root@ubuntu:/home/linux/chapter8# ./Example8.3.1-1
3. ---------pthread id=139876597315328,abcdefg
4. ----------pthread id =139876597315328,i=0
5. ----------pthread id =139876597315328,i=1
6. ----------pthread id =139876597315328,i=2
7. ----------pthread id =139876597315328,i=3
8. ----------pthread id =139876597315328,i=4
9. …
```

数组做实参时，传入的是数组的首地址，即传入多个相同类型数据的首地址，结构体做实参时，传入的是结构体的地址，即传入多个不同类型数据的结构地址。

示例 8.3.1-2 多线程中结构体做参数。

```
1.  #include <stdio.h>
2.  #include <pthread.h>
3.  #include <unistd.h>
4.  struct STU{   //结构体STU声明
5.       int runn;
6.       int num;
7.       char name[32];
8.  };
9.  void * run(void *buf){   //线程函数
10.     struct STU *p=buf;
11.     printf("id=%lu,num=%d,name=%s\n",pthread_self(),p->num,p->name);
12.     int i=0;
13.     while(i<p->runn){
14.     printf("------id=%lu,i=%d\n",pthread_self(),i++);
15.     usleep(1000000);
16.     }
17. }
18. int main(int argc,char **argv){
19.     struct STU st[]={
20.         {10,12,"aaaa"},
21.         {20,23,"bbbb"}
22.     };
23.     pthread_tpid[2];
24.     int i;
25.     for(i=0;i<2;i++){
26.           pthread_create(&pid[i],NULL,run,&st[i]);
27.     }
28.      printf("%lu,%lu\n",pid[0],pid[1]);
29.      pthread_join(pid[0],NULL);
30.      pthread_join(pid[1],NULL);
31.      return 0;
32. }
```

编译该段程序，运行代码，结果如下：

```
1. root@ubuntu:/home/linux/chapter8# gcc Example8.3.1-2.c -o Example8.3.1-2
   -lpthread
2. root@ubuntu:/home/linux/chapter8# ./Example8.3.1-2
3. 140542791919360,140542783526656
4. id=140542791919360,num=12,name=aaaa
5. ------id=140542791919360,i=0
6. id=140542783526656,num=23,name=bbbb
7. ------id=140542783526656,i=0
8. ------id=140542783526656,i=1
9. ------id=140542791919360,i=1
10. ------id=140542783526656,i=2
11. ------id=140542791919360,i=2
```

```
12. ------id=140542783526656,i=3
13. ------id=140542791919360,i=3
14. ------id=140542791919360,i=4
15. ------id=140542783526656,i=4
16. ------id=140542791919360,i=5
17. ------id=140542783526656,i=5
18. ------id=140542783526656,i=6
19. ------id=140542791919360,i=6
20. ------id=140542783526656,i=7
21. ------id=140542791919360,i=7
22. ------id=140542791919360,i=8
23. ------id=140542783526656,i=8
24. ------id=140542783526656,i=9
25. ------id=140542791919360,i=9
26. ------id=140542783526656,i=10
27. ------id=140542783526656,i=11
28. ------id=140542783526656,i=12
29. ------id=140542783526656,i=13
30. ------id=140542783526656,i=14
31. ------id=140542783526656,i=15
32. ------id=140542783526656,i=16
33. ------id=140542783526656,i=17
34. ------id=140542783526656,i=18
35. ------id=140542783526656,i=19
```

线程函数虽然是同一段代码，但不代表里面的变量是同一块内存，函数每调用一次，局部变量都会分配一次内存，各自互不干扰。

在 8.2 节的示例中，用 pthread_create 函数创建了一个线程，在这个线程中，使用了默认参数，即将该函数的第二个参数设为 NULL。对大多数程序来说，使用默认属性就够了，但还是有必要来了解一下线程的有关属性。

属性结构为 pthread_attr_t，它同样在头文件/usr/include/pthread.h 中定义。属性值不能直接设置，须使用相关函数进行操作，初始化函数为 pthread_attr_init，这个函数必须在 pthread_create 函数之前调用。属性对象主要包括是否绑定、是否分离、堆栈地址、堆栈大小、优先级。默认的属性为非绑定、非分离、默认 1MB 的堆栈、与父进程同样级别的优先级。

8.3.2 绑定属性

关于线程的绑定，涉及另一个概念：轻进程（Light Weight Process，LWP）。轻进程可以理解为内核线程，它位于用户层和系统层之间。系统对线程资源的分配和对线程的控制是通过轻进程来实现的，一个轻进程可以控制一个或多个线程。默认状况下，启动多少轻进程、哪些轻进程控制哪些线程是由系统来控制的，这种状况即称为非绑定的。绑定状况下，则顾名思义，即某个线程固定地“绑”在一个轻进程上。被绑定的线程具有较高的响应速度，这是因为 CPU 时间片的调度是面向轻进程的，绑定的线程可以保证在需要时它总有一个轻进程可用。通过设置被绑定的轻进程的优先级和调度级可以使得绑定的线程满足诸如实时反应之类的要求。

设置线程绑定状态的函数为 pthread_attr_setscope。

函数原型如下：

```
int pthread_attr_setscope(pthread_attr_t *tattr,int scope);
```

它有两个参数：第一个是指向属性结构的指针；第二个是绑定类型，常用结构如下：

```
#include <pthread.h>
pthread_attr_t tattr;
int ret;
/*绑定线程*/
ret = pthread_attr_setscope(&tattr, PTHREAD_SCOPE_SYSTEM);
/*非绑定线程*/
ret = pthread_attr_setscope(&tattr, PTHREAD_SCOPE_PROCESS);
```

绑定类型有如下两个取值：

（1）绑定：PTHREAD_SCOPE_SYSTEM。

（2）非绑定：PTHREAD_SCOPE_PROCESS。

如果 pthread_attr_setscope()成功完成后，则将返回零；其他任何返回值都表示出现了错误。

以下程序段使用了三个函数调用：用于初始化属性的调用、用于根据默认属性设置所有变体的调用，以及用于创建 pthreads 的调用。

```
#include <pthread.h>
pthread_attr_t attr;
pthread_t tid;
void start_routine;
void arg;
int ret;
/* 默认属性初始化 */
ret = pthread_attr_init (&tattr);
/* 边界设置 */
ret = pthread_attr_setscope(&tattr, PTHREAD_SCOPE_SYSTEM);
ret = pthread_create (&tid,&tattr, start_routine, arg);
```

8.3.3　分离属性

线程的分离状态决定一个线程以什么样的方式来终止自己。线程的默认属性为非分离状态，这种情况下，原有的线程等待创建的线程结束。只有当 pthread_join()函数返回时，创建的线程才算终止，才能释放自己占用的系统资源。分离线程没有被其他线程所等待，而是自己运行结束后，线程也就随之终止，并且马上释放系统资源。程序员应该根据自己的需要选择适当的分离状态。

设置线程分离状态的函数为 pthread_attr_setdetachstate。

函数原型如下：

```
int pthread_attr_setdetachstate(pthread_attr_t *tattr,int detachstate);
```

它有两个参数：第一个参数 tattr 是指向属性结构的指针；第二个参数 detachstate 是分离类型，常用结构如下：

```
#include <pthread.h>
pthread_attr_t tattr;
int ret;
/* 设置线程分离状态 */
ret=pthread_attr_setdetachstate(&tattr,PTHREAD_CREATE_DETACHED);
```

分离参数可选为：

（1）分离线程：PTHREAD_CREATE_DETACHED。

（2）非分离线程：PTHREAD_CREATE_JOINABLE。

如果函数成功完成，则将返回零，其他任何返回值都表示出现了错误。

如果使用 PTHREAD_CREATE_JOINABLE 创建非分离线程，则假设应用程序将等待线程完成。也就是说，程序将对线程执行 pthread_join()。无论是创建分离线程还是非分离线程，在所有线程都退出之前，进程不会退出。

说明：如果未执行显式同步来防止新创建的分离线程失败，则在线程创建者从 pthread_create()返回之前，可以将其线程 ID 重新分配给另一个新线程。

非分离线程在终止后，必须要有一个线程用 join 来等待它，否则不会释放该线程的资源以供新线程使用，而这通常会导致内存泄漏。因此如果不希望线程被等待，将该线程作为分离线程来创建。创建分离线程常用程序代码如下：

```
#include <pthread.h>
pthread_attr_t tattr;
pthread_t tid;
void *start_routine;
void arg
int ret;
/* 默认属性初始化 */
ret = pthread_attr_init (&tattr);
ret = pthread_attr_setdetachstate (&tattr,PTHREAD_CREATE_DETACHED);
ret = pthread_create (&tid,&tattr,start_routine,arg);
```

8.3.4 优先级属性

线程另一个可能常用的属性是线程的优先级，它存放在结构 sched_param 中。结构体中包含一个成员 sched-priority，该成员是一个整型变量，代表线程的优先级。用函数 pthread_attr_getschedparam 和函数 pthread_attr_setschedparam 进行存放，pthread_attr_getschedparam 将返回由 pthread_attr_setschedparam()定义的调度参数。

pthread_attr_setschedparam 函数原型如下：

```
int pthread_attr_setschedparam(pthread_attr_t *tattr,const struct sched_param
*param);
```

常用结构如下：

```
#include <pthread.h>
pthread_attr_t tattr;
int newprio;
sched_param param;
newprio = 30;
/*设置优先级,其他不变*/
param.sched_priority =newprio;
/* 设置新的调度参数 */
ret =pthread_attr_setschedparam (&tattr,&param);
```

调度参数是在 param 结构中定义的，仅支持优先级参数。新创建的线程使用此优先级运行。

pthread_attr_getschedparam 函数原型如下：

```
int pthread_attr_getschedparam(pthread_attr_t *tattr,const struct sched_param
*param);
```

常用结构如下：

```
#include <pthread.h>
pthread_attr_t attr;
struct sched_param param;
int ret;
/* 获取现有的调度参数*/
ret = pthread_attr_getschedparam (&tattr,&param);
```

可使用指定的优先级创建线程。创建线程之前，可以设置优先级属性。将使用在 sched_param 结构中指定的新优先级创建子线程。此结构还包含其他调度信息。创建子线程时建议执行以下操作：获取现有参数、更改优先级、创建子线程、恢复原始优先级。

根据这几步，创建具有优先级的线程代码如下：

示例 8.3.4-1　创建优先级为 50 的线程。

```
1.     #include <stdio.h>
2.     #include <stdlib.h>
3.     #include <string.h>
4.     #include <pthread.h>
5.     #include <unistd.h>
6.     void * run(void *buf){
7.         int i=0;
8.         while(1){
9.             printf("------id=%lu,i=%d\n",pthread_self(),i++);
10.            usleep(1000000);
11.        }
12.    }
13. int main(int argc,char **argv){
14.         pthread_t pid;
15.         pthread_attr_t attr;
16.         struct sched_param param;
17.         //----设置线程属性----
```

```
18.        pthread_attr_init(&attr); //初始化线程属性
19.        param.sched_priority=50;
20.        pthread_attr_setschedparam(&attr,&param); //设置优先级
21.        //----创建线程----
22.        pthread_create(&pid,&attr,run,NULL);
23.        //----销毁线程属性----
24.        //----等待线程结束----
25.        pthread_join(pid,NULL);
26.        return 0;
27.    }
```

编译该段程序，运行代码，结果如下：

```
1. root@ubuntu:/home/linux/chapter8# gcc Example8.3.4-1.c -o Example8.3.4-1
   -lpthread
2. root@ubuntu:/home/linux/chapter8# ./Example8.3.4-1
3. ------id=140134659016448,i=0
4. ------id=140134659016448,i=1
5. ------id=140134659016448,i=2
6. ------id=140134659016448,i=3
7. ------id=140134659016448,i=4
8. ------id=140134659016448,i=5
9. ------id=140134659016448,i=6
10. ------id=140134659016448,i=7
11. ------id=140134659016448,i=8
12. …
```

8.3.5 线程栈属性

线程中有属于该线程的栈，用于存储线程的私有数据，用户可以通过 Linux 系统中的系统调用，对这个栈的地址、栈的大小以及栈末尾警戒区的大小等进行设置，其中栈末尾警戒区用于防止栈溢出时栈中数据覆盖附近内存空间中存储的数据。

一般情况下使用默认设置即可，但是当对效率要求较高，或线程调用的函数中局部变量较多、函数调用层次较深时，可以从实际情况出发，修改栈的容量。

Linux 系统中用于修改和获取线程栈空间大小的函数为 pthread_attr_setstacksize()和pthread_attr_getstacksize()，这两个函数的声明分别如下：

```
int pthread_attr_setstacksize(pthread_attr_t *attr, size_t stacksize);
int pthread_attr_getstacksize(pthread_attr_t *attr, size_t *stacksize);
```

参数 attr 代表线程属性；stacksize 代表栈空间大小。若函数调用成功，则返回 0；否则，返回 errno。

Linux 中也提供了用于设置和获取栈地址、栈末尾警戒区大小的函数，它们的函数声明分别如下：

```
int pthread_attr_setstackaddr(pthread_attr_t *attr, void *stackaddr);
int pthread_attr_getstackaddr(pthread_attr_t *attr, void **stackaddr);
int pthread_attr_setguardsize(pthread_attr_t *attr, size_t guardsize);
```

```
int pthread_attr_getguardsize(pthread_attr_t *attr, size_t *guardsize);
```

当改变栈地址属性时，栈末尾警戒区大小通常会被清零。若函数调用成功，则返回 0；否则，返回 errno。

此外，Linux 系统中还提供了 pthread_attr_setstach()函数和 pthread_attr_getstack()函数，这两个函数可以在一次调用中设置或获取线程属性中的栈地址与栈容量，它们的函数声明分别如下：

```
int pthread_attr_setstack(pthread_attr_t *attr,void *stackaddr, size_t stacksize);
int pthread_attr_getstack(pthread_attr_t *attr,void **stackaddr, size_t *stacksize);
```

其中的参数 attr、stackaddr、stacksize 分别代表线程属性、栈空间地址、栈空间容量。若函数调用成功，则返回 0；否则，返回 errno。

示例 8.3.5-1　在程序中通过设置线程属性的方式设置线程分离状态和线程内部栈空间容量、栈地址，使程序不断创建线程，耗尽内存空间，并打印线程编号。

```
1. #include <stdio.h>
2. #include <pthread.h>
3. #include <string.h>
4. #include <stdlib.h>
5. #include <unistd.h>
6. #define SIZE 0x90000000
7. void *th_fun(void *arg)
8. {
9.    while (1)
10.        sleep(1);
11. }
12. int main()
13. {
14.    pthread_t tid;                 //线程 id
15.    int err, detachstate;
16.    int i = 1;
17.    pthread_attr_t attr;           //线程属性
18.    size_t stacksize;              //栈容量
19.    void *stackaddr;               //栈地址
20.    pthread_attr_init(&attr);      //初始化线程属性结构体
21.    //获取线程栈地址、栈容量
22.    pthread_attr_getstack(&attr, &stackaddr, &stacksize);
23.    //获取线程分离状态
24.    pthread_attr_getdetachstate(&attr, &detachstate);
25.    //判断线程分离状态
26.    if (detachstate == PTHREAD_CREATE_DETACHED)
27.       printf("thread detached\n");
28.    else if (detachstate == PTHREAD_CREATE_JOINABLE)
29.       printf("thread join\n");
30.    else
```

```
31.         printf("thread un known\n");
32.     //设置线程分离状态，使线程分离
33.     pthread_attr_setdetachstate(&attr, PTHREAD_CREATE_DETACHED);
34.     while (1) {
35.         //在堆上申请内存,指定线程栈的起始地址和大小
36.         stackaddr = malloc(SIZE);
37.         if (stackaddr == NULL) {
38.             perror("malloc");
39.             exit(1);
40.         }
41.         stacksize = SIZE;
42.         //设置线程栈地址和栈容量
43.         pthread_attr_setstack(&attr, stackaddr, stacksize);
44.         //使用自定义属性创建线程
45.         err = pthread_create(&tid, &attr, th_fun, NULL);
46.         if (err != 0) {
47.             printf("%s\n", strerror(err));
48.             exit(1);
49.         }
50.         i++;
51.         printf("%d\n", i);              //打印线程编号
52.     }
53.     pthread_attr_destroy(&attr);        //销毁 attr 资源
54.     return 0;
55. }
```

编译程序，运行结果如下：

```
1. root@ubuntu:/home/linux/chapter8# gcc Example8.3.5-1.c -o Example8.3.5-1
   -lpthread
2. root@ubuntu:/home/linux/chapter8# ./Example8.3.5-1
3. …
4. 9952
5. 9953
6. 9954
7. 9955
8. Resource temporarily unavailable
```

程序分析：

第 6 行 使用宏定义了栈空间大小。

第 14~19 行 定义了程序中需要用到的变量。

第 20 行 将线程属性变量 attr 初始化为系统默认值。

第 22 行 通过传参的方式使用 pthread_attr_getstack()函数初始化变量 stacksize 和 stackaddr。

第 24 行 使用 pthread_attr_getdetachstate()函数获取线程分离状态。

第 26~31 行 对线程属性中的分离状态进行判断。

第 33 行 将 attr 属性中的成员 detachstate 设置为分离状态。

第 34~52 行 在循环中使用自定义的线程属性创建线程，设置线程栈空间地址，不断消耗系统内存打印空间并打印线程编号。

第 53 行 销毁线程中的 attr 资源。

8.3.6 线程的互斥

线程间的互斥是为了避免对共享资源或临界资源的同时使用，从而产生不可预料的后果。临界资源一次只能被一个线程使用。线程互斥关系是由于对共享资源的竞争而产生的间接制约。

1．互斥锁

假设各个线程向同一个文件顺序写入数据，最后得到的结果一定是灾难性的。互斥锁用来保证一段时间内只有一个线程在执行一段代码，实现了对一个共享资源的访问进行排队等候。互斥锁是通过互斥锁变量来对共享资源排队访问。

2．互斥量

互斥量是 pthread_mutex_t 类型的变量。互斥量有两种状态：lock（加锁）和 unlock（解锁）。当对一个互斥量加锁后，其他任何试图访问互斥量的线程都会被阻塞，直到当前线程释放互斥量上的锁。如果释放互斥量上的锁后，有多个阻塞线程，这些线程只能按一定的顺序得到互斥量的访问权限，完成对共享资源的访问后，要对互斥量进行解锁，否则其他线程将一直处于阻塞状态。

3．操作函数

使用互斥锁实现线程同步时主要包括 4 个步骤：互斥锁的初始化、加锁、解锁、销毁。Linux 系统中提供了一组与互斥锁相关的系统调用，分别为 pthread_mutex_init()、pthread_mutex_lock()、pthread_mutex_unlock()、pthread_mutex_destroy ()。

（1）互斥锁的初始化。

```
    int pthread_mutex_init(pthread_mutex_t *restrict mutex, const
pthread_mutexattr_t *restrict attr);
```

参数：mutex 为互斥量，由 pthread_mutex_init 调用后填写默认值；attr 为属性，通常默认 NULL。

（2）加锁。

```
    int pthread_mutex_lock(pthread_mutex_t *mutex);
```

参数：mutex 为待锁定的互斥量。

（3）解锁。

```
    int pthread_mutex_unlock(pthread_mutex_t *mutex);
```

参数：mutex 为待解锁的互斥量。若函数调用成功，则返回 0；否则，返回 errno，其中常见的 errno 有两个：分别为 EBUSY 和 EAGAIN，它们代表的含义如下：

① EBUSY：参数 mutex 指向的互斥锁已锁定。

② EAGAIN：超过互斥锁递归锁定的最大次数。

原则上，互斥锁已上锁，则能再上锁，上了锁必须解锁，否则称为死锁。

（4）判断是否上锁。

```
int pthread_mutex_trylock(pthread_mutex_t *mutex);
```

参数：mutex 表示待锁定的互斥量。

返回值：0 代表已上锁，非 0 表示未上锁。

（5）销毁。

```
int pthread_mutex_destroy(pthread_mutex_t *mutex);
```

参数：mutex 表示待销毁的互斥量。

示例 8.3.6-1　在两个线程函数中使用互斥锁。

```
1. #include <stdio.h>
2. #include <pthread.h>
3. #include <unistd.h>
4.    char str[1024];
5.    pthread_mutex_t mutex;                  //定义互斥锁
6.    void *run1(void *buf){
7.        while(1){
8.          pthread_mutex_lock(&mutex);   //加锁
9.          sprintf(str,"run-----------1");
10.         printf("%s\n",str);
11.         sleep(5);
12.         pthread_mutex_unlock(&mutex); //解锁
13.         usleep(1);
14.       }
15.    }
16.    void *run2(void *buf){
17.         while(1){
18.         pthread_mutex_lock(&mutex);    //加锁
19.         sprintf(str,"run-----------2");
20.         printf("%s\n",str);
21.         sleep(2);
22.         pthread_mutex_unlock(&mutex);  //解锁
23.         usleep(1);
24.       }
25.    }
26.    int main(int argc,char **argv){
27.      pthread_mutex_init(&mutex,NULL);  //初始化 mutex
28.      pthread_t tid1,tid2;
29.      pthread_create(&tid1,NULL,run1,NULL);
30.      pthread_create(&tid2,NULL,run2,NULL);
31.      pthread_join(tid1,NULL);
32.      pthread_join(tid2,NULL);
33.      pthread_mutex_destroy(&mutex);    //销毁锁
34. }
```

编译该段程序，运行代码，结果如下：

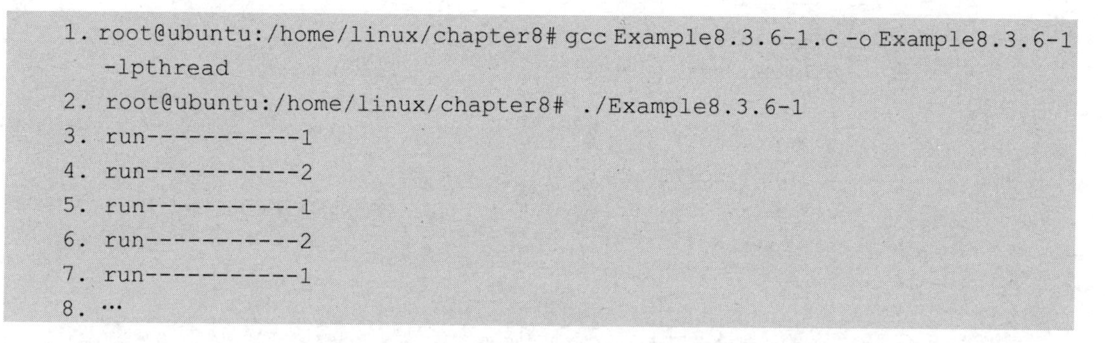

```
1. root@ubuntu:/home/linux/chapter8# gcc Example8.3.6-1.c -o Example8.3.6-1
   -lpthread
2. root@ubuntu:/home/linux/chapter8# ./Example8.3.6-1
3. run-----------1
4. run-----------2
5. run-----------1
6. run-----------2
7. run-----------1
8. …
```

示例 8.3.6-2　在原线程和新线程中分别进行打印操作，使原线程分别打印 HELLO、WORLD，新线程分别打印 hello、world。

```
1. #include <stdio.h>
2. #include <string.h>
3. #include <pthread.h>
4. #include <stdlib.h>
5. #include <unistd.h>
6. pthread_mutex_t m;                              //定义互斥锁
7. void err_thread(int ret, char *str)
8. {
9.      if (ret != 0) {
10.           fprintf(stderr, "%s:%s\n", str, strerror(ret));
11.           pthread_exit(NULL);
12.     }
13. }
14. void *tfn(void *arg)
15. {
16.     srand(time(NULL));
17.     while (1) {
18.         pthread_mutex_lock(&m);                 //加锁：m--
19.         printf("hello ");
20.         //模拟长时间操作共享资源，导致 cpu 易主，产生与时间有关的错误
21.         sleep(rand() % 3);
22.         printf("world\n");
23.         pthread_mutex_unlock(&m);               //解锁：m++
24.         sleep(rand() % 3);
25.     }
26.     return NULL;
27. }
28. int main(void)
29. {
30.     pthread_ttid;
31.     srand(time(NULL));
32.     int flag = 5;
33.     pthread_mutex_init(&m, NULL);           //初始化 mutex：m=1
34.     int ret = pthread_create(&tid, NULL, tfn, NULL);
35.     err_thread(ret, "pthread_create error");
```

```
36.     while (flag--) {
37.          pthread_mutex_lock(&m);          //加锁：m--
38.          printf("HELLO ");
39.          sleep(rand() % 3);
40.          printf("WORLD\n");
41.          pthread_mutex_unlock(&m);        //解锁：m--
42.          sleep(rand() % 3);
43.     }
44.     pthread_cancel(tid);
45.     pthread_join(tid, NULL);
46.     pthread_mutex_destroy(&m);
47.     return 0;
48. }
```

编译程序，运行如下：

```
1. root@ubuntu:/home/linux/chapter8# gcc Example8.3.6-2.c -o Example8.3.6-2
   -lpthread
2. root@ubuntu:/home/linux/chapter8# ./Example8.3.6-2
3. HELLO WORLD
4. hello world
5. HELLO WORLD
6. HELLO WORLD
7. hello world
8. HELLO WORLD
9. hello world
10. HELLO WORLD
11. hello world
```

程序分析：

在本示例中，终端即为共享资源，原线程与新线程在临界区代码中都需要向终端打印数据。为了使两个线程输出的字符串能够匹配，因此在获取互斥锁的线程完成两个打印操作前，其他线程无法获取终端。通过运行结果可知，原线程与新线程中的字符串成对输出，线程加锁成功。

8.3.7 线程的同步

1. 条件变量

条件变量就是一个变量，用于线程等待某件事情的发生，当等待事件发生时，被等待的线程和事件一起继续执行。等待的线程处于休眠状态，直到另一个线程给它唤醒，才开始活动，条件变量用于唤醒线程。

使用条件变量控制线程同步时，线程访问共享资源的前提是程序中设置的条件变量得到满足。条件变量不会对共享资源加锁，但会使线程阻塞，若线程不满足条件变量规定的条件，则就会进入阻塞状态直到条件满足。

互斥锁一个明显的缺点是它只有两种状态：锁定和非锁定。而条件变量通过允许线程阻塞和等待另一个线程发送信号的方法弥补了互斥锁的不足，它常和互斥锁一起使用。

条件变量的使用分为以下 4 个步骤：

（1）初始化条件变量。

（2）等待条件变量满足。

（3）唤醒阻塞线程。

（4）条件变量销毁。

2. 操作函数

条件变量使用 pthread_cond_t 数据类型来表示，在使用之前必须对其进行初始化。

（1）条件变量初始化函数。

```
int pthread_cond_init(pthread_cond_t *restrict cond, const pthread_condattr_t *restrict attr);
```

参数：cond 是条件变量指针，通过该函数实现条件变量赋初值；attr 代表条件变量的属性，通常默认为 NULL，表示使用默认属性初始化条件变量，其默认值为 PTHREAD_PROCESS_PRIVATE，表示当前进程中的线程共用此条件变量；也可将 attr 设置为 PTHREAD_PROCESS_SHARED，表示多个进程间的线程共用条件变量。

（2）线程同步等待函数（睡眠函数）。

```
int pthread_cond_wait(pthread_cond_t *restrict cond, pthread_mutex_t *restrict mutex);
```

参数：cond 为条件变量；mutex 为互斥锁。

说明：哪个线程执行 pthread_cond_wait，哪个线程就开始睡眠，在睡眠时同时先解开互斥锁，好让其他线程可以继续执行。

（3）发送条件信号（唤醒函数）。

```
int pthread_cond_signal(pthread_cond_t *cond);
```

参数：cond 为条件变量。

说明：在另一个线程中使用，当某线程符合某种条件时，用于唤醒其他线程，让其他线程同步运行。其他线程被唤醒后，马上开始加锁，如果此时锁处于锁定状态，则等待被解锁后向下执行代码。

（4）条件变量销毁。

```
int pthread_cond_destroy(pthread_cond_t *cond);
```

注意：只有当没有线程在等待参数 cond 指定的条件变量时，才可以销毁条件变量，否则该函数会返回 EBUSY。

示例 8.3.7-1 生产者-消费者模型是线程同步中的一个经典案例。假设有两个线程：这两个线程同时操作一个共享资源，其中一个模拟生产者行为，生产共享资源，当容器存满时，生产者无法向其中放入产品；另一个模拟消费者行为，消费共享资源，当产品数量为 0 时，消费者无法获取产品，应阻塞等待。显然，为防止数据混乱，每次只能由生产者、消费者中的一个，操作共享资源。本示例要求使用程序实现简单的生产者-消费者模型（可假设容器无限大）。

```
1.  #include <stdio.h>
```

```
2.  #include <stdlib.h>
3.  #include <unistd.h>
4.  #include <pthread.h>
5.  struct msg {
6.        struct msg *next;
7.        int num;
8.  };
9.  struct msg *head;
10. pthread_cond_thas_product = PTHREAD_COND_INITIALIZER; //初始化条件变量
11. pthread_mutex_t lock = PTHREAD_MUTEX_INITIALIZER;      //初始化互斥锁
12. //消费者
13. void *consumer(void *p)
14. {
15.      struct msg *mp;
16.      for (;;) {
17.          pthread_mutex_lock(&lock);                        //加锁
18.          //若头节点为空，表明产品数量为 0，消费者无法消费产品
19.          while (head == NULL) {
20.              pthread_cond_wait(&has_product, &lock);  //阻塞等待并解锁
21.          }
22.         mp = head;
23.         head = mp->next;                              //模拟消费一个产品
24.         pthread_mutex_unlock(&lock);
25.         printf("-Consume ---%d\n", mp->num);
26.         free(mp);
27.         sleep(rand() % 5);
28.     }
29. }
30. //生产者
31. void *producer(void *p)
32. {
33.     struct msg *mp;
34.     while (1) {
35.       mp = malloc(sizeof(struct msg));
36.       mp->num = rand() % 1000 + 1;          //模拟生产一个产品
37.       printf("-Produce ---%d\n", mp->num);
38.       pthread_mutex_lock(&lock);            //加锁
39.       mp->next = head;                      //插入节点（添加产品）
40.       head = mp;
41.       pthread_mutex_unlock(&lock);          //解锁
42.       pthread_cond_signal(&has_product); //唤醒等待在该条件变量上的一个线程
43.       sleep(rand() % 5);
44.    }
45. }
46. int main(int argc, char *argv[])
47. {
48.     pthread_t pid, cid;
```

```
49.     srand(time(NULL));
50.     //创建生产者、消费者线程
51.     pthread_create(&pid, NULL, producer, NULL);
52.     pthread_create(&cid, NULL, consumer, NULL);
53.     //回收线程
54.     pthread_join(pid, NULL);
55.     pthread_join(cid, NULL);
56.     return 0;
57. }
```

编译该段程序，运行代码，结果如下：

```
1. root@ubuntu:/home/linux/chapter8# gcc Example8.3.7-1.c -o Example8.3.7-1
   -lpthread
2. root@ubuntu:/home/linux/chapter8# ./Example8.3.7-1
3. -Produce ---740
4. -Consume ---740
5. -Produce ---291
6. -Consume ---291
7. -Produce ---293
8. -Consume ---293
9. -Produce ---580
10. -Consume ---580
```

程序分析：

第 5~8 行　定义链表节点，用于存储生产者线程创建的资源。

第 9 行　定义链表头节点，该链表是一个全局变量，因此是所有线程都可以访问的公有资源。

第 10~11 行　定义并初始化互斥锁和条件变量。

第 13~45 行　函数 producer()用于模拟生产者的行为。

第 46~57 行　为主程序，主要用于创建生产者、消费者线程，以及执行线程的回收工作。

在生产者-消费者模型中，生产者、消费者线程除受互斥锁限制而不能同时操作共享资源外，还受到条件变量的限制：对生产者而言，若共享资源区已满，生产者便无法向其中放入数据；对消费者而言，若共享资源区为空，消费者便无法从其中获取数据。

8.3.8　信号量

信号量本质上是一个非负的整数计数器，它用来控制对公共资源的访问，也被称为 PV 原子操作。

PV 原子操作，广泛用于进程或线程之间通信的同步和互斥。其中 P 代表通过的意思，V 代表释放的意思。是指不可中断的过程，由操作系统来保证 P 操作和 V 操作。PV 操作是针对信号量的操作，就是对信号量的加减过程。

P 操作，是信号量 sem 减 1 的过程，如果 sem 小于或等于 0，P 操作被阻塞，直到 sem 变为大于 0 为止，即加锁过程。V 操作，是信号量 sem 加 1 的过程，即解锁过程。

相对互斥锁而言，信号量既能保证同步，防止数据混乱，又能避免影响线程的并发性。

信号量的使用也分如下 4 个步骤：

（1）信号量初始化。

（2）阻塞等待信号量。

（3）唤醒阻塞线程。

（4）释放信号量。

针对以上步骤，Linux 系统中提供了一组与线程同步机制中信号量操作相关的函数，这些函数都存在于函数库 semaphore.h 中。

（1）信号量初始化。

```
int sem_init(sem_t *sem, int pshared, unsigned int value);
```

参数：sem 为指向信号量变量的指针；pshared 用于控制信号量的作用范围，其取值通常为 0 与非 0：当 pshared 被设置为 0 时，信号量将会被放在进程中所有线程可见的地址内，由进程中的线程共享；当 pshared 被设置为非 0 时，信号量将会被放置在共享内存区域，由所有进程共享。value 信号量的初始值，通常被置为 1。

（2）p 操作,减少信号量。

```
int sem_wait(sem_t *sem);
```

参数：sem 为指向信号量变量的指针。sem_wait()函数对应 P 操作，若调用成功，则会使信号量 sem 的值减 1，并返回 0；若调用失败，则返回-1，并设置 errno。

（3）V 操作，增加信号量。

```
int sem_post(sem_t *sem);
```

参数：sem 为指向信号量变量的指针；sem_ post ()函数对应 V 操作，若调用成功，则会使信号量 sem 的值加 1，并返回 0；若调用失败，则返回-1，并设置 errno。

（4）销毁信号量。

```
int sem_destroy(sem_t *sem);
```

参数：sem 为指向信号量变量的指针。

（5）获取信号量的值。

```
int sem_getvalue(sem_t *sem, int *sval);
```

参数：sem 为指向信号量变量的指针，参数 sval 为一个传入指针，用于获取信号量的值，在程序中调用该函数后，信号量 sem 的值会被存储在参数 sval 中。

示例 8.3.8-1 用信号量实现互斥。

```
1.  #include <stdlib.h>
2.  #include <stdio.h>
3.  #include <string.h>
4.  #include <pthread.h>
5.  #include <semaphore.h>
6.  sem_tsem;  //定义信号量
7.  void * run1(void *buf){
8.      int i=0;
```

```
9.      while(1){
10.         sem_wait(&sem); //p 操作，信号量减 1，如果信号量为 0，则阻塞
11.         printf("run1 -----id=%u,i=%d\n",pthread_self(),i++);
12.         sem_post(&sem); //v 操作，信号量加 1
13.         usleep(1);
14.     }
15. }
16. void * run2(void *buf){
17.     int i=0;
18.     while(1){
19.         sem_wait(&sem); //p 操作，信号量减 1，如果信号量为 0，则阻塞
20.         printf("run2 -----id=%u,i=%d\n",pthread_self(),i++);
21.         sleep(2);
22.         sem_post(&sem); //v 操作，信号量加 1
23.         usleep(1);
24.     }
25. }
26. int main(int argc,char **argv){
27.     pthread_t pid1,pid2;
28.     //----创建线程----
29.     sem_init(&sem,0,1);
30.     pthread_create(&pid1,NULL,run1,NULL);
31.     pthread_create(&pid2,NULL,run2,NULL);
32.     //----等待线程结束
33.     pthread_join(pid1,NULL);
34.     pthread_join(pid2,NULL);
35.     sem_destroy(&sem);
36.     return 0;
37. }
```

编译该段程序，运行代码，结果如下：

```
1. root@ubuntu:/home/linux/chapter8# gcc Example8.3.8-1.c -o Example8.3.8-1
   -lpthread
2. root@ubuntu:/home/linux/chapter8# ./Example8.3.8-1
3. run1 -----id=140299877082880,i=0
4. run2 -----id=140299868690176,i=0
5. run1 -----id=140299877082880,i=1
6. run2 -----id=140299868690176,i=1
7. run1 -----id=140299877082880,i=2
8. run2 -----id=140299868690176,i=2
9. run1 -----id=140299877082880,i=3
10. run2 -----id=140299868690176,i=3
11. run1 -----id=140299877082880,i=4
12. run2 -----id=140299868690176,i=4
13. …
```

8.4　习题

1．进程和线程之间的区别是什么？

2．线程的属性有哪些？如何操作线程的属性？

3．线程有哪些类别？

4．如何在多线程程序中实现线程之间的同步？

5．出错处理相关函数有哪些？各自的用法是什么？

6．如何创建线程的私有数据？

7．编写一个多线程的程序，每个线程在执行时都修改它们的共享变量，观察共享变量的值，看有什么变化。

第9章 网 络 编 程

CHAPTER 9

Linux 系统的一个主要特点是它的网络功能非常强大。随着网络的日益普及，基于网络的应用也将越来越多。Linux 系统支持多种网络协议，例如 TCP/IP、AppleTalk、DECnet、Econet、ISDN 和 ATM 等。从某种意义上讲，Linux 本身就是网络的代名词，Linux 的产生和发展都是通过程序员在互联网和新闻组上进行交流信息以及编写程序代码完成的。而 Linux 本身也具有作为网络操作系统，尤其是服务器端或者底层嵌入式端操作系统的优势。在 Linux 的不断升级中，对网络支持的多样性、稳定性和高效性是业界一直都在重点关注的问题。

9.1 基本概念

网络程序和普通程序一个最大的区别：网络程序是由两部分组成，即客户端和服务器端。网络程序是先由服务器端程序启动，等待客户端的程序运行并建立连接。一般来说，服务器端的程序在一个端口上监听，直到有一个客户端的程序发来请求。

微课视频

9.1.1 协议与体系结构

为了保证通信能顺利进行，且进行交互的进程能获取到准确、有效的数据信息，进行通信的双方必须遵循一系列事先约定好的规则，这些规则即是协议（protocol）。较为常见的体系结构有 OSI（Open System Interconnect，开放式系统互联模型）和 TCP/IP（Transmission Control Protocol/Internet Protocol，传输控制协议/互联网协议模型）。

OSI 模型是国际互联网标准化组织（ISO）所定义的，目的是为了使网络的各个层次有标准。虽然迄今为止，没有哪种网络结构是完全按照这种模型来实现的，但它是一个得到公认的网络体系结构模型。OSI 模型共有如下 7 个层次：

1）物理层

在物理线路上传输位信息，处理与物理介质有关机械的、电气的、功能的和规程的特性。它是硬件连接的接口。

2）数据链路层

负责实现通信信道的无差错传输，提供数据帧、差错控制等功能。数据链路层又分为两个子层：逻辑链路控制子层（LLC）和媒体访问控制子层（MAC）。MAC 子层的主要任务是解决共享型网络中多用户对信道竞争的问题，完成网络介质的访问控制；LLC 子层的主要任务是建立和维护网络连接，执行差错校验、流量控制和链路控制。

3）网络层

负责将数据正确迅速地从源主机传送到目的主机，其功能主要有寻址以及相关的流量控制和拥塞控制等。网络层也就是通常说的 IP 层。该层包含的协议有 IP（IPv4、IPv6）、ICMP、IGMP 等。

物理层、数据链路层和网络层构成了通信子网层。通信子网层与硬件的关系密切，它为网络的上层（资源子网）提供通信服务。

4）传输层

定义传输数据的协议端口号，以及端到端的流控和差错校验。该层建立了主机端到端的连接，传输层的作用是为上层协议提供端到端的可靠和透明的数据传输服务，包括差错校验处理和流控等问题。

5）会话层

提供服务请求者和提供者之间的通信，用以实现两端主机之间的会话管理、传输同步和活动管理等。

6）表示层

表示层主要是实现信息转换，包括信息压缩、加密、代码转换及上述操作的逆操作等。

7）应用层

应用层为用户提供常用的应用，如电子邮件、文件传输、Web 浏览等。

常见应用层的网络服务协议包括 HTTP、FTP、TFTP、SMTP、SNMP、DNS、TELNET、HTTPS、POP3、DHCP。

除了 OSI 七层模型外，大家可能还听过 TCP/IP 四层模型、TCP/IP 五层模型。如图 9-1 所示，为计算机网络体系结构各层对应关系。

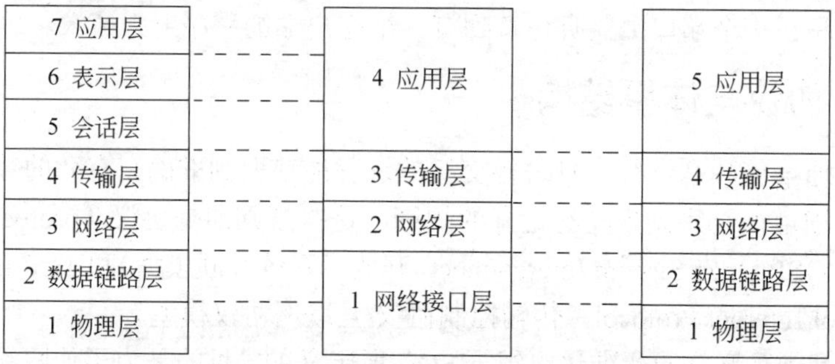

图 9-1　计算机网络体系结构各层对应关系

由图 9-1 可知，TCP/IP 五层模型中，将 OSI 七层模型的最上三层（应用层、表示层和会话层）合并为一个层，即应用层，所以 TCP/IP 五层模型包括应用层、传输层、网络层、数据链路层以及物理层。对于 TCP/IP 四层模型，与五层模型唯一不同的就是将数据链路层和物理层合并为网络接口层。四层模型包括应用层、传输层、网络层以及网络接口层。

9.1.2　数据传输流程

数据从上层到下层交付时，要进行封装；同理，当目标主机接收到数据时，数据由下层传递给上层时需要进行拆封，数据封装流程如图 9-2 所示。

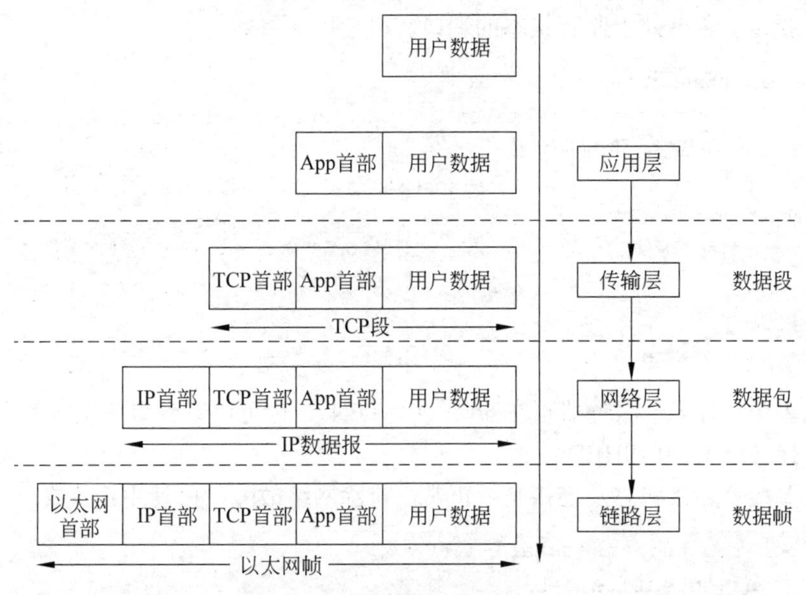

图 9-2 数据封装流程

（1）当用户发送数据时，将数据向下交给传输层，但是在交给传输层之前，应用层相关协议会对用户数据进行封装，在用户数据前添加一个应用程序头部，这是处于应用层的操作，最后应用层通过调用传输层接口来将封装好的数据交给传输层。

（2）传输层会在数据前面加上传输层首部（此处以 TCP 为例，图 9-2 中的传输层首部为 TCP 首部），然后向下交给网络层。

（3）网络层同样会在数据前面加上网络层首部（IP 首部），然后将数据向下交给链路层，链路层会对数据进行最后一次封装，即在数据前面加上链路层首部（此处使用以太网接口为例，对应以太网首部），然后将数据交给网卡。

（4）由网卡硬件设备将数据转换成物理链路上的电平信号，数据就这样被发送到了网络中。

以上便是网络数据的封装过程，当数据被目标主机接收到之后，会进行相反的拆封过程，将每层的首部进行拆解最终得到用户数据。所以，数据的接收过程与发送过程正好相反。

9.1.3 常用的命令

1. netstat

命令 netstat 是用来显示网络的连接、路由表和接口统计等网络的信息。netstat 有许多的选项，用户常用的选项是-an，用来显示详细的网络状态。netstat 命令部分参数如表 9-1 所示。

表 9-1 netstat 命令部分参数

选项	参数功能描述	选项	参数功能描述
-a	显示所有 Socket	-r	显示核心路由表，格式同 route -e
-A	指定地址族信息：如 inrt、unix 等	-s	协议通信总量统计
-i	显示所有网络接口信息	-t	显示 TCP 的连接情况
-n	直接使用数字/字符串方式	-u	显示 UDP 连接情况

如果要显示所有处于监听状态的端口，可使用-a 参数。

```
1.  root@ubuntu:/# netstat -ta
2.  Active Internet connections (servers and established)
3.  Proto Recv-Q  Send-Q  Local Address      Foreign Address          State
4.  tcp        0       0 localhost:domain   0.0.0.0:*                LISTEN
5.  tcp        0       0 localhost:ipp      0.0.0.0:*                LISTEN
6.  tcp        0       0 ubuntu.lan:36968   123.208.120.34.bc:https  ESTABLISHED
7.  tcp        0       0 ubuntu.lan:58008   server-99-84-224-:https  ESTABLISHED
8.  tcp6       0       0 [::]:ftp           [::]:*                   LISTEN
9.  tcp6       0       0 ip6-localhost:ipp  [::]:*                   LISTEN
```

输出表明：有多个服务器正在监听（LISTEN），也可以看到目前主机和多个 IP 地址已建立起连接（ESTABLISHED）。

如果要检查连接状态及连接是否正常，排除网络故障，可使用-i 参数。

```
1. root@ubuntu:/# netstat -i
2. Kernel Interface table
3. Iface MTU RX-OK RX-ERR RX-DRP RX-OVR TX-OK TX-ERR TX-DRP TX-OVR Flg
4. ens33  1500 335715   0      0      0   343458     0      0      0  BMRU
5. lo     65536 5203    0      0      0   5203       0      0      0  LRU
```

MTU（Maximum Transmission Unit）表示的是接口的 MTU 和距离值；RX 和 TX 这两列表示的是已经准确无误收发了多少数据包（RX-OK/TX-OK）、产生了多少错误（RX-ERR/TX-ERR）、丢弃了多少包（RX-DRP/TX-DRP），由于错误而丢失了多少包（RX-OVR/TX-OVR）；最后一列显示的是为这个接口设置的状态标记，这些标记是由一个或几个字母组合而成。可用的状态字母及意义如下：B=已经设置了一个广播地址；L=此接口是一个环送设备；M=接收所有数据包（混杂模式）；O=此接口禁用 ARP；P=这是点对点连接；R=接口正在运行；U=接口已打开。

显示路由表，可使用-nr 参数。

```
1. root@ubuntu:/# netstat -nr
2. Kernel IP routing table
3. Destination  Gateway      Genmask          Flags   MSS Window  irtt Iface
4. 0.0.0.0      192.168.2.1  0.0.0.0          UG        0  0         0  ens33
5. 169.254.0.0  0.0.0.0      255.255.0.0      U         0  0         0  ens33
6. 192.168.2.0  0.0.0.0      255.255.255.0    U         0  0         0  ens33
```

第一列为目的地址；第二列是网关，若未使用网关，则会表示为星号（*）或者 0.0.0.0；第三列为掩码；第四列显示了不同的状态；Iface 列为该连接所用的网络设备。

2. ip

ip 是一个强大的网络配置工具，它能够代替一些传统的网络管理工具，如 ifconfig、route 和 arp 等，使用权限为超级用户。

ip link 用于链路管理，包括启动或关闭某个网络接口，用法如下：

```
1.  root@ubuntu:/# ip -s link show ens33
2.  2: ens33: <BROADCAST,MULTICAST,UP,LOWER_UP>mtu 1500 qdiscfq_codel state
```

```
    UP mode DEFAULT group default qlen 1000
3.      link/ether 00:0c:29:26:13:4c brdff:ff:ff:ff:ff:ff
4.      RX: bytes  packets  errors  dropped overrun mcast
5.      262155747  386605   0       0       0       0
6.      TX: bytes  packets  errors  dropped carrier collsns
7.      436008462  373884   0       0       0       0
8.  root@ubuntu:/# ip link set ens33 down
9.  root@ubuntu:/# ifconfig
10. lo: flags=73<UP,LOOPBACK,RUNNING>mtu 65536
11.          inet127.0.0.1  netmask 255.0.0.0
12.          inet6 ::1  prefixlen 128  scopeid 0x10<host>
13.          loop  txqueuelen 1000  (Local Loopback)
14.          RX packets 5574  bytes 527791 (527.7 KB)
15.          RX errors 0  dropped 0  overruns 0  frame 0
16.          TX packets 5574  bytes 527791 (527.7 KB)
17.          TX errors 0  dropped 0 overruns 0  carrier 0  collisions 0
18. root@ubuntu:/# ip link set ens33 up
19. root@ubuntu:/# ifconfig
20. ens33: flags=4163<UP,BROADCAST,RUNNING,MULTICAST>mtu 1500
21.        inet192.168.2.197 netmask 255.255.255.0 broadcast 192.168.2.255
22.        inet6 fe80::811:e774:c0b1:22ea  prefixlen 64  scopeid 0x20<link>
23.        ether 00:0c:29:26:13:4c  txqueuelen 1000  (Ethernet)
24.        RX packets 387836  bytes 262488732 (262.4 MB)
25.        RX errors 0  dropped 0  overruns 0  frame 0
26.        TX packets 374621  bytes 436092176 (436.0 MB)
27.        TX errors 0  dropped 0 overruns 0  carrier 0  collisions 0
28.
29. lo: flags=73<UP,LOOPBACK,RUNNING>mtu 65536
30.        inet127.0.0.1  netmask 255.0.0.0
31.        inet6 ::1  prefixlen 128  scopeid 0x10<host>
32.        loop  txqueuelen 1000  (Local Loopback)
33.        RX packets 5712  bytes 537255 (537.2 KB)
34.        RX errors 0  dropped 0  overruns 0  frame 0
35.        TX packets 5712  bytes 537255 (537.2 KB)
36.        TX errors 0  dropped 0 overruns 0  carrier 0  collisions 0
```

程序分析：

第 1 行 显示本机 ens33 接口的信息。

第 8 行 关闭 ens33 接口设备。通过 ifconfig 指令查看，当前暂无 ens33 网卡信息，仅有环回网络信息。

第 18 行 开启 ens33 接口设备，通过 ifconfig 指令查看，ens33 网卡已开启。

3. route

route 命令是用于操作基于内核 ip 路由表，它的主要作用是创建一个静态路由让指定一个主机或者一个网络通过一个网络接口。当使用"add"或者"del"参数时，路由表被修改，如果没有参数，则显示路由表当前的内容。route 常用参数如表 9-2 所示。

表 9-2 route 常用参数

名 称	说 明	名 称	说 明
-n	使用数字地址形式代替解释主机名形式来显示地址	dev	强制路由与指定的设备关联，否则内核自己会试图检测相应的设备
-e	将产生包括路由表所有参数在内的大量信息	-net	路由到达的是一个网络
add	添加一条路由	-host	路由到达的是一台主机
del	删除一条路由	netmask	为添加的路由指定网络掩码
gw	指定路由的网关	target	配置目的网段或者主机

显示当前路由表，操作如下：

```
1. root@ubuntu:/# route
2. Kernel IP routing table
3. Destination Gateway     Genmask         Flags  Metric  Ref Use Iface
4. default     phicomm.me  0.0.0.0         UG     100     0   0   ens33
5. link-local  0.0.0.0     255.255.0.0     U      1000    0   0   ens33
6. 192.168.2.0 0.0.0.0     255.255.255.0   U      100     0   0   ens33
```

4. finger

如果查询一台主机上的登录账号的信息，通常则会显示用户名、主目录、登录时间等。所有用户均拥有使用权限。

利用 finger 命令查询本地主机上的登录账号信息。

```
1. root@ubuntu:/# finger
2. Login    Name      Tty   Idle  Login Time    Office    Office Phone
3. linux    linux     *:0         Feb 17 12:05  (:0)
```

5. telnet

telnet 是用来远程控制的程序，可以用这个程序来调试用户的服务端程序。该命令允许用户使用 telnet 协议在远程计算机之间进行通信，用户可以通过网络在远程计算机上登录，就像登录到本地机上执行命令一样。telnet 既是一个 Linux 命令，同时也是一个远程登录协议。

telnet 命令远程登录的一般形式如下：

```
telnet [localhost [port]]
```

localhost 可为要连接的远程机的主机名或 IP 地址，port 为端口号。为了登录到远程主机上，必须知道远程系统上的用户名和密码。

6. logout

当用户不再需要远程会话时，要使用 logout 命令退出系统，并返回本地主机的 Shell 提示符下。

格式：logout

假设远程计算机的 IP 地址为 192.168.2.100，并且用户已登录，退出时输入以下指令：

```
logout
```

9.1.4　网络地址

进行网络通信的对象实质上是网络中的进程，但一个网络中可能有许多台主机，每台主机中的进程也不唯一，那么发送方是如何正确地确定接收方呢？在计算机网络中，人们常用 IP 地址标识一台主机，使用端口号标识网络中的一个进程。

传统的 IP 地址是一个 32 位二进制数的地址，也叫 IPv4 地址，由 4 个 8 位字段组成。除了 IPv4 外，还有 IPv6，IPv6 采用 128 位地址长度，由 8 个 16 位字段组成。在人机交互中，通常使用点分十进制方式表示，如 192.168.1.1。IP 地址中的 32 位实际上包含两部分：分别为网络地址和主机地址。

根据 IP 地址中网络地址和主机地址两部分分别占多少位的不同，将 IP 地址划分为 5 类，分别为 A、B、C、D、E，如图 9-3 所示。

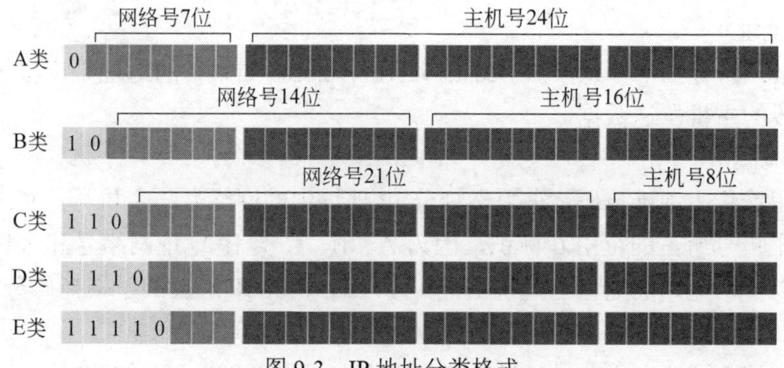

图 9-3　IP 地址分类格式

1. A 类 IP 地址

一个 A 类 IP 地址由 1 字节的网络地址和 3 字节的主机地址组成，网络地址的最高位必须是 0，地址范围为 1.0.0.1~126.255.255.254。可用的 A 类网络有 126（2^7-2）个，每个网络能容纳 16777214（$2^{24}-2$）个主机。

2. B 类 IP 地址

一个 B 类 IP 地址由 2 字节的网络地址和 2 字节的主机地址组成，网络地址的最高位必须是 10，地址范围为 128.0.0.1~191.255.255.254。B 类地址中，172.16.0.0~172.31.255.255 是私有地址，169.254.0.0~169.254.255.255 是保留地址。如果终端的 IP 地址是自动获取的，而在网络上又没有找到可用的 DHCP 服务器，这时将会从 169.254.0.0~169.254.255.255 中获得一个 IP 地址。

对于 B 类地址来说，一共拥有 16384（$2^{14}-2$）个网络地址，其中可用的网络地址有 16382 个，每个网络地址能容纳 65534（$2^{16}-2$）个主机。

3. C 类 IP 地址

一个 C 类 IP 地址由 3 字节的网络地址和 1 字节的主机地址组成，网络地址的最高位必须是 110，地址范围为 192.0.0.1~223.255.255.254。其中，192.168.0.0~192.168.255.255 为私有 IP 地址。C 类网络可达 2097150（$2^{21}-2$）个，每个网络能容纳 254（2^8-2）个主机。

4. D 类 IP 地址

D 类 IP 地址第一个字节以 1110 开始，它是一个专门保留的地址。它并不指向特定的网络，目前这一类地址被用在多点广播（Multicast）中。多点广播地址用来一次寻址一组计算机，它标识共享同一协议的一组计算机。地址范围为 224.0.0.1~239.255.255.254。

5. E 类 IP 地址

以 11110 开始，为将来使用保留。E类地址目前保留，仅作实验和开发用。全 0(0.0.0.0）地址对应当前主机。全 1 IP 地址（255.255.255.255）是当前子网的广播地址。

9.1.5 IP 设置项

1. IP 地址

所谓 IP 地址就是给每个连接在 Internet 上的主机分配的一个 32 位地址，即 IPV4。长度 32 位，在同一个局域网内，IP 地址不能相同，是机器的唯一识别网络地址，为了方便人们的使用，IP 地址经常被写成十进制的形式，中间使用符号“.”分开不同的字节，称为“点分十进制表示法”。如：192.168.1.8。

2. 广播地址

广播地址，只有一个标识，如 Bcast:192.168.1.255。如果目的地址是广播地址，会向整个同一个网段的主机发送数据。

3. 子网掩码

子网掩码又称为地址掩码，它用于划分 IP 地址中的网络号与主机号，网络号所占的位用 1 标识，主机号所占的位用 0 标识，因为 A、B、C 类 IP 地址网络号和主机号的位置是确定的，所以子网掩码的取值也是确定的，A、B、C 类 IP 地址的子网掩码分别如下：

A 类：255.0.0.0，等同于 11111111.00000000.00000000.00000000。

B 类：255.255.0.0，等同于 11111111. 11111111. 00000000. 00000000。

C 类：255.255.255.0，等同于 11111111. 11111111. 11111111. 00000000。

子网掩码通常应用于网络搭建中，申请到网络号之后，用户可利用子网掩码将该网络号标识的网络划分为多个子网。

4. 网关

网关（Gateway）又称网间连接器、协议转换器。网关在网络层以上实现网络互连，是复杂的网络互连设备，仅用于两个高层协议不同的网络互连。网关既可以用于广域网互连，也可以用于局域网互连。

5. MAC

MAC（Media Access Control Address，媒体访问控制地址）也称为物理地址、硬件地址，如：HWaddr 00:0C:29:8F:96:C0，用来定义网络设备位置。在 TCP/IP 五层模型中，网络层负责 IP 地址，数据链路层负责 MAC 地址。因此，一个主机会有一个 IP 地址，而每个网络位置会有一个专属于它们的MAC地址。每个网卡在出厂时都有一个预设的MAC地址，且全球唯一。虽然可以手工修改网卡的 MAC 地址，但是在具体使用时，并不建议这样做，因为这样可能造成 MAC 地址冲突。

6. DNS

DNS 是计算机域名系统的缩写，它由解析器和域名服务器组成。域名服务器是指保存该网络中所有主机的域名和对应 IP 地址，并具有将域名转换为 IP 地址功能的服务器。其中域名必须对应一个 IP 地址，而 IP 地址不一定只对应一个域名。

在 Internet 中，计算机只识别 IP 地址、域名和 IP 地址之间的转换称为域名解析。域名解析需要由专门的域名解析服务器来完成，DNS 就是进行域名解析的服务器。当用户在应用程序中输入域名时，DNS 可以将域名解析为与之对应的其他信息，如 IP 地址。

9.1.6 端口

在网络技术中，端口有两层意思：一个是物理端口，即物理存在的端口，如：集线器、路由器、交换机、ADSL Modem 等用于连接其他设备的端口；另一个就是逻辑端口，用于区分服务的端口，一般用于 TCP/IP 中的端口，其范围是 0~65535，如用于网页浏览服务的是 80 端口，用于 FTP 服务的是 21 端口。

1．端口分类

（1）公认端口：端口号为 0~1023，它们紧密绑定于一些服务。通常这些端口的通信明确表明了某种服务的协议，例如，80 端口实际上总是 HTTP 通信。

（2）注册端口：端口号为 1024~49151，它们松散地绑定于一些服务。也就是说，有许多服务绑定于这些端口，这些端口同样用于许多其他目的。例如，许多系统处理动态端口从 1024 左右开始。

（3）动态端口：端口号为 49152~65535。理论上，不应为服务分配这些端口。实际上，机器通常从 1024 起分配动态端口。但也有例外，SUN 的 RPC 端口从 32768 开始。

2．常见端口

（1）8080 端口：同 80 端口，被用于 WWW 代理服务，可以实现网页浏览，常在访问某个网站或使用代理服务器时使用。

（2）21 端口：FTP 服务器所开放的端口，用于上传、下载。

（3）22 端口：用于 SSH 服务。

（4）23 端口：用于 Telnet 服务。

（5）25 端口：SMTP 服务器所开放的端口，用于发送邮件。

（6）80 端口：HTTP，用于网页浏览。

（7）端口 137、138、139：其中，137、138 是 UDP 端口，当通过网上邻居传输文件时用这些端口。而通过 139 端口进入的连接试图获得 NetBIOS/SMB 服务，该协议被用于 Windows 文件、打印机共享和 SAMBA。

9.2 TCP/IP

TCP/IP 传输控制协议/因特网互连协议，又称为网络通信协议，该协议是 Internet 最基本的协议，是 Internet 国际互连网络的基础，由网络层的 IP 协议和传输层的 TCP 组成。

9.2.1 整体构架概述

微课视频

TCP/IP 是一个协议族，因为 TCP/IP 包括 TCP、IP、UDP、ICMP、RIP、Telnet、FTP、SMTP、ARP、TFTP 等许多协议，这些协议统称为 TCP/IP 协议。所以，我们一般说的 TCP/IP，它不是指某一个具体的网络协议，而是一个协议族。TCP/IP 协议结构图如图 9-4 所示。

从协议分层模型方面来讲，TCP/IP 由四个层次组成：网络接口层、互连网络层、传输层、应用层。

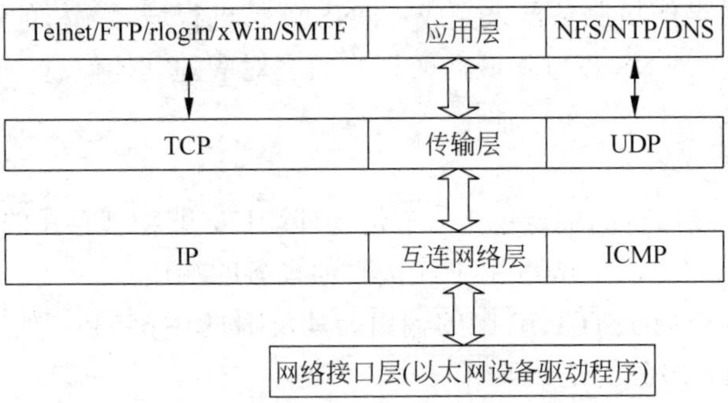

Telnet/FTP/rlogin/xWin/SMTF | 应用层 | NFS/NTP/DNS

TCP | 传输层 | UDP

IP | 互连网络层 | ICMP

网络接口层(以太网设备驱动程序)

图 9-4　TCP/IP 结构图

TCP/IP 并不完全符合 OSI 的七层参考模型。传统的开放式系统互连参考模型是一种通信协议的七层抽象的参考模型，其中每一层执行某一特定任务。该模型的目的是使各种硬件在相同的层次上相互通信。这七层是物理层、数据链路层、网络层、传输层、会话层、表示层和应用层。而 TCP/IP 通信协议采用四层的层级结构，每一层都呼叫它的下一层所提供的网络来完成自己的需求。每一层功能如下：

（1）应用层：应用程序间沟通的层，例如简单电子邮件传输（SMTP）、文件传输协议（FTP）、网络远程访问协议（Telnet）等。

（2）传输层：该层提供了节点间的数据传送以及应用程序之间的通信服务，主要功能是数据格式化、数据确认和丢失重传等。例如传输控制协议（TCP）、用户数据报协议（UDP）等，TCP 和 UDP 给数据包加入传输数据并把它传输到下一层中，这一层负责传送数据，并且确定数据已被送达并接收。

（3）互连网络层：负责提供基本的数据封包传送功能，让每块数据包都能够到达目的主机（但不检查是否被正确接收），如网际协议（IP）。

（4）网络接口层（主机-网络层）：接收 IP 数据包并进行传输，从网络上接收物理帧，抽取 IP 数据报转交给下一层，对实际的网络媒体进行管理，定义如何使用实际网络（如 Ethernet、Serial Line 等）来传送数据。

前面已经介绍了关于 OSI 参考模型的相关概念，下面介绍相对于七层协议参考模型，TCP/IP 是如何实现网络模型的，如表 9-3 所示。

表 9-3　TCP/IP 对应的网络模型

OSI 中的层	功　能	TCP/IP 协议族
应用层	文件传输、电子邮件、文件服务、虚拟终端	TFTP、HTTP、SNMP、FTP、SMTP、DNS、RIP、Telnet
表示层	数据格式化、代码转换、数据加密	没有协议
会话层	解除或建立与其他节点的联系	没有协议
传输层	提供端对端的接口	TCP、UDP
网络层	为数据包选择路由	IP、ICMP、OSPF、BGP、IGMP、ARP、RARP
数据链路层	传输有地址的帧以及错误检测功能	SLIP、CSLIP、PPP、MTU、ARP、RARP
物理层	以二进制数据形式在物理媒体上传输数据	ISO2110、IEEE 802、IEEE 802.2

数据链路层包括硬件接口和协议 ARP、RARP，这两个协议主要是用来建立送到物理层上的信息和接收从物理层上传来的信息；网络层中的协议主要有 IP、ICMP、IGMP 等，由于它包含了 IP 协议模块，所以它是所有基于 TCP/IP 协议网络的核心。在网络层中，IP 模块完成大部分功能。ICMP 和 IGMP 以及其他支持 IP 的协议帮助 IP 完成特定的任务，例如传输差错控制信息以及主机/路由器之间的控制电文等。网络层掌管着网络中主机间的信息传输。

传输层的主要协议是 TCP 和 UDP。正如网络层控制着主机之间的数据传递，传输层控制着那些将要进入网络层的数据。两个协议就是它管理这些数据的两种方式：TCP 是基于连接的协议；UDP 则是面向无连接服务的管理方式的协议。

应用层位于协议栈的顶端，它的主要任务就是应用。

9.2.2　IP

网际协议 IP 是 TCP/IP 的心脏，也是网络层中最重要的协议。IP 层接收由更低层发来的数据包，并把该数据包发送到更高层——TCP 或 UDP 层；相反，IP 层也把从 TCP 或 UDP 层接收来的数据包传送到更低层。IP 数据包是不可靠的，因为 IP 并没有做任何事情来确认数据包是按顺序发送的或者没有被破坏。IP 数据包中含有发送它的主机地址（源地址）和接收它的主机地址。

高层的 TCP 和 UDP 服务在接收数据包时，通常假设包中的源地址是有效的。也可以这样说，IP 地址形成了许多服务的认证基础，这些服务相信数据包是从一个有效的主机发送来的。对于一些 TCP 和 UDP 的服务来说，使用了该选项的 IP 包好像是从路径的最后一个系统传递过来的，而不是来自于它的真实地点。许多依靠 IP 源地址做确认的服务将产生问题并且会被非法入侵。IPv4 的数据包格式如图 9-5 所示。

0	4	8	16	31
版本	首部长度	服务类型	数据包总长	
标识			标志	碎片偏移
生存时间		协议	首部校验和	
源IP地址				
目的IP地址				
选项				
数据				

图 9-5　IPv4 的数据包格式

1. 版本

版本包含 IP 数据报的版本号：IPv4 为 4，IPv6 为 6。

2. 首部长度

4 位头部长度标识该 IP 头部有多少个 32 位（4 字节）。因为 4 位最大能表示 15，所以 IP 头部最长是 60 字节。

3. 服务类型

8 位服务类型包括一个 3 位的优先权字段、4 位的 TOS 字段和 1 位的保留字段（必须置0）。4位的TOS字段分别表示：最小延时、最大吞吐量、最高可靠性和最小费用。其中最多有一个能置位1，应用程序应该根据实际需要来设置它。比如像ssh和telnet这样的登录程序需要的是最小延时服务，而文件传输程序ftp则需要最大吞吐量的服务。

4. 数据包总长

16位总长度是指整个IP数据报的长度，以字节为单位，因此IP数据报的最大长度为65535字节。但由于MTU的限制，长度超过MTU的数据报都将被分片传输，所以实际传输的IP数据报的长度都远远没有达到最大值。

5. 标识

16位标识唯一的标识主机发送的每个数据报。其初始值由系统随机生成，每发送一个数据报，其值就加 1。该值在数据报分片时被复制到每个分片中，因此同一个数据报的所有分片都具有相同的标识。

6. 标志

3位标志字段的第一位保留。第二位表示“禁止分片”。如果设置了这个位，IP模块将不对数据报进行分片。在这种情况下，如果IP数据报长度超过MTU，IP模块将丢弃该数据报并返回一个ICMP差错报文。第三位表示“更多分片”。除了数据报的最后一个分片外，其他分片都要把它置1。

7. 碎片偏移

13 位碎片偏移是分片相对原始 IP 数据报开始处的偏移。实际的偏移值是该值左移 3 位（乘8）后得到的。由于这个原因，除了最后一个IP分片外，每个IP分片的数据部分的长度必须是8的整数倍，这样才能保证后面的IP分片拥有一个合适的偏移量。

8. 生存时间

8 位生存时间（TTL）是数据报到达目的地之前允许经过的路由器跳数。TTL 值被发送端设置（常见值为64）。数据报在转发过程中每经过一个路由，该值就被路由器减1。当TTL值减为0时，路由器将丢弃数据报，并向源端发送一个ICMP差错报文。TTL值可以防止数据报陷入路由循环。

9. 协议

8 位协议用来区分上层协议，在/etc/protocols 文件中定义了所有上层协议对应的protocol字段的数值。其中ICMP是1，TCP是6，UDP是17。

10. 首部校验和

16位首部校验和由发送端填充，接收端对其使用CRC算法以检验IP数据报头部在传输过程中是否损坏。

11. 源IP地址和目的IP地址

32位的源端IP地址和目的端IP地址用来标识数据报的发送端和接收端。一般情况下，这两个地址在整个数据报的传递过程中保持不变，而不论它中间经过多少个中转路由器。

12. 选项

选项字段是可变长的可选信息。这部分最多包含40字节，因为IP头部最长是60字节，其中还包含前面讨论的20字节的固定部分。

9.2.3　ICMP

从 TCP/IP 的分层结构看 ICMP 属于网络层，ICMP 与 IP 位于同一层，它被用来传送 IP 的控制信息。配合 IP 数据报的提交，提高 IP 数据报递交的可靠性。ICMP 是封装在 IP 数据报中进行发送的，从这点看来，ICMP 协议又有点像一个传输层协议，其实不然，因为 ICMP 报文的目的不是目的主机上的某个应用程序，它不为应用程序提供传输服务，ICMP 报文的目的是目的主机上的网络层处理软件。

ICMP 是消息控制协议，在网络上传递 IP 数据包时，如果发生了错误，那么就会用 ICMP 协议来报告错误。ICMP 的数据包格式如图 9-6 所示。

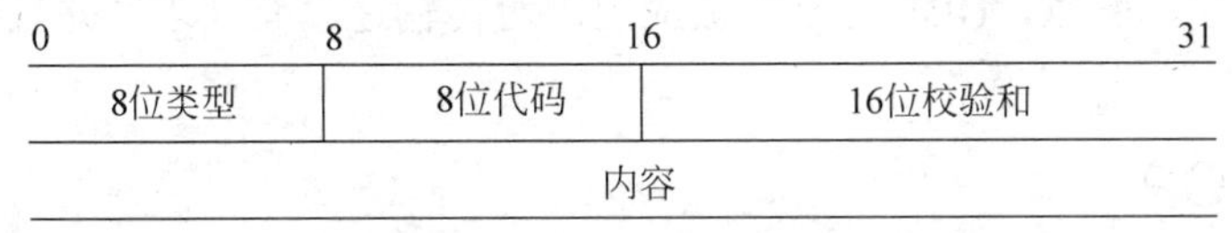

图 9-6　ICMP 的数据包格式

（1）8 位类型字段标识了该 ICMP 报文的具体类型。

（2）8 位代码字段进一步指出产生这种类型 ICMP 报文的原因，每种类型报文产生的原因都可能有多个，就拿目的站不可达报文来说，产生的原因可能有主机不可达、协议不可达、端口不可达等。

（3）16 位校验和字段包括整个 ICMP 报文，即包括 ICMP 首部和数据区域。首部中的剩余 4 字节在每种类型的报文中有特殊的定义。

9.2.4　UDP

UDP（User Datagram Protocol，用户数据报协议）是一种无连接、不可靠的协议，工作于传输层。它只是简单地实现从一端主机到另一端主机的数据传输，这些数据通过 IP 层发送，在网络中传输，到达目标主机的顺序是无法预知的，因此需要应用程序对这些数据进行排序处理，这就带来了很大的不方便。此外，UDP 没有流量控制、拥塞控制等功能，在发送端，UDP 只是把上层应用的数据封装到 UDP 报文中。在差错检测方面，仅是对数据进行了简单的校验，然后将其封装到 IP 数据报中发送出去。而在接收端，无论是否收到数据，它都不会产生一个应答发送给源主机，并且如果接收到数据发送校验错误，那么接收端就会丢弃该 UDP 报文，也不会告诉源主机，这样传输的数据是无法保障其准确性的，如果想要其准确性，那么就需要应用程序来保障。UDP 的数据包格式如图 9-7 所示。

0　4　8　15	16　31
源端端口	目的地端口
用户数据包长度	检查和
数据	

图 9-7　UDP 的数据包格式

UDP 协议的特点如下：

（1）UDP 无须建立连接，不会引入建立连接的状态信息，不可靠。

（2）尽可能提供交付数据服务，出现差错直接丢弃，无反馈。

（3）面向报文，发送方的 UDP 拿到上层数据直接添加 UDP 首部，然后进行校验后就递交给 IP 层，而接收方在接收到 UDP 报文后简单进行校验，然后直接去除数据递交给上层应用。

（4）速度快，因为 UDP 没有 TCP 协议的握手、确认、窗口、重传、拥塞控制等机制，UDP 是一个无状态的传输协议，所以它在传递数据时非常快，即使在网络拥塞时 UDP 也不会降低发送的数据。

UDP 虽然有很多缺点，但也有自己的优点，所以它也有很多的应用场合，因为在如今的网络环境下，UDP 传输出现错误的概率是很小的，并且它的实时性非常好，常用于实时视频的传输，比如直播、网络电话等，因为即使是出现了数据丢失的情况，导致视频卡帧，也不影响实时通信，所以，UDP 还是会被应用于对传输速度有要求，并且可以容忍出现差错的数据传输中。

9.2.5 TCP

TCP（Transmission Control Protocol，传输控制协议）是一种面向连接的、可靠的、基于字节流的传输层通信协议。TCP 连接一旦建立，就可以在连接上进行双向的通信。任何一个主机都可以向另一个主机发送数据，数据是双向流通的，所以 TCP 是一个全双工的协议。

当数据由上层发送到传输层时，数据会被封装为 TCP 数据段，将其称为 TCP 报文（或 TCP 报文段），TCP 报文由 TCP 首部+数据区域组成，一般 TCP 首部通常为 20 字节大小，TCP 的结构如图 9-8 所示。

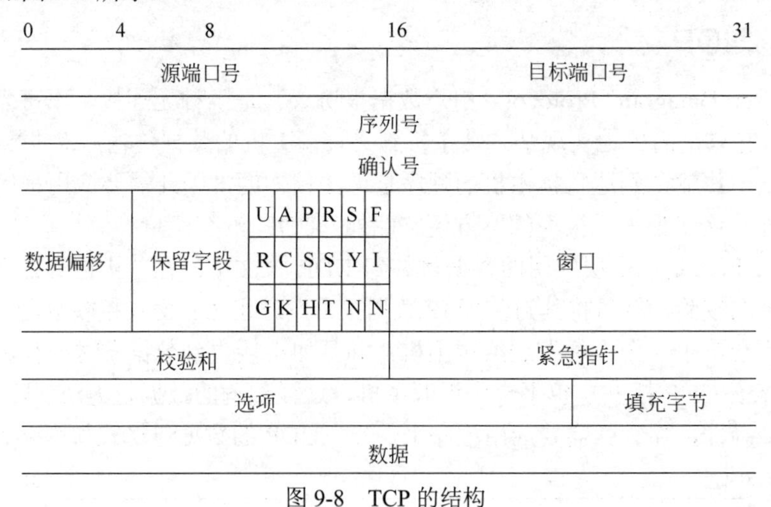

图 9-8　TCP 的结构

1. 源端口号和目标端口号

源端口号和目标端口号各占 2 字节，一共 4 字节。每个 TCP 报文都包含源主机和目标主机的端口号，用于寻找发送端和接收端的应用进程，这两个值加上 IP 首部中的源 IP 地址和目标 IP 地址就能确定唯一一个 TCP 连接。有时一个 IP 地址和一个端口号也称为 socket（插口）。

2. 序列号

序列号占 4 字节，用来标识从 TCP 发送端向 TCP 接收端发送的数据字节流，它的值表示在这个报文段中的第一个数据字节所处位置码，根据接收到的数据区域长度，就能计算出报文最后一个数据所处的序列号，因为 TCP 会对发送或者接收的数据进行编号（按字节的形式），那么使用序列号对每个字节进行计数，就能很轻易管理这些数据。

3. 确认号

确认号占 4 字节，是期望收到对方下次发送的数据的第一字节的序号，也就是期望收到下一个报文段首部中的序号；确认号应该是上次已成功收到数据字节序号加 1。TCP 为应用层提供全双工服务，这意味数据能在两个方向上独立地进行传输，因此确认号通常会与反向数据封装在同一个报文中，所以连接的每一端都必须保持每个方向上的传输数据序号准确性。

4. 数据偏移

数据偏移是指数据段中的“数据”部分起始处距离 TCP 数据段起始处的字节偏移量，占 4 位。其实这里的“数据偏移”也是在确定 TCP 数据段头部分的长度，告诉接收端的应用程序，数据从何处开始。

5. 保留字段

保留字段占 4 位，为 TCP 将来的发展预留空间，目前必须全部为 0。

6. 标志位字段

（1）URG：首部中的紧急指针字段标志，如果是 1，则表示紧急指针字段有效。

（2）ACK：只有当 ACK=1 时，确认序号字段才有效。

（3）PSH：当 PSH=1 时，接收方应该尽快将本报文段立即传送给其应用层。

（4）RST：当 RST=1 时，表示出现连接错误，必须释放连接，然后再重建传输连接。复位比特还用来拒绝一个不法的报文段或拒绝打开一个连接。

（5）SYN：当 SYN=1、ACK=0 时表示请求建立一个连接，携带 SYN 标志的 TCP 报文段为同步报文段。

（6）FIN：当 FIN 为 1 时，表示发送方没有数据要传输，要求释放连接。

7. 窗口

窗口占用 2 字节大小，表示从确认号开始，本报文的发送方可以接收的字节数，即接收窗口大小，用于流量控制。

8. 校验和

检验和对整个的 TCP 报文段，包括 TCP 首部和 TCP 数据，以 16 位字节进行计算所得。这是一个强制性的字段。

9. 紧急指针

紧急指针占 16 位，指向后面是优先数据的字节，在 URG 标志设置时才有效。如果 URG 标志没有被设置，则紧急域作为填充。加快处理标示为紧急的数据段。

10. 选项

选项字段的大小是不确定的，最多 40 字节。

11. 填充字节

这个字段中加入额外的 0，以保证 TCP 头部是 32 的整数倍。

12. 数据

应用程序的数据。

9.2.6 TCP 连接的建立

TCP 是一种可靠的连接，为了保证连接的可靠性，TCP 的连接分为以下几个步骤，用户把这个连接过程称为“三次握手”。下面从一个实例来分析用户建立连接的过程。

（1）客户机向服务器发送一个 TCP 数据包，表示请求建立连接。为此，客户端将数据包的 SYN 位设置为 1，并且设置序列号 seq=1000（用户假设为 1000）。保存在 TCP 首部的序列号字段中，指明客户端准备连接服务器的端口，并将该数据包发送给服务器端，发送完毕后，客户端进入 SYN_SENT 状态，等待服务器端确认。

（2）服务器收到了数据包，并从 SYN 位设置为 1 时，得知这是一个建立请求的连接。于是服务器也向客户端发送一个 TCP 数据包。因为是响应客户端的请求，于是服务器设置 ACK 为 1，sak_seq=1001（1000+1），同时设置自己的序列号 seq=2000（用户假设为 2000）。并将该数据包发送给客户端以确认连接请求，服务器端进入 SYN_RCVD 状态。

（3）客户端收到了服务器的 TCP，并从 ACK 位设置为 1 和 ack_seq=1001 得知是从服务器发来的确认信息。于是客户端也向服务器发送确认信息。客户端设置 ACK=1，ack_seq=2001，seq=1001，并发送给服务器。至此，客户端完成连接。随后客户端与服务器端之间可以进行数据的传输。

（4）服务器收到确认信息后，也完成了连接。至此，一个 TCP 连接就建立了。

9.3 Socket 编程接口介绍

Linux 系统是通过提供套接字（Socket）来进行网络编程的。套接字是 Linux 系统下的一种进程间通信机制（Socket IPC）。Socket IPC 通常使用于客户端和服务器这种模式下完成的通信，多个客户端可以同时连接到服务器中，与服务器之间完成数据交互。网络程序通过 socket 函数和其他几个函数的调用，会返回一个通信的文件描述符，用户可以将这个描述符看成普通文件的描述符来操作，这就是 Linux 设备无关性的好处。用户可以通过向描述符的读写操作实现网络之间的数据交流。

微课视频

9.3.1 建立一个 Socket 通信

表头文件：

```
#include<sys/types.h>
#include<sys/socket.h>
```

定义函数：

```
int socket(int domain,int type,int protocol);
```

函数说明：socket()函数类似于 open()函数，它用于创建一个网络通信端点（打开一个网络通信），如果创建成功，则返回一个网络文件描述符，通常把这个文件描述符称为 Socket 描述符，Socket 描述符跟文件描述符一样，在后续的操作中都会用到，把它作为参数，通过它来进行一些读写操作。

参数：domain 用于指定一个通信域，选择将用于通信的协议族。对于 TCP/IP 来说，通常选择 AF_INET，当然如果你的 IP 协议的版本支持 IPv6，那么可以选择 AF_INET6。

type 指定套接字的类型主要有下列几种数值：

（1）SOCK_STREAM：提供双向连续且可信赖的数据流，即 TCP。支持 OOB 机制，在所有数据传送前必须使用 connect()来建立连线状态。

（2）SOCK_DGRAM：使用不连续不可信赖的数据包连接，即 UDP。

（3）SOCK_SEQPACKET：提供连续可信赖的数据包连接。

（4）SOCK_PACKET：提供和网络驱动程序直接通信。

protocol 用来指定 socket()函数所使用的传输协议编号，通常此参数不用管它，设为 0 即可。

返回值：如果创建成功，则返回 Socket 处理代码（Socket 描述符），如果创建失败，则返回−1。

使用示例如下：

```
1.  int socket_fd = socket(AF_INET, SOCK_STREAM, 0);//打开套接字
2.  if (0 >socket_fd) {
3.      perror("socket error");
4.      exit(-1); }
5.  ...
6.  ...
7.  close(socket_fd); //关闭套接字
```

9.3.2 对 Socket 绑定

表头文件：

```
#include<sys/types.h>
#include<sys/socket.h>
```

定义函数：

```
int bind(int sockfd,struct sockaddr * my_addr,int addrlen);
```

函数说明：bind()函数用于将一个 IP 地址或端口号与一个套接字进行绑定，即将套接字与地址进行关联。

调用 bind()函数将参数 sockfd 指定的套接字与一个地址 my_addr 进行绑定。addrlen 为 sockaddr 的结构长度。my_addr 是一个指针，指向一个 struct sockaddr 类型变量，程序如下：

```
1. struct sockaddr
2. {
3. unsigned short int sa_family;
4. char sa_data[14];
5. };
```

（1）sa_family 为调用 socket()时的 domain 参数，即 AF_xxxx 值。

（2）sa_data 最多使用 14 个字符长度，在这 14 字节中包括 IP 地址、端口号等信息。

该结构体把这些信息都封装在 sa_data 数组中，这样使得用户是无法对 sa_data 数组进行赋值。事实上，这是一个通用的 Socket 地址结构体。

返回值：如果成功，则返回 0；如果失败，则返回-1。

一般都会使用 struct sockaddr_in 结构体，sockaddr_in 和 sockaddr 是并列的结构体（占用的空间是一样的），指向 sockaddr_in 结构体的指针也可以指向 sockaddr 结构体，并代替它，而且 sockaddr_in 结构体对用户将更加友好，在使用时进行类型转换即可。该结构体内容如下：

```
1. struct sockaddr_in {
2.        sa_family_tsin_family;      /* 协议族 */
3.        in_port_t sin_port;         /* 端口号 */
4.        struct in_addr sin_addr;    /* IP 地址 */
5.        unsigned char sin_zero[8];
6. };
```

这个结构体的第一个字段与 sockaddr 结构体是一致的，而剩下的字段就是 sa_data[14] 数组里面的内容，只不过重新定义了成员变量而已，sin_port 字段是需要填写的端口号信息，sin_addr 字段是需要填写的 IP 地址信息，剩下 sin_zero 区域的 8 字节保留未用。bind()函数的最后一个参数 addrlen 指定了 addr 所指向的结构体对应的字节长度。

使用示例如下：

```
1. struct sockaddr_insocket_addr;
2. memset(&socket_addr, 0x0, sizeof(socket_addr)); //清 0
3. //填充变量
4. socket_addr.sin_family = AF_INET;
5. socket_addr.sin_addr.s_addr = htonl(INADDR_ANY);
6. socket_addr.sin_port = htons(5555);
7. //将地址与套接字进行关联、绑定
8. bind(socket_fd, (struct sockaddr *)&socket_addr, sizeof(socket_addr));
```

bind()函数并不是总是需要调用的，只有用户进程想与一个具体的 IP 地址或端口号相关联时才需要调用这个函数。如果用户进程没有这个必要，那么程序可以依赖内核的自动选址机制来完成自动地址选择，通常在客户端应用程序中会这样做。

9.3.3 等待连接

1. listen

listen()函数只能在服务器进程中使用，让服务器进程进入监听状态，等待客户端的连接请求。

表头文件：

```
#include<sys/socket.h>
```

定义函数：

```
int listen(int sockfd,int backlog);
```

函数说明：listen()用来等待参数 sockfd 的 socket 连线。参数 backlog 指定同时能处理的最大连接要求，如果连接数目达此上限，则客户端将收到ECONNREFUSED的错误提示。listen()并未开始接收连线，只是设置socket为listen模式，真正接收客户端连线的是accept()。通常listen()会在socket()、bind()之后调用，接着才调用accept()。

返回值：如果成功，则返回0；如果失败，则返回-1。

注意：listen()只适用SOCK_STREAM或SOCK_SEQPACKET的Socket类型。如果Socket为AF_INET，则参数backlog最大值可为128。

2. accept

服务器调用listen()函数之后，就会进入监听状态，等待客户端的连接请求，使用accept()函数获取客户端的连接请求并建立连接。

表头文件：

```
#include<sys/types.h>
#include<sys/socket.h>
```

定义函数：

```
int accept(int sockfd,struct sockaddr * addr,int * addrlen);
```

为了能够让客户端正常连接到服务器，服务器必须遵循以下处理流程：

（1）调用socket()函数打开套接字。

（2）调用bind()函数将套接字与一个端口号以及IP地址进行绑定。

（3）调用listen()函数让服务器进程进入监听状态，监听客户端的连接请求。

（4）调用accept()函数处理到来的连接请求。

函数说明：accept()函数通常只用于服务器应用程序中，如果调用accept()函数时，并没有客户端请求连接，此时accept()会进入阻塞状态，直到有客户端连接请求到达为止。当有客户端连接请求到达时，accept()函数与远程客户端之间建立连接，accept()函数返回一个新的套接字。这个套接字与socket()函数返回的套接字并不同，socket()函数返回的是服务器的套接字（以服务器为例），而accept()函数返回的套接字连接到调用connect()的客户端，服务器通过该套接字与客户端进行数据交互。

参数addr所指的结构会被系统填入远程主机的地址数据，参数addrlen为sockaddr的结构长度。关于结构sockaddr的定义参考bind()函数。

返回值：如果成功，则返回新的socket处理代码；如果失败，则返回-1。

9.3.4 建立Socket连线

表头文件：

```
#include<sys/types.h>
#include<sys/socket.h>
```

定义函数：

```
int connect (int sockfd,struct sockaddr * serv_addr,int addrlen);
```

函数说明：该函数用于客户端应用程序中，客户端调用connect()函数将套接字sockfd与远程服务器进行连接，参数serv_addr指定了待连接的服务器的IP地址以及端口号等信息；参数 addrlen 指定了 addr 指向的 struct sockaddr 对象的字节大小。

返回值：如果创建成功，则返回 0；如果创建失败，则返回-1，错误原因存于 errno 中。

9.3.5 发送和接收函数

一旦客户端与服务器建立好连接之后，就可以通过套接字描述符来收发数据了（对于客户端使用 socket()返回的套接字描述符，而对于服务器来说，需要使用 accept()返回的套接字描述符），这与读写普通文件是差不多的操作，如可以调用 read()或 recv()函数读取网络数据，调用 write()或 send()函数发送数据。

1. read()函数

表头文件：

```
#include<unistd.h>
```

定义函数：

```
ssize_tread(int fd,void * buf ,size_t count);
```

函数说明：由已打开的文件读取数据，read()会把参数 fd 所指的文件传送 count 字节到 buf 指针所指的内存中。若参数 count 为 0，则 read()不会起作用并返回 0。返回值为实际读取到的字节数。如果返回 0，则表示已到达文件尾或是无可读取的数据，此外文件读写位置会随读取到的字节移动。套接字描述符也是文件描述符，所以使用 read()函数读取网络数据时，read()函数的参数 fd 就是对应的套接字描述符。

注意：如果操作顺利，则 read()会返回实际读到的字节数，最好能将返回值与参数 count 作比较，若返回的字节数比要求读取的字节数少，则有可能读到了文件尾，从管道（pipe）或终端读取，或者是 read()被信号中断读取动作。当有错误发生时，则返回-1，而文件读写位置则无法预期。

2. recv()函数

表头文件：

```
#include<sys/types.h>
#include<sys/socket.h>
```

定义函数：

```
int recv(int s,void *buf,intlen,unsigned int flags);
```

函数说明：不论是客户端还是服务器都可以通过 recv()函数读取网络数据，它与 read()函数的功能是相似的。参数 s 指定套接字描述符；参数 buf 指定了一个数据接收缓冲区；参数 len 指定了读取数据的字节大小；参数 flags 可以指定一些标志用于控制如何接收数据。

参数 flags 一般设为 0，其他数值定义如下：

（1）MSG_OOB：接收以 out-of-band 送出的数据。

（2）MSG_PEEK：返回的数据并不会在系统内删除，如果再调用 recv()，则会返回相同的数据内容。

（3）MSG_WAITALL：强迫接收到 len 大小的数据后才能返回，除非有错误或信号产生。

（4）MSG_NOSIGNAL：此操作不愿被 SIGPIPE 信号中断，如果返回值成功，则返回接收到的字符数；如果失败，则返回-1，错误原因存于 errno 中。

3. write()函数

表头文件：

```
#include<unistd.h>
```

定义函数：

```
ssize_t write (int fd,const void * buf,size_t count);
```

函数说明：将数据写入已打开的文件内，write()会把参数 buf 所指的内存写入 count 字节到参数 fd 所指的文件内。当然，文件读写位置也会随之移动。

返回值：如果操作顺利，则 write()会返回实际写入的字节数。当有错误发生时，则返回-1。

4. send()函数

表头文件：

```
#include<sys/types.h>
#include<sys/socket.h>
```

定义函数：

```
int send(int s,const void * msg,intlen,unsigned int flags);
```

函数说明：经 Socket 传送数据，send()用来将数据由指定的 Socket 传给对方主机。参数 s 为已建立好连接的 Socket；参数 msg 指向欲连线的数据内容；参数 len 则为数据长度。参数 flags 一般设 0，其他数值定义如下：

（1）MSG_OOB：传送的数据以 out-of-band 送出。

（2）MSG_DONTROUTE：取消路由表查询。

（3）MSG_DONTWAIT：设置为不可阻断运作。

（4）MSG_NOSIGNAL：此操作不愿被 SIGPIPE 信号中断。

返回值：如果成功，则返回实际传送出去的字符数；如果失败，则返回-1。

即使 send()成功返回，也并不表示连接的另一端的进程就一定接收了数据，我们所能保证的只是当 send 成功返回时，数据已经被无错误地发送到网络驱动程序上。

9.3.6 关闭套接字

关闭套接字有两个函数 close 和 shutdown，用 close 操作时和用户关闭文件一样。

表头文件：

```
#include<sys/socket.h>
```

定义函数：

```
int shutdown(int s,int how);
```

函数说明：终止 Socket 通信，shutdown()用来终止参数 s 所指定的 Socket 连线。参数 s 是连线中的 Socket 处理代码。参数 how 有下列几种情况：

（1）how=0：终止读取操作。

（2）how=1：终止传送操作。

（3）how=2：终止读取及传送操作。

返回值：如果成功，则返回 0；如果失败，则返回-1。

9.4 服务器和客户端的信息函数

微课视频

9.4.1 字节转换函数

在网络上有着许多类型的机器，这些机器表示数据的字节顺序是不同的，例如 i386 芯片是低字节在内存地址的低端，高字节在高端，而 alpha 芯片却相反。为了统一，在 Linux 下有专门的字节转换函数。

```
unsigned long int htonl(unsigned long int hostlong)
unsigned short int htons(unsigned short int hostshort)
unsigned long int ntohl(unsigned long int netlong)
unsigned short int ntohs(unsigned short int netshort)
```

在这 4 个转换函数中，h 代表 host；n 代表 network；s 代表 short；l 代表 long。

1．htonl

表头文件：

```
#include<netinet/in.h>
```

定义函数：

```
unsigned long int htonl(unsigned long int hostlong);
```

函数说明：将 32 位主机字符顺序转换成网络字符顺序，htonl()用来将参数指定的 32 位 hostlong 转换成网络字符顺序。

返回值：返回对应的网络字符顺序。

2．htons

表头文件：

```
#include<netinet/in.h>
```

定义函数：

```
unsigned short int htons(unsigned short int hostshort);
```

函数说明：将 16 位主机字符顺序转换成网络字符顺序，htons()用来将参数指定的 16 位 hostshort 转换成网络字符顺序。

返回值：返回对应的网络字符顺序。

3．ntohl

表头文件：

```
#include<netinet/in.h>
```

定义函数：

```
unsigned long int ntohl(unsigned long int netlong);
```

函数说明：将 32 位网络字符顺序转换成主机字符顺序，ntohl()用来将参数指定的 32 位 netlong 转换成主机字符顺序。

返回值：返回对应的主机字符顺序。

4．ntohs

表头文件：

```
#include<netinet/in.h>
```

定义函数：

```
unsigned short int ntohs(unsigned short int netshort);
```

函数说明：将 16 位网络字符顺序转换成主机字符顺序，ntohs()用来将参数指定的 16 位 netshort 转换成主机字符顺序。

返回值：返回对应的主机顺序。

9.4.2 IP 和域名的转换

在网络上，标志一台计算机可以用名字形式的网址，例如 www.usth.edu.cn。也可使用地址的 IP 形式，例如 218.7.13.212，它是一个 32 位的整数，每个网络节点有一个 IP 地址，它唯一的确定一台主机，但一台主机可以有多个 IP 地址。IP 通常由以“.”隔开的 4 个十进制数表示，随着 Internet 的壮大，使用 IPv4 的 IP 地址将会不够分配，使用 IPv6 已经成为必然。IPv6 使用的是 128 位的 IP 地址，要输入和记住这样的网址显然不现实，本节将介绍如何实现名字和数字地址之间的转换。

在网络中，通常组织运行多个名字服务器来提供名字与 IP 地址之间的转换，各种应用程序通过调用解析器库中的函数来与域名服务系统通信。常用的解析函数有 gethostbyname（名字地址转换为数字地址）和 gethostbyaddr（数字地址转换为名字地址）。

函数原型如下：

```
struct hostent *gethostbyname(const char *hostname)
struct hostent *gethostbyaddr(const char *addr,int len,int type)
```

其中，struct hostent 的定义如下：

```
struct hostent{
char *h_name;                    //主机的正式名称
char *h_aliases;                 //主机的别名
int h_addrtype;                  //主机的地址类型 AF_INET
int h_length;                    //主机的地址长度,对于 IPv4 是 4 字节 32 位
char **h_addr_list;              //主机的 IP 地址列表
}
#define h_addr h_addr_list[0]    //主机的第一个 IP 地址
```

gethostbyname 可以将机器名转换为一个结构指针，这个结构存储了域名的信息；

gethostbyaddr 可以将一个 32 位的 IP 地址转换为结构指针。这两个函数失败时返回 NULL 且设置 h_errno 错误变量，调用 h_strerror()可以得到详细的错误信息。

示例 9.4.2-1 IP 域名转换。

```
1.  #include <sys/types.h>
2.  #include <sys/socket.h>
3.  #include <unistd.h>
4.  #include <netinet/in.h>
5.  #include <arpa/inet.h>
6.  #include <stdio.h>
7.  #include <stdlib.h>
8.  #include <errno.h>
9.  #include <netdb.h>
10. #include <stdarg.h>
11. #include <string.h>
12. static void err_doit(int, int, const char *, va_list);
13. void err_sys(const char *fmt, ...)
14. {
15.      va_list  ap;
16.      va_start(ap, fmt);
17.      err_doit(1, errno, fmt, ap);
18.      va_end(ap);
19.      exit(1);
20. }
21. static void err_doit(int errnoflag,interror,const char *fmt,va_list ap)
22. {
23.      char   buf[1024];
24.      vsnprintf(buf, 1024, fmt, ap);
25.      if (errnoflag)
26.           snprintf(buf+strlen(buf), 1024-strlen(buf), ": %s",
27.                     strerror(error));
28.      strcat(buf, "\n");
29.      fflush(stdout);     /* in case stdout and stderr are the same */
30.      fputs(buf, stderr);
31.      fflush(NULL);       /* flushes all stdio output streams */
32. }
33. int main(int argc,char **argv)
34. {
35.      char *ptr,**pptr;
36.      char str[INET6_ADDRSTRLEN];
37.      struct hostent *hptr;
38.      while(--argc>0)
39.      {
40.           ptr=*(++argv);
41.           if((hptr=gethostbyname(ptr))==NULL)
42.           {
43.      printf("gethostbyname call error:%s,%s\n",ptr,hstrerror(h_errno));
```

```
44.                   continue;
45.               }
46.               printf("canonical  name:%s\n",hptr->h_name);
47.               for(pptr=hptr->h_aliases;*pptr!=NULL;pptr++)
48.                   printf("the aliases name is:%s\n",*pptr);
49.               switch(hptr->h_addrtype)
50.               {
51.                 case AF_INET:
52.                 case AF_INET6:
53.                     pptr=hptr->h_addr_list;
54.                     for(;*pptr!=NULL;pptr++)
55.                   printf("address:%s\n",inet_ntop(hptr->h_addrtype,*pptr,
                          str,sizeof(str)));
56.                     break;
57.                 default:
58.                     err_sys("unknown addrtype");
59.                     break;
60.               }
61.         }
62.         exit(0);
63. }
```

IP 域名转换运行结果如下：

```
1. root@ubuntu:/home/linux/chapter9# gcc Example9.4.2-1.c -o Example9.4.2-1
2. root@ubuntu:/home/linux/chapter9# ./Example9.4.2-1 www.usth.edu.cn
3. canonical  name:www.usth.edu.cn
4. address:60.219.165.29
5. root@ubuntu:/home/linux/chapter9# ./Example9.4.2-1 www.baidu.com
6. canonical  name:www.baidu.com
7. address:182.61.200.7
8. address:182.61.200.6
```

9.4.3 IP 地址转换函数

inet_ntop 和 inet_pton 是随着 IPv6 出现的函数，对于 IPv4 和 IPv6 地址都适用。它们将二进制 IPv4 或 IPv6 地址转换成以点分十进制表示的字符串形式，或将点分十进制表示的字符串形式转换成二进制 IPv4 或 IPv6 地址。使用这两个函数只需包含<arpa/inet.h>头文件即可！

1. inet_pton()函数

inet_pton()函数原型如下：

```
int inet_pton(int af, const char *src, void *dst);
```

函数说明：inet_pton()函数将点分十进制表示的字符串形式转换成二进制 IPv4 或 IPv6 地址。

将字符串 src 转换为二进制地址，参数 af 必须是 AF_INET 或 AF_INET6。AF_INET

表示待转换的是 IPv4 地址；AF_INET6 表示待转换的是 IPv6 地址；并将转换后得到的地址存放在参数 dst 所指向的对象中。如果参数 af 被指定为 AF_INET，则参数 dst 所指对象应该是一个 struct in_addr 结构体的对象；如果参数 af 被指定为 AF_INET6，则参数 dst 所指对象应该是一个 struct in6_addr 结构体的对象。如果 inet_pton()转换成功，则返回 1（已成功转换）。如果 src 不包含表示指定地址族中有效网络地址的字符串，则返回 0。如果 af 不包含有效的地址族，则返回−1，并将 errno 设置为 EAFNOSUPPORT。

示例 9.4.3-1　inet_pton()函数使用。

```
1.  #include <stdio.h>
2.  #include <stdlib.h>
3.  #include <arpa/inet.h>
4.  #define IPV4_ADDR "192.168.2.197"
5.      int main(void) {
6.      struct in_addraddr;
7.      inet_pton(AF_INET, IPV4_ADDR, &addr);
8.      printf("ipaddr: 0x%x\n", addr.s_addr);
9.  exit(0);
10. }
```

运行结果如下：

```
1. root@ubuntu:/home/linux/chapter9# gcc Example9.4.3-1.c -o Example9.4.3-1
2. root@ubuntu:/home/linux/chapter9# ./Example9.4.3-1
3. ipaddr: 0xc502a8c0
```

2. inet_ntop()函数

inet_ntop()函数执行与 inet_pton()是相反的操作，函数原型如下：

```
const char *inet_ntop(int af, const void *src, char *dst, socklen_t size);
```

参数 af 与 inet_pton()函数的参数 af 意义相同。参数 src 应指向一个 struct in_addr 结构体对象或 struct in6_addr 结构体对象，依据参数 af 而定。函数 inet_ntop()会将参数 src 指向的二进制 IP 地址转换为点分十进制形式的字符串，并将字符串存放在参数 dts 所指的缓冲区中，参数 size 指定了该缓冲区的大小。如果 inet_ntop()转换成功，则会返回 dst 指针。如果 size 的值太小，则将会返回 NULL 并将 errno 设置为 ENOSPC。

示例 9.4.3-2　inet_ntop()函数使用。

```
11. #include <stdio.h>
12. #include <stdlib.h>
13. #include <arpa/inet.h>
14. int main(void) {
15.     struct in_addraddr;
16.     char buf[20] = {0};
17.     addr.s_addr = 0xc502a8c0;
18.     inet_ntop(AF_INET, &addr, buf, sizeof(buf));
19.    printf("ipaddr: %s\n", buf);
20.    exit(0);
21. }
```

运行结果如下：

```
1. root@ubuntu:/home/linux/chapter9# gcc Example9.4.3-2.c -o Example9.4.3-2
2. root@ubuntu:/home/linux/chapter9# ./Example9.4.3-2
3. ipaddr: 192.168.2.197
```

9.4.4　服务信息函数

在网络程序里，用户有时需要知道端口 IP 和服务信息，这时可以使用以下几个函数实现：

```
int getsockname(int sockfd,struct sockaddr *localaddr,int *addrlen)
int getpeername(int sockfd,struct sockaddr *peeraddr, int *addrlen)
struct servent *getservbyname(const char *servname,const char *protoname)
struct servent *getservbyport(int port,const char *protoname)
struct servent
{
    char *s_name;               //正式服务名
    char **s_aliases;           //别名列表
    int s_port;                 //端口号
    char *s_proto;              //使用的协议
}
```

一般很少使用这几个函数，原因是对于客户端，当要得到连接的端口号时，在 connect 调用成功后使用，可得到系统分配的端口号；对于服务端，用 INADDR_ANY 填充后，为了得到连接的 IP，可以在 accept 调用成功后使用，而得到 IP 地址。在网络上有许多默认端口和服务，例如端口 21 对应 FTP，端口 80 对应 WWW。为了得到指定端口号的服务，可以调用第四个函数，相反，为了得到端口号，可以调用第三个函数。

9.5　用户数据报发送

前面已经介绍了网络程序的大部分内容，根据这些内容，用户实际上可以写出大部分基于 TCP 的网络程序。Linux 下的大多数程序都是基于前面所学的知识来写的。本节简单地介绍基于 UDP 的网络程序。

9.5.1　recvfrom

微课视频

表头文件：

```
#include<sys/types.h>
#include<sys/socket.h>
```

定义函数：

```
int recvfrom(int s,void *buf,int len,unsigned int flags ,struct sockaddr *from ,int *fromlen);
```

函数说明： 经 socket()函数接收数据，recv()用来接收远程主机经指定的 Socket 传来的数据，并把数据存到由参数 buf 指向的内存空间。参数 len 为可接收数据的最大长度。参数 flags 一般设为 0，其他数值定义参考 recv()。参数 from 用来指定欲传送的网络地址，结构 sockaddr 参考 bind()。参数 fromlen 为 sockaddr 的结构长度。

返回值：如果成功，则返回接收到的字符数；如果失败，则返回-1。

9.5.2 sendto

表头文件：

```
#include < sys/types.h >
#include < sys/socket.h >
```

定义函数：

```
int sendto ( int s , const void * msg, int len, unsigned int flags, const
struct sockaddr * to , int tolen ) ;
```

函数说明：经 socket()函数传送数据，sendto()用来将数据由指定的 Socket 传给对方主机。参数 s 为已建好连线的 Socket，如果利用 UDP 则不需经过连线操作。参数 msg 指向欲连线的数据内容，参数 flags 一般设为 0，参数 to 用来指定欲传送的网络地址，结构 sockaddr 参考 bind()。参数 tolen 为 sockaddr 的结构长度。

返回值：如果成功，则返回实际传送出去的字符数；如果失败，返回-1。

示例 9.5.2-1 简单 UDP 通信。

server.c

```
/*          服务端程序 server.c           */
1.  #include <stdlib.h>
2.  #include <stdio.h>
3.  #include <errno.h>
4.  #include <string.h>
5.  #include <unistd.h>
6.  #include <netdb.h>
7.  #include <sys/socket.h>
8.  #include <netinet/in.h>
9.  #include <sys/types.h>
10. #include <arpa/inet.h>
11. #define SERVER_PORT    8888
12. #define MAX_MSG_SIZE   1024
13. void udps_respon(int sockfd)
14. {
15.         struct sockaddr_inaddr;
16.         int n;
17.         socklen_taddrlen;
18.         char msg[MAX_MSG_SIZE];
19.         while(1)
20.         {      /* 从网络上读取数据,并写到网络上  */
21.             memset(msg, 0, sizeof(msg));
22.             addrlen = sizeof(struct sockaddr);
```

```
23.                 n=recvfrom(sockfd,msg,MAX_MSG_SIZE,0,
24.                               (struct sockaddr*)&addr,&addrlen);
25.                      /* 显示服务端已经收到了信息  */
26.                 fprintf(stdout,"I have received %s",msg);
27.                 sendto(sockfd,msg,n,0,(struct sockaddr*)&addr,addrlen);
28.            }
29. }
30. int main(void)
31. {
32.            int sockfd;
33.            struct sockaddr_in addr;
34.            sockfd=socket(AF_INET,SOCK_DGRAM,0);
35.            if(sockfd<0)
36.           {
37.                 fprintf(stderr,"Socket Error:%s\n",strerror(errno));
38.                 exit(1);
39.           }
40.            bzero(&addr,sizeof(struct sockaddr_in));
41.            addr.sin_family=AF_INET;
42.            addr.sin_addr.s_addr=htonl(INADDR_ANY);
43.            addr.sin_port=htons(SERVER_PORT);
44.            if(bind(sockfd,(struct sockaddr *)&addr,sizeof(struct
                    sockaddr_in))<0)
45.            {
46.                 fprintf(stderr,"Bind Error:%s\n",strerror(errno));
47.                 exit(1);
48.            }
49.            udps_respon(sockfd);
50.            close(sockfd);
51. }
```

client.c

```
/* 客户端程序 */
1.  #include <stdlib.h>
2.  #include <stdio.h>
3.  #include <errno.h>
4.  #include <string.h>
5.  #include <unistd.h>
6.  #include <netdb.h>
7.  #include <sys/socket.h>
8.  #include <netinet/in.h>
9.  #include <sys/types.h>
10. #include <arpa/inet.h>
11. #define MAX_BUF_SIZE    1024
12. void udpc_requ(int sockfd,const struct sockaddr_in *addr,intlen)
13. {
14.      char buffer[MAX_BUF_SIZE];
```

```
15.       int n;
16.      while(1)
17.            { /* 从键盘读入数据,写到服务端 */
18.              fgets(buffer,MAX_BUF_SIZE,stdin);
19.              sendto(sockfd,buffer,strlen(buffer),0,addr,len);
20.              bzero(buffer,MAX_BUF_SIZE);
21.              /* 从网络上读入数据,写到屏幕上 */
22.          n=recvfrom(sockfd,buffer,MAX_BUF_SIZE,0,NULL,NULL);
23.              buffer[n]=0;
24.              fputs(buffer,stdout);
25.      }
26.  }
27. int main(int argc,char **argv)
28. {
29.      int sockfd,port;
30.      struct sockaddr_inaddr;
31.      if(argc!=3)
32.         {
33.              fprintf(stderr,"Usage: %s server_ipserver_port\n",argv[0]);
34.              exit(1);
35.        }
36.     if((port=atoi(argv[2]))<0)
37.         {
38.              fprintf(stderr,"Usage: %s server_ipserver_port\n",argv[0]);
39.              exit(1);
40.         }
41.              sockfd=socket(AF_INET,SOCK_DGRAM,0);
42.      if(sockfd<0)
43.         {
44.              fprintf(stderr,"Socket Error: %s\n",strerror(errno));
45.              exit(1);
46.          }
47.      /* 填充服务端的资料 */
48.      bzero(&addr,sizeof(struct sockaddr_in));
49.      addr.sin_family=AF_INET;
50.      addr.sin_port=htons(port);
51.      if(inet_aton(argv[1],&addr.sin_addr)<0)
52.          {
53.               fprintf(stderr,"Ip error: %s\n",strerror(errno));
54.               exit(1);
55.          }
56.      udpc_requ(sockfd,&addr,sizeof(struct sockaddr_in));
57.      close(sockfd);
58. }
```

运行 UDP 服务器程序，执行./server &命令来启动服务程序。使用 netstat -ln 命令来观察服务程序绑定的 IP 地址和端口，终端 1 部分输出信息如下：

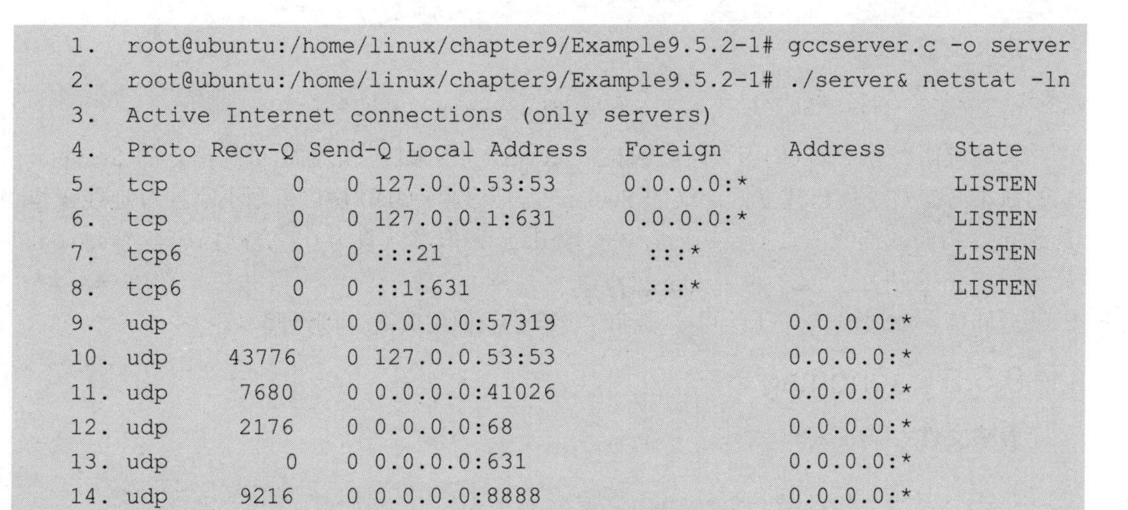

```
1.  root@ubuntu:/home/linux/chapter9/Example9.5.2-1# gccserver.c -o server
2.  root@ubuntu:/home/linux/chapter9/Example9.5.2-1# ./server& netstat -ln
3.  Active Internet connections (only servers)
4.  Proto Recv-Q Send-Q Local Address   Foreign     Address     State
5.  tcp         0    0 127.0.0.53:53     0.0.0.0:*               LISTEN
6.  tcp         0    0 127.0.0.1:631     0.0.0.0:*               LISTEN
7.  tcp6        0    0 :::21               :::*                  LISTEN
8.  tcp6        0    0 ::1:631             :::*                  LISTEN
9.  udp         0    0 0.0.0.0:57319               0.0.0.0:*
10. udp     43776    0 127.0.0.53:53               0.0.0.0:*
11. udp      7680    0 0.0.0.0:41026               0.0.0.0:*
12. udp      2176    0 0.0.0.0:68                  0.0.0.0:*
13. udp         0    0 0.0.0.0:631                 0.0.0.0:*
14. udp      9216    0 0.0.0.0:8888                0.0.0.0:*
15. udp      8320    0 0.0.0.0:5353                0.0.0.0:*
```

可以看到udp处有0.0.0.0:8888的内容，说明服务程序已经正常运行，可以接收主机上任何IP地址且端口为8888的数据。

运行UDP客户端程序，执行./client 127.0.0.1 8888命令来启动客户程序，使用127.0.0.1来连接服务程序，终端2执行效果如下：

```
1. root@ubuntu:/home/linux/chapter9/Example9.5.2-1# gccclient.c -o client
2. root@ubuntu:/home/linux/chapter9/Example9.5.2-1# ./client 127.0.0.1 8888
3. hello world!
4. hello world!
5. this is a test!
6. this is a test!
```

此时终端1显示内容如下：

```
1. root@ubuntu:/home/linux/chapter9/Example9.5.2-1#
2. I have received hello world!
3. I have received this is a test!
```

9.6　高级套接字函数

sendmsg和recvmsg这两个接口是高级套接口，不仅支持一般数据的发送和接收，还支持多缓冲区的报文发送和接收，并可以在报文中带辅助数据。这些功能是常用的send、recv等接口无法完成的。

9.6.1　recvmsg

表头文件：

```
#include<sys/types.h>
#include<sys/socktet.h>
```

定义函数：

```
int recvmsg(int s,struct msghdr *msg,unsigned int flags);
```

函数说明：经 socket()函数接收数据，recvmsg()用来接收远程主机经指定的 Socket 传来的数据。参数 s 为已建立好连线的 Socket，如果利用 UDP 协议，则不需经过连线操作。参数 msg 指向欲连线的数据结构内容。参数 flags 一般默认设为 0，详细描述参考 send()。关于结构 msghdr 的定义参考 sendmsg()。

返回值：如果成功，则返回接收到的字符数；如果失败，则返回-1。

9.6.2 sendmsg

表头文件：

```
#include<sys/types.h>
#include<sys/socket.h>
```

定义函数：

```
int sendmsg(int s,const struct msghdr *msg,unsigned int flags);
```

函数说明：经 socket()函数传送数据，sendmsg()用来将数据由指定的 Socket 传给对方主机。参数 s 为已建立好连线的 Socket，如果利用 UDP，则不需经过连线操作。参数 msg 指向欲连线的数据结构内容。参数 flags 一般默认设为 0，详细描述参考 send()。

结构 msghdr 的定义如下：

```
struct msghdr
{
void *msg_name;                //发送接收地址
socklen_t msg_namelen;         //地址长度
struct iovec * msg_iov;        //发送/接收数据量
size_t msg_iovlen;             //元素个数
void * msg_control;            //补充数据
size_t msg_controllen;         //补充数据缓冲长度
int msg_flags;                 //接收消息标识
};
```

返回值：如果成功，则返回实际传送的字符数；如果失败，则返回-1。

9.7 套接字选项

在进行网络编程时，经常需要查看或设置套接字的某些特性，例如设置地址复用、读写数据的超时时间、对读缓冲区的大小进行调整等操作。获取套接字选项的设置情况函数为 getsockopt()，设置套接字选项的函数为 setsockopt()。这两个函数在调整网络的性能和功能方面起着重要的作用。

9.7.1 getsockopt()

表头文件：

```
#include<sys/types.h>
#include<sys/socket.h>
```

定义函数：

```
int getsockopt(int s,int level,int optname,void* optval,socklen_t* optlen);
```

函数说明：取得 socket()函数状态，getsockopt()会将参数 s 所指定的 socket()函数状态返回。参数 optname 代表欲取得何种选项状态，而参数 optval 则指向欲保存结果的内存地址，参数 optlen 为该空间的大小。参数 level、optname 参考 setsockopt()。

返回值：如果成功，则返回 0；如果有错误，则返回-1。

示例 9.7.1-1　套接字选项控制。

```
1.  #include<sys/types.h>
2.  #include<sys/socket.h>
3.  #include <stdio.h>
4.  #include <unistd.h>
5.  int main()
6.  {
7.  int s,optval,optlen = sizeof(int);
8.  if((s = socket(AF_INET,SOCK_STREAM,0))<0) perror("socket");
9.  getsockopt(s,SOL_SOCKET,SO_TYPE,&optval,&optlen);
10. printf("optval = %d\n",optval);
11. close(s);
12. }
```

运行结果如下，注意 SOCK_STREAM 的定义正是此值。

```
1. root@ubuntu:/home/linux/chapter9# gcc Example9.7.1-1.c -o Example9.7.1-1
2. root@ubuntu:/home/linux/chapter9# ./Example9.7.1-1
3. optval = 1
```

9.7.2 setsockopt()

表头文件：

```
#include<sys/types.h>
#include<sys/socket.h>
```

定义函数：

```
    int setsockopt(int s,int level,int optname,const void * optval,,socklen_
toptlen);
```

函数说明：设置 Socket 状态，setsockopt()用来设置参数 s 所指定的 Socket 状态。参数 level 代表欲设置的网络层，一般设为 SOL_SOCKET 以存取 Socket 层。参数 optname 代表欲设置的选项，包括 SO_DEBUG：打开或关闭排错模式；SO_REUSEADDR：允许在 bind()

过程中本地地址可重复使用；SO_TYPE：返回 Socket 形态；SO_ERROR：返回 Socket 已发生的错误原因；SO_DONTROUTE：传送出的数据包不要利用路由设备来传输；SO_BROADCAST：使用广播方式传送；SO_SNDBUF：设置传送出的暂存区大小；SO_RCVBUF：设置接收的暂存区大小；SO_KEEPALIVE：定期确定连线是否已终止；SO_OOBINLINE：当接收到 OOB 数据时会马上传送至标准输入设备；SO_LINGER：确保数据安全且可靠的传送。参数 optval 代表欲设置的值，参数 toptlen 为 optval 的长度。

返回值：如果成功，则返回 0；如果有错误，则返回-1。

9.7.3 ioctl

表头文件：

```
#include<unistd.h>
#include<sys/ioctl.h>
```

定义函数：

```
int ioctl(int handle, int cmd,[int *argdx, int argcx]);
```

函数说明：ioctl 是设备驱动程序中对设备的 I/O 通道进行管理的函数。所谓对 I/O 通道进行管理，就是对设备的一些特性进行控制，例如串口的传输波特率、马达的转速等。它的调用格式如下：

```
int ioctl(int fd, int cmd, …);
```

其中，fd 就是用户程序打开设备时使用 open 函数返回的文件标识符，cmd 就是用户程序对设备的控制命令，后面的省略号是一些补充参数，一般最多一个，有或没有省略号是和 cmd 的意义相关。ioctl 函数是文件结构中的一个属性分量，也就是说，如果驱动程序提供了对 ioctl 的支持，用户就能在程序中使用 ioctl 函数控制设备的 I/O 通道。

返回值：如果成功，则返回 0；如果有错误，则返回-1。

9.8 服务器模型

在用户写程序之前，都应该从软件工程的角度规划好软件，这样开发软件的效率才会高。一般来说，在网络程序中，都是由多个客户端对应一个服务器。为了处理客户端的请求，对服务器端的程序就提出了特殊的要求。目前最常用的服务器模型如下：

（1）循环服务器：循环服务器在同一个时刻只可以响应一个客户端的请求。

（2）并发服务器：并发服务器在同一个时刻可以响应多个客户端的请求。

微课视频

9.8.1 循环服务器：UDP 服务器

UDP 循环服务器的实现非常简单。UDP 服务器每次从套接字上读取一个客户端的请求并处理，然后将结果返回给客户端。可以用下面的算法来实现：

```
1. socket(…);
2. bind(…);
3. while(1)
```

```
4. {
5. recvfrom(…);
6. process(…);
7. sendto(…);
8. }
```

因为UDP是面向非连接的，没有一个客户端可以总是占住服务端，只要处理过程不是死循环，服务器对于每个客户端的请求总是能够满足。

9.8.2 循环服务器：TCP服务器

TCP服务器接收一个客户端的连接并处理，完成了该客户端的所有请求后，断开连接。算法如下：

```
1.  socket(…);
2.  bind(…);
3.  listen(…);
4.  while(1)
5.  {accept(…);
6.  while(1)
7.  {read(…);
8.  process(…);
9.  write(…);}
10. close(…);}
```

TCP循环服务器一次只能处理一个客户端的请求。只有在该客户端的所有请求都满足后，服务器才可以继续响应后面的请求。如果有一个客户端占住服务器不释放时，其他的客户端都不能工作。因此TCP服务器一般很少采用循环服务器模型。

示例9.8.2-1 循环TCP服务器。

tcp_client.c

```
1. #include <stdlib.h>
2. #include <stdio.h>
3. #include <errno.h>
4. #include <string.h>
5. #include <unistd.h>
6. #include <arpa/inet.h>
7. #include <netdb.h>
8. #include <sys/types.h>
9. #include <netinet/in.h>
10. #include <sys/socket.h>
11. #defineportnumber 3333
12. int main(int argc, char *argv[])
13. {
14.     int sockfd;
15.     char buffer[1024];
16.     struct sockaddr_inserver_addr;
17.     struct hostent *host;
```

```
18.     int nbytes;
```

（1）使用 hostname 查询 host 名字。

```
19.     if(argc!=2)
20.     {
21.        fprintf(stderr,"Usage:%s hostname \a\n",argv[0]);
22.        exit(1);
23.     }
24.
25.     if((host=gethostbyname(argv[1]))==NULL)
26.     {
27.        fprintf(stderr,"Gethostname error\n");
28.        exit(1);
29.     }
```

（2）客户程序开始建立 sockfd 描述符。

```
30.     if((sockfd=socket(AF_INET,SOCK_STREAM,0))==-1)
        //AF_INET:Internet;SOCK_STREAM:TCP
31.     {
32.        fprintf(stderr,"Socket Error:%s\a\n",strerror(errno));
33.        exit(1);
34.     }
```

（3）客户程序填充服务器端的资料。

```
35.     bzero(&server_addr,sizeof(server_addr));//初始化,置0
36.     server_addr.sin_family=AF_INET;          //IPV4
37.     server_addr.sin_port=htons(portnumber);
38.     // (将本机上的short数据转化为网络上的short数据)端口号
39.     server_addr.sin_addr=*((struct in_addr*)host->h_addr);
40.     // IP地址
```

（4）客户程序发起连接请求。

```
41.     if(connect(sockfd,(struct sockaddr *)(&server_addr), sizeof (struct
sockaddr))==-1)
42.     {
43.        fprintf(stderr,"Connect Error:%s\a\n",strerror(errno));
44.        exit(1);
45.     }
```

（5）连接成功。

```
46.     if((nbytes=read(sockfd,buffer,1024))==-1)
47.     {
48.          fprintf(stderr,"Read Error:%s\n",strerror(errno));
49.          exit(1);
50.     }
51.     buffer[nbytes]='\0';
52.     printf("I have received:%s\n",buffer);
```

（6）结束通信。

```
53.     close(sockfd);
54.     exit(0);
55. }
```

tcp_server.c

```
1.  #include <stdlib.h>
2.  #include <stdio.h>
3.  #include <errno.h>
4.  #include <string.h>
5.  #include <unistd.h>
6.  #include <arpa/inet.h>
7.  #include <netdb.h>
8.  #include <sys/types.h>
9.  #include <netinet/in.h>
10. #include <sys/socket.h>
11. #defineportnumber 3333
12. int main(int argc, char *argv[])
13. {
14.      int sockfd,new_fd;
15.      struct sockaddr_inserver_addr;
16.      struct sockaddr_inclient_addr;
17.      int sin_size;
18.      char hello[]="Hello! Are You Fine?\n";
```

（1）服务器端开始建立 sockfd 描述符。

```
19.     if((sockfd=socket(AF_INET,SOCK_STREAM,0))==-1)
20.     //AF_INET:IPV4;SOCK_STREAM:TCP
21.     {
22.        fprintf(stderr,"Socket error:%s\n\a",strerror(errno));
23.        exit(1);
24.     }
```

（2）服务器端填充 sockaddr 结构。

```
25.     bzero(&server_addr,sizeof(struct sockaddr_in));  //初始化,置 0
26.     server_addr.sin_family=AF_INET;                   //Internet
```

将本机上的 long 数据转换为网络上的 long 数据和任何主机通信。INADDR_ANY 表示可以接收任意 IP 地址的数据，即绑定到所有的 IP。server_addr.sin_addr.s_addr=inet_addr("192.168.1.1");用于绑定到一个固定 IP，inet_addr 用于把数字加格式的 IP 转换为整型 IP。

```
27.    server_addr.sin_addr.s_addr=htonl(INADDR_ANY);    //(将本机上的 short
                                                         //数据转换为网络上的
                                                         //short 数据)端口号
28.    server_addr.sin_port=htons(portnumber);
```

（3）捆绑 sockfd 描述符到 IP 地址。

```
29.     if(bind(sockfd,(struct sockaddr *)(&server_addr), sizeof (struct
sockaddr))==-1)
30.     {
31.         fprintf(stderr,"Bind error:%s\n\a",strerror(errno));
32.         exit(1);
33.     }
```

（4）设置允许连接的最大客户端数。

```
34.     if(listen(sockfd,5)==-1)
35.     {
36.         fprintf(stderr,"Listen error:%s\n\a",strerror(errno));
37.         exit(1);
38.     }
39.     while(1)
40.     {
```

（5）服务器阻塞，直到客户程序建立连接。

```
41.         sin_size=sizeof(struct sockaddr_in);
42.         if((new_fd=accept(sockfd,(struct sockaddr *) (&client_addr),
            &sin_size))==-1)
43.         {
44.             fprintf(stderr,"Accept error:%s\n\a",strerror(errno));
45.             exit(1);
46.         }
47.         fprintf(stderr,"Server get connection from %s\n", inet_ntoa
            (client_addr.sin_addr)); //将网络地址转换成字符串
48.                 if(write(new_fd,hello,strlen(hello))==-1)
49.         {
50.             fprintf(stderr,"Write Error:%s\n",strerror(errno));
51.             exit(1);
52.         }
```

（6）这个通信已经结束。

```
53.         close(new_fd);
54.         /* 循环下一个 */
55.     }
56.     /* 结束通信 */
57.     close(sockfd);
58.     exit(0);
59. }
```

编译并打开两个终端运行代码，终端 1 运行结果如下：

```
1. root@ubuntu:/home/linux/chapter9/Example9.8.2-1# gcctcp_client.c -o
tcp_client
2. root@ubuntu:/home/linux/chapter9/Example9.8.2-1# gcctcp_server.c -o
```

```
tcp_server
    3. root@ubuntu:/home/linux/chapter9/Example9.8.2-1# ls
    4. tcp_clienttcp_client.ctcp_servertcp_server.c
    5. root@ubuntu:/home/linux/chapter9/Example9.8.2-1# ./tcp_server
    6. Server get connection from 192.168.2.197
```

终端 2 运行结果如下：

```
1. root@ubuntu:/home/linux/chapter9/Example9.8.2-1# ./tcp_client 192.168.2.197
2. I have received:Hello! Are You Fine?
```

9.8.3 并发服务器：TCP 服务器

为了弥补循环 TCP 服务器的缺陷，人们又想出了并发服务器的模型。并发服务器设计技术一般有多进程服务器、多线程服务器、I/O 复用服务器。并发服务器的思想是：每个客户端的请求并不由服务器直接处理，而是由服务器创建一个子进程来处理。父进程继续等待其他客户端的请求。这种方法的优点：当客户端有请求时，服务器能及时处理，特别是在客户端服务器交互系统中，对于一个 TCP 服务器，客户端与服务器的连接可能并不会马上关闭，而是等到客户端提交某些数据后关闭，这段时间服务器端的进程会阻塞，所以这时操作系统可能调度其他客户端服务进程。

TCP 多进程并发服务器算法如下：

```
1.  socket(...);
2.  bind(...);
3.  listen(...);
4.  while(1)
5.  {
6.  accept(...);
7.  if(fork(..)==0)
8.  {
9.  while(1)
10. {
11. read(...);
12. process(...);
13. write(...);
14. }
15. close(...);
16. exit(...);
17. }
18. close(...);
19. }
```

TCP 并发服务器可以解决 TCP 循环服务器客户机独占服务器的情况。不过也同时带来了一个不小的问题。服务器要创建子进程来处理，而创建子进程是一种非常消耗资源的操作。

9.8.4 并发服务器：多路复用 I/O

I/O 多路复用技术是为了解决进程或线程阻塞到某个 I/O 系统调用而出现的技术，使进程不阻塞于某个特定的 I/O 系统调用。它可以用于并发服务器的设计。最常用的函数为 select。

表头文件：

```
#include<sys/time.h>
#include<sys/types.h>
#include<unistd.h>
```

定义函数：

```
int select(int n,fd_set* readfds,fd_set* writefds,fd_set* exceptfds, struct
timeval* timeout);
```

函数说明： select()用来等待文件描述词状态的改变，采用 I/O 口多路复用机制参数 n 代表最大的文件描述词加 1，参数 readfds、writefds 和 exceptfds 称为描述词组，是用来回传该描述词的读、写或例外的状况。下面的宏提供了处理这 3 种描述词组的方式：

（1）FD_CLR(int fd,fd_set* set)；//用来清除描述词组 set 中相关 fd 的位。

（2）FD_ISSET(int fd,fd_set *set)；//用来测试描述词组 set 中相关 fd 的位是否为真。

（3）FD_SET(int fd,fd_set*set)；//用来设置描述词组 set 中相关 fd 的位。

（4）FD_ZERO(fd_set *set)；//用来清除描述词组 set 的全部位。

参数 timeout 为结构 timeval，用来设置 select()的等待时间，其结构定义如下：

```
struct timeval
{
time_ttv_sec;
time_ttv_usec;
};
```

返回值： 如果参数 timeout 设为 NULL，则表示 select()没有 timeout。

常见的程序片段如下：

```
FD_ZERO(&readset);
FD_SET(fd,&readset);
select(fd+1,&readset,NULL,NULL,NULL);
if(FD_ISSET(fd,readset){...}
```

使用 select 后用户的服务器程序就变成为：

```
1.  socket(...);
2.  bind(...);
3.  listen(...);
4.  while(1)
5.  {
6.  if (select()>0)
7.  if(FD_ISSET(…)>0)
8.  {
9.  accept(...);
```

```
10. process(...);
11. }
12. close(...);
13. }
```

多路复用I/O可以解决资源限制的问题。该模型实际上是将UDP循环模型用在了TCP上面，这也就带来了一些问题。例如，由于服务器依次处理客户的请求，所以可能会导致有的客户会等待很久。

9.8.5 并发服务器：UDP服务器

人们把并发的概念用于UDP就得到了并发UDP服务器模型。并发UDP服务器模型其实是简单的。和并发的TCP服务器模型类似，都是创建一个子进程来处理。

除非服务器处理客户端的请求所用的时间比较长，人们实际上很少用这种模型。

示例 9.8.5-1 编写UDP协议程序实现数据通信。

udp_server.c 代码如下：

```
/*服务器端代码*/
1.  #include <stdlib.h>
2.  #include <stdio.h>
3.  #include <errno.h>
4.  #include <string.h>
5.  #include <unistd.h>
6.  #include <netdb.h>
7.  #include <sys/socket.h>
8.  #include <netinet/in.h>
9.  #include <sys/types.h>
10. #include <arpa/inet.h>
11. #define SERVER_PORT 8888
12. #define MAX_MSG_SIZE 1024
13. void udps_respon(int sockfd)
14. {
15.      struct sockaddr_inaddr;
16.      int addrlen,n;
17.      char msg[MAX_MSG_SIZE];
18.      while(1)
19.      {      /* 从网络上读,并写到网络上 */
20.             bzero(msg,sizeof(msg)); //初始化,清0
21.             addrlen = sizeof(struct sockaddr);
22.             n=recvfrom(sockfd,msg,MAX_MSG_SIZE,0,(struct sockaddr*)
   &addr, &addrlen);         //从客户端接收消息
23.             msg[n]=0;     //将收到的字符串尾端添加上字符串结束标志
24.             /* 显示服务端器已经收到了信息 */
25.             fprintf(stdout,"Server have received %s",msg);   //显示消息
26.      }
27. }
28. int main(void)
```

```
29. {
30.      int sockfd;
31.      struct sockaddr_inaddr;
32.      /* 服务器端开始建立 socket 描述符 */
33.      sockfd=socket(AF_INET,SOCK_DGRAM,0);
34.      if(sockfd<0)
35.      {
36.            fprintf(stderr,"Socket Error:%s\n",strerror(errno));
37.            exit(1);
38.      }
39.      /* 服务器端填充 sockaddr 结构 */
40.      bzero(&addr,sizeof(struct sockaddr_in));
41.      addr.sin_family=AF_INET;
42.      addr.sin_addr.s_addr=htonl(INADDR_ANY);
43.      addr.sin_port=htons(SERVER_PORT);
44.      /* 捆绑 sockfd 描述符 */
45. if(bind(sockfd,(struct sockaddr*)&addr,sizeof(struct sockaddr_in))<0)
46.      {
47.            fprintf(stderr,"Bind Error:%s\n",strerror(errno));
48.            exit(1);
49.      }
50.      udps_respon(sockfd); //进行读写操作
51.      close(sockfd);
52. }
```

udp_client.c 代码如下：

```
/*客户端代码*/
1.  #include <stdlib.h>
2.  #include <stdio.h>
3.  #include <errno.h>
4.  #include <string.h>
5.  #include <unistd.h>
6.  #include <netdb.h>
7.  #include <sys/socket.h>
8.  #include <netinet/in.h>
9.  #include <sys/types.h>
10. #include <arpa/inet.h>
11. #define SERVER_PORT 8888
12. #define MAX_BUF_SIZE 1024
13. void udpc_requ(int sockfd,const struct sockaddr_in *addr,intlen)
14. {
15.       char buffer[MAX_BUF_SIZE];
16.       int n;
17.       while(1)
18.       {     /* 从键盘读入数据,写到服务器端 */
19.             printf("Please input char:\n");
20.             fgets(buffer,MAX_BUF_SIZE,stdin);
```

```
21.             sendto(sockfd,buffer,strlen(buffer),0,(struct sockaddr *)
                addr,len);
22.            bzero(buffer,MAX_BUF_SIZE);
23.       } }
24. int main(int argc,char **argv)
25. {
26.       int sockfd;
27.       struct sockaddr_inaddr;
28.       if(argc!=2)
29.       {
30.              fprintf(stderr,"Usage:%s server_ip\n",argv[0]);
31.              exit(1);
32.       }
33.       /*建立 sockfd 描述符*/
34.       sockfd=socket(AF_INET,SOCK_DGRAM,0);
35.       if(sockfd<0)
36.       {
37.              fprintf(stderr,"Socket Error:%s\n",strerror(errno));
38.              exit(1);        }
39.       /*填充服务器端的资料*/
40.       bzero(&addr,sizeof(struct sockaddr_in));
41.       addr.sin_family=AF_INET;
42.       addr.sin_port=htons(SERVER_PORT);
43.       if(inet_aton(argv[1],&addr.sin_addr)<0)/*inet_aton 函数用于把字
                                      符串型的 IP 地址转化成网络二进制数字*/
44.       {
45.              fprintf(stderr,"Ip error:%s\n",strerror(errno));
46.              exit(1);        }
47.       udpc_requ(sockfd,&addr,sizeof(struct sockaddr_in));//进行读写操作
48.       close(sockfd);
49. }
```

编译并运行应用程序，先运行服务器程序 server，然后在另一个终端中运行客户端程序 client。

先编译两段代码，然后在终端 1 运行服务器程序 server：

```
1.  root@ubuntu:/home/linux/chapter9/Example9.8.5-1# gccudp_server.c -o
    udp_server
2.  root@ubuntu:/home/linux/chapter9/Example9.8.5-1# gccudp_client.c -o
    udp_client
3.  root@ubuntu:/home/linux/chapter9/Example9.8.5-1# ./udp_server
4.  Server have received hello
5.  Server have received world!
```

另一个终端中运行客户端程序 client：

```
1.  root@ubuntu:/home/linux/chapter9/Example9.8.5-1# ./udp_client 192.168.2.197
2.  Please input char:
3.  hello
```

```
4.  Please input char:
5.  world
6.  Please input char:
```

运行程序可以看到，在客户端程序还没有连接上来时，服务器处于阻塞状态，阻塞在recvfrom()函数上。客户端和服务器建立连接之后，客户端每发送一条消息，服务器收到并打印出来。由于收发都在死循环中进行，没有结束条件，所以只有按Ctrl+C快捷键来结束程序的运行。

9.9 Socket编程应用

9.9.1 编写服务器程序

经过以上介绍，本节将进行编程实战，实现一个简单的服务器和一个简单的客户端应用程序。编写服务器应用程序的流程如下：

（1）调用socket()函数打开套接字，得到套接字描述符。

（2）调用bind()函数将套接字与IP地址、端口号进行绑定。

（3）调用listen()函数让服务器进程进入监听状态。

（4）调用accept()函数获取客户端的连接请求并建立连接。

（5）调用read/recv()函数、write/send()函数与客户端进行通信。

（6）调用close()函数关闭套接字。

示例9.9.1-1 编写一个简单的服务器应用程序。

```
1.  #include <stdio.h>
2.  #include <stdlib.h>
3.  #include <unistd.h>
4.  #include <string.h>
5.  #include <sys/types.h>
6.  #include <sys/socket.h>
7.  #include <arpa/inet.h>
8.  #include <netinet/in.h>
9.  #define SERVER_PORT  8888  //端口号不能发生冲突，不常用的端口号通常大于5000
10. int main(void)
11. {
12.     struct sockaddr_inserver_addr = {0};
13.     struct sockaddr_inclient_addr = {0};
14.     char ip_str[20] = {0};
15.     int sockfd, connfd;
16.    int addrlen = sizeof(client_addr);
17.    char recvbuf[512];
18.    int ret;
19.    /* 打开套接字，得到套接字描述符 */
20.     sockfd = socket(AF_INET, SOCK_STREAM, 0);
21.    if (0 >sockfd) {
22.         perror("socket error");
```

```
23.         exit(EXIT_FAILURE);
24.     }
25.     /* 将套接字与指定端口号进行绑定 */
26.     server_addr.sin_family = AF_INET;
27.     server_addr.sin_addr.s_addr = htonl(INADDR_ANY);
28.     server_addr.sin_port = htons(SERVER_PORT);
29.
30.     ret = bind(sockfd, (struct sockaddr *)&server_addr,
        sizeof(server_addr));
31.     if (0 > ret) {
32.         perror("bind error");
33.         close(sockfd);
34.         exit(EXIT_FAILURE);
35.     }
36.     /* 使服务器进入监听状态 */
37.     ret = listen(sockfd, 50);
38.     if (0 > ret) {
39.         perror("listen error");
40.         close(sockfd);
41.         exit(EXIT_FAILURE);
42.     }
43.     /* 阻塞等待客户端连接 */
44.     connfd = accept(sockfd, (struct sockaddr *)&client_addr, &addrlen);
45.     if (0 >connfd) {
46.         perror("accept error");
47.         close(sockfd);
48.         exit(EXIT_FAILURE);
49.     }
50.     printf("有客户端接入...\n");
51.     inet_ntop(AF_INET, &client_addr.sin_addr.s_addr, ip_str,
        sizeof(ip_str));
52.     printf("客户端主机的 IP 地址: %s\n", ip_str);
53.     printf("客户端进程的端口号: %d\n", client_addr.sin_port);
54.
55.     /* 接收客户端发送过来的数据 */
56.     for ( ; ; ) {
57.         //接收缓冲区清 0
58.         memset(recvbuf, 0x0, sizeof(recvbuf));
59.         //读数据
60.         ret = recv(connfd, recvbuf, sizeof(recvbuf), 0);
61.         if(0 >= ret) {
62.             perror("recv error");
63.             close(connfd);
64.             break;
65.         }
66.         //将读取到的数据以字符串形式打印出来
67.         printf("from client: %s\n", recvbuf);
```

```
68.         //如果读取到"exit"，则关闭套接字并退出程序
69.         if (0 == strncmp("exit", recvbuf, 4)) {
70.              printf("server exit...\n");
71.              close(connfd);
72.              break;
73.         }
74.     }
75.     /* 关闭套接字 */
76.     close(sockfd);
77.     exit(EXIT_SUCCESS);
78. }
```

9.9.2 编写客户端程序

接下来再编写一个简单的客户端应用程序，客户端的功能是连接服务器，连接成功之后向服务器发送数据，发送的数据由用户输入。

示例 9.9.2-1 编写一个简单的客户端应用程序。

```
1.  #include <stdio.h>
2.  #include <stdlib.h>
3.  #include <unistd.h>
4.  #include <string.h>
5.  #include <sys/types.h>
6.  #include <sys/socket.h>
7.  #include <arpa/inet.h>
8.  #include <netinet/in.h>
9.  #define SERVER_PORT              8888           //服务器的端口号
10. #define SERVER_IP        "192.168.2.197"        //服务器的 IP 地址
11. int main(void)
12. {
13.     struct sockaddr_inserver_addr = {0};
14.     char buf[512];
15.     int sockfd;
16.     int ret;
17.     /* 打开套接字，得到套接字描述符 */
18.     sockfd = socket(AF_INET, SOCK_STREAM, 0);
19.     if (0 >sockfd) {
20.          perror("socket error");
21.          exit(EXIT_FAILURE);
22.     }
23.     /* 调用 connect 连接远端服务器 */
24.     server_addr.sin_family = AF_INET;
25.     server_addr.sin_port = htons(SERVER_PORT);             //端口号
26.     inet_pton(AF_INET, SERVER_IP, &server_addr.sin_addr);  //IP 地址
27.     ret = connect(sockfd, (struct sockaddr *)&server_addr,
        sizeof(server_addr));
28.     if (0 > ret) {
```

```
29.             perror("connect error");
30.             close(sockfd);
31.             exit(EXIT_FAILURE);
32.        }
33.         printf("服务器连接成功...\n\n");
34.        /* 向服务器发送数据 */
35.        for ( ; ; ) {
36.            //清理缓冲区
37.            memset(buf, 0x0, sizeof(buf));
38.            //接收用户输入的字符串数据
39.            printf("Please enter a string: ");
40.            fgets(buf, sizeof(buf), stdin);
41.            //将用户输入的数据发送给服务器
42.            ret = send(sockfd, buf, strlen(buf), 0);
43.            if(0 > ret){
44.                perror("send error");
45.                break;
46.            }
47.            //输入"exit"，退出循环
48.            if(0 == strncmp(buf, "exit", 4))
49.                break;
50.        }
51.        close(sockfd);
52.        exit(EXIT_SUCCESS);
53. }
```

9.9.3 编译测试

首先，编译服务器应用程序和客户端应用程序，运行结果如下：

```
1. root@ubuntu:/home/linux/chapter9# gcc Example9.9.1-1.c -o Example9.9.1-1
2. root@ubuntu:/home/linux/chapter9# gcc Example9.9.2-1.c -o Example9.9.2-1
```

其次，打开两个终端，分别运行服务器和客户端程序，服务器运行如下：

```
3. root@ubuntu:/home/linux/chapter9# ./Example9.9.1-1
4. 有客户端接入...
5. 客户端主机的 IP 地址: 192.168.2.197
6. 客户端进程的端口号: 48328
7. from client: hello world!
8.
9. from client: aaaabbbb
```

客户端运行如下：

```
10. root@ubuntu:/home/linux/chapter9# ./Example9.9.2-1
11. 服务器连接成功...
12.
13. Please enter a string: hello world!
```

```
14. Please enter a string: aaaabbbb
```

客户端运行之后将会连接远端服务器，连接成功便会打印出信息“服务器连接成功...”，此时服务器也会监测到客户端连接，会打印相应的信息。接下来便可以在客户端处输入字符串，客户端程序会将输入的字符串信息发送给服务器，服务器接收到之后将其打印。

9.10 习题

1．什么是 TCP？什么是 UDP？二者的区别是什么？

2．IP 和域名如何实现转换？

3．网络传输分为哪些层次？各个层次的含义是什么？

4．编写使用 TCP 的服务器程序和客户端程序，客户端向服务器发送字符串，服务器打印收到的字符串。

5．编写使用 UDP 的服务器程序和客户端程序，客户端向服务器发送字符串，服务器打印收到的字符串。

第三部分
嵌入式系统驱动开发

第 10 章 内核开发基础

CHAPTER 10

内核开发首先要了解内核的构成、启动方式、工作流程以及内核开发所使用的工具等。本章介绍内核开发的基础，包括嵌入式开发环境的搭建、Linux 内核简介、文件系统制作等。

10.1 嵌入式开发环境的搭建

进入嵌入式开发环境必须搭建一套完整的开发环境。在开发内核时，目标平台所需要的 BootLoader 以及操作系统核心还没有建立，另外，目标机设备的硬件一般有很大的局限性，不具备一定的处理能力和存储空间，即单独在目标板上无法完成程序开发，需要在宿主机上对即将在目标机上运行的应用程序进行编译，生成可以在目标机上运行的代码格式，然后移植到目标板上，交叉开发环境模型如图 10-1 所示。

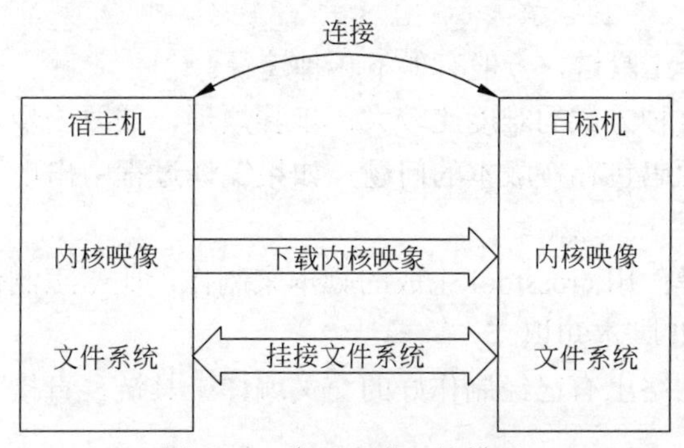

图 10-1　交叉开发环境模型

在宿主机上安装开发工具，配置、编译目标机的 Linux 引导程序、内核和文件系统，然后通过下载到目标平台上运行的开发模式称为交叉开发。

交叉开发主要由三部分组成：宿主机、目标机以及宿主机和目标机之间的互连。宿主机通常是 x86 体系架构，宿主机通过编译生成可运行的软件，该软件可能会被移植到不同于宿主机的另一个平台上运行，这个平台可能是 Power PC 或者 ARM 等，这个运行软件的平台称为目标机。通常宿主机和目标机之间可以使用串口、以太网接口、USB 接口以及 JTAG 等传输方式，分别介绍如下：

（1）串口传输方式：宿主机通过 Windows 超级终端、kermit 或 minicon 等工具向目标机发送文件。

（2）以太网接口传输方式：可以通过 TFTP 等网络协议向目标机发送文件。

（3）USB 接口传输方式：通过 USB 移动设备向目标机发送文件。

（4）JTAG：通过仿真器 JTAG 向目标机发送文件，需要进行仿真器硬件连接。

另外，可以创建网络文件系统（NFS），通过使用 NFS，用户可以像访问本地文件一样访问远端系统上的文件，而不需要通过传输方式把文件逐个传递到目标机上。

进行交叉开发需要有交叉开发环境，交叉开发环境是一个与宿主机不同的一套库函数和编译器。使用这样的库函数和编译器编译出来的应用程序可以在目标机上运行。

搭建交叉编译环境，即配置安装交叉编译工具链，在该环境下编译出嵌入式 Linux 系统所需的操作系统、应用程序等，然后再上传到目标机。

10.1.1 交叉编译工具链

1. 交叉编译工具链介绍

交叉编译工具链是为了编译、链接、处理和调试跨平台体系结构的程序代码，是针对目标架构准备的单独安装、单独使用的 binutils+gcc+glibc+kernel-header 组合的环境，其中，kernel-header 通常为 Linux 内核头文件。对于交叉开发的工具链来说，在文件名字上加一个前缀，用来区别本地的工具链，例如 arm-linux 表示是针对 arm 的交叉编译工具链；arm-linux-gcc 表示是使用 gcc 的编译器。除了体系结构相关的编译选项外，它的使用方法与 Linux 主机上的 gcc 相同，所以 Linux 编程技术对于嵌入式 Linux 同样适用。但是并不是任何一个版本都能拿来使用，各种软件包存在版本匹配问题，例如编译内核时需要使用 arm-linux-gcc-4.3.3 版本的交叉编译工具链，而使用 arm-linux-gcc-3.4.1 的交叉编译工具链则会导致编译失败。

制作一个交叉编译工具链，一般有如下 3 种途径：

（1）手工制作：这种方式的难度比较大，步骤烦琐，需要一步步进行编译。制作交叉编译工具链所需要的源码包存在版本的问题，如果编译过程中出现了问题，去修正这些问题比较困难。

（2）通过脚本编译：用 crosstool 生成的脚本来制作，比手工制作的难度小一些，但是修改脚本需要熟悉 shell 脚本知识。

（3）直接获取：网络上有已经制作好的交叉编译工具链，直接下载，安装配置后即可使用。

2. 交叉编译工具链安装

本书采用脚本安装 64 位交叉编译工具链，具体制作过程不展开说明，读者可以在本书提供的链接下载该工具包。在该工具包 fsl-8mm-source.tar.bz2 中找到 sdk。通过运行 fsl-imx-wayland-glibc-x86_64-fsl-image-qt5-validation-imx-aarch64-toolchain-4.14-sumo.sh 该脚本文件即可。

交叉编译工具链并未添加进系统环境变量中，使用时，在终端输入：

```
root@ubuntu:/home/linux/chapter10# source /opt/fsl-imx-wayland/4.14-sumo/environment-setup-aarch64-poky-linux
```

此时，交叉编译工具链即可正常使用，输入 aar 并按 tab 键三次显示如下候选项：

```
root@ubuntu:/home/linux/chapter10#  aarch64-poky-linux-
aarch64-poky-linux-addr2line          aarch64-poky-linux-musl-gcc
aarch64-poky-linux-ar                  aarch64-poky-linux-musl-gcc-ar
aarch64-poky-linux-as                  aarch64-poky-linux-musl-gcc-nm
aarch64-poky-linux-c++filt            aarch64-poky-linux-musl-gcc-ranlib
aarch64-poky-linux-cpp                 aarch64-poky-linux-musl-gcov
aarch64-poky-linux-dwp                 aarch64-poky-linux-musl-gcov-dump
aarch64-poky-linux-elfedit            aarch64-poky-linux-musl-gcov-tool
aarch64-poky-linux-g++                 aarch64-poky-linux-musl-gdb
aarch64-poky-linux-gcc                 aarch64-poky-linux-musl-gprof
```

可以看到是 64 位交叉编译器，通过 aarch64-poky-linux-gcc –v 可以看出版本，如图 10-2 所示。

```
root@ubuntu:/home/linux/chapter10# aarch64-poky-linux-gcc -v
```

```
root@ubuntu: /home/linux/chapter10
File  Edit  View  Search  Terminal  Help
root@ubuntu:/home/linux/chapter10# source /opt/fsl-imx-wayland/4.14-sumo/environment-setup-aarch64-poky-linux
root@ubuntu:/home/linux/chapter10# aarch64-poky-linux-gcc -v
Using built-in specs.
COLLECT_GCC=aarch64-poky-linux-gcc
COLLECT_LTO_WRAPPER=/opt/fsl-imx-wayland/4.14-sumo/sysroots/x86_64-pokysdk-linux/usr/libexec/aarch64-poky-linu
x/gcc/aarch64-poky-linux/7.3.0/lto-wrapper
Target: aarch64-poky-linux
Configured with: ../../../../../../work-shared/gcc-7.3.0-r0/gcc-7.3.0/configure --build=x86_64-linux --host=x8
6_64-pokysdk-linux --target=aarch64-poky-linux --prefix=/opt/fsl-imx-wayland/4.14-sumo/sysroots/x86_64-pokysdk
-linux/usr --exec_prefix=/opt/fsl-imx-wayland/4.14-sumo/sysroots/x86_64-pokysdk-linux/usr --bindir=/opt/fsl-im
x-wayland/4.14-sumo/sysroots/x86_64-pokysdk-linux/usr/bin/aarch64-poky-linux --sbindir=/opt/fsl-imx-wayland/4.
14-sumo/sysroots/x86_64-pokysdk-linux/usr/bin/aarch64-poky-linux --libexecdir=/opt/fsl-imx-wayland/4.14-sumo/s
ysroots/x86_64-pokysdk-linux/usr/libexec/aarch64-poky-linux --datadir=/opt/fsl-imx-wayland/4.14-sumo/sysroots/
x86_64-pokysdk-linux/usr/share --sysconfdir=/opt/fsl-imx-wayland/4.14-sumo/sysroots/x86_64-pokysdk-linux/etc -
-sharedstatedir=/opt/fsl-imx-wayland/4.14-sumo/sysroots/x86_64-pokysdk-linux/com --localstatedir=/opt/fsl-imx-
wayland/4.14-sumo/sysroots/x86_64-pokysdk-linux/var --libdir=/opt/fsl-imx-wayland/4.14-sumo/sysroots/x86_64-po
kysdk-linux/usr/lib/aarch64-poky-linux --includedir=/opt/fsl-imx-wayland/4.14-sumo/sysroots/x86_64-pokysdk-lin
ux/usr/include --oldincludedir=/opt/fsl-imx-wayland/4.14-sumo/sysroots/x86_64-pokysdk-linux/usr/include --info
dir=/opt/fsl-imx-wayland/4.14-sumo/sysroots/x86_64-pokysdk-linux/usr/share/info --mandir=/opt/fsl-imx-wayland/
4.14-sumo/sysroots/x86_64-pokysdk-linux/usr/share/man --disable-silent-rules --disable-dependency-tracking --w
ith-libtool-sysroot=/home/uptech/imx-yocto-bsp/build-wayland/tmp/work/x86_64-nativesdk-pokysdk-linux/gcc-cross
-canadian-aarch64/7.3.0-r0/recipe-sysroot --with-gnu-ld --enable-shared --enable-languages=c,c++ --enable-thre
ads=posix --enable-multilib --enable-c99 --enable-long-long --enable-symvers=gnu --enable-libstdcxx-pch --prog
ram-prefix=aarch64-poky-linux- --without-local-prefix --enable-lto --enable-libssp --enable-libitm --disable-b
ootstrap --disable-libmudflap --with-system-zlib --with-linker-hash-style=gnu --enable-linker-build-id --with-
ppl=no --with-cloog=no --enable-checking=release --enable-cheaders=c_global --without-isl --with-gxx-include-d
ir=/not/exist/usr/include/c++/7.3.0 --with-build-time-tools=/home/uptech/imx-yocto-bsp/build-wayland/tmp/work/
x86_64-nativesdk-pokysdk-linux/gcc-cross-canadian-aarch64/7.3.0-r0/recipe-sysroot-native/usr/aarch64-poky-linu
x/bin --with-sysroot=/not/exist --with-build-sysroot=/home/uptech/imx-yocto-bsp/build-wayland/tmp/work/x86_64-
nativesdk-pokysdk-linux/gcc-cross-canadian-aarch64/7.3.0-r0/recipe-sysroot --without-long-double-128 --enable-
poison-system-directories --with-mpfr=/home/uptech/imx-yocto-bsp/build-wayland/tmp/work/x86_64-nativesdk-pokys
dk-linux/gcc-cross-canadian-aarch64/7.3.0-r0/recipe-sysroot --with-mpc=/home/uptech/imx-yocto-bsp/build-waylan
d/tmp/work/x86_64-nativesdk-pokysdk-linux/gcc-cross-canadian-aarch64/7.3.0-r0/recipe-sysroot --enable-nls --en
able-initfini-array --enable-__cxa_atexit
Thread model: posix
gcc version 7.3.0 (GCC)
root@ubuntu:/home/linux/chapter10#
```

图 10-2　交叉编译工具链版本

示例 10.1.1-1　使用交叉编译器编译 hello.world!文件。

（1）编辑 hello 源代码：

```
#include <stdio.h>
int main(void){
printf("hello world!\n");
}
```

（2）编写 Makefile 文件，Makefile 内容如下：

```
CC = aarch64-poky-linux-gcc
--sysroot=/opt/fsl-imx-wayland/4.14-sumo/sysroots/aarch64-poky-linux
EXEC = hello
OBJS = hello.o
all: $(EXEC)
$(EXEC): $(OBJS)
      $(CC) -W -Wall  -o $@ $(OBJS)
.PHONY: clean
clean:
      -rm -f $(EXEC) *.elf *.gdb*.o
root@ubuntu:/home/linux/chapter10/hello# make
aarch64-poky-linux-gcc --sysroot=/opt/fsl-imx-wayland/4.14-sumo/sysroots/
aarch64-poky-linux  -O2 -pipe -g -feliminate-unused-debug-types   -c -o
hello.ohello.c
aarch64-poky-linux-gcc --sysroot=/opt/fsl-imx-wayland/4.14-sumo/sysroots
/aarch64-poky-linux -W -Wall  -o hello hello.o
root@ubuntu:/home/linux/chapter10/hello# ls
hello  hello.c  hello.o  Makefile
```

Makefile 文件主要修改编译器 CC = aarch64-poky-linux-gcc，编译结束后生成名为 hello 的可执行文件。

10.1.2 超级终端软件

超级终端是一个通用的串行交互软件，很多嵌入式应用的系统通过超级终端与嵌入式系统交互，使超级终端成为嵌入式系统的“显示器”。超级终端的作用是将目标机的启动信息、过程信息主动发送到运行超级终端的宿主机上，并将接收的字符返回到宿主机，同时发送需要显示的字符到宿主机。

目前使用 Windows 10 的用户较多，该系统已经不含有超级终端了，可以利用超级终端软件，本书以 hypertrm.exe 为例讲解超级终端的使用。

示例 10.1.2-1 设置 Windows 10 的超级终端。

（1）启动超级终端软件，如图 10-3 所示，提示读者是否要将 Hyper Terminal 作为默认的 telnet 程序，单击“否”按钮。

（2）弹出“连接描述”对话框，如图 10-4 所示，在“名称”栏输入 Linux。

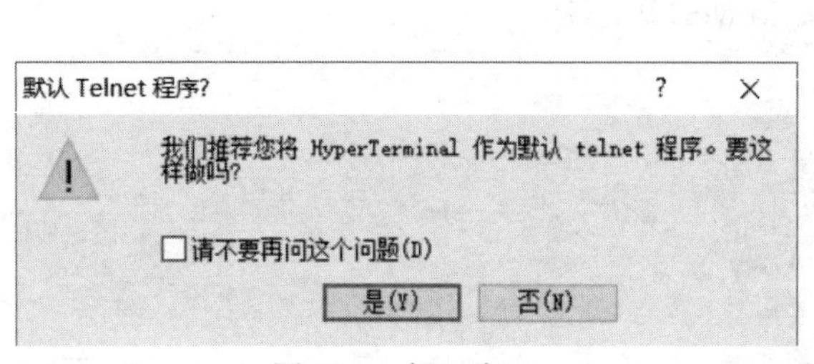

图 10-3 提示窗口

图 10-4 “连接描述”对话框

（3）单击“确定”按钮，弹出“连接到”对话框，选择连接开发板的串口，根据计算机的硬件连接，这里选择了串口号（依据个人计算机的实际串口号），如图 10-5 所示。

（4）设置串口时，注意必须选择无数据流控制，否则，只能看到输出而不能看到输入，其他参数设置如图 10-6 所示，单击“确定”按钮。

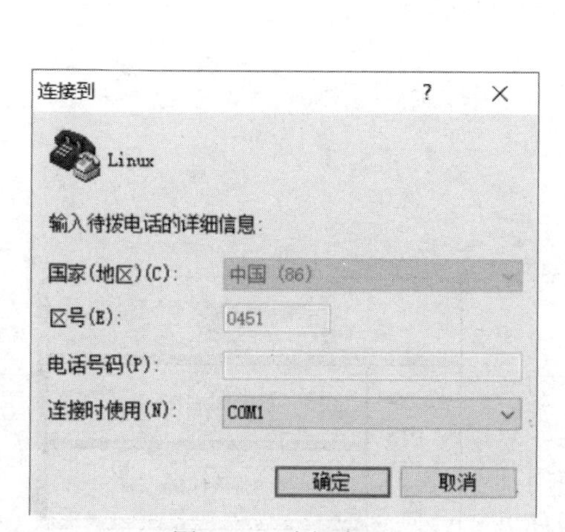

图 10-5　选择串口

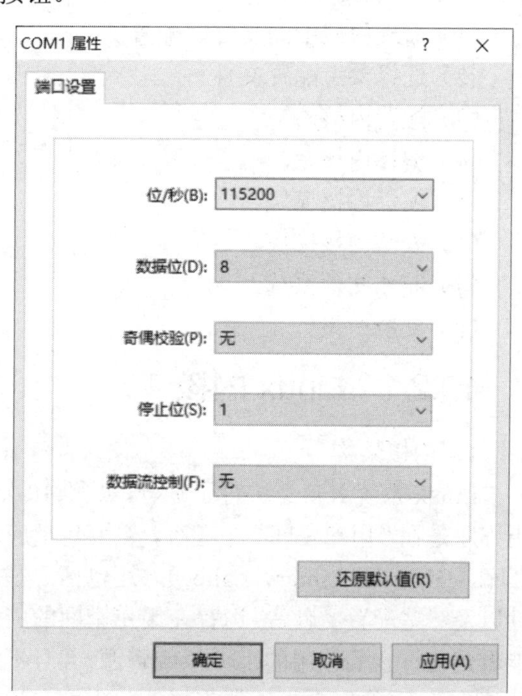

图 10-6　其他参数设置

（5）当所有的连接参数都设置好以后，打开电源开关，系统会出现 BIOS 启动界面。选择超级终端“文件”菜单下的“另存为...”命令，保存该连接设置，便于以后再连接时就不必重新执行以上设置了。

10.2　Linux 内核简介

自 1991 年 11 月由芬兰的 Linus Torvalds 推出 Linux 0.1.0 内核版本至今，Linux 内核已经升级到 Linux4。其发展速度是如此的迅猛，是目前市场上唯一可以挑战 Windows 的操作系统。

Linux 内核在其发展过程中得到分布于全世界的广大 OpenSource 项目追随者的大力支持。尤其是一些曾经参与 UNIX 开发的人员，他们把应用于 UNIX 系统上的许多应用程序移植到 Linux 系统上来，使得 Linux 的功能得到巨大的扩展。

随着其功能不断加强，灵活多样的实现加上其可定制的特性以及开放源码的优势，Linux 在各个领域的应用正变得越来越广泛。目前 Linux 的应用正有舍去中间奔两头的趋势，即在 PC 上 Linux 要真正取代 Windows，或许还有很长的路要走，但在服务器市场上它已经牢牢站稳脚跟。而随着嵌入式领域的兴起更是为 Linux 的长足发展提供了无限广阔的空间。目前专门针对嵌入式设备的 Linux 改版就有好几种：包括针对无 MMU 的μCLinux 和针对有 MMU 的标准 Linux 在各个硬件体系结构的移植版本，使用户应用程序的可靠性得以提高，降低了用户的开发难度。

Linux 内核开发是在已有的内核源代码的基础上进行的，Linux 内核的开发过程主要包括以下几个步骤：

（1）清理内核中间文件、配置文件。

（2）选择参考配置文件。

（3）配置内核。

（4）编译内核。

（5）编译内核模块。

（6）安装内核模块。

（7）制作文件系统。

（8）安装内核。

10.2.1 Linux 内核

1. 内核架构

Linux 系统对自身进行了划分，如图 10-7 所示，应用程序是在“用户空间”中运行，主要包括应用程序和 C 库、GNU、C Library（glibc），还包括一些用户的文件以及一些配置文件等。运行在用户空间的应用程序只能看到允许它们使用的部分系统资源，并且不能使用某些特定的系统功能，也不能直接访问内核空间和硬件设备，以及其他一些具体使用限制。

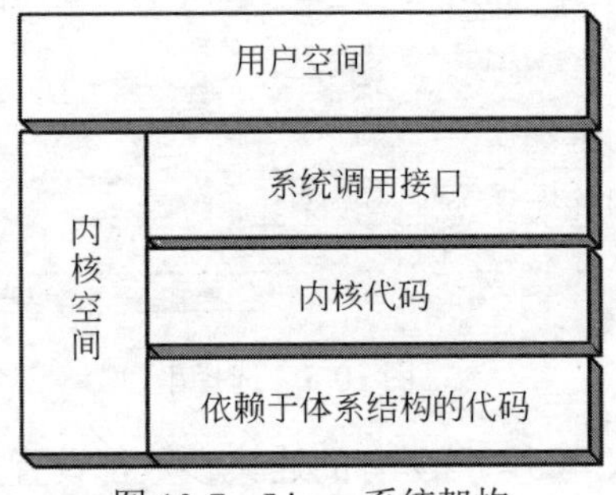

图 10-7 Linux 系统架构

核心软件独立于普通应用程序，运行在较高的特权级别上。它提供了连接内核的系统调用接口，还提供了在用户空间应用程序和内核之间进行转换的机制，拥有单独的地址空间以及访问硬件的所有权限，这部分被称为内核空间。

Linux 内核空间可以进一步划分为 3 层。最上层是系统调用接口，它实现了一些基本的功能，例如 read 和 write。系统调用接口之下是内核代码，可以更精确地定义为独立于体系结构的内核代码。这些代码是 Linux 支持的所有处理器体系结构通用的。在这些代码之下是依赖于体系结构的代码，构成了通常称为板级支持包的部分。

内核空间和用户空间是程序执行的两种不同状态，通过系统调用和硬件中断能够完成从用户空间到内核空间的转移。Linux 的内核是一个整体的内核结构，是一个单独的、庞大的程序。从实现机制来说，它可分为 7 个子系统，各个子系统都提供了内部接口（函数和变量），子系统之间的通信是通过直接调用其他子系统中的函数实现，而不是通过消息传递实现。

2. Linux 内核的主要子系统

1）系统调用接口

系统调用接口（SCI）提供了某些机制执行从用户空间到内核的函数调用。正如前面所述，这个接口依赖于体系结构，甚至在相同的处理器家族内也是如此。SCI 实际上是一个非常有用的函数调用、多路复用和多路分解服务。在./linux/kernel 中可以找到 SCI 的实现，并在./linux/arch 中找到依赖于体系结构的部分。

2）进程管理

进程管理（PM）的重点是进程的执行。在内核中，这些进程称为线程，代表了单独的处理器虚拟化（线程代码、数据、堆栈和 CPU 寄存器）。在用户空间，通常使用进程这个术语，不过 Linux 实现并没有区分这两个概念（进程和线程）。内核通过 SCI 提供了一个应用程序编程接口（API）来创建一个新进程和停止进程，并在它们之间进行通信和同步。

进程管理还包括处理活动进程之间共享 CPU 的需求。内核实现了一种新型的调度算法，不管有多少个线程在竞争 CPU，这种算法都可以在固定时间内进行操作。这种算法就称为 O(1)调度程序，这个名字表示它调度多个线程所使用的时间和调度一个线程所使用的时间是相同的。O(1)调度程序也可以支持多处理器。可以在./linux/kernel 中找到进程管理的源代码，在./linux/arch 中可以找到依赖于体系结构的源代码。

3）内存管理

内核所管理的另外一个重要资源是内存。为了提高效率，如果由硬件管理虚拟内存，内存是按照所谓的内存页方式进行管理的（对于大部分体系结构来说都是 4KB）。Linux 包括管理可用内存的方式，以及物理和虚拟映射所使用的硬件机制。不过内存管理（MM）要管理的可不止 4KB 缓冲区。Linux 提供了对 4KB 缓冲区的抽象，例如 slab 分配器。这种内存管理模式以 4KB 缓冲区为基数，然后从中分配结构，并跟踪内存页的使用情况，比如哪些内存页是满的、哪些页面没有完全使用、哪些页面为空，这样就允许该模式根据系统需要来动态调整内存使用。

为了支持多个用户使用内存，有时会出现可用内存被消耗尽的情况。由于这个原因，页面可以移出内存并放入磁盘中。这个过程称为交换，因为页面会从内存交换到硬盘上。内存管理的源代码可以在./linux/mm 中找到。

4）虚拟文件系统

虚拟文件系统（VFS）是 Linux 内核中非常有用的，因为它为文件系统提供了一个通用的接口抽象。VFS 在 SCI 和内核所支持的文件系统之间提供了一个交换层。在 VFS 上面，是对例如 open、close、read 和 write 之类的函数的一个通用 API 抽象。在 VFS 下面是文件系统抽象，它定义了上层函数的实现方式，它们是给定文件系统的插件。文件系统的源代码可以在./linux/fs 中找到。

文件系统层下面是缓冲区缓存，它为文件系统层提供了一个通用函数集，与具体文件系统无关。这个缓存层通过将数据保留一段时间或者随即预先读取数据以便在需要时使用，优化了对物理设备的访问。缓冲区缓存下面是设备驱动程序，它实现了特定的物理设备接口。

5）网络堆栈

网络堆栈（NS）在设计上遵循模拟协议本身的分层体系结构。IP 是传输协议下面的核心网络层协议。TCP 上面是 Socket 层，它是通过 SCI 进行调用的。

Socket 层是网络子系统的标准 API，它为各种网络协议提供了一个用户接口。从原始帧访问到 IP 协议数据单元（PDU），再到 TCP 和 UDP，Socket 层提供了一种标准化的方法来管理连接，并在各个终点之间移动数据。内核中网络源代码可以在./linux/net 中找到。

6）设备驱动程序

Linux 内核中有大量代码都在设备驱动程序（DD）中，它们能够运转特定的硬件设备。Linux 源码树提供了一个驱动程序子目录，这个子目录又进一步划分为各种支持设备，例如 Bluetooth、I^{2}C、serial 等。设备驱动程序的代码可以在./linux/drivers 中找到。

7）依赖体系结构的代码

尽管 Linux 很大程度上独立于所运行的体系结构，但是有些元素则必须考虑体系结构才能正常操作并实现更高效率。./linux/arch 子目录定义了内核源代码中依赖于体系结构的部分，其中包含了各种特定于体系结构的子目录（共同组成了 BSP）。一个典型的桌面系统使用的是 i386 目录。每个体系结构子目录都包含很多其他子目录，每个子目录都关注内核中的一个特定方面，例如引导、内核、内存管理等。这些依赖体系结构的代码（Arch）可以在./linux/arch 中找到。

3．内核版本

内核版本号的形式为 Version.Patchlevel.Sublevel。其中，Version 是内核的主版本号，目前主版本号为 4；Patchlevel 是内核的版本修正号，Sublevel 是次修正号。Linux 有两种版本：即发布版本和测试版本。从 1.0.x 开始到目前的版本，都是以版本修正号为偶数，表示一个发布版本（如 2.0.30），它是稳定的内核；而版本修正号为奇数（如 2.1.30），表示是一个测试版本。测试版本总是具有新的特点，支持最新的设备，尽管它们还不稳定，但它们是发展最新的而又稳定的内核的基础。

10.2.2 Linux 内核源代码

Linux 源代码文件名称一般标记为 Linux-x.y.z，其中 x.y.z 是版本号。本书使用的 Linux 内核版本为 Linux4.14.98，其源码主要目录结构如图 10-8 所示。

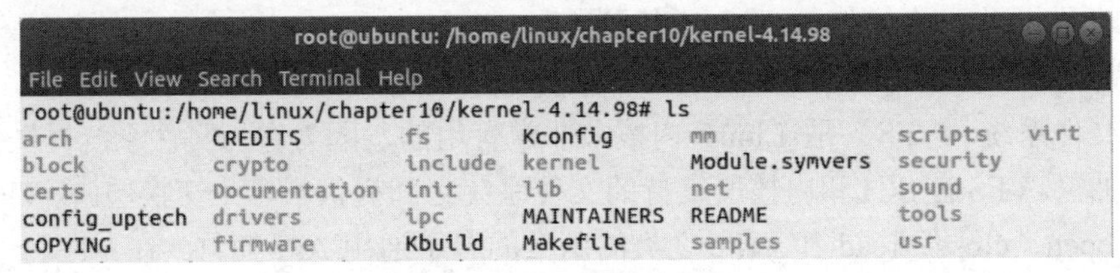

图 10-8 Linux 源码目录

1. 主要文件夹

（1）**arch**：是与体系结构相关的代码，例如：ARM、x86 和 Power PC。

（2）**block**：是部分块设备驱动程序。

（3）**crypto**：是内核本身所用的加密 API，实现了常用的加密和散列算法，还有一些压缩和 CRC 校验算法。

（4）**Documentation**：存放内核的所有开发文档，其中的文件会随版本的演变发生变化，通过阅读这里的文件可以获得内核最新的开发资料。

（5）**drivers**：此目录包括所有的驱动程序，下面又建立了多个目录，分别存放各个分类的驱动程序源代码，是内核中最大的源代码存放处，大约占整个内核的一多半。其中经常会用到的目录包括：

① **drivers/char**：字符设备是 drivers 目录中最为常用、最为重要的目录，其中包含了

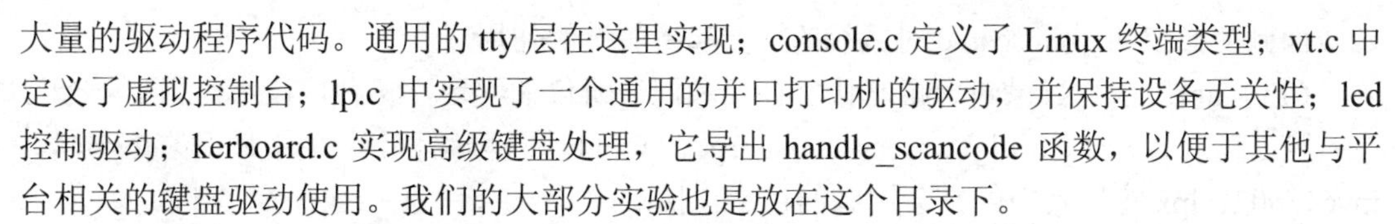

大量的驱动程序代码。通用的 tty 层在这里实现；console.c 定义了 Linux 终端类型；vt.c 中定义了虚拟控制台；lp.c 中实现了一个通用的并口打印机的驱动，并保持设备无关性；led 控制驱动；kerboard.c 实现高级键盘处理，它导出 handle_scancode 函数，以便于其他与平台相关的键盘驱动使用。我们的大部分实验也是放在这个目录下。

② **driver/block**：其中存放所有的块设备驱动程序，保存了一些与设备无关的代码。如 rd.c 实现了 RAM 磁盘；nbd.c 实现了网络块设备；loop.c 实现了回环块设备。

③ **drives/ide**：专门存放针对 IDE 设备的驱动。

④ **drivers/scsi**：存放 SCSI 设备的驱动程序，当前的 CD 刻录机、扫描仪、U 盘等设备都依赖这个 SCSI 的通用设备。

⑤ **drivers/net**：存放网络接口适配器的驱动程序，还包括一些线路规程的实现，但不实现实际的通信协议，这部分在顶层目录的 net 目录中实现。

⑥ **drivers/video**：这里保存了所有的帧缓冲区视频设备的驱动程序，整个目录实现了一个单独的视频设备驱动。/dev/fb 设备的入口点在 fbmem.c 文件中，该文件注册主设备号并维护一个此设备的清单，其中记录了哪个帧缓冲区设备负责哪个次设备号。

⑦ **Drivers/media**：这里存放的代码主要针对无线电和视频输入设备，比如目前流行的 USB 摄像头。

（6）**fs**：此目录下包括了大量的文件系统的源代码，其中在嵌入式开发中要使用的包括 devfs、cramfs、ext4、jffs2、romfs、yaffs、vfat、nfs 和 proc 等。

文件系统是 Linux 中非常重要的子系统，这里实现了许多重要的系统调用，比如 exec.c 文件中实现了 execve 系统调用；用于文件访问的系统调用在 open.c、read_write.c 等文件中定义；select.c 实现了 select 和 poll 系统调用；pipe.c 和 fifo.c 实现了管道和命名管道；mkdir、rmdir、rename、link、symlink、mknod 等系统调用在 namei.c 中实现。

文件系统的挂装与卸载和用于临时根文件系统的 initrd 在 super.c 中实现；Devices.c 中实现了字符设备和块设备驱动程序的注册函数；file.c 和 inode.c 实现了管理文件和索引节点内部数据结构的组织；Ioctl.c 实现 ioctl 系统调用。

（7）**include**：是内核的所有头文件存放的位置，其中 Linux 目录包括的头文件最多，也是驱动程序经常要包含的目录。

（8）**init**：是 Linux 的 main.c 程序，通过这个程序，可以理解 Linux 的启动流程。

（9）**ipc**：进程间通信的原语实现，包括信号量和共享内存。

（10）**kernel**：这个目录下存放的是除网络、文件系统、内存管理之外的所有其他基础设施，其中至少包括进程调度 sched.c、进程建立 fork.c、定时器的管理 timer.c、中断处理和信号处理等。

（11）**lib**：包括一些通用支持函数，类似于标准 C 的库函数。其中包括了最重要的 vsprintf 函数的实现，它是 printk 和 sprintf 函数的核心。还有将字符串转换为长整形数的 simple_atol 函数。

（12）**mm**：这个目录包含实现内存管理的代码，包括所有与内存管理相关的数据结构，在驱动中需要使用的 kmalloc 和 kfree 函数在 slab.c 中实现，mmap 定义在 mmap.c 的 do_mmap_pgoff 函数中。将文件映射到内存并在 filemap.c 中实现，mprotect 在 mprotect.c，remap 在 remap.c 中实现；vmscan.c 中实现了 kswapd 内核线程，它用于释放未使用和老化的页面到交换空间，vmscan.c 对系统的性能起着关键的作用。

（13）**net**：这个目录包含了套接字抽象和网络协议的实现，每种协议都建立了一个目录，但是其中的 core、bridge、ethernet、sunrpc、khttpd 不是网络协议，使用最多的是 ipv4、ipv6、802、ipx 等。其中经常会用到的目录包括：

① **net/core**：这个目录中实现了通用的网络功能，如设备处理、防火墙、组播、别名等。

② **net/ethernet** 和 **net/bridge**：可以实现特定的底层功能，如以太网相关的辅助函数以及网桥功能。

③ **net/sunrpc**：提供了支持 NFS 服务器的函数。

（14）**samples**：存放一些内核编程的范例。

（15）**script**：这个目录中存放许多脚本，主要用于配置内核。

（16）**sound**：是音频设备的驱动目录。

（17）**tools**：是工具文件夹。

（18）**usr**：这个目录可以实现 cpio 命令。

2. 主要文件

（1）**config**：内核中默认的隐藏配置文件，需要用 ls -a 查看。

（2）**config_uptech**：裁剪好的配置文件，如果 config 损坏，可以将本文件复制成.config。

（3）**arch/arm64/configs/defconfig**：默认官方 imx8 的配置，直接使用 make defconfig 文件或者复制到.config 中。

（4）**Makefile**：编译时需要的主文件，各子目录也有类似的文件。

（5）**README**：内核使用说明。

（6）**arch/arm64/boot/dts/freescale/fsl-imx8mm-evk.dts**：设备树文件，是对 imx8mm 所有功能的配置，比如 gpio、i2c 总线、串口等。

（7）**arch/arm64/boot/dts/freescale/fsl-imx8mm-evk-rm67191.dts**：设备树 mipi 显示配置文件。

（8）**arch/arm64/boot/Image**：内核编译完生成的文件，主要用于系统程序下载。

（9）**arch/arm64/boot/dts/freescale/fsl-imx8mm-evk-rm67191.dtb**：内核设备树编译完生成的文件，主要用于系统程序下载。

10.2.3 Linux 内核配置及裁剪

Linux 内核的裁剪与编译是对配置菜单的简单选择。但是内核配置菜单本身结构庞大，内容复杂，具体如何选择却难住了不少人，因此熟悉与了解该菜单的各项具体含义就显得比较重要。

Linux 内核的配置菜单有以下几个版本，主要包括：

（1）make config：进入命令行，可以一行行的配置，这种方式不友好所以不具体介绍。

（2）make xxx_defconfig：直接用该文件的配置。

（3）make menuconfig：我们熟悉的 menuconfig 菜单，相信很多人对此都不陌生。

在选择相应的配置时，有 3 种选择方式，它们分别代表的含义如下：

*：将该功能编译进内核。

空格：不将该功能编译进内核。

M：将该功能编译成可以在需要时动态插入内核中的模块。

这里使用的是 make menuconfig 菜单，所以需要使用空格键进行选取。在每个选项前都有一个括号（有中括号、尖括号，还有圆括号）。中括号中的内容要么是空格，要么是"*"，尖括号中的内容可以是空格、"*"和"M"。圆括号中的内容需要在以上所提供的选择方式中选择其中的一项。

注意：其中有不少选项是目标板开发人员加的，对于陌生选项，如果不知道该选什么时建议使用默认。

1. 内核中的 Kconfig 和 Makefile

在内核的源码树目录下一般都会有两个重要文件：Kconfig 和 Makefile。分布在各目录下的 Kconfig 构成了一个分布式的内核配置数据库，每个 Kconfig 分别描述了所属目录下与源文件相关的内核配置菜单。在内核配置 make menuconfig 时，从 Kconfig 中读出配置菜单，用户配置完成后保存到.config（在内核源码顶层目录下生成）中。在内核编译时，主 Makefile 调用这个.config（隐藏文件），就知道了用户对内核的配置情况。

Kconfig 的作用就是对应着内核的配置菜单。假如要想添加新的驱动到内核的源码中，可以通过修改 Kconfig 来增加驱动的配置菜单，这样就有途径选择驱动了。

如果想使这个驱动被编译进内核中，还要修改该驱动所在目录下的 Makefile 文件。Makefile 文件定义和组织该目录下驱动源码在内核目录树中的编译规则。这样，当 make 编译内核时，内核源码目录顶层 Makefile 文件会递归地连接相应子目录下的 Makefile 文件，进而对驱动程序进行编译。

如上所述，添加用户驱动程序（内核程序）到内核源码目录树中，一般需要修改 Kconfig 及 Makefile 两个文件。要求用户对上述两个文件的特殊语法有一定的了解。

2. Kconfig 语法

每行都是以关键字开始，并可以接受多个参数，最常见的关键字就是 config。

语法：

```
config symbol
options
<!--[if !supportLineBreakNewLine]-->
<!--[endif]-->
```

symbol 就是新的菜单项，options 是在这个新的菜单项下面的属性和选项。

其中 options 包括如下内容：

（1）类型定义：

每个 config 菜单项都要有类型定义，其中：

① bool：表示布尔类型。

② tristate 表示三态：包括内建、模块和移除。

③ string：表示字符串。

④ hex：表示十六进制。

⑤ integer：表示整型。

图 10-9 为 Kconfig 文件的部分片段。

```
root@ubuntu: /home/linux/chapter10/kernel-4.14.98/drivers/leds
File Edit View Search Terminal Help
701
702 config IMX8_LEDS
703     bool "imx8mm leds"
704         default y
705         help
706           Test Leds on imx8 board
707
708 endif # NEW_LEDS
                                              708,1          Bot
```

图 10-9 Kconfig 文件的部分片段

在图 10-9 中第 703 行 bool 类型只能选中或不选中。

tristate 类型的菜单项多了编译成内核模块的选项，假如选择编译成内核模块，则会在.config 中生成一个 CONFIG_HELLO_MODULE=m 的配置；假如选择内建，则直接编译成内核文件，会在.config 中生成一个 CONFIG_HELLO_MODULE=y 的配置。

（2）依赖型定义 depends on 或 requires，是指此菜单项的出现是否依赖于另一个定义，如图 10-10 所示。

```
root@ubuntu: /home/linux/chapter10/kernel-4.14.98/drivers/leds
File Edit View Search Terminal Help
635 config LEDS_BLINKM
636         tristate "LED support for the BlinkM I2C RGB LED"
637         depends on LEDS_CLASS
638         depends on I2C
639         help
640           This option enables support for the BlinkM RGB LED connected
641           through I2C. Say Y to enable support for the BlinkM LED.
642
                                              638,15-22      90%
```

图 10-10 Kconfig 文件部分片段

（3）帮助性定义。

Linux 内核中增加帮助关键字 help 或---help---。更多详细的 Kconfig 语法可参考内核目录 Documentation/kbuild/kconfig-language.txt 文档，如图 10-11 所示，详细地给出了 Kconfig 的相关语法。

```
root@ubuntu: /home/linux/chapter10/kernel-4.14.98/Documentation/kbuild
File Edit View Search Terminal Help
  1 Introduction
  2 ------------
  3
  4 The configuration database is a collection of configuration options
  5 organized in a tree structure:
  6
  7         +- Code maturity level options
  8         |  +- Prompt for development and/or incomplete code/drivers
  9         +- General setup
 10         |  +- Networking support
 11         |  +- System V IPC
 12         |  +- BSD Process Accounting
 13         |  +- Sysctl support
 14         +- Loadable module support
 15         |  +- Enable loadable module support
 16         |     +- Set version information on all module symbols
 17         |     +- Kernel module loader
 18         +- ...
 19
 20 Every entry has its own dependencies. These dependencies are used
 21 to determine the visibility of an entry. Any child entry is only
 22 visible if its parent entry is also visible.
 23
 24 Menu entries
                                              1,1            Top
```

图 10-11 Kconfig 语法文件片段

3. 内核的 Makefile 语法

内核的 Makefile 分为以下 5 个组成部分：

（1）Makefile：是最顶层的 Makefile。

（2）.config：是内核的当前配置文档，编译时成为顶层 Makefile 的一部分。

（3）arch/$(ARCH)/Makefile：是和体系结构相关的 Makefile。

（4）scripts/Makefile.*：一些 Makefile 的通用规则。

（5）kbuild 和 Makefile：编译时根据上层 Makefile 传下来的宏定义和其他编译规则，将源代码编译成模块或编入内核。

顶层的 Makefile 文档读取 .config 文档的内容，并总体上负责编译内核和模块。arch/Makefile 则提供补充体系结构相关的信息（其中.config 的内容是在 make menuconfig 时，通过 Kconfig 文档配置的结果）。更多详细的 Makefile 语法可参考内核目录 Documentation/kbuild/makefiles.txt 文档，如图 10-12 所示，显示的部分片段就是 Makefile 文件主要包括 5 部分内容。

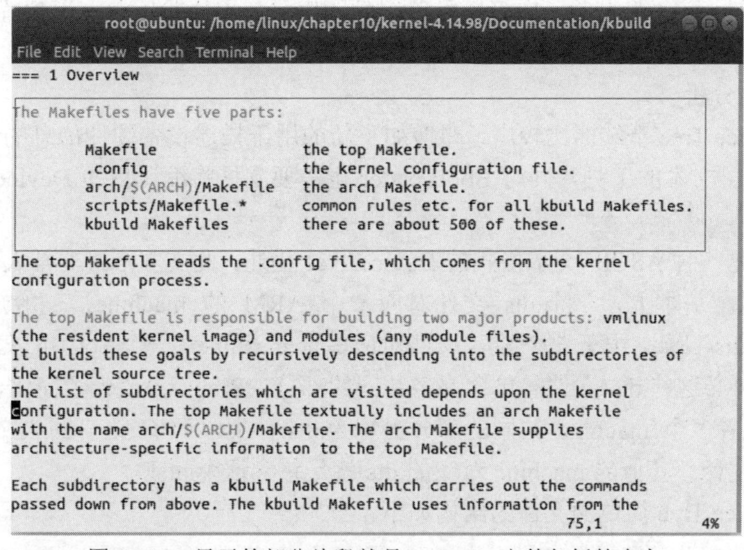

图 10-12　显示的部分片段就是 Makefile 文件包括的内容

10.2.4 设备树介绍

Linux3.x 以后的版本才引入了设备树，设备树用于描述一个硬件平台的板级细节。在早些的 Linux 内核，这些“硬件平台的板级细节”保存在 Linux 内核目录/arch 下，以 ARM 平台为例“硬件平台的板级细节”保存在/arch/arm/plat-xxx 和/arch/arm/mach-xxx 目录下。随着处理器数量的增多，用于描述“硬件平台的板级细节”的文件也越来越多，导致 Linux 内核非常臃肿，“Linux 之父”发现这个问题之后决定使用设备树解决。设备树简单、易用、可重用性强，Linux3.x 之后大多采用设备树编写驱动。

在过去的 ARM Linux 中，arch/arm/plat-xxx 和 arch/arm/mach-xxx 文件夹中充斥着大量的垃圾代码，相当多数的代码只是在描述板级细节，而这些板级细节对于内核来讲，不过是垃圾，如板上的 platform_device、resource、i2c_board_info、spi_board_info 以及各种硬件的 platform_data。感兴趣的读者可以统计下常见的 s3c2410、s3c6410 等板级目录，代码量为数万行。

社区必须改变这种局面，于是在 PowerPC 等其他体系架构下已经使用的 Flattened Device Tree（FDT）进入 ARM 社区的视野。Device Tree 是一种描述硬件的数据结构，它起源于 OpenFirmware (OF)。在 Linux 2.6 中，ARM 架构的板极硬件细节过多地被硬编码在 arch/arm/plat-xxx 和 arch/arm/mach-xxx 目录下，采用 Device Tree 后，许多硬件的细节可以直接通过它传递给 Linux，而不需要在内核中进行大量的冗余编码。

Device Tree 由一系列被命名的节点（node）和属性（property）组成，而节点本身可包含子节点。所谓属性，其实就是成对出现的 name 和 value。在 Device Tree 中，可描述的信息包括（原先这些信息大多被硬编码到内核中）CPU 的数量和类别、内存基地址和大小、总线和桥、外设连接、中断控制器和中断使用情况、GPIO 控制器和 GPIO 使用情况、时钟控制器和时钟使用情况。

它基本上就是画一棵电路板上 CPU、总线、设备组成的树，BootLoader 会将这棵树传递给内核，然后内核可以识别这棵树，并根据它展开出 Linux 内核中的 platform_device、i2c_client、spi_device 等设备，而这些设备用到的内存、IRQ 等资源，也被传递给了内核，内核会将这些资源绑定给展开的相应的设备。

1. 设备树分析

整个 Device Tree 牵涉面比较广，即增加了新的用于描述设备硬件信息的文本格式，又增加了编译这一文本的工具，同时 BootLoader 也需要支持将编译后的 Device Tree 传递给 Linux 内核。

.dts 文件是一种 ASCII 文本格式的 Device Tree 描述，此文本格式非常人性化，适合人们的阅读习惯。基本上，一个.dts 文件对应一个 ARM 的 machine，一般放置在内核的 arch/arm/boot/dts/目录。由于一个 SoC 可能对应多个 machine（一个 SoC 可以对应多个产品和电路板），势必这些.dts 文件需包含许多共同的部分，Linux 内核为了简化，一般把 SoC 公用的部分或者多个 machine 共同的部分提炼为.dtsi，类似于 C 语言的头文件，可以用//或者/**/进行注释。其他的 machine 对应的.dts 就是包含这个.dtsi。

一个 Device Tree 简单源文件的结构如下：

```
1.  /{
2.  node1{
3.          string-property="A string";
4.          string-list-property="first string", "second string";
5.          byte-data-property = [0x01 0x23 0x34 0x56];
6.  child-node1 {
7.                  first-child-property;
8.                  second-child-property = <1>;
9.                  string-property = "Hello, world";
10.                 };
11. child-node2{
12.                 };
13. };
14. node2 {
15.         an-empty-property;
```

```
16.         cell-property = <1 2 3 4>;
17. child-node1 {
18.                     };
19.             };
20. };
```

程序分析：

第 1 行 表示 1 个 root 根节点 “/”。

第 2 行和第 14 行 是 root 节点下面的子节点，本例中为 node1 和 node2，root 可以包含多个子节点。

第 6 行和第 11 行 是节点 node1 下的子节点，本例中为 child-node1 和 child-node2，各节点都有一系列属性。

这些属性可能为空，如 an-empty-property（第 15 行）；可能为字符串，如 a-string-property（第 9 行）；可能为字符串数组，如 a-string-list-property（第 4 行）；可能为 cells（第 16 行，它由 u32 整数组成），如 second-child-property（第 8 行）；可能为二进制数，如 a-byte-data-property（第 5 行）。

下面分析设备树主要的结构，详细介绍可查看设备树 arch/arm64/boot/dts/freescale/fsl-imx8mm-evk.dts。

```
1.  /{
2.  battery: max8903@0 { //battery 为子节点；max8903 为设备名称；@0 为设备地址；
3.  compatible = "fsl,max8903-charger"; //fsl 为平台名称，max8903-charger 为
                                        //驱动名称，会匹配驱动文件
4.  pinctrl-names = "default";  //引脚配置状态为"default"和"sleep"，对应于
                                //pinctrl-0 中的配置
5.  dok_input = <&gpio2 24 1>;  //gpio2_24 高电平有效
6.  chg_input = <&gpio3 23 1>;
7.  flt_input = <&gpio5 2 1>;
8.  fsl,dcm_always_high;        //bool 类型，只有 1 和 0
9.  fsl,dc_valid;
10. fsl,usb_valid;
11. status = "okay";            //okay 开启此设备，disabled 是关闭
12. };
13. ...//省略部分代码
14. gpio-leds-test {            //led 设备
15. compatible = "fsl,gpio-leds-test"; //匹配驱动
16. pinctrl-names = "default";
17. pinctrl-0 = <&pinctrl_gpio_leds>;   //led 引脚配置
18. gpio0 = <&gpio1 7 0>;   //led0 节点名称
19. gpio1 = <&gpio1 8 0>;   //led1
20. gpio2 = <&gpio5 3 0>;   //led2
21. gpio3 = <&gpio1 1 0>;   //led3
22. };
23. };//根节点结束
24. pinctrl_gpio_leds: gpioledsgrp {  //对应 leds 的 pinctrl-0 具体配置
25. fsl,pins = <
```

```
26.         MX8MM_IOMUXC_GPIO1_IO07_GPIO1_IO7    0x19//将引脚配置成 GPIO 模式
27.         MX8MM_IOMUXC_GPIO1_IO08_GPIO1_IO8    0x19
28.         MX8MM_IOMUXC_SPDIF_TX_GPIO5_IO3      0x19
29.         MX8MM_IOMUXC_GPIO1_IO01_GPIO1_IO1    0x19
30. >;
31. };
32. ...//省略部分代码
33. &weim {
34. pinctrl-names = "default";
35. pinctrl-0 = <&pinctrl_weim_nor_1>;  //引脚配置列表
36. #address-cells = <1>;        //地址
37. #size-cells = <1>;           //大小
38. status = "okay";             //使能

39. nor@0,0 { compatible = "cfi-flash";
40. reg = <0 0x02000000>;        //EIM 寄存器开始地址是 0，大小为 0x02000000
41. //#address-cells = <1>;
42. //#size-cells = <1>;
43. bank-width = <2>;
44. fsl,weim-cs-timing = <0x00620081 0x00000001 0x1c022000 0x0000c000 0>
                             //对寄存器的配置
45. };
```

文件中用到的标签如下：

第 1 行/：是 root 根节点。

第 2 行 **battery: max8903@0**：为根下子节点，遵循的组织形式为<name> [@<unit-address>]，其中，<>中的内容是必选项，[]中的则为可选项。name 是一个 ASCII 字符串，用于描述节点对应的设备类型。

第 3 行 **compatible**：定义的系统名称，它的组织形式为<manufacturer>,<model>。内核或者 uboot 依靠这个属性找到相对应的 driver，若 compatible 出现多个属性，则按序匹配 driver。

第 4 行 **pinctrl-names**：有 default 和 sleep 两种状态，对应于 pinctrl-0()中的配置。

第 40 行 **reg**：是寄存器，格式<address1,length1，address2,length2…>，作为平台内存资源，表明了设备使用的一个地址范围。address 为 1 个或多个 32 位的整型（即 cell），而 length 则为 cell 的列表或者为空（若#size-cells = 0）。address 和 length 字段是可变长的，父节点的#address-cells 和#size-cells 分别决定了子节点的 reg 属性的 address 和 length 字段的长度。

第 41 行**#address-cells**：是 address 的单位（32 位）。

第 42 行**#size-cells**：是 length 的单位（32 位）。

第 33 行 **weim**：是别名，必须节点全称，可以通过地址引用获取。

第 38 行 **status**：是开关节点设备的状态，取值 okay 或者 ok 表示使能；disabled 表示失能。

第 18 行 **gpio0 = <&gpio1 7 0>**：&gpio1 7 引用了 gpio1 节点，此处含义为 gpio1_7 这个

引脚；最后一个参数 0 则代表低电平有效；1 则为高电平有效。

其他一些参数介绍如下：

chosen：是板级启动参数。

```
46.  /chosen 节点
47. bootargs     //内核 command line 参数，跟 u-boot 中设置的 bootargs 作用一样
```

cpus：是 SoC 的 CPU 信息，可以改变运行频率或者开关 CPU。

/cpus 节点下有 1 个或多个 CPU 子节点，CPU 子节点中用 reg 属性标明自己是哪个 CPU，所以 /cpus 中有以下两个属性：

```
48. #address-cells  //在它的子节点的 reg 属性中，使用多少个 u32 整数来描述地址
                    //(address)
49. #size-cells     //在它的子节点的 reg 属性中，使用多少个 u32 整数来描述大小
                    //(size)，必须设置为 0
```

memory：是板级内存的信息。

```
50. device_type = "memory";
51. reg              //用来指定内存的地址、大小
```

interrupt-parent：中断引脚所在的 gpio 组。

```
52. pic@10000000 {
53.     phandle = <1>;
54.     interrupt-controller;
55. };
56. another-device-node {
57.     interrupt-parent = <1>;   //如果使用 phandle 值为 1，则引用上述节点
58. };
```

interrupts：是中断控制器，这里<pin 脚触发方式>，作为平台中断资源，触发方式有以下 4 种：

1=low-to-high edge triggered

2=high-to-low edge triggered

4=active high level-sensitive

8=active low level-sensitive

interrupt-0：中断引脚配置。

device_type：设备类型，寻找节点可以依据这个属性。

引脚定义：

设备树中引脚不同的功能配置不一样的参数。

```
MX8MM_IOMUXC_GPIO1_IO07_GPIO1_IO7          0x19        //GPIO 模式
MX8MM_IOMUXC_UART1_RXD_UART1_DCE_RX        0x140       //串口模式
MX8MM_IOMUXC_I2C3_SCL_I2C3_SCL             0x400001c3  //i2c 模式
MX8MM_IOMUXC_GPIO1_IO09_GPIO1_IO9          0x41        //输入模式
```

MX8MM_IOMUXC_GPIO1_IO07_GPIO1_IO7 在 include/dt-bindings/pinctrl/pins-imx8mm.h

中定义，也就是说 GPIO1_IO07 有好几种功能，引脚复用，这里用的是 GPIO 功能，如图 10-13 所示。

```
root@ubuntu: /home/linux/chapter10/kernel-4.14.98/include/dt-bindings/pinctrl
File Edit View Search Terminal Help
57 #define MX8MM_IOMUXC_GPIO1_IO07_GPIO1_IO7
    0x044 0x2AC 0x000 0x0 0x0
58 #define MX8MM_IOMUXC_GPIO1_IO07_ENET1_MDIO
    0x044 0x2AC 0x000 0x1 0x0
59 #define MX8MM_IOMUXC_GPIO1_IO07_USDHC1_WP
    0x044 0x2AC 0x000 0x5 0x0
60 #define MX8MM_IOMUXC_GPIO1_IO07_CCMSRCGPCMIX_EXT_CLK4
    0x044 0x2AC 0x000 0x6 0x0
61 #define MX8MM_IOMUXC_GPIO1_IO07_ECSPI2_TEST_TRIG
    0x044 0x2AC 0x000 0x7 0x0
                                                        59,1          8%
```

图 10-13　引脚功能配置

将引脚的宏定义配置展开：0×044 0×2AC 0×000 0×0 0×0 0×19，前 5 个变量在该头文件的开始有定义，代表寄存器的配置，最后一个变量代表初始化值。

图 10-14 为代码中的注释，说明下面代码的作用。mux_reg 寄存器偏移地址为 0×044、mux_mode 配置有 4 种功能，GPIO 功能为 ALT0。打开《i.MX 8M Mini Applications Processor Reference　Manual》数据手册中 MUX 寄存器部分引脚信息，如图 10-15 所示。

```
root@ubuntu: /home/linux/chapter10/kernel-4.14.98/include/dt-bindings/pinctrl
File Edit View Search Terminal Help
17
18 /*
19  * The pin function ID is a tuple of
20  * <mux_reg conf_reg input_reg mux_mode input_val>
21  */
22
                                                        19,1          2%
```

图 10-14　引脚功能配置代码中的注释

8.2.5.13 Pad Mux Register (IOMUXC_SW_MUX_CTL_PAD_GPIO1_IO07)

Address: 3033_0000h base + 44h offset = 3033_0044h

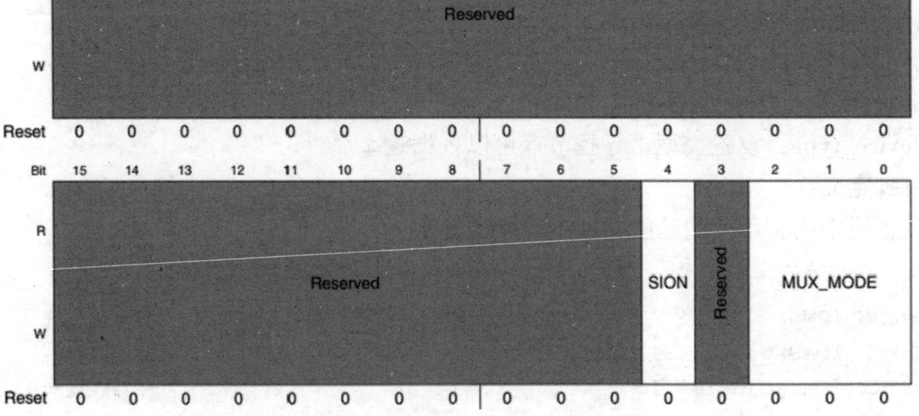

图 10-15　数据手册中 MUX 寄存器部分引脚信息

IOMUXC_SW_MUX_CTL_PAD_GPIO1_IO07 field descriptions

Field	Description
31–5 -	This field is reserved. Reserved
4 SION	Software Input On Field. Force the selected mux mode input path no matter of MUX_MODE functionality. 1 **ENABLED** — Force input path of pad GPIO1_IO07 0 **DISABLED** — Input Path is determined by functionality of the selected mux mode (regular).
3 -	This field is reserved. Reserved
MUX_MODE	MUX Mode Select Field. Select 1 of 4 iomux modes to be used for pad: GPIO1_IO07. **NOTE:** Pad GPIO1_IO07 is involved in Daisy Chain. 000 **ALT0** — Select signal GPIO1_IO07 001 **ALT1** — Select signal ENET1_MDIO - Configure register IOMUXC_ENET1_MDIO_SELECT_INPUT for mode ALT1. 101 **ALT5** — Select signal USDHC1_WP 110 **ALT6** — Select signal CCM_EXT_CLK4

图 10-15（续）

conf_reg 寄存器偏移地址为 0×2AC，如图 10-16 所示。

8.2.5.167 Pad Control Register (IOMUXC_SW_PAD_CTL_PAD_GPIO1_IO07)

Address: 3033_0000h base + 2ACh offset = 3033_02ACh

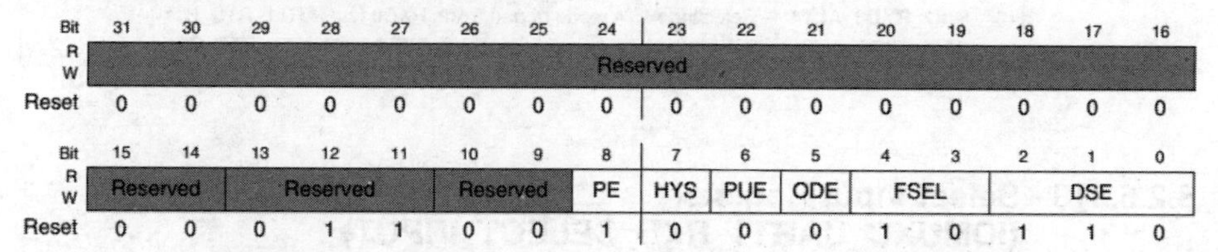

IOMUXC_SW_PAD_CTL_PAD_GPIO1_IO07 field descriptions

Field	Description
31–14 -	This field is reserved. Reserved
13–11 -	This field is reserved. Reserved
10–9 -	This field is reserved. Reserved
8 PE	Pull Resistors Enable Field Control IO ports PE: 0 **DISABLED** — Disable pull resistors 1 **ENABLED** — Enable pull resistors
7 HYS	Hysteresis Enable Field Control the IO ports IS: 0 **DISABLED** — Select CMOS input 1 **ENABLED** — Select Schmitt input
6 PUE	Control IO ports PS:

图 10-16　Conf_reg 寄存器偏移地址为 0×2AC

input_reg=000：输入模式需要配置此功能，输出不需要，默认值为 0。

input_val=0：输入模式配置此功能，输出不需要，默认值为 0。

其中对应关系如下：

mux_reg=0×044：MUX 寄存器的偏移地址，图 10-15 中，Address: 3033_0000h base + 44h offset = 3033_0044h。

conf_reg=0×2AC：配置寄存器的偏移地址，图 10-16 中，Address: 3033_0000h base+2ACh offset=3033_02Ach。

input_reg=0×000：是 select_input 控制寄存器偏移地址，输入模式。

mux_mode=0×0：是 MUX 模式，引脚复用，图 10-15 中，000 对应 ATL0 为 GPIO1_IO07。

input_val=0×0：为 select_input 寄存器的值，输入模式，0~1 位，范围为 0~3。

config=0×19：是对引脚配置（上拉电阻、驱动能力、频率等）的值，可根据自己硬件需求修改，一般使用默认值，根据《i.MX8M Mini Applications Processor Reference Manual》手册 0×19 是转换速率为快速，驱动能力为 X1。

input_reg 补充：如果有输入引脚，例如：

MX8MM_IOMUXC_UART1_RXD_UART1_DCE_RX 0×234 0×49C 0×4F4 0×0 0×0，即 UART 的 RX 管脚配置，如图 10-17 所示，所以 RX 的 input_reg=0×4F4。

IOMUXC_UART1_RTS_B_SELECT_INPUT field descriptions (continued)

Field	Description
	Selecting Pads Involved in Daisy Chain. 00 **UART3_RXD_ALT1** — Selecting ALT1 mode of pad UART3_RXD for UART1_RTS_B. 01 **UART3_TXD_ALT1** — Selecting ALT1 mode of pad UART3_TXD for UART1_RTS_B. 10 **SAI2_RXD0_ALT4** — Selecting ALT4 mode of pad SAI2_RXD0 for UART1_RTS_B. 11 **SAI2_TXFS_ALT4** — Selecting ALT4 mode of pad SAI2_TXFS for UART1_RTS_B.

8.2.5.313 Select Input Register (IOMUXC_UART1_RXD_SELECT_INPUT)

Address: 3033_0000h base + 4F4h offset = 3033_04F4h

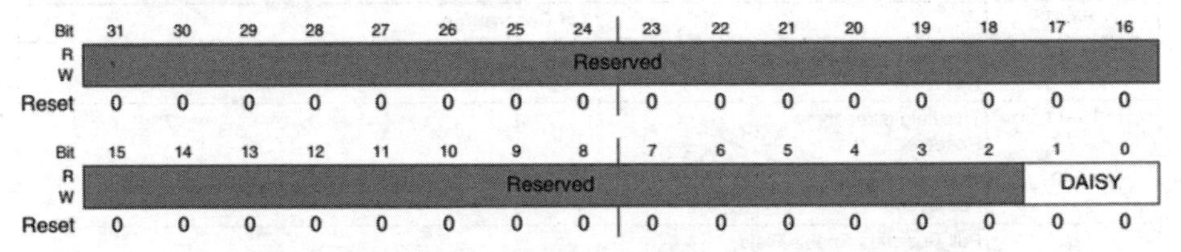

IOMUXC_UART1_RXD_SELECT_INPUT field descriptions

图 10-17　UART1_RXD 管脚配置

2. dtc

将 dtc（device tree compiler）编译为.dtb 的工具。dtc 的源代码位于内核的 scripts/dtc 目录中，在 Linux 内核使能了设备树的情况下，编译内核时主机工具 dtc 会被编译出来，对应路径 scripts/dtc/Makefile 中的 hostprogs-y := dtc，这一 hostprogs 编译 target。在 Linux 内核的 arch/arm64/boot/dts/Makefile 中，描述了当某种 SoC 被选中后，这些.dtb 文件会被编译出来。

3. .dtb

.dtb（device tree blob）是.dts 被 dtc 编译后的二进制格式的设备树描述，可由 Linux 内核解析。通常在为电路板制作 NAND、SD 启动 image 时，会为.dtb 文件单独留下一个很小的区域以存放，之后 BootLoader 在引导内核的过程中，会先读取该.dtb 到内存。

4. 常用 OF API 函数

在 Linux 的 BSP 和驱动代码中，还经常会使用到 Linux 中一组设备树的 API，这些 API 通常被冠以 of_前缀，它们的实现代码位于内核的 drivers/of 目录。这些常用的 API 包括：

（1）int of_device_is_compatible(const struct device_node *device,const char *compat);

判断设备节点的 compatible 属性是否包含 compat 指定的字符串。当一个驱动支持两个或多个设备时，这些不同.dts 文件中设备的 compatible 属性都会进入驱动 OF 匹配表。因此驱动可以通过 Bootloader 传递给内核 Device Tree 中的真正节点的 compatible 属性以确定究竟是哪种设备，从而根据不同的设备类型进行不同的处理。如 drivers/pinctrl/pinctrl-sirf.c 即兼容于"sirf,prima2-pinctrl"，又兼容于"sirf,atlas6-pinctrl"，在驱动中就有相应分支处理。

（2）struct device_node *of_find_compatible_node(struct device_node *from, const char *type, const char *compatible);

根据 compatible 属性，获得设备节点。遍历 Device Tree 中所有的设备节点，看哪个节点的类型、compatible 属性与本函数的输入参数匹配，大多数情况下，from、type 设置为 NULL。

（3）int of_property_read_u8_array(const struct device_node *np, const char *propname, u8 *out_values, size_tsz);

int of_property_read_u16_array(const struct device_node *np, const char *propname, u16 *out_values, size_tsz);

int of_property_read_u32_array(const struct device_node *np, const char *propname, u32 *out_values, size_tsz);

int of_property_read_u64 array(const struct device_node *np, const char *propname, u64 *out_value);

读取设备节点 np 的属性名为 propname，类型为 8、16、32、64 位整型数组的属性。对于 32 位处理器来讲，最常用的是 of_property_read_u32_array()。

（4）int of_property_read_string(struct device_node *np, const char*propname, const char **out_string);

int of_property_read_string_index(struct device_node *np, const char* propname, int index, const char **output);

前者读取字符串属性，后者读取字符串数组属性中的第 index 个字符串。

（5）static inline bool of_property_read_bool(const struct device_node *np, const char *propname);

如果设备节点 np 含有 propname 属性，则返回 true；否则返回 false。一般用于检查空属性是否存在。

（6）void __iomem *of_iomap(struct device_node *node, int index);

通过设备节点直接进行设备内存区间的 ioremap()，index 是内存段的索引。若设备节点的 reg 属性有多段，可通过 index 标示要 IO 重映射的是哪一段，只有一段的情况，index

为 0。采用 Device Tree 后，大量的设备驱动通过 of_iomap()进行映射，而不再通过传统的 ioremap。

（7）unsigned int irq_of_parse_and_map(struct device_node *dev, int index);

通过 Device Tree 或者设备的中断号，实际上是从.dts 中的 interrupts 属性解析出中断号。

还有一些 OF API，这里不一一列举，详细内容可参考 include/linux/of.h 头文件。

10.2.5 内核启动简单流程分析

1. 入口 stext

内核的入口点应该由 arch/arm64/kernel/vmlinux.lds.S 决定，截取/vmlinux.lds 部分内容，如图 10-18 所示。从中可以看出入口点为_text，再往下 text 指向_stext(113 行)。

```
root@ubuntu: /home/linux/chapter10/kernel-4.14.98/arch/arm64/kernel
File  Edit  View  Search  Terminal  Help
23 ENTRY(_text)
24
25 jiffies = jiffies_64;
26
27 #define HYPERVISOR_TEXT                                   \
28         /*                                                \
29          * Align to 4 KB so that                          \
30          * a) the HYP vector table is at its minimum      \
31          *    alignment of 2048 bytes                     \
32          * b) the HYP init code will not cross a page     \
33          *    boundary if its size does not exceed        \
34          *    4 KB (see related ASSERT() below)           \
35          */                                               \
36         . = ALIGN(SZ_4K);                                 \
37         VMLINUX_SYMBOL(__hyp_idmap_text_start) = .;       \
38         *(.hyp.idmap.text)                                \
39         VMLINUX_SYMBOL(__hyp_idmap_text_end) = .;         \
40         VMLINUX_SYMBOL(__hyp_text_start) = .;             \
41         *(.hyp.text)                                      \
42         VMLINUX_SYMBOL(__hyp_text_end) = .;
43
44 #define IDMAP_TEXT                                        \
45         . = ALIGN(SZ_4K);                                 \
46         VMLINUX_SYMBOL(__idmap_text_start) = .;           \
47         *(.idmap.text)                                    \
48         VMLINUX_SYMBOL(__idmap_text_end) = .;
49
50 #ifdef CONFIG_HIBERNATION
51 #define HIBERNATE_TEXT                                    \
52         . = ALIGN(SZ_4K);                                 \
53         VMLINUX_SYMBOL(__hibernate_exit_text_start) = .;\
                                                   48,1-8         9%
```

```
root@ubuntu: /home/linux/chapter10/kernel-4.14.98/arch/arm64/kernel
File  Edit  View  Search  Terminal  Help
104         }
105
106         . = KIMAGE_VADDR + TEXT_OFFSET;
107
108         .head.text : {
109                 _text = .;
110                 HEAD_TEXT
111         }
112         .text : {                       /* Real text segment       */
113                 _stext = .;             /* Text and read-only data */
114                         __exception_text_start = .;
115                         *(.exception.text)
116                         __exception_text_end = .;
117                         IRQENTRY_TEXT
118                         SOFTIRQENTRY_TEXT
119                         ENTRY_TEXT
120                         TEXT_TEXT
121                         SCHED_TEXT
122                         CPUIDLE_TEXT
123                         LOCK_TEXT
                                                   109,1-8        42%
```

图 10-18 vmlinux.lds.S 部分内容

查看 arch/arm64/kernel/Makefile 中的内容，如图 10-19 所示。

```
root@ubuntu: /home/linux/chapter10/kernel-4.14.98/arch/arm64/kernel
File Edit View Search Terminal Help
55 arm64-reloc-test-y := reloc_test_core.o reloc_test_syms.o
56 arm64-obj-$(CONFIG_CRASH_DUMP)          += crash_dump.o
57 arm64-obj-$(CONFIG_ARM64_SSBD)          += ssbd.o
58
59 ifeq ($(CONFIG_KVM),y)
60 arm64-obj-$(CONFIG_HARDEN_BRANCH_PREDICTOR)     += bpi.o
61 endif
62
63 obj-y                                   += $(arm64-obj-y) vdso/ probes/
64 obj-m                                   += $(arm64-obj-m)
65 head-y                                  := head.o
66 extra-y                                 += $(head-y) vmlinux.lds
67
68 ifeq ($(CONFIG_DEBUG_EFI),y)
69 AFLAGS_head.o += -DVMLINUX_PATH="\"$(realpath $(objtree)/vmlinux)\""
70 endif
:set nu                                                    70,5          Bot
```

图 10-19　查看 arch/arm64/kernel/Makefile 中的内容

所以，内核的入口点便是 arch/arm64/kernel/head.S 中的 stext，如图 10-20 所示。

```
root@ubuntu: /home/linux/chapter10/kernel-4.14.98/arch/arm64/kernel
File Edit View Search Terminal Help
116 ENTRY(stext)
117         bl      preserve_boot_args
118         bl      el2_setup                       // Drop to EL1, w0=cpu_boot_mode
119         adrp    x23, __PHYS_OFFSET
120         and     x23, x23, MIN_KIMG_ALIGN - 1    // KASLR offset, defaults to 0
121         bl      set_cpu_boot_mode_flag
122         bl      __create_page_tables
123         /*
124          * The following calls CPU setup code, see arch/arm64/mm/proc.S for
125          * details.
126          * On return, the CPU will be ready for the MMU to be turned on and
127          * the TCR will have been set.
128          */
129         bl      __cpu_setup                     // initialise processor
130         b       __primary_switch
131 ENDPROC(stext)
                                                       126,1-8       15%
```

图 10-20　内核的入口点便是 arch/arm64/kernel/head.S 中的 stext

stext 中的主要内容为：关闭 MMU、跳到 EL1、设置 CPU 模式、关闭 fiq / irq、切换到 SVC（管理）模式、计算物理地址偏移、创建初始内存页表（PGD、PUD、PMD、PTE）、建立物理地址（PA）和虚拟地址（VA）映射 PA = f（VA）。使能 MMU，内核中都是虚拟内存地址，需要 MMU 提供 TLW（Translation Lookaside Buffer Write，旁路缓存写入）支持，跳转到内核 C 代码入口 start_kernel（367 行），执行内核通用初始化，如图 10-21 所示。

```
root@ubuntu: /home/linux/chapter10/kernel-4.14.98/arch/arm64/kernel
File Edit View Search Terminal Help
353 #ifdef CONFIG_RANDOMIZE_BASE
354         tst     x23, ~(MIN_KIMG_ALIGN - 1)      // already running randomized?
355         b.ne    0f
356         mov     x0, x21                         // pass FDT address in x0
357         bl      kaslr_early_init                // parse FDT for KASLR options
358         cbz     x0, 0f                          // KASLR disabled? just proceed
359         orr     x23, x23, x0                    // record KASLR offset
360         ldp     x29, x30, [sp], #16             // we must enable KASLR, return
361         ret                                     // to __primary_switch()
362 0:
363 #endif
364         add     sp, sp, #16
365         mov     x29, #0
366         mov     x30, #0
367         b       start_kernel
368 ENDPROC(__primary_switched)
                                                       363,6         47%
```

图 10-21　head.S 文件 stext 中的主要内容

2. start_kernel

start_kernel 定义在 init/main.c 中，就是内核启动的第二阶段（C 语言）。在该函数中做着大量的初始化工作，是一个非常重要的函数。主要流程如下：

（1）cpu_init：设定 IRQ 堆栈。

（2）void page_address_init(void)：当定义了 CONFIG_HIGHMEM 宏，并且没有定义 WANT_PAGE_VIRTUAL 宏时，为非空函数，其他情况为空函数。ARM9 不支持高端地址（大于 896MB），一般的嵌入式产品也不会用高端地址，所以，在 ARM 体系结构下，此函数为空。

（3）void _ _initsetup_arch(char **cmdline_p)：这个 setup_arch()函数是 start_kernel 阶段最重要的一个函数，每个体系都有自己的 setup_arch()函数，是与体系结构相关的，具体编译哪个体系的 setup_arch()函数，由顶层 Makefile 中的 ARCH 变量决定。该函数的主要功能包括分析 u-boot 传进来的参数(tags)、初始化内存结构、创建页表、开启 MMU 等。

（4）static void _ _initsetup_command_line(char *command_line)：保存未改变的 command_line 到字符数组 static_command_line［］中。保存 boot_command_line 到字符数组 saved_command_line［］中。

（5）void _ _initsetup_per_cpu_areas(void)：如果没有定义 CONFIG_SMP 宏，则这个函数为空函数。如果定义了 CONFIG_SMP 宏，则 setup_per_cpu_areas()函数给每个 CPU 分配内存，并复制.data.per_cpu 段的数据。为系统中的每个 CPU 的 per_cpu 变量申请空间。

（6）void sched_init(void)：核心进程调度器初始化，调度器初始化的优先级要高于任何中断的建立，并且初始化进程为 0，即 idle 进程，但是并没有设置 idle 进程的 NEED_RESCHED 标志，所以还会继续完成内核初始化剩下的工作。

（7）void init_IRQ(void)：初始化 IRQ 中断和终端描述符。初始化系统中支持最大可能的中断描述结构 struct irqdesc 变量数组 irq_desc[NR_IRQS]，把每个结构变量 irq_desc[n]都初始化为预先定义好的无效中断描述结构变量 bad_irq_desc，并初始化该中断的链表表头成员结构变量 pend。

（8）void _ _initvfs_caches_init(unsigned long mempages)：初始化虚拟文件系统 VFS，创建一个 rootfs，这是个虚拟的 rootfs，即内存文件系统，后面还会指向真实的文件系统。

（9）static noinline void _ _init_refok rest_init(void)：完成了基本的初始化工作，最后调用 rest_init 函数。这个函数创建了一个入口点是 kernel_init()函数的内核线程，该线程里面会使用 run_init_process()接口来实现启动用户进程的工作，然后调用 cpu_idle()函数进入空闲状态。新创建的内核线程是系统的 1 号任务（pid = 1 的进程），放入了调度队列中，而原先的初始化代码是系统的 0 号任务，是不在调度队列中的。1 号进程会启动一个内核线程来运行其中的/init 脚本，完成真正根文件系统的挂载。

示例 10.2.5-1 编译内核。

在内核源码的顶层目录下编译内核，进入目录，设置环境变量，并编译。

```
root@ubuntu:/home/linux/chapter10/kernel-4.14.98# source /opt/fsl-imx-wayland/4.14-sumo/environment-setup-aarch64-poky-linux
root@ubuntu:/home/linux/chapter10/kernel-4.14.98# LDFLAGS="" CC="$CC" make
```

编译完后会有 arch/arm/boot/Image 和 arch/arm64/boot/dts/freescale/fsl-imx8mm-evkrm67191.dtb。

10.3 文件系统

文件系统是 Linux 系统的核心模块。通过使用文件系统，用户可以很好地管理各项文件及目录资源。对于绝大多数用户来说，文件系统是操作系统中最为可见、最为直观的部分。它提供在线存储、访问操作系统和所有用户的程序与数据的机制。而用户则可以通过文件直接和操作系统交互，另外操作系统为计算机提供的各种数据也是通过文件系统直观地存储在介质上，对其进行管理。

文件系统是操作系统用于明确磁盘或分区上的文件的方法和数据结构，即在磁盘上组织文件的方法。也指用于存储文件的磁盘或分区，或文件系统种类。操作系统中负责管理和存储文件信息的软件机构称为文件管理系统，简称文件系统。文件系统由 3 部分组成：与文件管理有关的软件、被管理文件以及实施文件管理所需的数据结构。从系统角度来看，文件系统是对文件存储空间进行组织和分配，负责文件存储并对存入的文件进行保护和检索的系统。具体地说，它负责为用户建立文件，存入、读出、修改、转储文件，控制文件的存取，当用户不再使用时撤销文件等。

10.3.1 文件系统分类

文件系统可以分为基于内存的文件系统（initrd）和非基于内存的文件系统（noinitrd），想要了解根文件系统的挂载流程，首先要了解各种文件的特性及使用方法。

（1）**rootfs**：一个基于内存的文件系统，是 Linux 在初始化时加载的第一个文件系统。

（2）**realfs**：用户最终使用真正的文件系统。

（3）**initramfs**：在内核镜像中附加一个 cpio 包，这个 cpio 包中包含了一个小型的文件系统，当内核启动时，内核将这个 cpio 包解开，并且将其中包含的文件系统释放到 rootfs 中，内核中的一部分初始化代码会放到这个文件系统中，作为用户层进程来执行。这样带来明显的好处是精简了内核的初始化代码，而且使得内核的初始化过程更容易定制。Linux2.6.12 内核的 initramfs 还没有什么实质性的内容，一个包含完整功能的 initramfs 实现可能还需要一个缓慢的过程。

（4）**cpio-initrd**：cpio 格式的 initrd，一般作为最终的根文件系统。

（5）**image-initrd**：专指传统的文件镜像格式的 initrd，如 ext2 格式。可以作为最终的根文件系统，也可以作为过渡，由 image-initrd 中的 init 来加载最终的根文件系统。

（6）**noinitrd**：如 jffs2、yaffs2 等格式的根文件系统，作为最终的根文件系统。

10.3.2 文件系统主要目录

根文件系统在宿主机/home/chapter10/rootfs 目录下，因为文件系统里面有特殊文件，所以切换到 root 用户下，解压_rootfs.tar.bz2：

```
root@ubuntu:/home/linux/chapter10/rootfs# tar -xjvf _rootfs.tar.bz2
```

查看 rootfs 系统文件目录，如图 10-22 所示。

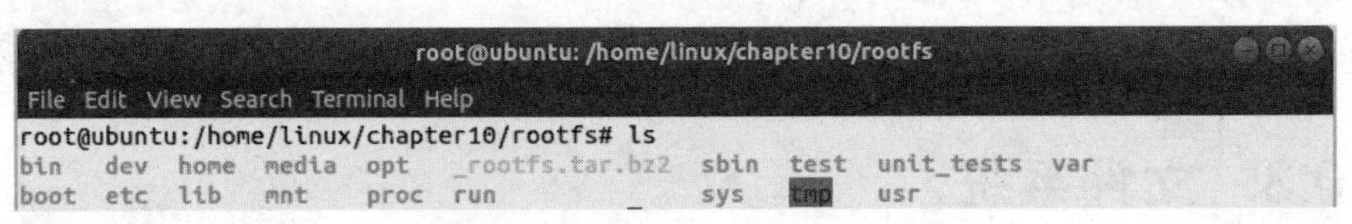

图 10-22 查看 rootfs 系统文件目录

如果读者熟悉 Linux 操作系统环境，也应该熟悉 Linux 下的根文件系统目录结构。文件系统的顶层目录有其习惯的用法和目的，文件系统主目录结构介绍如下：

（1）**bin**：用户命令所在的目录。

（2）**dev**：硬件设备文件及其他特殊文件。

（3）**etc**：系统配置文件，包括启动文件等。

（4）**home**：多用户主目录。

（5）**lib**：链接库文件目录。

（6）**mnt**：挂载目录，用于挂载临时文件系统或其他文件系统。

（7）**opt**：附加软件套件目录，如交叉编译器、qt 等应用软件。

（8）**Proc**：虚拟文件系统，用来显示内核及进程信息。

（9）**root**：超级用户主目录。

（10）**sbin**：系统管理员命令目录。

（11）**tmp**：临时文件目录。

（12）**usr**：用户命令目录。

（13）**var**：监控程序和工具程序所存放的可变数据。

对于用途单一的嵌入式系统，上述用于多用户的目录可以省略，例如/home、/opt、/root 目录等。而/bin、/dev、/etc、/lib、/proc、/sbin 和/usr 目录，是几乎每个系统必备的，也是不可或缺的目录，unit_tests 是测试目录。

10.3.3 文件启动流程

文件系统启动流程如图 10-23 所示。

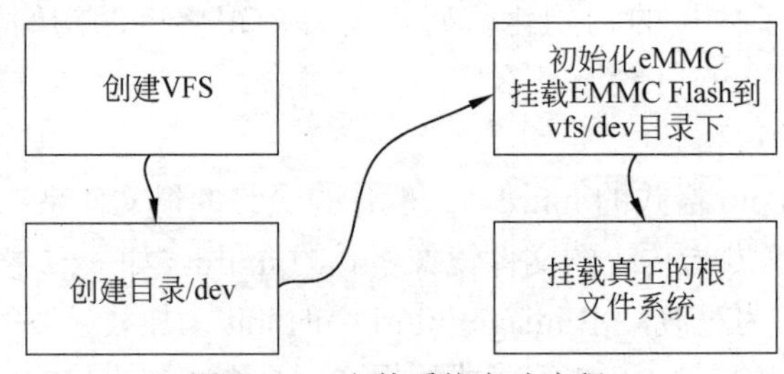

图 10-23 文件系统启动流程

1. 根文件系统的注册

Linux 系统从内核函数 start_kernel(kernel-4.14.98/init/main.c)说起，start_kernel()会调用 vfs_caches_init()来初始化 VFS，如图 10-24 所示。

vfs_caches_init 会创建一个虚拟的 rootfs 文件系统，mnt_init()会创建虚拟根文件系统，然后挂载根文件系统，这里的根是空目录，后面实际根文件系统所需的根节点，如图 10-25 所示。

```
root@ubuntu: /home/linux/chapter10/kernel-4.14.98/init
File Edit View Search Terminal Help
681         thread_stack_cache_init();
682         cred_init();
683         fork_init();
684         proc_caches_init();
685         buffer_init();
686         key_init();
687         security_init();
688         dbg_late_init();
689         vfs_caches_init();
690         pagecache_init();
691         signals_init();
692         proc_root_init();
693         nsfs_init();
694         cpuset_init();
695         cgroup_init();
696         taskstats_init_early();
                                                    691,16-23     62%
```

图 10-24　start_kernel()会调用 vfs_caches_init()来初始化 VFS

```
root@ubuntu: /home/linux/chapter10/kernel-4.14.98/fs
File Edit View Search Terminal Help
3695         inode_init_early();
3696 }
3697
3698 void __init vfs_caches_init(void)
3699 {
3700         names_cachep = kmem_cache_create("names_cache", PATH_MAX, 0,
3701                         SLAB_HWCACHE_ALIGN|SLAB_PANIC, NULL);
3702
3703         dcache_init();
3704         inode_init();
3705         files_init();
3706         files_maxfiles_init();
3707         mnt_init();
3708         bdev_cache_init();
3709         chrdev_init();
3710 }
                                                    3710,1        Bot
```

图 10-25　kernel-4.14.98/fs/dcache.c 文件

注册文件系统流程如图 10-26 所示。

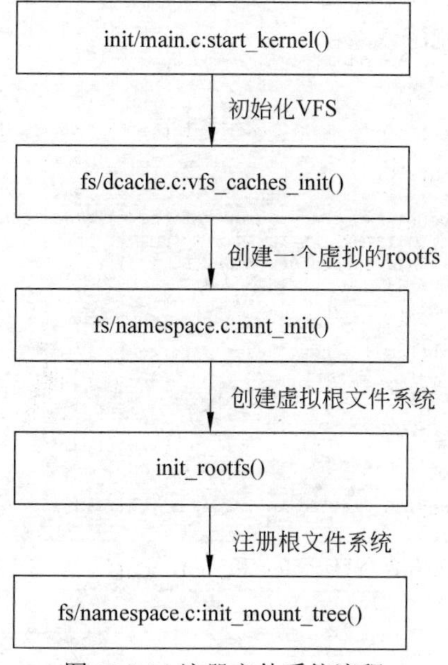

图 10-26　注册文件系统流程

2. 根文件系统初始化（见图 10-27）

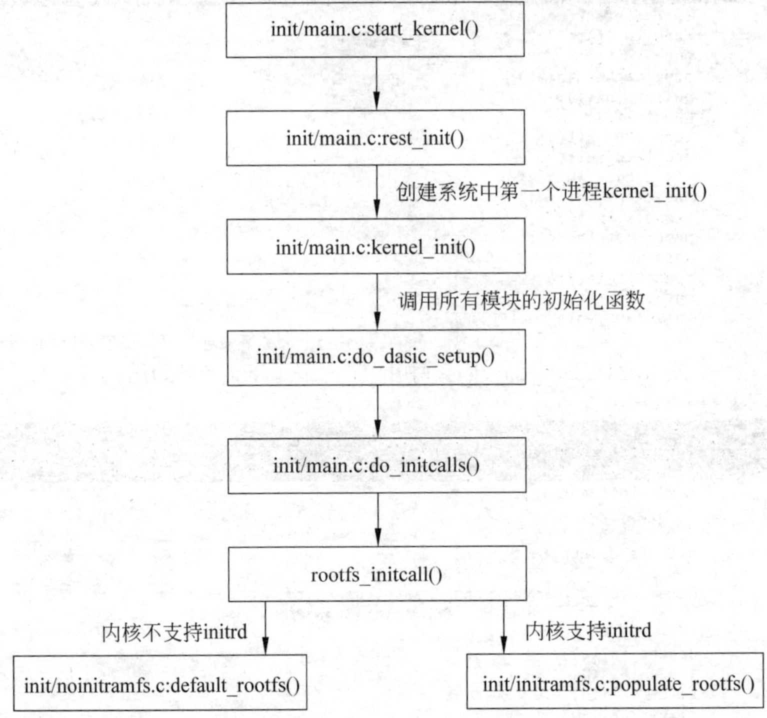

图 10-27　根文件系统初始化

针对不支持 initrd 的情况：default_rootfs()初始化一个简单的 rootfs，主要在其中创建两个目录/dev 和/root，还有一个节点/dev/console，代码如图 10-28 所示。

```
root@ubuntu: /home/linux/chapter10/kernel-4.14.98
File  Edit  View  Search  Terminal  Help
26  * Create a simple rootfs that is similar to the default initramfs
27  */
28 static int __init default_rootfs(void)
29 {
30         int err;
31
32         err = sys_mkdir((const char __user __force *) "/dev", 0755);
33         if (err < 0)
34                 goto out;
35
36         err = sys_mknod((const char __user __force *) "/dev/console",
37                         S_IFCHR | S_IRUSR | S_IWUSR,
38                         new_encode_dev(MKDEV(5, 1)));
39         if (err < 0)
40                 goto out;
41
42         err = sys_mkdir((const char __user __force *) "/root", 0700);
43         if (err < 0)
44                 goto out;
45
46         return 0;
47
48 out:
49         printk(KERN_WARNING "Failed to create a rootfs\n");
                                                          31,0-1        89%
```

图 10-28　创建两个目录/dev 和/root，还有一个节点/dev/console

针对支持 initrd 的情况：

（1）当内核支持 initrd 时，rootfs_initcall 调用 initramfs.c 中的 populate_rootfs()函数。

针对 initrd 的情况，在内核启动之前，u-boot 会把 initrd 映像（即真实根文件系统）复制到外部 sram 的指定位置。

如果是 cpio-initrd，则直接填充到 rootfs 根目录下，这时 rootfs 即从 VFS 变成真实的根文件系统；如果是 Image-initrd，则 Image-initrd 中的内容保存到/initrd.image 中。

unpack_to_rootfs，顾名思义，就是解压包到 rootfs 文件系统中，如图 10-29 所示。

```
root@ubuntu: /home/linux/chapter10/kernel-4.14.98
File Edit View Search Terminal Help
610 static int __init populate_rootfs(void)
611 {
612         /* Load the built in initramfs */
613         char *err = unpack_to_rootfs(__initramfs_start, __initramfs_size);
614         if (err)
615                 panic("%s", err); /* Failed to decompress INTERNAL initramfs */
616         /* If available load the bootloader supplied initrd */
617 +--- 39 lines: if (initrd_start && !IS_ENABLED(CONFIG_INITRAMFS_FORCE)) {-------------
656         flush_delayed_fput();
657 +--  4 lines: Try loading default modules from initramfs.  This gives-----------------
661         load_default_modules();
662
663         return 0;
664 }
665 rootfs_initcall(populate_rootfs);
~
~
~
~
                                                                  665,1         Bot
```

图 10-29　解压包到 rootfs 文件系统中

（2）检测根文件系统中是否存在 ramdisk_execute_command 文件。

这个值由 u-boot 传给内核参数中“rdinit=”指定，如果未指定，则采用默认的/init。

如果 ramdisk_execute_command 文件不存在，则执行 prepare_namespace()挂载根文件系统。

如果是 cpio-initrd、populate_rootfs 已经成功解压 cpio-initrd 到 rootfs 中，这种情况下 rootfs 就是真实的根文件系统，所以这时一般会存在 ramdisk_execute_command 文件。

如果是 Image-initrd 或者 noinitrd 的情况，一般不会存在 ramdisk_execute_command 文件，所以执行 prepare_namespace()挂载根文件系统。

Linux 内核启动的几个阶段为：

Start_kernel->rest_init->kernel_init->kernel_init_freeable，如图 10-30 所示。

```
root@ubuntu: /home/linux/chapter10/kernel-4.14.98
File Edit View Search Terminal Help
 996 static int __ref kernel_init(void *unused)
 997 {
 998         int ret;
 999
1000         kernel_init_freeable();
1001         /* need to finish all async __init code before freeing the memory */
1002         async_synchronize_full();
1003         ftrace_free_init_mem();
1004         free_initmem();
1005         mark_readonly();
1006         system_state = SYSTEM_RUNNING;
1007         numa_default_policy();
1008
1009         rcu_end_inkernel_boot();
1010
```

图 10-30　Linux 内核启动 kernel_init_freeable 阶段

（3）挂载真实的根文件系统，并把真实的根文件系统的根目录作为进程的根目录。本函数的具体流程如下：

kernel-4.14.98/init/do_mounts.c：

```
1.  void __initprepare_namespace(void)
2.  {
3.  int is_floppy;
4.  if (root_delay) {
5.       printk(KERN_INFO "Waiting %d sec before mounting root device...\n",
        root_delay);
6.  ssleep(root_delay);
7.  }
```

程序分析：

第 4~6 行 对于将根文件系统存在 usb 或者 scsi 的情况，内核需要等待这些耗费时间比较久的驱动加载完毕，所以这里存在一个延时。

```
8.  wait_for_device_probe();
9.  md_run_setup();
```

程序分析：

第 8~9 行 等待根文件系统所在的设备的探测函数的完成。

```
10. if (saved_root_name[0]) {
11.             root_device_name = saved_root_name;
12.               if (!strncmp(root_device_name, "mtd", 3) ||!strncmp(root_
              device_name, "ubi", 3))
13.                 {
14.                  mount_block_root(root_device_name, root_mountflags);
15.                  goto out;
16.                 }
17.       ROOT_DEV = name_to_dev_t(root_device_name);
18.            if (strncmp(root_device_name, "/dev/", 5) == 0)
19.                root_device_name += 5;
20. }
```

程序分析：

第 10~20 行 saved_root_name 是 uboot 传进来的参数 root=/dev/mtdblock3。

第 17 行 ROOT_DEV 存放 saved_root_name 的设备节点号。

第 18 行 dev/mtdblock3 的前 3 个字符与/dev/比较，这里是相等的。

第 19 行 root_device_name 加 5，所以此时 root_device_name 为 mtdblock3。

```
21. if (initrd_load())
22. goto out;
```

程序分析：

第 21 行 挂载 Image-initrd，如果 bootargs 指定了 noinitrd，那么 initrd_load()是空操作。

```
23. if ((ROOT_DEV == 0) &&root_wait) {
24.             printk(KERN_INFO "Waiting for root device %s...\n", saved_
```

```
          root_name);
25.   while(driver_probe_done()!=0||(ROOT_DEV=name_to_dev_t(saved_root_
      name)) ==0)
26.   msleep(100);
27.   async_synchronize_full();
28. }
29. is_floppy = MAJOR(ROOT_DEV) == FLOPPY_MAJOR;
30. if (is_floppy&&rd_doload&&rd_load_disk(0))
31. ROOT_DEV = Root_RAM0;
```

程序分析：

第 23~28 行 由于设备号不为 0，所以这里面没有执行。

```
32. mount_root();
33. out:
34. devtmpfs_mount("dev");
35. sys_mount(".", "/", NULL, MS_MOVE, NULL);
36. sys_chroot(".");
37. }
```

程序分析：

第 32~33 行 把真实的根文件系统挂在 rootfs 的/root 目录下。

第 34~37 行 将真实根文件系统从当前目录移动到 rootfs 的根目录后，并进入根目录。然后将当前目录设置为系统的根目录，即作为当前进程的根目录。所以，最终把虚拟的文件系统切换到了真实的根文件系统。

（4）initrd_load()是针对 Image-initrd 的函数，注意，前面已经把 Image-initrd 解压到了/initrd.image 中。该函数路径在 init/do_mounts_initrd.c。代码及程序分析如下：

```
1.  int __initinitrd_load(void)
2.  {
3.  if (mount_initrd) {
4.  create_dev("/dev/ram", Root_RAM0);
```

程序分析：

第 3 行 mount_initrd 的默认值为 1，如果 u-boot 传给内核的参数指明 noinitrd，则 mount_initrd 被置成 0。

```
5.  if (rd_load_image("/initrd.image") && ROOT_DEV != Root_RAM0) {
6.      sys_unlink("/initrd.image");
7.      handle_initrd();
8.      return 1;
9.      }
10. }
11. sys_unlink("/initrd.image");
12. return 0;
13. }
```

程序分析：

第5~13行 rd_load_image函数将/initrd.image的内容释放到/dev/ram0设备节点。如果根文件系统设备号不是 Root_RAM0，即给内核指定的参数不是/dev/ram0，则会调用handle_initrd()。但是一般给内核指定的参数是/dev/ram。

（5）执行/linuxrc 脚本确定真实的根文件系统，接着调用 mount_root 将真实的根文件系统挂载到rootfs的/root目录下。代码及程序分析如下：

```
1.  static void __inithandle_initrd(void)
2.  {
3.      struct subprocess_info *info;
4.      static char *argv[] = { "linuxrc", NULL, };
5.      extern char *envp_init[];
6.      int error;
7.      real_root_dev = new_encode_dev(ROOT_DEV);
8.      create_dev("/dev/root.old", Root_RAM0);
9.      mount_block_root("/dev/root.old", root_mountflags& ~MS_RDONLY);
10.     sys_mkdir("/old", 0700);
11.     sys_chdir("/old");
12.     load_default_modules();
13.     current->flags |= PF_FREEZER_SKIP;
14.     info = call_usermodehelper_setup("/linuxrc", argv, envp_init,
15.                                GFP_KERNEL, init_linuxrc, NULL, NULL);
16.        if (!info)
17.         return;
18.        call_usermodehelper_exec(info, UMH_WAIT_PROC);
19.         current->flags &= ~PF_FREEZER_SKIP;
```

程序分析：

第7行 real_root_dev为一个全局变量，用来保存真实根文件系统的设备号。

第 8 行 /dev/root.old 的设备号是 Root_RAM0，而前面已经把 Image-initrd 释放到了Root_RAM0，所以/dev/root.old下的内容就是真实的根文件系统Image-initrd。

第9行 将真实的根文件系统挂载到rootfs的/root目录下。

第12行 尝试从initrd加载默认模块。

第13~19行 如果linuxrc或其子进程从磁盘执行恢复，需要告诉FREEZER不要等待。

```
20.     sys_mount("..", ".", NULL, MS_MOVE, NULL);
21.     sys_chroot("..");
22.     if (new_decode_dev(real_root_dev) == Root_RAM0) {
23.         sys_chdir("/old");
24.        return;
25.     }
26.     sys_chdir("/");
27. ROOT_DEV = new_decode_dev(real_root_dev);
28. mount_root();
29. printk(KERN_NOTICE "Trying to move old root to /initrd ... ");
30. error = sys_mount("/old", "/root/initrd", NULL, MS_MOVE, NULL);
31. if (!error)
```

```
32.         printk("okay\n");
33. else {
34.         int fd = sys_open("/dev/root.old", O_RDWR, 0);
35.         if (error == -ENOENT)
36.                 printk("/initrd does not exist. Ignored.\n");
37.         else
38.                 printk("failed\n");
39.         printk(KERN_NOTICE "Unmounting old root\n");
40.         sys_umount("/old", MNT_DETACH);
41.         printk(KERN_NOTICE "Trying to free ramdisk memory ... ");
42.         if (fd< 0) {
43.                   error = fd;
44.                 } else {
45.             error = sys_ioctl(fd, BLKFLSBUF, 0);
46.             sys_close(fd);
47.         }
48.         printk(!error ? "okay\n" : "failed\n");
49.   }
50. }
```

程序分析：

第 20 行 将 initrd 移动到 rootfs'/old。

第 21~26 行 将 root 和 cwd 切换回/rootfs。

第 27~50 行 执行完 linuxrc 后，真实的根文件系统已经确定，则执行 mount_root 将真实的根文件系统挂载到 rootfs 的/root 目录下。

3. 用户层简单分析

1）执行/sbin/init 或 systemd

内核被加载后，第一个运行的程序便是/sbin/init，它的进程编号（pid）就是 1，其他所有进程都从它衍生，都是它的子进程。该程序会读取/etc/inittab 文件，系统由/etc/systemd/system/default.target 替代，并依据此文件来进行初始化工作。系统第一个程序是/lib/systemd/systemd，它取代 init，并作为第一个进程。这里介绍最新的 systemd，systemd 和 init 的区别如下：

（1）默认启动等级/etc/inittab，Linux 4.14.98 内核版本/etc/systemd/system/default.target 通常符号链接到 graphical.target（图形界面）或者 multi-user.target（多用户命令行）。

（2）启动脚本的位置，Linux2.6 内核版本是/etc/init.d 目录，符号链接到不同的 RunLevel 目录（比如/etc/rc3.d、/etc/rc5.d 等）。Linux4.14.98 内核版本则存放在/lib/systemd/system 和/etc/systemd/system 目录。

（3）配置文件的位置，Linux2.6 内核版本 init 进程的配置文件是/etc/inittab，各种服务的配置文件存放在/etc/sysconfig 目录。Linux4.14.98 内核版本的配置文件主要存放在/lib/systemd 目录，在/etc/systemd 目录中的修改可以覆盖原始设置。

其实/etc/inittab 文件最主要的作用就是设定 Linux 的运行等级，其设定形式是“：id:5:initdefault:”，这就表明 Linux 需要运行在等级 5 上。Linux 的运行等级设定包括：0：关机；1：单用户模式；2：无网络支持的多用户模式；3：有网络支持的多用户模式；

4：保留，未使用；5：有网络支持，并且还有 X-Window 支持的多用户模式；6：重新引导系统，即重启。

2）找对应的配置文件

systemd 启动后，首先会在三个目录下找相应的配置文件，按优先级从高到低为/etc/systemd/system、/usr/lib/systemd/system 和/run/systemd/system，优先级高的配置文件会覆盖优先级低的配置文件。

（1）"/etc/systemd/system"：操作系统默认配置文件。

（2）"/usr/lib/systemd/system"：系统管理员的配置文件，它将忽略操作系统默认的配置文件。

（3）"/run/systemd/system"：运行时产生的配置文件，它将忽略安装的配置文件。

3）启动内核模块

具体是依据/etc/modules.conf 文件或/etc/modules.d 目录下的文件来装载内核模块。

4）执行不同运行级别的脚本程序

根据运行级别的不同，系统会运行 rc0.d～rc6.d 中的相应的脚本程序，完成相应的初始化工作和启动相应的服务，目录名中的"rc"，表示 run command（运行程序），最后的 d 表示 directory（目录），中间数字为 Linux 预置 7 种运行级别（0～6），一般来说，0 是关机；1 是单用户模式（也就是维护模式）；6 是重启。运行级别为 2～5。

5）执行/etc/rc.local

如果打开了此文件，阅读里面的内容，就会对此命令的作用一目了然：

```
# This script will be executed *after* all the other init scripts.
# You can put your own initialization stuff in here if you don't
# want to do the full Sys V style init stuff.
```

rc.local 就是在一切初始化工作后，Linux 留给用户进行添加开机启动命令。可以把想设置和启动的内容放到这里。

6）执行/bin/login 程序，进入登录状态

一般来说，用户的登录方式有如下 3 种。

（1）命令行登录：init 进程调用 getty 程序（意为 get teletype），输入用户名和密码。输入完成后，再调用 login 程序，核对密码（Debian 还会再多运行一个身份核对程序/etc /pam.d/login）。如果密码正确，则从文件 /etc/passwd 读取该用户指定的 shell，然后启动这个 shell。

（2）ssh 登录：这时系统调用 sshd 程序（Debian 还会再运行/etc/pam.d/ssh），取代 getty 和 login，然后启动 shell。

（3）图形界面登录：init 进程调用显示管理器，然后输入用户名和密码。如果密码正确，则读取/etc/gdm3/Xsession，启动用户的会话。

示例 10.3.3-1 编译文件系统。

在 root 用户下，进入文件系统目录。

```
root@ubuntu:/home/linux/chapter10/rootfs# ls
bin   dev  home  media  opt   _rootfs.tar.bz2  sbintmpusr
boot  etc  lib   mnt    proc  run              sys   unit_tests  var
```

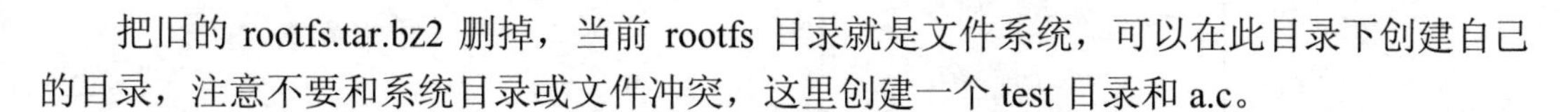

把旧的 rootfs.tar.bz2 删掉，当前 rootfs 目录就是文件系统，可以在此目录下创建自己的目录，注意不要和系统目录或文件冲突，这里创建一个 test 目录和 a.c。

```
root@ubuntu:/home/linux/chapter10/rootfs# rm _rootfs.tar.bz2
root@ubuntu:/home/linux/chapter10/rootfs# mkdir test
root@ubuntu:/home/linux/chapter10/rootfs# touch test/a.c
```

最后压缩 tar -cjvf _rootfs.tar.bz2 *。

```
root@uptech-virtual-machine:/home/uptech/fsl-8mm-source/rootfs# tar -cjvf
_rootfs.tar.bz2 *
```

将系统文件_rootfs.tar.bz2 复制到对应的 images 目录下，替换即可。至此，Linux 文件系统已经完成。

10.4　习题

1．什么是交叉开发环境？
2．什么是交叉工具链？
3．什么是内核模块？
4．什么是文件系统？Linux 的文件系统有多少种？
5．利用交叉工具链编译“hello，world!”的可执行文件。
6．采用 linux-4.14.98 源代码包配置、编译 Linux 内核。
7．制作 rootfs 文件系统。

第 11 章 BootLoader

CHAPTER 11

BootLoader 是系统加载启动运行的第一段软件代码。在嵌入式系统中，整个系统的加载启动任务完全由 BootLoader 来完成。通过运行 BootLoader，可以初始化硬件设备，建立内存空间的映射图，从而将系统的软硬件环境带到一个合适的状态，以便为最终调用操作系统内核或用户应用程序准备好正确的环境。

11.1 BootLoader 介绍

一个嵌入式系统从软件角度来看分为以下 4 个层次：

（1）引导加载程序：引导加载程序主要包括 BootLoader 和 Boot 参数配置两部分。引导程序的主要任务是将内核从硬盘上读到内存中，然后跳转到内核的入口点去运行，即启动操作系统。

（2）Linux 内核：特定于嵌入式平台的定制内核。

（3）根文件系统：内核启动时第一个文件系统，内核代码映像文件保存在根文件系统中，而系统引导启动程序会在根文件系统挂载之后从中把一些基本的初始化脚本和服务等加载到内存中去运行。

（4）用户应用程序：特定于用户的应用程序。

如图 11-1 所示，BootLoader 是位于整个 Flash 中最前端的部分，接着是 Boot 参数配置，然后是 Linux 内核和根文件系统，最后是用户应用程序。

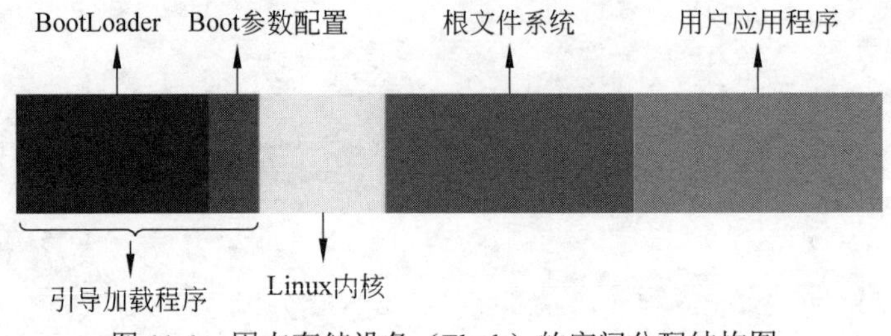

图 11-1　固态存储设备（Flash）的空间分配结构图

对于一个嵌入式系统来说，可能有的包括操作系统，有的小型系统可能只包括应用程序，但是在这之前都需要 BootLoader 为它准备一个正确的环境。通常 BootLoader 是依赖于硬件而实现的，特别是在嵌入式领域，为嵌入式系统建立一个通用的 BootLoader 是很困难的。

11.1.1 BootLoader的安装和启动

嵌入式系统加电或复位后，所有的CPU通常都从某个由CPU制造商预先安排的地址上取指令，例如基于ARM9内核的CPU在加电或复位时，通常都从地址0x00000000取它的第一条指令，所以这个地址通常就是BootLoader的安装地址。而基于这种CPU构建的嵌入式系统，通常都有某种类型的固态存储设备（例如ROM、EEPROM或Flash等）被映射到这个预先安排的地址上，从而可以使系统在加电后，CPU首先执行BootLoader程序。

BootLoader的启动过程可以分为单阶段（single stage）和多阶段（multi stage）两种：通常多阶段的BootLoader具有更复杂的功能、更好的可移植性。从固态存储设备上启动的BootLoader大多采用两个阶段，即启动过程可以分为stage1和stage2。stage1完成硬件初始化，为stage2准备内存空间，并将stage2中的内容复制到内存中，设置堆栈，然后跳转到stage2。stage2通常完成初始化阶段要使用到的硬件设备，并将内核映像和根文件系统映像到Flash上并读到内存中，最后调用内核。

11.1.2 BootLoader的操作模式

大多数BootLoader都包含两种不同的操作模式：启动加载模式和下载模式。这种区别仅对开发人员有意义，从最终用户的角度来看，BootLoader的作用就是用来加载操作系统，而并不存在所谓的启动加载模式和下载模式的区别。

（1）启动加载模式：这种模式也称为自主模式。也即BootLoader从目标机上的某个固态存储设备上将操作系统加载到RAM中运行，整个过程并没有用户的介入，这种模式是BootLoader的正常工作模式，因此在嵌入式产品发布时，BootLoader显然必须工作在这种模式下。

（2）下载模式：在这种模式下，目标机上的BootLoader将通过串口连接或网络连接等手段从主机上下载文件，例如下载内核映像和根文件系统映像等。从主机下载的文件通常首先被BootLoader保存到目标机的RAM中，然后再被BootLoader写到目标机上的Flash类固态存储设备中。BootLoader的这种模式通常在第一次安装内核与根文件系统时被使用；此外，以后的系统更新也会使用BootLoader这种工作模式。工作在这种模式下的BootLoader通常都会向它的终端用户提供一个简单的命令行接口。

例如Blob或u-boot等功能强大的BootLoader通常同时支持以上两种工作模式，而且允许用户在这两种工作模式之间进行切换。例如，u-boot在启动时处于正常的启动加载模式，但是它会延时3s等待终端用户按下任意键而将u-boot切换到下载模式；如果在3s内没有按键，则u-boot继续启动Linux内核。

11.1.3 BootLoader与主机之间的通信方式

主机和目标机之间一般通过串口建立连接，BootLoader软件在执行时通常会通过串口进行I/O操作，例如输出打印信息到串口、从串口读取用户控制字符等。

最常见的情况是，目标机上的BootLoader通过串口与主机之间进行文件传输，传输协议通常是xmodem、ymodem、zmodem协议中的一种。但是串口传输的速度是有限的，因此通过以太网连接并协助TFTP协议来下载文件是个更好的选择。当然，如果想通过以太网连接和 TFTP 协议下载文件，主机方必须有一个软件提供 TFTP 服务。

11.1.4 常用 BootLoader 介绍

常用 BootLoader 一般有 vivi、YL-BIOS 和 u-boot，介绍如下：

（1）vivi：是由三星提供，韩国 mizi 公司原创，开放源代码，必须使用 arm-linux-gcc 进行编译，目前已经基本停止发展，主要适用于三星 S3C24xx 系列 ARM 芯片，用以启动 Linux 系统，支持串口下载和网络文件系统启动等常用简易功能。

（2）YL-BIOS：深圳优龙公司基于三星的监控程序 24xxmon 改进而来，提供源代码，可以使用 ADS 进行编译，整合了 USB 下载功能，仅支持 CRAMFS 文件系统，并增加了手工设置启动 Linux 和 Windows CE、下载到内存执行测试程序等多种实用功能。因其开源性，故该 BootLoader 被诸多其他嵌入式开发板厂商采用，需要注意的是，大部分是未经优龙公司授权的。

（3）u-boot：u-boot 是德国 DENX 小组开发的用于多种嵌入式 CPU 的 BootLoader 程序，u-boot 不仅支持嵌入式 Linux 系统的引导，当前，它还支持 NetBSD、VxWorks、QNX、RTEMS、ARTOS、LynxOS 嵌入式操作系统。u-boot 除了支持 PowerPC 系列的处理器外，还能支持 MIPS、 x86、ARM、NIOS、XScale 等诸多常用系列的处理器。

11.2 u-boot 介绍

u-boot 是遵循 GPL 条款的开放源码项目。从 FADSROM、 8xxROM、PPCBOOT 逐步发展演化而来，其源码目录、编译形式与 Linux 内核很相似。事实上，不少 u-boot 源码就是相应的 Linux 内核源程序的简化，尤其是一些设备的驱动程序，u-boot 源码的注释能体现这一点。

u-boot 不仅支持嵌入式 Linux 系统的引导，它还支持 NetBSD、VxWorks、QNX、RTEMS、ARTOS、LynxOS 嵌入式操作系统。其目前要支持的目标操作系统是 OpenBSD、NetBSD、FreeBSD、4.4BSD、Linux、SVR4、Esix、Solaris、Irix、SCO、Dell、NCR、VxWorks、LynxOS、pSOS、QNX、RTEMS、ARTOS。这是 u-boot 中普遍的特点之一，另外一个特点则是 u-boot 除了支持 PowerPC 系列的处理器外，还支持 MIPS、x86、ARM、NIOS、XScale 等诸多常用系列的处理器。

这两个特点正是 u-boot 项目的开发目标，即支持尽可能多的嵌入式处理器和嵌入式操作系统。就目前来看，u-boot 对 PowerPC 系列处理器支持最为丰富，对 Linux 的支持最完善。其他系列的处理器和操作系统基本上是在 2002 年 11 月由 PPCBOOT 改名为 u-boot 后逐步扩充的。

从 PPCBOOT 向 u-boot 的顺利过渡，很大程度上归功于 u-boot 的维护人——德国 DENX 软件工程中心 Wolfgang Denk 的精湛专业水平和坚持不懈的努力。当前，u-boot 项目正在他的领军之下，众多有志于开放源码 BootLoader 移植工作的嵌入式开发人员正如火如荼地将各个不同系列嵌入式处理器的移植工作不断展开和深入，以支持更多的嵌入式操作系统的装载与引导。选择 u-boot 的理由如下：

（1）开放源码。

（2）支持多种嵌入式操作系统内核，例如 Linux、NetBSD、VxWorks、QNX、RTEMS、ARTOS、LynxOS。

（3）支持多个处理器系列，例如 PowerPC、ARM、x86、MIPS、XScale。

（4）较高的可靠性和稳定性。

（5）高度灵活的功能设置，适合 u-boot 调试、操作系统不同引导要求、产品发布等。

（6）丰富的设备驱动源码，例如串口、以太网、SDRAM、Flash、LCD、NVRAM、EEPROM、RTC、键盘等。

（7）较为丰富的开发调试文档与强大的网络技术支持。

11.2.1 目录结构

u-boot 目录文件和目录如图 11-2 所示，u-boot 顶层目录说明如表 11-1 所示，分别存放、管理不同的源程序。这些目录中所要存放的文件有其规则，可以分为如下 3 类：

（1）与处理器体系结构或者开发板硬件直接相关的文件。

（2）一些通用的函数或者驱动程序。

（3）u-boot 的应用程序、工具或者文档。

```
root@ubuntu:/home/linux/chapter11/imx8mm-uboot-tools/uboot# ls -a
.       .checkpatch.conf  config.mk    dts       Kconfig      net              spl
..      CleanSpec.mk      .config.old  env       lib          post             test
api     cmd               configs      examples  Licenses     README           tools
arch    common            disk         fs        .mailmap     .scmversion      .travis.yml
board   .config           doc          include   MAINTAINERS  scripts
build   config_cjf        drivers      Kbuild    Makefile     snapshot.commit
```

图 11-2 u-boot 目录文件和目录

表 11-1 u-boot 顶层目录说明

类型	名 字	描 述	备 注
文件夹	api	与硬件无关的 API 函数	u-boot 自带
文件夹	arch	与架构有关的代码	u-boot 自带
文件夹	board	不同板子（开发板）的定制代码	u-boot 自带
文件夹	cmd	命令相关代码	u-boot 自带
文件夹	common	通用代码	u-boot 自带
文件夹	config	配置文件	u-boot 自带
文件夹	disk	与磁盘分区相关代码	u-boot 自带
文件夹	doc	文档	u-boot 自带
文件夹	drivers	驱动代码	u-boot 自带
文件夹	dts	设备树	u-boot 自带
文件夹	example	示例代码	u-boot 自带
文件夹	fs	文件系统	u-boot 自带
文件夹	include	头文件数	u-boot 自带
文件夹	lib	与库文件相关	u-boot 自带
文件夹	Licenses	许可证相关文件	u-boot 自带
文件夹	net	网络相关文件	u-boot 自带
文件夹	post	上电自检程序	u-boot 自带

续表

类型	名　字	描　述	备　注
文件夹	scripts	脚本文件	u-boot 自带
文件夹	test	测试代码	u-boot 自带
文件夹	tools	工具文件夹	u-boot 自带
文件	.config	配置文件，重要的文件	编译生成的文件
文件	.gitignore	git 工具相关文件	u-boot 自带
文件	.mailmap	邮件列表	u-boot 自带
文件	.u-boot.xxx.cmd	这是一系列的文件，用于保存一些命令	编译生成的文件
文件	config.mk	某个 Makefile 会调用此文件	u-boot 自带
文件	Kbuild	用于生成一些和汇编有关的文件	u-boot 自带
文件	Kconfig	图形配置界面描述文件	u-boot 自带
文件	MAINTAINERS	维护者联系方式文件	u-boot 自带
文件	MAKEALL	一个 shell 脚本，帮助生成 u-boot	u-boot 自带
文件	Makefile	主 Makefile，重要文件	u-boot 自带
文件	README	相当于帮助文档	u-boot 自带
文件	System.map	系统映射文件	编译生成的文件
文件	u-boot	系统映射文件	编译生成的文件
文件	u-boot.xxx	生成一些与 u-boot 相关的文件，包括 u-boot.bin、u-boot.imx 等	编译生成的文件

其中比较重要的包括 arch 文件夹、board 文件夹、configs 文件夹、Makefile 文件、u-boot.xxx 文件、.config 文件，分别介绍如下：

（1）arch 文件夹：这个文件夹中存放着和架构有关的文件，如图 11-3 所示。

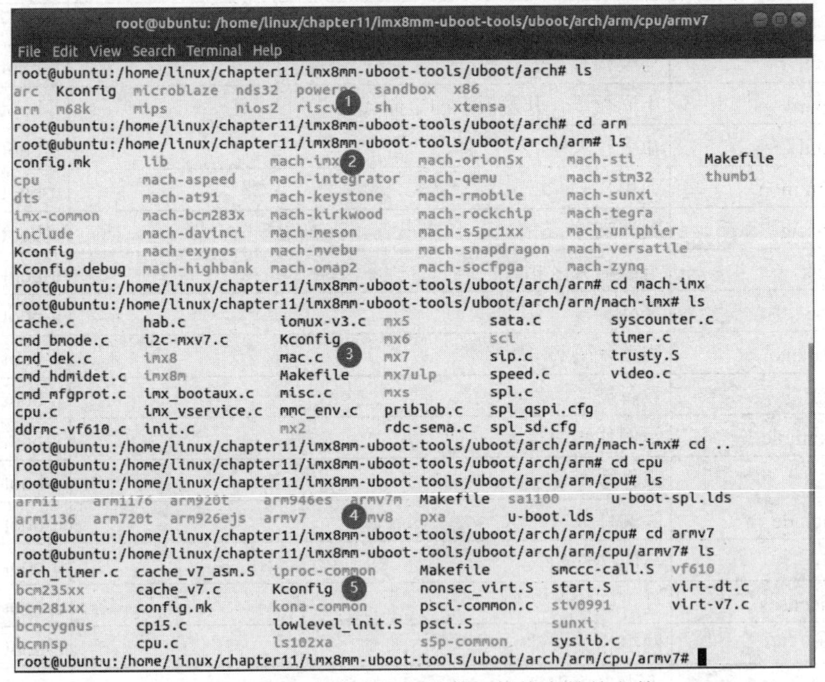

图 11-3　arch 文件夹中存放着和架构有关的文件

从图 11-3 中标记①可以看出支持很多架构，比如 arm、m68k 等，我们现在用的是 ARM 芯片，所以只需要关注 arm 文件夹中的内容即可。

arm 文件夹中的内容如图 11-3 中标记②所示。mach 开头的文件夹是跟具体的设备有关，比如 mach-exynos 就是跟三星的 exyons 系列 CPU 有关的文件。我们使用的是 i.mx8 处理器，所以要关注 imx8 这个文件夹中的内容即可，如图 11-3 中标记③所示。

另外 cpu 这个文件夹也是和 CPU 架构有关的，打开此文件夹中的内容如图 11-3 中标记④、⑤所示。从图中可以看出有多种与 ARM 架构相关的文件夹，如 Cortex-A7 内核，Cortex-A7 属于 ARMV7，所以只要关注 ARMV7 文件夹中的内容即可。cpu 文件夹中有个名为 u-boot.lds 的链接脚本文件，这个就是 ARM 芯片所使用的 u-boot 链接脚本文件。ARMV7 文件夹中的文件都是跟 ARMV7 架构有关的，是分析 u-boot 启动源码时需要重点关注的。

（2）board 文件夹：board 文件夹就是和具体的开发板有关的，打开此文件夹，里面全是不同的开发板，不同开发板有不同的命名方式，如 freescale 文件夹，对应 freescale 产品，如图 11-4 所示。

```
root@ubuntu: /home/linux/chapter11/imx8mm-uboot-tools/uboot/board
File  Edit  View  Search  Terminal  Help
root@ubuntu:/home/linux/chapter11/imx8mm-uboot-tools/uboot# cd board/
root@ubuntu:/home/linux/chapter11/imx8mm-uboot-tools/uboot/board# ls
8dtech          cei             grinn           nokia            solidrun
abilis          chipspark       gumstix         nvidia           spear
advantech       cirrus          h2200           olimex           sr1500
alphaproject    cloudengines    highbank        omicron          st
altera          cobra5272       hisilicon       opalkelly        sunxi
amarula         compal          htkw            overo            Synology
amazon          compulab        huawei          pandora          synopsys
amlogic         comtrend        ids             pb1x00           sysam
AndesTech       congatec        imgtec          phytec           syteco
Arcturus        coreboot        imx31_phycore   ppcag            tbs
aries           corscience      intel           qca              tcl
aristainetos    creative        inversepath     qemu-mips        technexion
armadeus        cssi            iomega          qualcomm         technologic
armltd          CZ.NIC          is1             quipos           teejet
aspeed          davinci         isee            radxa            terasic
astro           dbau1x00        keymile         raidsonic        theadorable
atmark-techno   devboards       kmc             raspberrypi      theobroma-systems
atmel           dfi             kosagi          renesas          ti
avionic-design  dhelectronics   LaCie           rockchip         timll
bachmann        d-link          laird           ronetix          topic
barco           ebv             lego            sagem            toradex
Barix           eets            lg              samsung          tplink
beckhoff        efi             l+g             samtec           tqc
birdland        egnite          liebherr        sandbox          udoo
bluegiga        el              logicpd         sandisk          varisys
bluewater       embest          Marvell         sbc8349          ve8313
bosch           emulation       maxbcm          sbc8548          vscom
boundary        engicam         microchip       sbc8641d         wandboard
broadcom        esd             micronas        schulercontrol   warp
buffalo         espt            mini-box        Seagate          warp7
BuR             firefly         mpc8308_p1m     seco             woodburn
BuS             freescale       mpr2            sfr              work-microwave
```

图 11-4　board 文件夹

（3）configs 文件夹：此文件夹为 u-boot 配置文件。u-boot 是可配置的，如果从头开始一个个进行项目的配置，那就太麻烦了，因此一般半导体或者开发板厂商都会制作好一个配置文件，用户可以在这个做好的配置文件基础上添加自己想要的功能。这些半导体厂商或者开发板厂商将制作好的配置文件统一命名为 xxx_defconfig，xxx 表示开发板名字，这些 defconfig 文件都存放在 configs 文件夹，如图 11-5 所示。

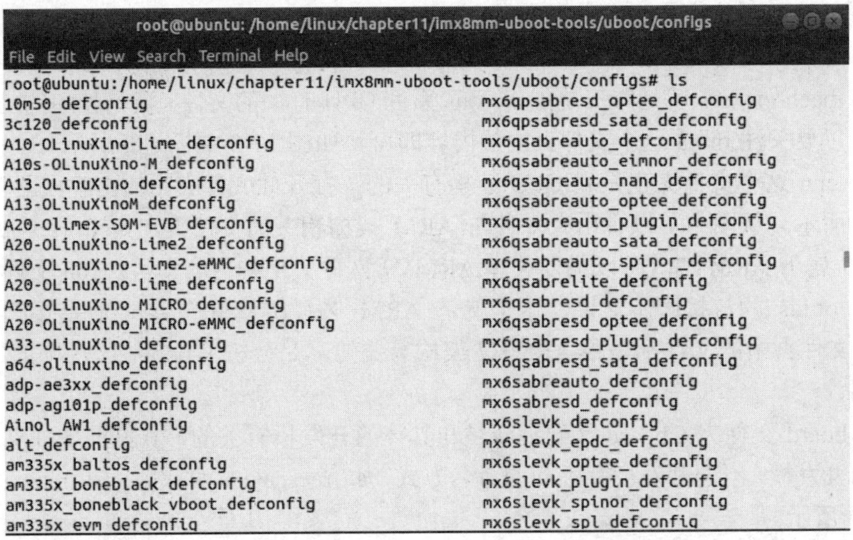

```
root@ubuntu: /home/linux/chapter11/imx8mm-uboot-tools/uboot/configs
File  Edit  View  Search  Terminal  Help
root@ubuntu:/home/linux/chapter11/imx8mm-uboot-tools/uboot/configs# ls
10m50_defconfig                        mx6qpsabresd_optee_defconfig
3c120_defconfig                        mx6qpsabresd_sata_defconfig
A10-OLinuXino-Lime_defconfig           mx6qsabreauto_defconfig
A10s-OLinuXino-M_defconfig             mx6qsabreauto_eimnor_defconfig
A13-OLinuXino_defconfig                mx6qsabreauto_nand_defconfig
A13-OLinuXinoM_defconfig               mx6qsabreauto_optee_defconfig
A20-Olimex-SOM-EVB_defconfig           mx6qsabreauto_plugin_defconfig
A20-OLinuXino-Lime2_defconfig          mx6qsabreauto_sata_defconfig
A20-OLinuXino-Lime2-eMMC_defconfig     mx6qsabreauto_spinor_defconfig
A20-OLinuXino-Lime_defconfig           mx6qsabrelite_defconfig
A20-OLinuXino_MICRO_defconfig          mx6qsabresd_defconfig
A20-OLinuXino_MICRO-eMMC_defconfig     mx6qsabresd_optee_defconfig
A33-OLinuXino_defconfig                mx6qsabresd_plugin_defconfig
a64-olinuxino_defconfig                mx6qsabresd_sata_defconfig
adp-ae3xx_defconfig                    mx6sabreauto_defconfig
adp-ag101p_defconfig                   mx6sabresd_defconfig
Ainol_AW1_defconfig                    mx6slevk_defconfig
alt_defconfig                          mx6slevk_epdc_defconfig
am335x_baltos_defconfig                mx6slevk_optee_defconfig
am335x_boneblack_defconfig             mx6slevk_plugin_defconfig
am335x_boneblack_vboot_defconfig       mx6slevk_spinor_defconfig
am335x_evm_defconfig                   mx6slevk_spl_defconfig
```

图 11-5　configs 文件夹

（4）Makefile 文件：这个是顶层 Makefile 文件。Makefile 是支持嵌套的，也就是顶层 Makefile 可以调用子目录中的 Makefile 文件。Makefile 嵌套在大项目中很常见，一般大项目中所有的源代码都不会放到同一个目录中，各个功能模块的源代码都是分开的，各自存放在各自的目录中。每个功能模块目录下都有一个 Makefile，这个 Makefile 只处理本模块的编译链接工作，这样所有的编译链接工作就不用全部放到一个 Makefile 中，可以使得 Makefile 变得简洁明了。u-boot 源码根目录下的 Makefile 是顶层 Makefile，它会调用其他模块的 Makefile 文件，比如 drivers/adc/Makefile。当然，顶层 Makefile 要做的工作可远不止调用子目录中的 Makefile 文件这么简单。

（5）u-boot.xxx 文件：u-boot.xxx 同样也是一系列文件，包括 u-boot、u-boot.bin、u-boot.cfg、u-boot.imx、u-boot.lds、u-boot.map、u-boot.srec、u-boot.sym 和 u-boot-nodtb.bin，u-boot 系列文件描述如表 11-2 所示。

表 11-2　u-boot 系列文件描述

文　件	描　述
u-boot	编译出来 ELF 格式的 u-boot 镜像文件
u-boot.bin	编译出来二进制格式的 u-boot 可执行镜像文件
u-boot.cfg	u-boot 的另外一种配置文件
u-boot.imx	u-boot.imx 添加头部信息以后的文件，如 NXP 的 CPU 专用文件
u-boot.lds	链接脚本
u-boot.map	u-boot 映射文件，通过查看此文件可以知道某个函数被链接到哪个地址上
u-boot.srec	S-Record 格式的镜像文件
u-boot.sym	u-boot 符号文件
u-boot-nodtb.bin	和 u-boot.bin 一样，u-boot.bin 就是 u-boot-nodtb.bin 的复制文件

（6）.config 文件：是 u-boot 配置文件，使用命令 makexxx_defconfig 配置 u-boot 以后

就会自动生成，.config 文件部分内容如图 11-6 所示。可以看出.config 文件中都是以 CONFIG_开始的配置项，这些配置项就是 Makefile 中的变量，因此后面都跟有相应的值，u-boot 的顶层 Makefile 或子 Makefile 会调用这些变量值。在.config 中会有大量的变量值为 y，这些为 y 的变量值一般用于控制某项功能是否使能，如果为 y，则表示功能使能。

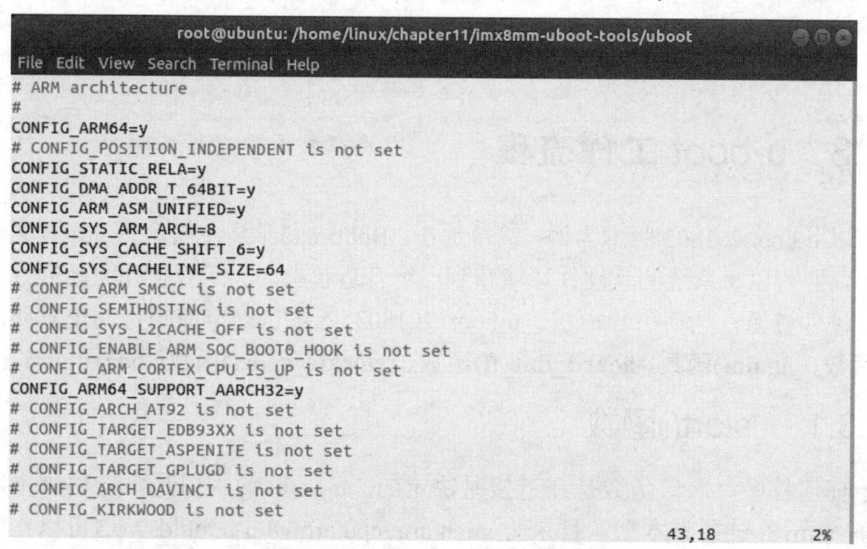

图 11-6 .config 文件部分内容

11.2.2 u-boot 的主要功能

作为一个较复杂的 BootLoader，u-boot 的功能已经相当于一个小的微内核。如果配上一些后续的进程（或线程）管理，加上一些具体设备的驱动，就能基本实现嵌入式的一个小操作系统，u-boot 可支持的主要功能及说明如表 11-3 所示。

表 11-3 u-boot 可支持的主要功能及说明

功 能	说 明
系统引导	支持 NFS 挂载、RAMDISK（压缩或非压缩）形式的根文件系统；支持 NFS 挂载、从 Flash 中引导压缩或非压缩系统内核
基本辅助功能	强大的操作系统接口功能；可灵活设置、传递多个关键参数给操作系统，适合操作系统在不同开发阶段的调试要求与产品发布，尤以 Linux 支持最为强劲；支持目标板环境参数多种存储方式，如 Flash、NVRAM、EEPROM
CRC32 校验	可校验 Flash 中内核、RAMDISK 镜像文件是否完好
设备驱动	串口、SDRAM、Flash、以太网、LCD、NVRAM、EEPROM、键盘、USB、PCMCIA、PCI、RTC 等驱动支持
上电自检功能	SDRAM、Flash 大小自动检测；SDRAM 故障检测；CPU 型号检测
特殊功能	XIP 内核引导

11.2.3 u-boot 的工具

u-boot 本身带有工具，可以用于内核编译等方面的工作，u-boot 工具存放在 tools 目录中，这些目录经常被用到，以下简单介绍几种常用工具及其用途：

（1）bmp_logo：制作标记的位图结构体。

（2）envcrc：转换校验 u-boot 内部嵌入的环境变量。

（3）gen_eth_addr：生成以太网接口的 MAC 地址。

（4）img2srec：转换 SREC 格式映像。

（5）mkimage：转换 u-boot 格式映像。

（6）updater：u-boot 自动更新升级工具。

11.3 u-boot 工作流程

本节以 u-boot 201803 版本为例。简单地说，BootLoader 是在操作系统运行之前运行的一段程序，它可以将系统的软硬件环境带到一个合适状态，为运行操作系统做好准备，初始化一些硬件资源，然后引导内核。u-boot 201803 版本启动至命令行几个重要函数包括 **_start()**函数、**_main()**函数、**board_init_f()**函数、**relocate_code()**函数、**board_init_r()**函数。

11.3.1 _start()函数

对于任何程序，入口函数是在链接时决定的，u-boot 的入口是由链接脚本决定的。u-boot 下 armv8 链接脚本默认目录为 arch/arm/cpu/armv8/u-boot.lds。这可以在配置文件（u-boot 顶层的 Makefile）中由 CONFIG_SYS_LDSCRIPT 来指定。

入口地址也是由连接器决定的，在配置文件中可以由 CONFIG_SYS_TEXT_BASE 指定，这个会在编译时加在 ld 连接器的选项-Ttext 中。查看 u-boot.lds 文件，如图 11-7 所示。

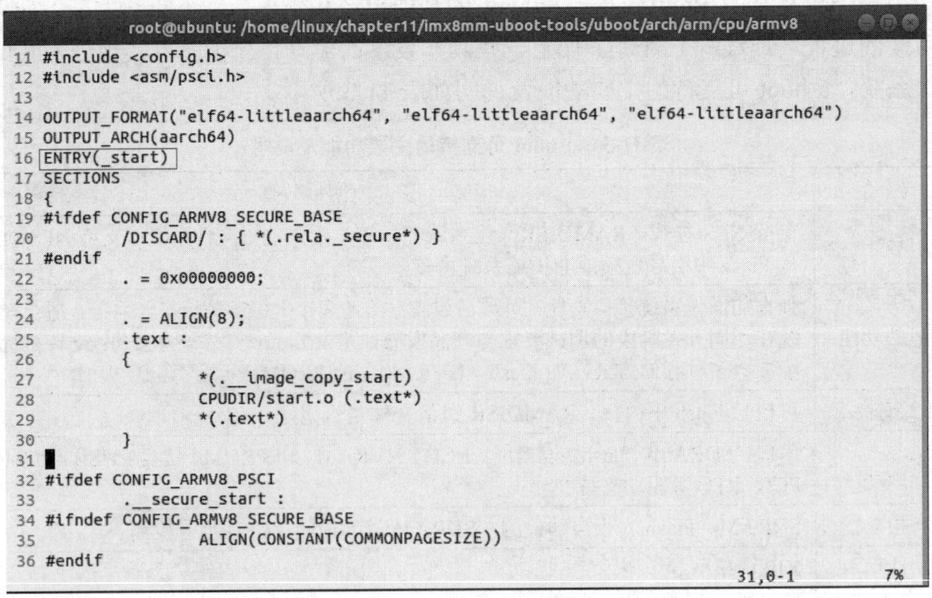

```
root@ubuntu: /home/linux/chapter11/imx8mm-uboot-tools/uboot/arch/arm/cpu/armv8
11 #include <config.h>
12 #include <asm/psci.h>
13
14 OUTPUT_FORMAT("elf64-littleaarch64", "elf64-littleaarch64", "elf64-littleaarch64")
15 OUTPUT_ARCH(aarch64)
16 ENTRY(_start)
17 SECTIONS
18 {
19 #ifdef CONFIG_ARMV8_SECURE_BASE
20         /DISCARD/ : { *(.rela._secure*) }
21 #endif
22         . = 0x00000000;
23
24         . = ALIGN(8);
25         .text :
26         {
27                 *(.__image_copy_start)
28                 CPUDIR/start.o (.text*)
29                 *(.text*)
30         }
31
32 #ifdef CONFIG_ARMV8_PSCI
33         .__secure_start :
34 #ifndef CONFIG_ARMV8_SECURE_BASE
35                 ALIGN(CONSTANT(COMMONPAGESIZE))
36 #endif
                                                            31,0-1        7%
```

图 11-7 u-boot.lds 文件

链接脚本中这些宏的定义在 linkage.h 中，程序的入口是在_start，下面是程序代码段和数据段等。

_start 在 arch/arm/cpu/armv8/start.S 文件中，如图 11-8 所示。

```
root@ubuntu: /home/linux/chapter11/imx8mm-uboot-tools/uboot/arch/arm/cpu/armv8
 1 /*
 2  * (C) Copyright 2013
 3  * David Feng <fenghua@phytium.com.cn>
 4  *
 5  * SPDX-License-Identifier:     GPL-2.0+
 6  */
 7
 8 #include <asm-offsets.h>
 9 #include <config.h>
10 #include <linux/linkage.h>
11 #include <asm/macro.h>
12 #include <asm/armv8/mmu.h>
13
14 /*************************************************************************
15  *
16  * Startup Code (reset vector)
17  *
18  *************************************************************************/
19
20 .globl  _start
21 _start:
22 #if defined(LINUX_KERNEL_IMAGE_HEADER)
23 #include <asm/boot0-linux-kernel-header.h>
24 #elif defined(CONFIG_ENABLE_ARM_SOC_BOOT0_HOOK)
25 /*
26  * Various SoCs need something special and SoC-specific up front in
27  * order to boot, allow them to set that in their boot0.h file and then
28  * use it here.
29  */
30 #include <asm/arch/boot0.h>
31 #else
32         b       reset
33 #endif
34
35         .align 3
36
37 .globl  _TEXT_BASE
38 _TEXT_BASE:
39         .quad   CONFIG_SYS_TEXT_BASE
                                                        1,1           Top
```

图 11-8　_start 在 arch/arm/cpu/armv8/start.S 文件中

第 20 行 .global 声明_start 为全局符号，_start 就会被连接器链接到，也就是链接脚本中的入口地址。

然后执行第 32 行 b reset。在上电或者重启后，处理器取得第一条指令就是 b reset，所以会直接跳转到 reset 函数处（第 56 行），如图 11-9 所示。

```
root@ubuntu: /home/linux/chapter11/imx8mm-uboot-tools/uboot/arch/arm/cpu/armv8
55
56 reset:
57         /* Allow the board to save important registers */
58         b       save_boot_params
59 .globl  save_boot_params_ret
60 save_boot_params_ret:
61
62 #if CONFIG_POSITION_INDEPENDENT
63         /*
64          * Fix .rela.dyn relocations. This allows U-Boot to be loaded to and
65          * executed at a different address than it was linked at.
66          */
67 pie_fixup:
68         adr     x0, _start              /* x0 <- Runtime value of _start */
69         ldr     x1, _TEXT_BASE          /* x1 <- Linked value of _start */
70         sub     x9, x0, x1              /* x9 <- Run-vs-link offset */
71         adr     x2, __rel_dyn_start     /* x2 <- Runtime &__rel_dyn_start */
72         adr     x3, __rel_dyn_end       /* x3 <- Runtime &__rel_dyn_end */
73 pie_fix_loop:
74         ldp     x0, x1, [x2], #16       /* (x0, x1) <- (Link location, fixup) */
75         ldr     x4, [x2], #8            /* x4 <- addend */
76         cmp     w1, #1027               /* relative fixup? */
77         bne     pie_skip_reloc
78         /* relative fix: store addend plus offset at dest location */
79         add     x0, x0, x9
80         add     x4, x4, x9
                                                        75,1-8        15%
```

图 11-9　第一条指令 b reset 直接跳转到 reset 函数处

reset 首先是跳转到 save_boot_params()函数中（第 58 行）。

第 58 行中 save_boot_params()函数跳到第 60 行的 save_boot_params_ret。往下定义 switch_el（第 96 行）：读取 CurrentEL 状态寄存器的值，如果等于 3 则跳到 el3_label，等于 2 则跳到 el2_label，等于 1 则跳到 el1_label，此处为根据中断等级跳到相应的位置，使能 el3 等级下的 NS|IRQ|FIQ|EA 和 FP/SIMD，使能 el2 等级下的 FP/SIMD，使能 el1 等级下的 FP/SIMD，然后执行 apply_a53_core_errata（start.S 文件中的第 212 行），跳到 lowlevel_init（start.S 文件中的第 141 行），如图 11-10 所示。

```
root@ubuntu: /home/linux/chapter11/imx8mm-uboot-tools/uboot/arch/arm/cpu/armv8
 91         /*
 92          * Could be EL3/EL2/EL1, Initial State:
 93          * Little Endian, MMU Disabled, i/dCache Disabled
 94          */
 95         adr     x0, vectors
 96         switch_el x1, 3f, 2f, 1f
 97 3:      msr     vbar_el3, x0
 98         mrs     x0, scr_el3
 99         orr     x0, x0, #0xf                    /* SCR_EL3.NS|IRQ|FIQ|EA */
100         msr     scr_el3, x0
101         msr     cptr_el3, xzr                   /* Enable FP/SIMD */
102 #ifdef COUNTER_FREQUENCY
103         ldr     x0, =COUNTER_FREQUENCY
104         msr     cntfrq_el0, x0                  /* Initialize CNTFRQ */
105 #endif
106         b       0f
107 2:      msr     vbar_el2, x0
108         mov     x0, #0x33ff
109         msr     cptr_el2, x0                    /* Enable FP/SIMD */
110         b       0f
111 1:      msr     vbar_el1, x0
112         mov     x0, #3 << 20
113         msr     cpacr_el1, x0                   /* Enable FP/SIMD */
114 0:
115
116         /*
                                                          111,1         26%
```

```
root@ubuntu: /home/linux/chapter11/imx8mm-uboot-tools/uboot/arch/arm/cpu/armv8
File Edit View Search Terminal Help
137          * d-cache is invalidated before enabled in dcache_enable()
138          */
139
140         /* Processor specific initialization */
141         bl      lowlevel_init
142
143 #if defined(CONFIG_ARMV8_SPIN_TABLE) && !defined(CONFIG_SPL_BUILD)
144         branch_if_master x0, x1, master_cpu
145         b       spin_table_secondary_jump
146         /* never return */
                                                          141,1-8       38%
```

```
root@ubuntu: /home/linux/chapter11/imx8mm-uboot-tools/uboot/arch/arm/cpu/armv8
File Edit View Search Terminal Help
209         mov     lr, x29                 /* Restore LR */
210         ret
211
212 apply_a53_core_errata:
213
214 #ifdef CONFIG_ARM_ERRATA_855873
215         mrs     x0, midr_el1
216         tst     x0, #(0xf << 20)
217         b.ne    0b
218
                                                          214,8         58%
```

图 11-10　定义 switch_el

最后执行 master_cpu（第 160 行）和_main（第 161 行）。start.S 主要作用是完成基础

的初始化，如图 11-11 所示。

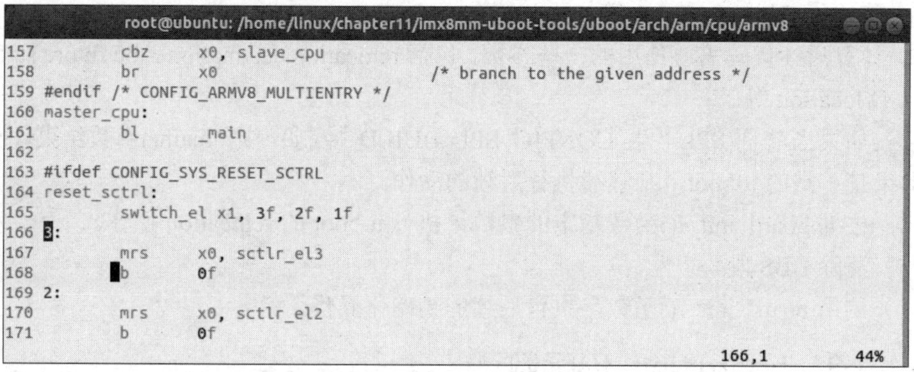

```
root@ubuntu: /home/linux/chapter11/imx8mm-uboot-tools/uboot/arch/arm/cpu/armv8
157         cbz     x0, slave_cpu
158         br      x0                      /* branch to the given address */
159 #endif /* CONFIG_ARMV8_MULTIENTRY */
160 master_cpu:
161         bl      _main
162
163 #ifdef CONFIG_SYS_RESET_SCTRL
164 reset_sctrl:
165         switch_el x1, 3f, 2f, 1f
166 3:
167         mrs     x0, sctlr_el3
168         b       0f
169 2:
170         mrs     x0, sctlr_el2
171         b       0f
                                                              166,1         44%
```

图 11-11　执行 master_cpu 和_main

11.3.2　_main()函数

crt0 是运行 C 代码之前的初始化代码。关于_main()函数，在 arch/arm/lib/crt0_64.S 文件中有非常详细的注释，如图 11-12 所示。

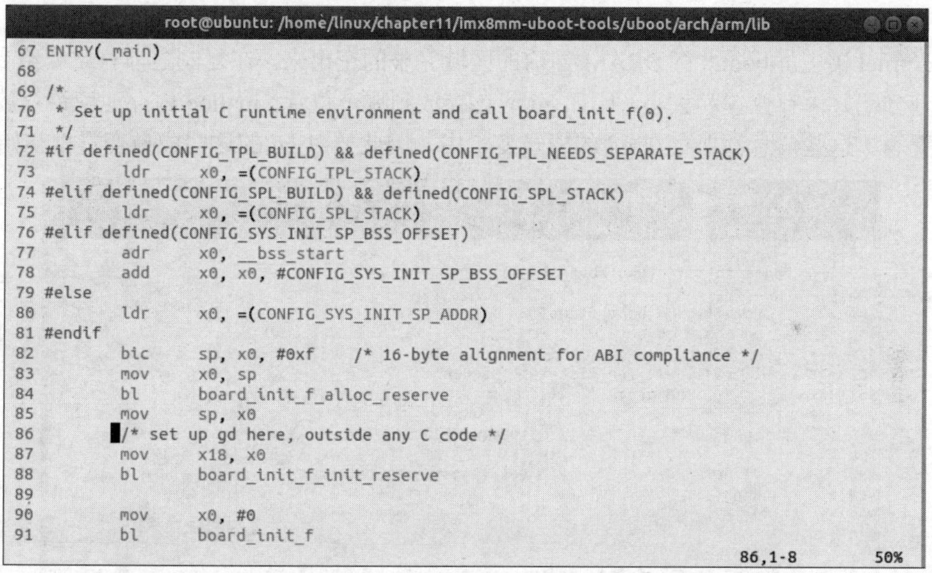

```
root@ubuntu: /home/linux/chapter11/imx8mm-uboot-tools/uboot/arch/arm/lib
67 ENTRY(_main)
68
69 /*
70  * Set up initial C runtime environment and call board_init_f(0).
71  */
72 #if defined(CONFIG_TPL_BUILD) && defined(CONFIG_TPL_NEEDS_SEPARATE_STACK)
73         ldr     x0, =(CONFIG_TPL_STACK)
74 #elif defined(CONFIG_SPL_BUILD) && defined(CONFIG_SPL_STACK)
75         ldr     x0, =(CONFIG_SPL_STACK)
76 #elif defined(CONFIG_SYS_INIT_SP_BSS_OFFSET)
77         adr     x0, __bss_start
78         add     x0, x0, #CONFIG_SYS_INIT_SP_BSS_OFFSET
79 #else
80         ldr     x0, =(CONFIG_SYS_INIT_SP_ADDR)
81 #endif
82         bic     sp, x0, #0xf    /* 16-byte alignment for ABI compliance */
83         mov     x0, sp
84         bl      board_init_f_alloc_reserve
85         mov     sp, x0
86         /* set up gd here, outside any C code */
87         mov     x18, x0
88         bl      board_init_f_init_reserve
89
90         mov     x0, #0
91         bl      board_init_f
                                                              86,1-8        50%
```

图 11-12　_main()函数，在 arch/arm/lib/crt0_64.S 文件中有详细注释

_main()函数主要工作内容如下：

（1）设置 C 代码的运行环境，为调用 board_init_f 接口做准备。

① 设置堆栈。如果当前的编译是 SPL（由 CONFIG_SPL_BUILD 定义），可单独定义堆栈基址（CONFIG_SPL_STACK），否则，通过 CONFIG_SYS_INIT_SP_ADDR 定义堆栈基址。

② 调用 board_init_f_alloc_reserve 接口，从堆栈开始的地方，为 gd ('global data') 数据结构分配空间。

③ 调用 board_init_f_init_reserve 接口，对 gd 进行初始化。

（2）调用 board_init_f()函数，完成一些前期的初始化工作，例如：

① 点亮一个 Debug 用的 LED 灯，表示 u-boot 已经激活。

② 初始化 DRAM、DDR 等 system 范围的 RAM。

③ 计算后续代码需要使用的一些参数，包括 relocation destination、the future stack、the future GD location 等。

（3）如果当前是 SPL（由 CONFIG_SPL_BUILD 控制），则_main()函数结束，直接返回。如果是正常的 u-boot，则继续执行后续的动作。

（4）根据 board_init_f()函数指定的参数，执行 u-boot 的 relocation 操作。

（5）清除 BBS 段。

（6）调用 board_init_r()函数，执行后续的初始化操作。

11.3.3 board_init_f()函数

board_init_f()函数（uboot/common/board_f.c）主要是根据配置对全局信息结构体 gd 进行初始化，如图 11-13 所示，主要工作内容如下：

（1）初始化一系列外设，比如串口、定时器，或者打印一些消息等。

（2）初始化 gd 的各个成员变量，u-boot 会将自己重定位到 DRAM 后面的地址区域，也就是将自己复制到 DRAM 后面的内存区域中。这么做的目的是给 Linux 腾出空间，防止 Linuxkernel 覆盖 u-boot，将 DRAM 当前的区域完整的空出来。在复制之前肯定要给 u-boot 各部分分配好内存位置和大小，比如 gd 应该存放到哪个位置，malloc 内存池应该存放到哪个位置等。这些信息都保存在 gd 的成员变量中，因此要对 gd 的这些成员变量做初始化。

```
root@ubuntu: /home/linux/chapter11/imx8mm-uboot-tools/uboot/common
File Edit View Search Terminal Help
896
897 void board_init_f(ulong boot_flags)
898 {
899         gd->flags = boot_flags;
900         gd->have_console = 0;
901
902         if (initcall_run_list(init_sequence_f))
903                 hang();
904
905 #if !defined(CONFIG_ARM) && !defined(CONFIG_SANDBOX) && \
906                 !defined(CONFIG_EFI_APP) && !CONFIG_IS_ENABLED(X86_64)
907         /* NOTREACHED - jump_to_copy() does not return */
908         hang();
909 #endif
910 }
911
912 #if defined(CONFIG_X86) || defined(CONFIG_ARC)
913 /*
914  * For now this code is only used on x86.
915  *
916  * init_sequence_f_r is the list of init functions which are run when
917  * U-Boot is executing from Flash with a semi-limited 'C' environment.
                                                    912,1          94%
```

图 11-13 board_f.c 文件中的 board_init_f()函数部分

（3）遍历调用 init_sequence_f()函数中的所有函数，init_sequence_f()函数的定义部分如图 11-14 所示。

11.3.4 relocate_code()函数

board_init_f()函数结束后，继续回到_main()函数中往下分析，代码如图 11-15 所示。

```
root@ubuntu: /home/linux/chapter11/imx8mm-uboot-tools/uboot/common
File Edit View Search Terminal Help
752 static const init_fnc_t init_sequence_f[] = {
753         setup_mon_len,
754 #ifdef CONFIG_OF_CONTROL
755         fdtdec_setup,
756 #endif
757 #ifdef CONFIG_TRACE
758         trace_early_init,
759 #endif
760         initf_malloc,
761         log_init,
762         initf_bootstage,        /* uses its own timer, so does not need DM */
763         initf_console_record,
764 #if defined(CONFIG_HAVE_FSP)
765         arch_fsp_init,
766 #endif
767         arch_cpu_init,          /* basic arch cpu dependent setup */
768         mach_cpu_init,          /* SoC/machine dependent CPU setup */
769         initf_dm,
770         arch_cpu_init_dm,
771 #if defined(CONFIG_BOARD_EARLY_INIT_F)
772         board_early_init_f,
773 #endif
                                                          757,1         79%
```

图 11-14　board_f.c 文件中的 init_sequence_f()函数定义部分

```
root@ubuntu: /home/linux/chapter11/imx8mm-uboot-tools/uboot
File Edit View Search Terminal Help
 91         bl      board_init_f
 92
 93 #if !defined(CONFIG_SPL_BUILD)
 94 /*
 95  * Set up intermediate environment (new sp and gd) and call
 96  * relocate_code(addr_moni). Trick here is that we'll return
 97  * 'here' but relocated.
 98  */
 99         ldr     x0, [x18, #GD_START_ADDR_SP]    /* x0 <- gd->start_addr_sp */
100         bic     sp, x0, #0xf    /* 16-byte alignment for ABI compliance */
101         ldr     x18, [x18, #GD_NEW_GD]          /* x18 <- gd->new_gd */
102
103         adr     lr, relocation_return
104 #if CONFIG_POSITION_INDEPENDENT
105         /* Add in link-vs-runtime offset */
106         adr     x0, _start              /* x0 <- Runtime value of _start */
107         ldr     x9, _TEXT_BASE          /* x9 <- Linked value of _start */
108         sub     x9, x9, x0              /* x9 <- Run-vs-link offset */
109         add     lr, lr, x9
110 #endif
111         /* Add in link-vs-relocation offset */
112         ldr     x9, [x18, #GD_RELOC_OFF]        /* x9 <- gd->reloc_off */
                                                          107,1-8       66%
```

图 11-15　回到_main()函数中继续往下分析代码

汇编实现了新 gd 结构体的更新：

（1）更新 sp，将 sp 指向 x0 存储空间，采用 16 字节对齐，因为 ARM 里面对栈的操作是 16 字节对齐，这么做能使后面的函数开辟栈也能对齐。

（2）设置栈指针的地址为 gd->start_addr_sp，将 x18 中的内容存入 gd->new_gd 的地址。也可以将 x18 设置为新的 gd 地址 gd->new_gd，设置程序新的返回地址为重定向处的地址 lr + gd->reloc_off。

（3）第 103 行之后的代码是为重新定位代码做准备，加载当前地址，并且把新地址偏移量给 lr，代码重新定位后地址就是当前 lr 寄存器地址，重新定位代码返回跳转到 lr，即新地址。

（4）在 r0 中保存代码的新地址，跳转到重新定位代码，重新定位代码函数在 arch/arm/lib/relocate_64.S 文件中，这个函数实现了将 u-boot 代码复制到 relocaddr。u-boot 在 sdram 空间上分配，采用自顶向下的方式，如图 11-16 所示。

不管 u-boot 是从哪里启动，spiflash、nandflash、sdram 等代码都会被重新定位代码地址后开始继续运行。

```
root@ubuntu: /home/linux/chapter11/imx8mm-uboot-tools/uboot/arch/arm/lib
File  Edit  View  Search  Terminal  Help
23 ENTRY(relocate_code)
24         stp     x29, x30, [sp, #-32]!   /* create a stack frame */
25         mov     x29, sp
26         str     x0, [sp, #16]
27         /*
28          * Copy u-boot from flash to RAM
29          */
30         adr     x1, __image_copy_start  /* x1 <- Run &__image_copy_start */
31         subs    x9, x0, x1              /* x8 <- Run to copy offset */
32         b.eq    relocate_done           /* skip relocation */
33         /*
34          * Don't ldr x1, __image_copy_start here, since if the code is already
35          * running at an address other than it was linked to, that instruction
36          * will load the relocated value of __image_copy_start. To
37          * correctly apply relocations, we need to know the linked value.
38          *
39          * Linked &__image_copy_start, which we know was at
40          * CONFIG_SYS_TEXT_BASE, which is stored in _TEXT_BASE, as a non-
41          * relocated value, since it isn't a symbol reference.
42          */
43         ldr     x1, _TEXT_BASE          /* x1 <- Linked &__image_copy_start */
44         subs    x9, x0, x1              /* x9 <- Link to copy offset */
                                                          39,1-8          31%
```

图 11-16　relocate_64.S 文件中的内容

11.3.5　board_init_r()函数

从 relocate_code()函数回到_main()函数中，接下来是 main()函数最后一段代码，如图 11-17 所示。

```
root@ubuntu: /home/linux/chapter11/imx8mm-uboot-tools/uboot/arch/arm/lib
File  Edit  View  Search  Terminal  Help
115         b       relocate_code
116
117 relocation_return:
118
119 /*
120  * Set up final (full) environment
121  */
122         bl      c_runtime_cpu_setup             /* still call old routine */
123 #endif /* !CONFIG_SPL_BUILD */
124 #if defined(CONFIG_SPL_BUILD)
125         bl      spl_relocate_stack_gd           /* may return NULL */
126         /* set up gd here, outside any C code, if new stack is returned */
127         cmp     x0, #0
128         csel    x18, x0, x18, ne
129         /*
130          * Perform 'sp = (x0 != NULL) ? x0 : sp' while working
131          * around the constraint that conditional moves can not
132          * have 'sp' as an operand
133          */
134         mov     x1, sp
135         cmp     x0, #0
136         csel    x0, x0, x1, ne
137         mov     sp, x0
138 #endif
139
140 /*
                                                          135,2-9         87%
```

图 11-17　main()函数最后一段代码

首先跳转到 c_runtime_cpu_setup 中，如果 icache 为启用，则 icache 无效，保证从 sdram 中更新指令到 cache 中。接着更新异常向量表首地址，因为代码被重新定位，所以异常向量表也被重新定位。

其次从 c_runtime_cpu_setup 中返回，清空 BSS 段。最后 x0 赋值 gd 指针，x1 赋值 relocaddr 变量，进入 board_init_r()函数。参数 1 是新 gd 指针，参数 2 是 relocate 地址，也就是新 code 地址，board_init_r()函数如图 11-18 所示。

board_init_r()函数是需要实现的板级支持函数，做开发板的基本初始化，然后看代码直到 init_sequence_r（第 936 行）。该函数是实现开发板所有功能的初始化，包括 CPU、内存、串口、电源、存储、环境变量、中断、网络等。

```
root@ubuntu: /home/linux/chapter11/imx8mm-uboot-tools/uboot
File Edit View Search Terminal Help
914 void board_init_r(gd_t *new_gd, ulong dest_addr)
915 {
916         /*
917          * Set up the new global data pointer. So far only x86 does this
918          * here.
919          * TODO(sjg@chromium.org): Consider doing this for all archs, or
920          * dropping the new_gd parameter.
921          */
922 #if CONFIG_IS_ENABLED(X86_64)
923         arch_setup_gd(new_gd);
924 #endif
925 
926 #ifdef CONFIG_NEEDS_MANUAL_RELOC
927         int i;
928 #endif
929 
930 #if !defined(CONFIG_X86) && !defined(CONFIG_ARM) && !defined(CONFIG_ARM64)
931         gd = new_gd;
932 #endif
933         gd->flags &= ~GD_FLG_LOG_READY;
934 
935 #ifdef CONFIG_NEEDS_MANUAL_RELOC
936         for (i = 0; i < ARRAY_SIZE(init_sequence_r); i++)
937                 init_sequence_r[i] += gd->reloc_off;
938 #endif
939 
940         if (initcall_run_list(init_sequence_r))
941                 hang();
942 
943         /* NOTREACHED - run_main_loop() does not return */
944         hang();
945 }
                                                              945,1          Bot
```

图 11-18　board_init_r()函数中的内容

比如串口初始化，init_sequence_r()函数中有 initr_serial 命令调用 serial_initialize()函数，源码实现在 drivers/serial/serial.c 文件中，如图 11-19 所示。

```
root@ubuntu: /home/linux/chapter11/imx8mm-uboot-tools/uboot
File Edit View Search Terminal Help
200 void serial_initialize(void)
201 {
202         amirix_serial_initialize();
203         arc_serial_initialize();
204         arm_dcc_initialize();
205         asc_serial_initialize();
206         atmel_serial_initialize();
207         au1x00_serial_initialize();
208         bfin_jtag_initialize();
209         bfin_serial_initialize();
210         bmw_serial_initialize();
211         clps7111_serial_initialize();
212         cogent_serial_initialize();
213         cpci750_serial_initialize();
214         evb64260_serial_initialize();
215         imx_serial_initialize();
216         iop480_serial_initialize();
217         jz_serial_initialize();
218         leon2_serial_initialize();
219         leon3_serial_initialize();
220         lh7a40x_serial_initialize();
221         lpc32xx_serial_initialize();
222         marvell_serial_initialize();
223         max3100_serial_initialize();
224         mcf_serial_initialize();
225         ml2_serial_initialize();
226         mpc86xx_serial_initialize();
227         mpc8xx_serial_initialize();
228         mxc_serial_initialize();
229         xen_serial_initialize();
230         serial_lpuart_initialize();
231         mxs_auart_initialize();
                                                              226,6-13       34%
```

图 11-19　serial_initialize()函数初始化部分代码

里面有很多平台的串口驱动函数，这里是 imx_serial_initialize()函数（第 215 行），并且添加到 serial_initialize()函数中，这些函数将所有需要的串口（用结构体 struct serial_device()函数表示，其中实现了基本的收发配置）调用 serial_register()函数注册，serial_register()函数如图 11-20 所示。

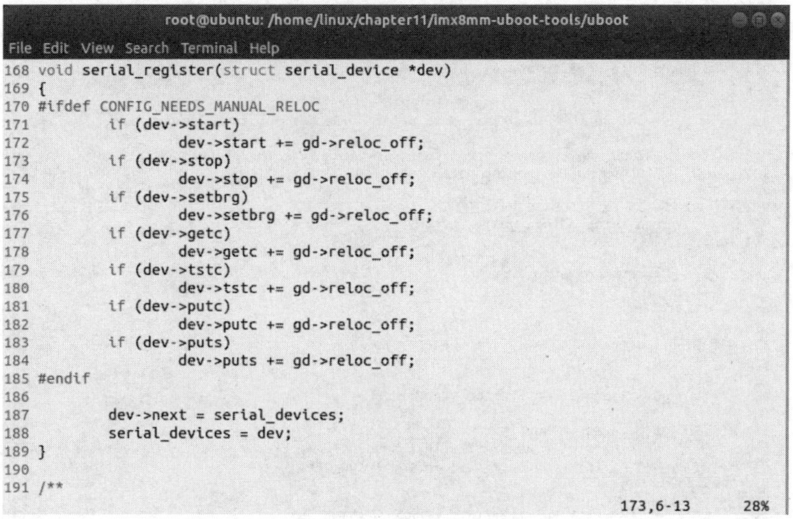

```
root@ubuntu: /home/linux/chapter11/imx8mm-uboot-tools/uboot
File Edit View Search Terminal Help
168 void serial_register(struct serial_device *dev)
169 {
170 #ifdef CONFIG_NEEDS_MANUAL_RELOC
171         if (dev->start)
172                 dev->start += gd->reloc_off;
173         if (dev->stop)
174                 dev->stop += gd->reloc_off;
175         if (dev->setbrg)
176                 dev->setbrg += gd->reloc_off;
177         if (dev->getc)
178                 dev->getc += gd->reloc_off;
179         if (dev->tstc)
180                 dev->tstc += gd->reloc_off;
181         if (dev->putc)
182                 dev->putc += gd->reloc_off;
183         if (dev->puts)
184                 dev->puts += gd->reloc_off;
185 #endif
186
187         dev->next = serial_devices;
188         serial_devices = dev;
189 }
190
191 /**
                                                        173,6-13      28%
```

图 11-20 serial_register()函数注册部分

将 serial_dev()函数加到全局链表 serial_devices()函数中。可以想象，如果有 4 个串口，则在串口驱动中分别定义 4 个串口设备，并实现对应的收发配置，然后调用 serial_register()函数注册 4 个串口。

串口注册后，代码继续回到 serial_initialize()函数中，调用 serial_assign()函数和 default_serial_console 变量，串口驱动给出一个默认调试串口，serial_assign()函数的部分内容如图 11-21 所示。

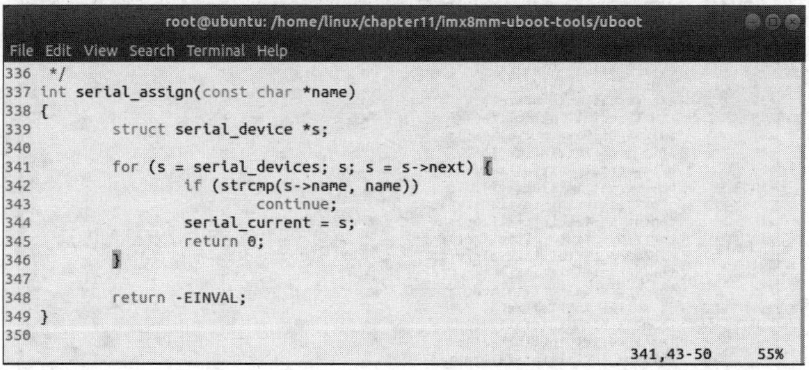

```
root@ubuntu: /home/linux/chapter11/imx8mm-uboot-tools/uboot
File Edit View Search Terminal Help
336  */
337 int serial_assign(const char *name)
338 {
339         struct serial_device *s;
340
341         for (s = serial_devices; s; s = s->next) {
342                 if (strcmp(s->name, name))
343                         continue;
344                 serial_current = s;
345                 return 0;
346         }
347
348         return -EINVAL;
349 }
350
                                                        341,43-50      55%
```

图 11-21 serial_assign()函数的部分内容

首先 serial_assign()函数就是从 serial_devices()函数链表中找到指定的默认调试串口，其次条件就是串口 default_Serial_Console 变量中默认的串口设备名，最后 serial_current()函数就是当前的默认串口。serial_initialize()函数的工作是将 serial 驱动中所有串口注册到 serial_devices()函数链表中，然后找到指定的默认串口。

继续回到 common/board_r.c 文件中的 init_sequence_r()函数，往下查看 power_init_board 初始化电源部分、nand 初始化、API()函数初始化、控制台初始化、中断使能等，最后到 run_main_loop()函数，run_main_loop()函数调用 main_loop()函数，main_loop()函数中会有延时函数 bootdelay_process()，如图 11-22 所示，就是开机时延时几秒进入内核，然后调用 autoboot_command 环境变量，也就是开机时按下任一按键，开始操作控制台，如图 11-23 所示。

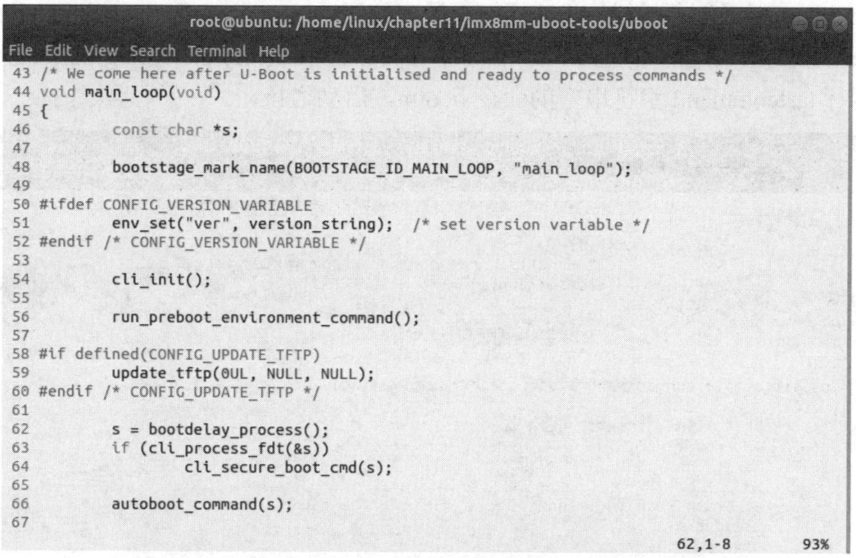

```
root@ubuntu: /home/linux/chapter11/imx8mm-uboot-tools/uboot
File Edit View Search Terminal Help
 43 /* We come here after U-Boot is initialised and ready to process commands */
 44 void main_loop(void)
 45 {
 46         const char *s;
 47 
 48         bootstage_mark_name(BOOTSTAGE_ID_MAIN_LOOP, "main_loop");
 49 
 50 #ifdef CONFIG_VERSION_VARIABLE
 51         env_set("ver", version_string);  /* set version variable */
 52 #endif /* CONFIG_VERSION_VARIABLE */
 53 
 54         cli_init();
 55 
 56         run_preboot_environment_command();
 57 
 58 #if defined(CONFIG_UPDATE_TFTP)
 59         update_tftp(0UL, NULL, NULL);
 60 #endif /* CONFIG_UPDATE_TFTP */
 61 
 62         s = bootdelay_process();
 63         if (cli_process_fdt(&s))
 64                 cli_secure_boot_cmd(s);
 65 
 66         autoboot_command(s);
 67 
                                                                62,1-8        93%
```

图 11-22　main_loop()函数中的内容

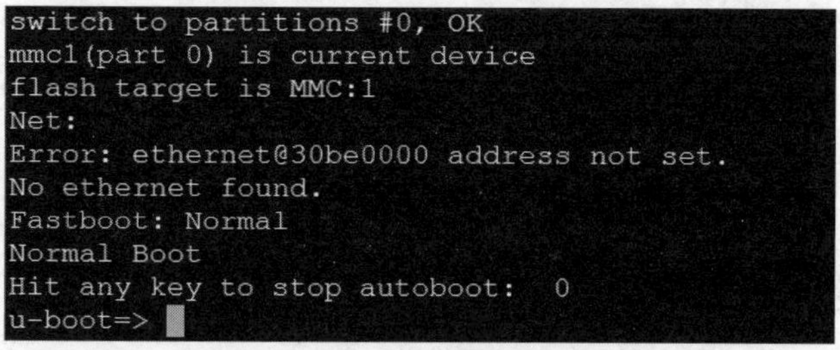

```
switch to partitions #0, OK
mmc1(part 0) is current device
flash target is MMC:1
Net:
Error: ethernet@30be0000 address not set.
No ethernet found.
Fastboot: Normal
Normal Boot
Hit any key to stop autoboot:  0
u-boot=>
```

图 11-23　开机时按下回车键界面

autoboot_command ()函数中有 abortboot()函数调用__abortboot()函数，打印开机时显示的“Hit any key to stop autoboot:”，如图 11-24 所示。

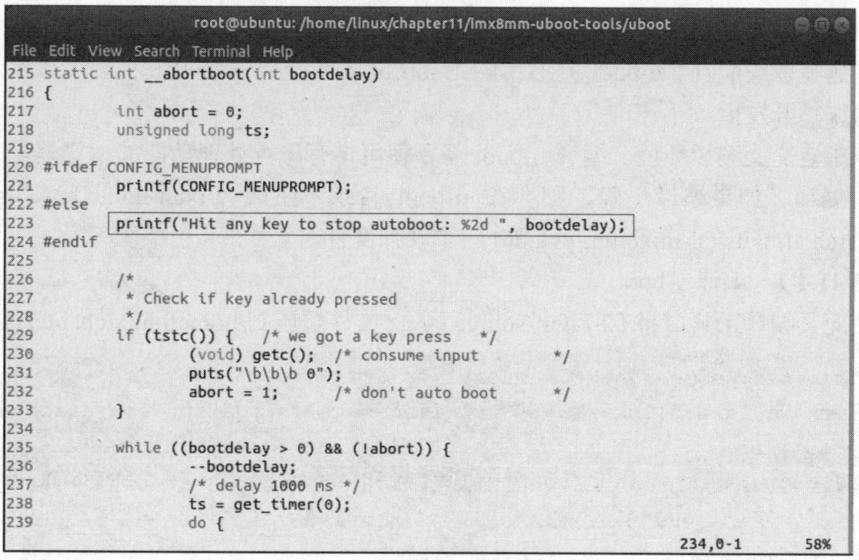

```
root@ubuntu: /home/linux/chapter11/imx8mm-uboot-tools/uboot
File Edit View Search Terminal Help
215 static int __abortboot(int bootdelay)
216 {
217         int abort = 0;
218         unsigned long ts;
219 
220 #ifdef CONFIG_MENUPROMPT
221         printf(CONFIG_MENUPROMPT);
222 #else
223         printf("Hit any key to stop autoboot: %2d ", bootdelay);
224 #endif
225 
226         /*
227          * Check if key already pressed
228          */
229         if (tstc()) {   /* we got a key press   */
230                 (void) getc();  /* consume input        */
231                 puts("\b\b\b 0");
232                 abort = 1;      /* don't auto boot      */
233         }
234 
235         while ((bootdelay > 0) && (!abort)) {
236                 --bootdelay;
237                 /* delay 1000 ms */
238                 ts = get_timer(0);
239                 do {
                                                               234,0-1        58%
```

图 11-24　开机时显示的“Hit any key to stop autoboot:”内容

main_loop()函数最后会有 cli_loop()函数（路径：common/cli.c），cli_loop()函数调用 cli_simple_loop()函数，里面有 run_command_repeatable(lastcommand, flag)函数，如图 11-25 所示，运行 lastcommand 字符串中的命令 bootm，启动内核。

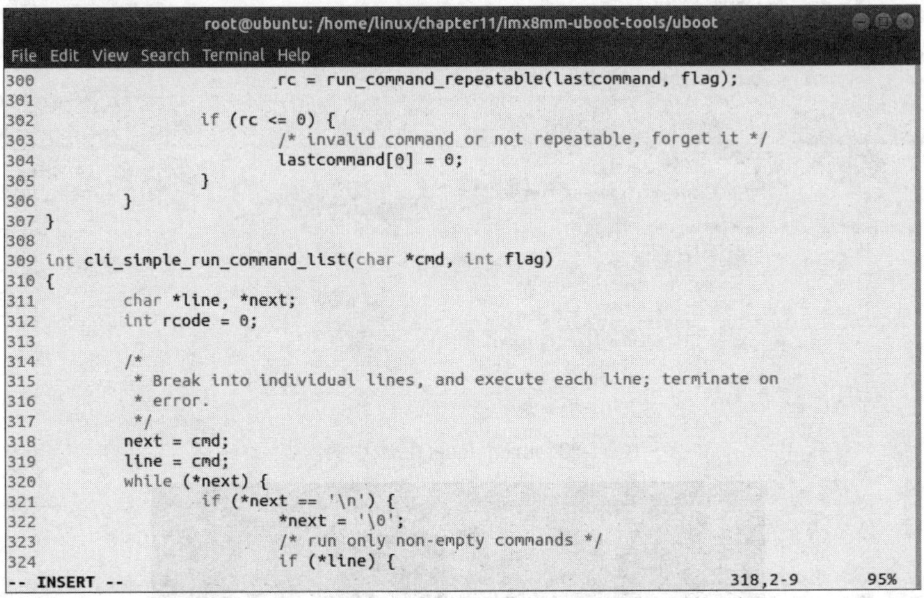

```
root@ubuntu: /home/linux/chapter11/imx8mm-uboot-tools/uboot
File Edit View Search Terminal Help
300                     rc = run_command_repeatable(lastcommand, flag);
301
302             if (rc <= 0) {
303                     /* invalid command or not repeatable, forget it */
304                     lastcommand[0] = 0;
305             }
306         }
307 }
308
309 int cli_simple_run_command_list(char *cmd, int flag)
310 {
311         char *line, *next;
312         int rcode = 0;
313
314         /*
315          * Break into individual lines, and execute each line; terminate on
316          * error.
317          */
318         next = cmd;
319         line = cmd;
320         while (*next) {
321                 if (*next == '\n') {
322                         *next = '\0';
323                         /* run only non-empty commands */
324                         if (*line) {
-- INSERT --                                              318,2-9       95%
```

图 11-25　cli_simple.c 文件中的内容

11.4　u-boot 编译

u-boot 的编译过程比内核的编译过程简单一些，具体包括以下步骤：

（1）下载并安装 u-boot 源代码。

（2）清理中间文件、配置文件。下载的 u-boot 已被编译过，所以最开始要清理中间文件，清理命令与内核编译中的清理命令相同。

（3）选择板级配置。u-boot 是通用的 BootLoader，支持多种开发板，所以编译之前先选择使用哪种开发板。

（4）指定交叉编译环境。编译 u-boot 需要使用带有浮点处理功能的编译器。

（5）编译。如果编译正确，则会在 u-boot 目录下生成 u-boot-nodtb.bin、spl/u-boot-spl.bin、arch/arm/dts/fsl-imx8mm-evk.dtb 三个映像文件。

示例 11.4-1　编译 u-boot。

安装交叉编译工具，将 fsl-8mm-source.tar.gz 文件解压到/home/linux/chapter11。

```
root@ubuntu:/home/linux/chapter11/fsl-8mm-source/sdk# ls
fsl-imx-wayland-glibc-x86_64-fsl-image-qt5-validation-imx-aarch64-toolchain-4.14-sumo.sh
root@ubuntu:/home/linux/chapter11/fsl-8mm-source/sdk#./fsl-imx-wayland-glibc-x86_64-fsl-image-qt5-validation-imx-aarch64-toolchain-4.14-sumo.sh
```

设置环境变量，编译 u-Boot。

```
root@ubuntu:/home/linux/chapter11/fsl-8mm-source/uboot-201803# source /opt
/fsl-imx-wayland/4.14-sumo/environment-setup-aarch64-poky-linux
root@ubuntu:/home/linux/chapter11/fsl-8mm-source/uboot-201803# make
```

编译完后会有三个镜像：u-boot-nodtb.bin、spl/u-boot-spl.bin、arch/arm/dts/fsl-imx8mm-evk.dtb，如图 11-26 所示。

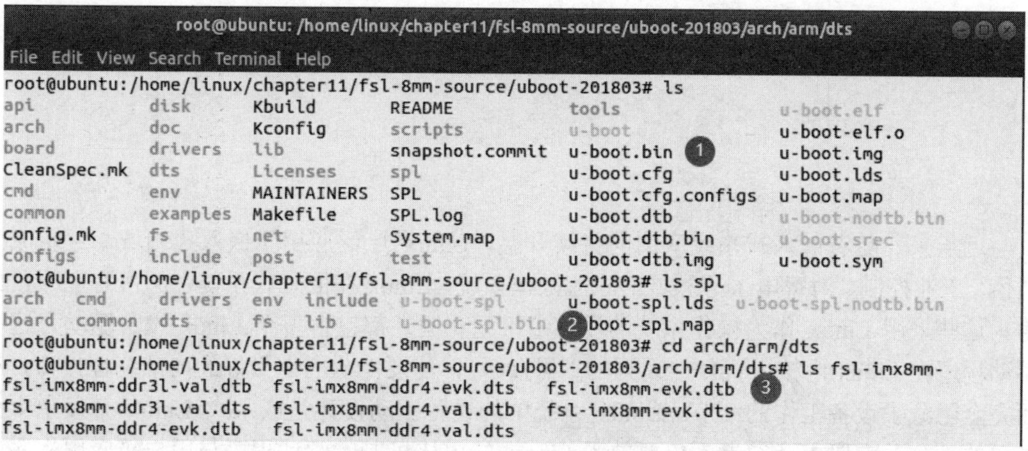

```
root@ubuntu: /home/linux/chapter11/fsl-8mm-source/uboot-201803/arch/arm/dts
File Edit View Search Terminal Help
root@ubuntu:/home/linux/chapter11/fsl-8mm-source/uboot-201803# ls
api          disk       Kbuild        README           tools                u-boot.elf
arch         doc        Kconfig       scripts          u-boot               u-boot-elf.o
board        drivers    lib           snapshot.commit  u-boot.bin  ①        u-boot.img
CleanSpec.mk dts        Licenses      spl              u-boot.cfg           u-boot.lds
cmd          env        MAINTAINERS   SPL              u-boot.cfg.configs   u-boot.map
common       examples   Makefile      SPL.log          u-boot.dtb           u-boot-nodtb.bin
config.mk    fs         net           System.map       u-boot-dtb.bin       u-boot.srec
configs      include    post          test             u-boot-dtb.img       u-boot.sym
root@ubuntu:/home/linux/chapter11/fsl-8mm-source/uboot-201803# ls spl
arch   cmd     drivers  env  include  u-boot-spl        u-boot-spl.lds  u-boot-spl-nodtb.bin
board  common  dts      fs   lib      u-boot-spl.bin ② u-boot-spl.map
root@ubuntu:/home/linux/chapter11/fsl-8mm-source/uboot-201803# cd arch/arm/dts
root@ubuntu:/home/linux/chapter11/fsl-8mm-source/uboot-201803/arch/arm/dts# ls fsl-imx8mm-
fsl-imx8mm-ddr3l-val.dtb  fsl-imx8mm-ddr4-evk.dts  fsl-imx8mm-evk.dtb ③
fsl-imx8mm-ddr3l-val.dts  fsl-imx8mm-ddr4-val.dtb  fsl-imx8mm-evk.dts
fsl-imx8mm-ddr4-evk.dtb   fsl-imx8mm-ddr4-val.dts
```

图 11-26　u-boot 编译结果

11.5　习题

1．什么是 BootLoader？
2．什么是 u-boot？
3．u-boot 的主要功能是什么？
4．使用 u-boot 的 setenv 命令添加环境变量 user，变量值为 mihu。
5．利用 u-boot 软件包编译 u-boot。

第 12 章 Linux 驱动开发基础与调试

CHAPTER 12

近年来，随着嵌入式系统应用的持续升温，Linux 广泛应用于嵌入式领域，逐步成为通信、工业控制、消费电子等领域的主流操作系统，Linux 在嵌入式系统中的占有率与日俱增。这些采用 Linux 作为操作系统的设备中，无一例外都包含多个 Linux 设备驱动。这些驱动程序在 Linux 内核中犹如一系列的“黑盒子”，使硬件响应定义好的内部编程接口，从而完全隐藏了设备工作的细节。Linux 系统中的设备驱动设计是嵌入式 Linux 开发中十分重要的部分，它要求开发者不仅要熟悉 Linux 的内核机制、驱动程序与用户级应用程序的接口关系、系统中对设备的并发操作等，而且还要非常熟悉所开发硬件的工作原理。

12.1 设备驱动简介

设备驱动（Device Driver），全称为设备驱动程序，是一种在应用程序和硬件设备之间通信的特殊程序，相当于硬件的接口，应用程序通过它识别硬件，通过向该接口发送、传达命令，对硬件进行具体的操作。通俗地讲，设备驱动就是“驱使硬件设备行动”。每种硬件都有其自身独特的语言，应用程序本身并不能识别，这就需要一个双方都能理解的“桥梁”，而这个“桥梁”，就是驱动程序。驱动与底层硬件直接打交道，按照硬件设备的具体工作方式操作，例如读写设备寄存器、完成设备轮询、中断处理、DMA 通信、进行物理内存向虚拟内存的映射等，从而使得通信设备能收发数据，显示设备能显示文字和画面，存储设备能记录文件和数据。

硬件如果缺少了驱动程序的“驱动”，那么它就无法理解应用层软件传达的命令而不能正常工作，本来性能非常强大的硬件设备即使空有一身本领也无从发挥，毫无用武之地。因此，设备驱动享有“硬件的灵魂”“硬件的主宰”和“硬件与应用软件之间的桥梁”等美誉。

驱动在系统中扮演着桥梁的角色，允许驱动工程师精确地选择设备的行为方式。不同的驱动可以提供不同的功能和能力，甚至同一个设备也可以提供多种能力。在实际的设备驱动设计中，需要在众多因素之间取得平衡。其中一个主要的考虑是，在提供尽可能多的选项和在编写驱动程序上花费时间之间取得平衡，同时要保持简单以避免错误的出现。

12.1.1 设备类型分类

计算机系统的硬件主要由 CPU、存储器和外设组成。随着 IC 制造工艺的发展，目前，芯片集成度越来越高，往往在 CPU 内部就集成了存储器和外设适配器。驱动针对的对象是存储器和外设（包括 CPU 内部集成的存储器和外设），而不是 CPU 核。Linux 系统中将存储器和外设分为 3 个基础大类：字符设备（Character Device）、块设备（Block Device）和网络设备（Network Interface）。

1．字符设备

字符设备指那些必须以串行顺序依次进行访问的设备，例如触摸屏、磁带驱动器、鼠标等。字符设备是一种可以当作一个字节流来存取的设备，字符驱动负责实现这种行为。这样的驱动常常至少实现 open()、close()、read()和 write()等系统调用函数。字符驱动很好地展现了流的抽象，它通过文件系统节点来存取，也就是说，字符设备被当作普通文件来访问。字符设备和普通文件之间唯一的不同是，普通文件允许在其上来回读写，但是大部分字符设备仅仅是数据通道，只能按顺序存取。

2．块设备

块设备可以以任意顺序访问，以块为单位进行操作，例如硬磁盘、光盘等。一般来说，块设备和字符设备并没有明显的界限。与字符设备类似，块设备也是通过文件系统节点进行存取。一个块设备可以驻有一个文件系统。Linux 系统允许应用程序像一个字符设备一样读写一个块设备，它允许一次传送任意数目的字节，当然也包括一字节。块设备和字符设备的区别仅仅在于内核在内部管理数据的方式上，例如，字符设备不经过系统的快速缓冲，而块设备经过系统的快速缓冲，并且在内核/驱动的软件接口上也不同。虽然它们之间的区别对用户是透明的，它们都使用文件系统的操作接口，如 open()、close()、read()、write()等函数进行访问，但是它们的驱动设计存在很大的差异。

3．网络设备

网络设备是面向数据包的接收和发送而设计的，它与字符设备、块设备不同，并不对应于文件系统中的节点。内核与网络设备的通信和内核与字符设备、块设备的通信方式完全不同。任何网络事务都通过一个网络接口来进行，也就是说，一个能够与其他主机交换数据的设备。通常，一个接口是一个硬件设备，但是它也可能是一个纯粹的软件设备，例如环回接口，因此网络设备也可以称为网络接口。在内核网络子系统的驱动下，网络设备负责发送和接收数据报文。网络驱动对单个连接一无所知，它只处理报文。

既然网络设备不是一个面向流的设备，一个网络接口就不能像字符设备、块设备那么容易映射到文件系统的一个节点上。Linux 提供的对网络设备的存取方式仍然是通过给它们分配一个名字来实现，但是这个名字在文件系统中没有对应的入口，其并不用 read()和 write()等函数，而是用内核调用与报文传递相关的函数实现。

除了上面对设备的分类的方式外，还有许多比较特殊的设备，例如 IIC、USB、RTC 和 PCI 等，只不过实际中，大部分设备驱动的开发都属于这三种类型，所以通常说的 Linux 设备驱动程序开发一般指这三类设备驱动的开发。

12.1.2　内核空间和用户空间

当谈到软件时，通常称执行态为内核空间和用户空间，在 Linux 系统中，内核在最高级执行，也称为管理员态，在这一级任何操作都可以执行。而应用程序则执行在最低级，即所谓的用户态，在这一级处理器禁止对硬件的直接访问和对内存的未授权访问。模块是在所谓的内核空间中运行，而应用程序则是在用户空间中运行。它们分别引用不同的内存映射，也就是程序代码使用不同的地址空间。

Linux 通过系统调用和硬件中断完成从用户空间到内核空间的控制转移。系统调用的内核代码在进程的上下文中执行，它执行调用进程的操作而且可以访问进程地址空间的数据。但处理中断与此不同，处理中断的代码相对进程而言是异步的，并且与任何一个进程都无关。模块的作用就是扩展内核的功能，是运行在内核空间的模块化的代码。模块的某些函数作为系统调用执行，而某些函数则负责处理中断。

各个模块被分别编译并链接成一组目标文件，这些文件能被载入正在运行的内核，或从正在运行的内核中卸载。必要时内核能请求内核守护进程 Kerneld 对模块进行加载或卸载。根据需要动态载入模块可以保证内核达到最小，并且具有很大的灵活性。内核模块一部分保存在 Kerneld 中，另一部分在 Modules 包中。在项目开始时，很多地方对设备安装、使用和改动都是通过编译内核来实现的，对驱动程序稍微做点改动，就要重新下载一遍内核，并且下载内核经常容易出错，还占用资源。模块采用的则是另一种途径，内核提供一个插槽，它就像一个插件，在需要时，插入内核中使用，不需要时从内核中拔出。这一切都由一个称为 Kerneld 的守护进程自动处理。

12.1.3 驱动程序层次结构

Linux 下的设备驱动程序是内核的一部分，运行在内核模式，也就是说，设备驱动程序为内核提供了一个 I/O 接口，用户使用这个接口实现对设备的操作。

图 12-1 显示了典型的 Linux 输入/输出系统中各层次结构和功能。

Linux 设备驱动程序包含中断处理程序和设备服务子程序两部分：设备服务子程序包含所有与设备操作相关的处理代码。它从面向用户进程的设备文件系统中接收用户命令，并对设备控制器执行操作。这样，设备驱动程序屏蔽了设备的特殊性，使用户可以像对待文件一样操作设备。

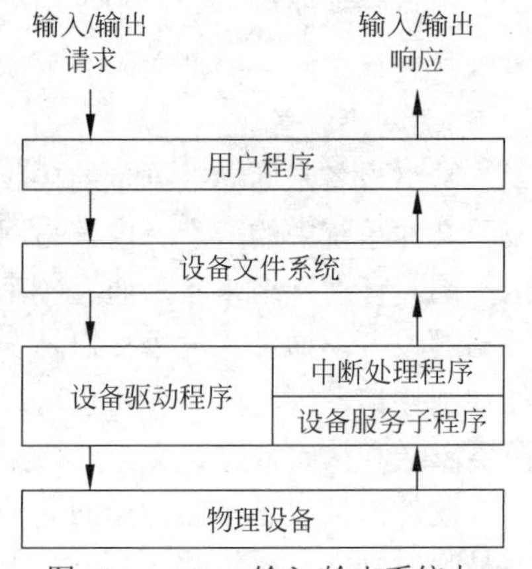

图 12-1 Linux 输入/输出系统中各层次结构和功能

设备控制器需要获得系统服务时有两种方式：查询和中断。因为 Linux 下的设备驱动程序是内核的一部分，在设备查询期间系统不能运行其他代码，查询方式的工作效率比较低，所以只有少数设备，如软盘驱动程序，采取这种方式，大多数设备以中断方式向设备驱动程序发出输入/输出请求。

12.1.4 驱动程序与外界接口

每种类型的驱动程序，不管是字符设备还是块设备都为内核提供相同的调用接口，因此内核能以相同的方式处理不同的设备。Linux 为每种不同类型的设备驱动程序维护相应的数据结构，以便定义统一的接口并实现驱动程序的可装载性和动态性。Linux 设备驱动程序与外界的接口可以分为如下 3 个部分。

（1）驱动程序与操作系统内核的接口：这是通过数据结构 file_operations 来完成的。

（2）驱动程序与系统引导的接口：这部分接口利用驱动程序对设备进行初始化。

（3）驱动程序与设备的接口：这部分接口描述了驱动程序如何与设备进行交互，与具体设备密切相关。

它们之间的相互关系如图 12-2 所示。

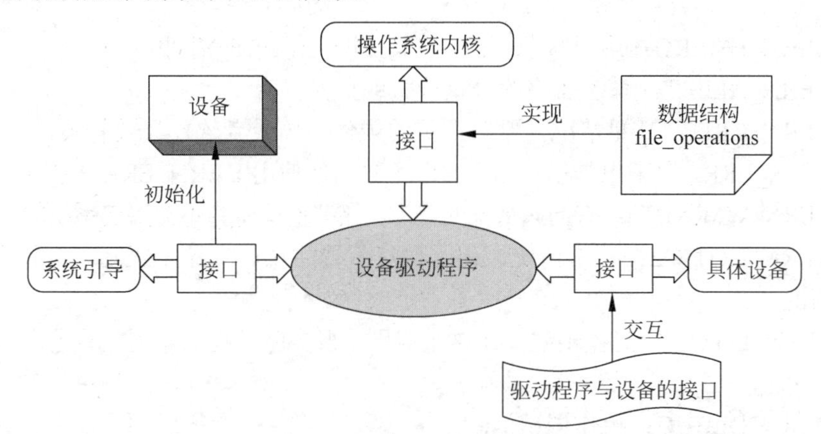

图 12-2　设备驱动程序与外界接口

综上所述，Linux 中的设备驱动程序有如下特点：

（1）内核代码：设备驱动程序是内核的一部分，如果驱动程序出错，则可能导致系统崩溃。

（2）内核接口：设备驱动程序必须为内核或者其子系统提供一个标准接口。例如，一个终端驱动程序必须为内核提供一个文件 I/O 接口；一个 SCSI 设备驱动程序应该为 SCSI 子系统提供一个 SCSI 设备接口，同时 SCSI 子系统也必须为内核提供文件的 I/O 接口及缓冲区。

（3）内核机制和服务：设备驱动程序使用一些标准的内核服务，例如内存分配等。

（4）可装载：大多数的 Linux 操作系统设备驱动程序都可以在需要时装载进内核，在不需要时从内核中卸载。

（5）可设置：Linux 操作系统设备驱动程序可以集成为内核的一部分，并可以根据需要把其中的某一部分集成到内核中，这只需要在系统编译时进行相应的设置即可。

（6）动态性：在系统启动且各个设备驱动程序初始化后，驱动程序将维护其控制的设备。

如果该设备驱动程序控制的设备不存在也不影响系统的运行，那么此时设备驱动程序只是多占用了一点系统内存而已。

12.2　打印调试

1．使用 printk 函数

驱动程序的调试最简单的方法，是使用 printk 函数，printk 允许根据消息的严重程度对其分类，通过附加不同的记录级别或者优先级在消息上，常用一个宏定义来指示记录级别。记录宏定义扩展成一个字符串，在编译时与消息文本连接在一起，这就使优先级和格式串之间没有逗号。这里有两个 printk 命令的例子：一个为调试消息，另一个为紧急消息。

```
    printk(KERN_DEBUG "Here I am: %s:%i\n",__FILE__,__LINE__);
    printk(KERN_CRIT "I'm trashed; giving up on %p\n", ptr);
```

在头文件<linux/kernel.h>中定义有 8 种可用的记录字串，按照严重性递减的顺序排列如下：

（1）KERN_EMERG：用于紧急消息，常是那些崩溃前的消息。

（2）KERN_ALERT：系统面临的严重威胁或重要警告。

（3）KERN_CRIT：严重情况，常与严重的硬件损坏或者软件失效有关。

（4）KERN_ERR：用来报告错误情况，设备驱动常使用 KERN_ERR 来报告硬件故障。

（5）KERN_WARNING：有问题情况的警告，这些情况本身不会引起系统的严重问题。

（6）KERN_NOTICE：正常情况，但是仍然值得注意。在这个级别，会报告一些与安全相关的情况。

（7）KERN_INFO：信息型消息。在这个级别，很多驱动在启动时打印它们发现的硬件的信息。

（8）KERN_DEBUG：用作调试消息。

2．使用/proc 文件系统

/proc 文件系统是一个特殊的软件创建的文件系统，内核用来输出消息到外界。/proc 下的每个文件都绑到一个内核函数上，当文件被读取时即时产生文件内容。/proc 在 Linux 系统中有非常多的应用，很多现代 Linux 发布中的工具，例如 ps、top 以及 uptime，就是通过读取/proc 中的文件来获取信息。使用/proc 的模块应当包含<linux/proc_fs.h>文件。

当一个进程读取/proc 文件时，内核分配了一页内存，驱动可以写入数据来返回给用户空间。read_proc()函数用于输出实际放入页面缓存区的信息，其定义如下：

```
    int (*read_proc)(char *page, char **start, off_t offset, int count, int *eof,
void *data);
```

其中：

（1）page：写入数据的缓存区指针。

（2）start：数据将要写入的页面位置。

（3）offset：页面偏移量。

（4）count：写入的字节数。

（5）eof：指向一个整数，必须由驱动设置来指示它不再有数据返回。

（6）data：驱动特定的数据指针。

定义好 read_proc()函数后，就可以使用 creat_proc_read_entry()函数建立 read_proc()函数与/proc 目录下文件之间的联系，其定义如下：

```
    structproc_dir_entry *create_proc_read_entry(const char *name,mode_tmode,
structproc_dir_entry
    *base,read_proc_t *read_proc,void *data);
```

（1）name：要创建的文件名称。

（2）mode：文件的保护权限。

（3）base：要创建的文件的目录，为 null 时文件在/proc 下创建。

（4）read_proc：实现文件的 read_proc 函数。

（5）data：被内核忽略，但是传递给 read_proc。

3．使用 ioctl 方法

ioctl 是驱动程序进行通信的系统调用之一，作用于一个文件描述符，它接收一个整数请求码和（可选的）另一个参数，常常是一个指针。使用 ioctl 获取信息需要另一个程序发出 ioctl 并且显示结果。

12.3　综合案例——驱动程序加载

在 Linux 下加载驱动程序可以采用动态和静态两种方式。

静态加载：就是把驱动程序直接编译到内核中，系统启动后可以直接调用，不需要任何加载卸载命令。静态加载的缺点是调试起来比较麻烦，每次修改一个地方都要重新编译下载内核，效率较低，生成的内核文件较大，静态加载后在内核配置对应选项处选择*。

动态加载：利用了 Linux 的 module 特性，可以在系统启动后用 insmod 命令把驱动程序（.ko 文件）添加上，在不需要时用 rmmod 命令来卸载。在台式机上一般采用动态加载的方式。动态加载后在内核配置对应选项处选择 M。

在嵌入式产品中可以先用动态加载的方式来调试，调试完毕后再静态编译到内核中，下面通过一个简单的代码实现静态加载驱动程序的方法。

12.3.1　静态加载

在宿主机端为编写 imx8 设备的 Linux4.14.98 内核，还需要编写简单的测试驱动（内核）程序 helloworld.c，并修改内核目录中的相关文件，添加对测试驱动程序的支持。

编写驱动源码 helloworld.c，使用 vi 编辑器手动编写实验代码。

```
root@ubuntu:/home/linux/chapter12/hello# vi helloworld.c
```

helloworld.c 内容如下：

```
#include <linux/init.h>
#include <linux/module.h>
MODULE_LICENSE("Dual BSD/GPL");
//驱动程序入口函数
static int hello_init(void)
{
       printk(KERN_ALERT "##############Hello, world############\n");
                                                              //输出信息
       return 0;
}
//驱动程序出口函数
static void hello_exit(void)
{
        printk(KERN_ALERT "###############Goodbye, world#########\n");
        return 0;
}
```

```
module_init(hello_init);//模块驱动入口函数
module_exit(hello_exit);//模块驱动出口函数
```

程序分析：

（1）<linux/init.h>，<linux/module.h>：必须要的头文件，函数实现的任何功能都在这里。

（2）MODULE_LICENSE("Dual BSD/GPL")：这是GNU（General Public License，通用公共许可证），MODULE_声明可以写在模块的任何地方（但必须在函数外面），但是惯例是写在模块最后。也有其他的一些声明：

```
MODULE_AUTHOR                    //声明作者
MODULE_DESCRIPTION               //对这个模块作一个简单的描述
MODULE_VERSION                   //这个模块的版本
MODULE_ALIAS                     //这个模块的别名
MODULE_DEVICE_TABLE              //告诉用户空间这个模块支持什么样的设备
```

（3）static int hello_init(void)：入口函数实现打印功能，以static静态打头，定义静态函数的好处：其他文件中可以定义相同名字的函数，不会发生冲突，而静态函数不能被其他文件所用。

（4）static void hello_exit(void)：出口函数。

（5）module_init：内核模块的入口函数，它与C语言不同，没有main函数，当加载模块时会调用后面的参数。

（6）module_exit：内核模块的出口函数，当卸载模块时会调用后面的参数。

有关驱动程序的编写规范，参考后续驱动实验内容，本实验只编写简单的驱动（内核）程序并加入Linux内核目录树中。该驱动程序是向终端输出相关程序信息。

编写好helloworld.c后将其复制到内核源码树的drivers/char/目录下。

```
root@ubuntu:/home/linux/chapter12/hello# cp helloworld.c  /home/linux
/chapter10/kernel-4.14.98/drivers/char
```

修改Kconfig文件，进入实验内核源码目录修改driver/char/目录下的Kconfig文件，按照Kconfig语法添加helloworld程序的菜单支持。

```
root@ubuntu:/home/linux/chapter12/hello# cd /home/linux/chapter10
/kernel-4.14.98/drivers/char/
root@ubuntu:/home/linux/chapter10/kernel-4.14.98/drivers/char# vi Kconfig
```

例如：在Kconfig文件中最后一行endmenu的前面添加如下程序：

```
config HELLO_MODULE
        bool "Hello World Test"
        help
        This is a demo to test kernel experiment On imx8.
```

注意：①config HELLO_MOULDE段要与前后段用空格隔开，且bool等变量要与行开头用TAB符号位隔开；②用户可以复制原有Kconfig的格式内容并进行修改。

修改Makefile文件，进入实验内核源码目录修改driver/char/目录下的Makefile文件，按照内核中 Makefile 语法添加 helloworld 程序的编译支持。

```
root@ubuntu:/home/linux/chapter10/kernel-4.14.98/drivers/char# vim Makefile
```

在 Makefile 中的最后一行添加如下代码：

```
obj-$(CONFIG_HELLO_MODULE)          += helloworld.o
```

运行 make menuconfig 配置，增加内核对 helloworld 程序的支持，这里需要到内核的主目录下执行。改变内核架构为 arm64，然后进行配置。

```
root@ubuntu:/home/linux/chapter10/kernel-4.14.98/drivers/char#cd ../../
root@ubuntu:/home/linux/chapter10/kernel-4.14.98# export ARCH=arm64
root@ubuntu:/home/linux/chapter10/kernel-4.14.98# make menuconfig
scripts/kconfig/mconf Kconfig
Your display is too small to run Menuconfig!
It must be at least 19 lines by 80 columns.
scripts/kconfig/Makefile:29: recipe for target 'menuconfig' failed
make[1]: *** [menuconfig] Error 1
Makefile:520: recipe for target 'menuconfig' failed
make: *** [menuconfig] Error 2
```

如果出错，则表示当前终端显示行数和列数太小，可以将终端扩大，或者使用快捷键 Ctrl+-改变终端大小。

```
root@ubuntu:/home/linux/chapter10/kernel-4.14.98# make menuconfig
```

按↓键直到 Device Drivers --->这一栏，然后按回车键进入驱动配置，如图 12-3 所示。

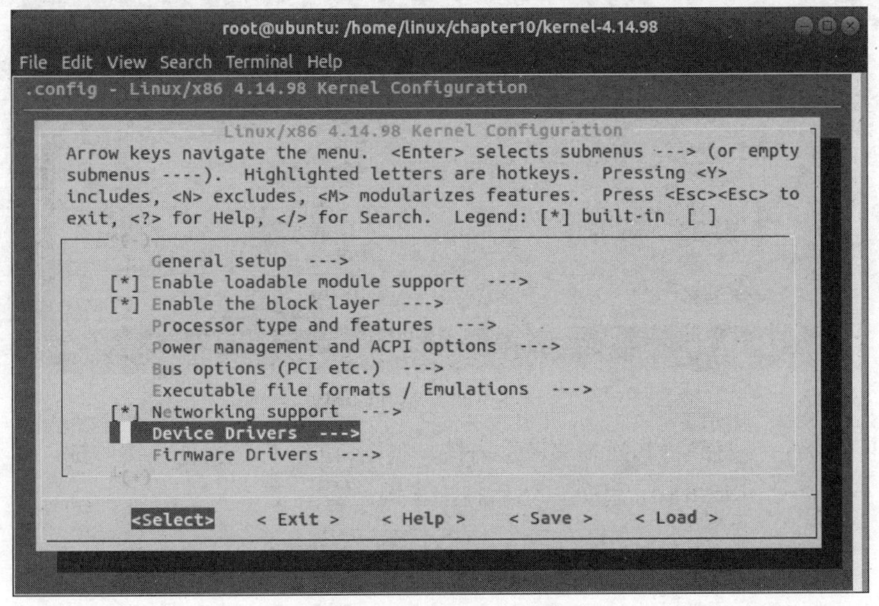

图 12-3 Device Drivers 选项

然后选择 Character devices --->，按回车键进入字符驱动，如图 12-4 所示。

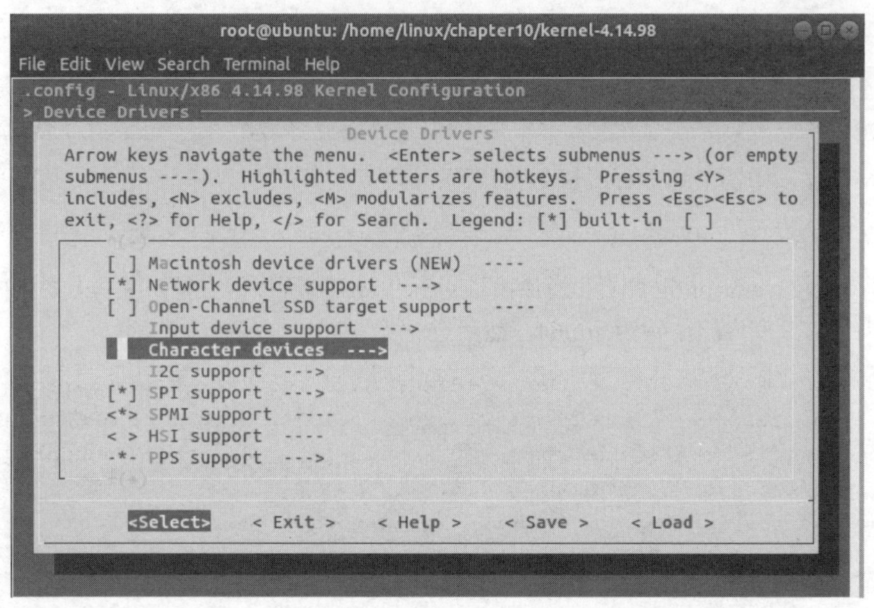

图 12-4　Character devices 选项

在字符驱动最下面可以看到<> Hello World Test，如图 12-5 所示。

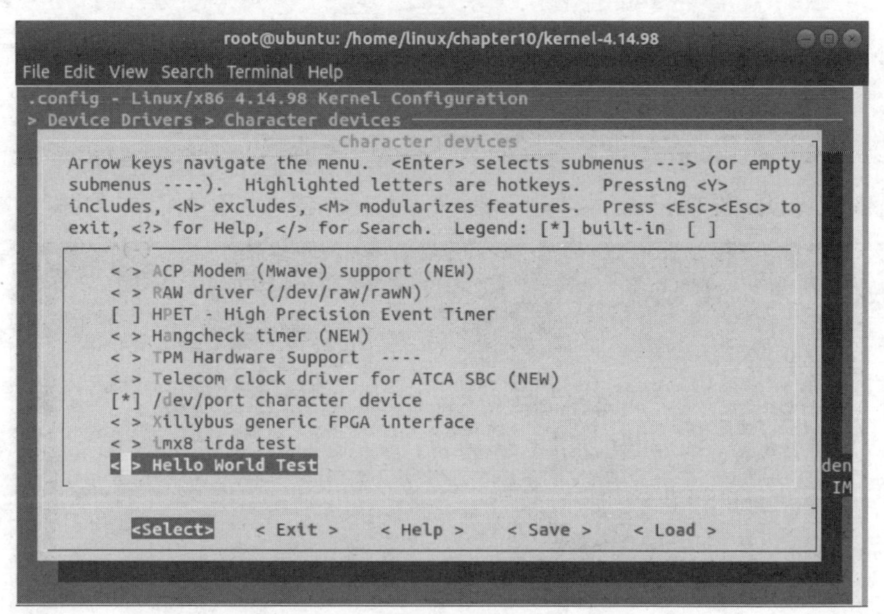

图 12-5　<>Hello World Test 选项

按下空格键，选择*将其静态编译进内核，见图 12-6 标记①处。按→键，选择<Exit>（退出）按钮，见图 12-6 标记②处，然后按回车键。

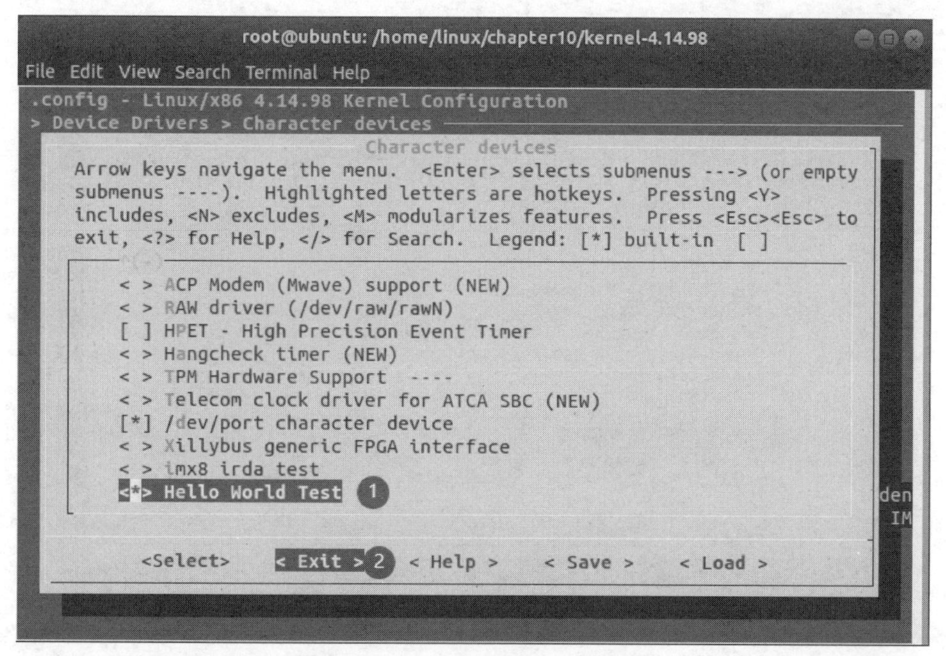

图 12-6　<*>Hello World Test 选项

返回上一级目录 Character devices ---->，如图 12-7 所示。

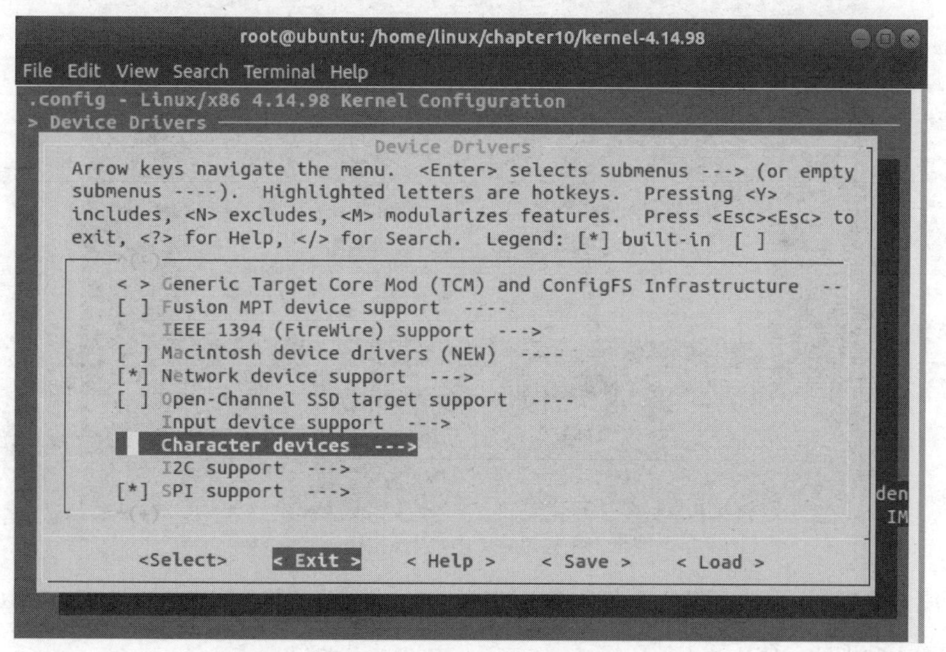

图 12-7　返回上一级目录 Character devices --->

然后再返回到 Device Drivers --->，如图 12-8 所示。

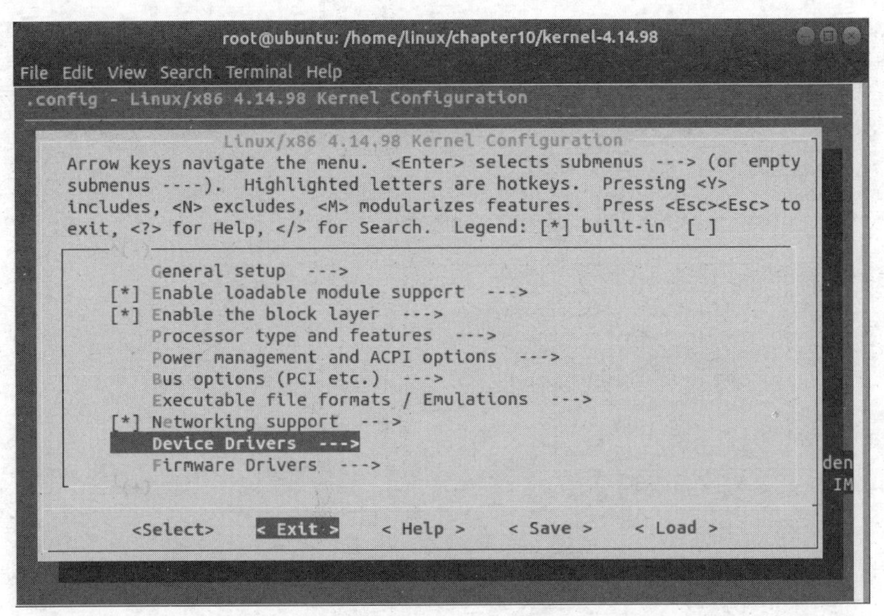

图 12-8　再返回到 Device Drivers --->

最后提示是否保存当前配置，单击<Yes>按钮，如图 12-9 所示。

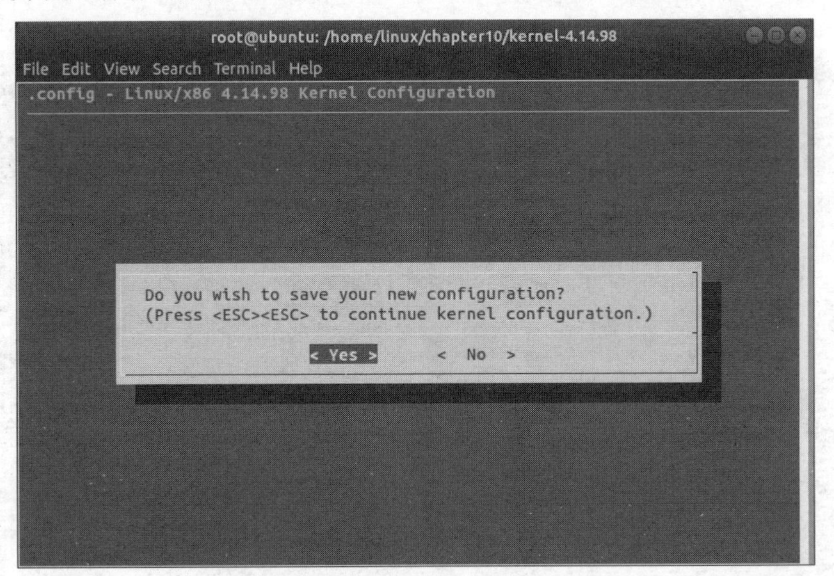

图 12-9　单击<Yes>按钮

编译内核：在内核源码的顶层目录下编译内核，设置环境变量，然后设置 LDFLAGS="" CC="$CC" make。操作如下：

```
root@ubuntu:/home/linux/chapter10/kernel-4.14.98# source /opt/fsl-imx-wayland/4.14-sumo/environment-setup-aarch64-poky-linux
root@ubuntu:/home/linux/chapter10/kernel-4.14.98# LDFLAGS="" CC="$CC" make
```

编译完后会有 arch/arm64/boot/Image。

将内核 Image 替换即可，然后重新下载，开机启动，查看输出信息，会有##############Hello, world###########显示字样，说明静态加载成功，如图 12-10 所示。

```
[    1.183932] console [ttymxc1] enabled
[    1.183932] console [ttymxc1] enabled
[    1.188413] bootconsole [ec_imx6q0] disabled
[    1.188413] bootconsole [ec_imx6q0] disabled
[    1.197799] msm_serial: driver initialized
[    1.205511] ###############Hello, world#############
[    1.216517] [drm] Supports vblank timestamp caching Rev 2 (21.10.2013).
[    1.223159] [drm] No driver support for vblank timestamp query.
[    1.229162] imx-drm display-subsystem: bound imx-lcdif-crtc.0 (ops lcdif_crtc
_ops)
[    1.236834] imx_sec_dsim_drv 32e10000.mipi_dsi: version number is 0x1060200
[    1.244074] imx-drm display-subsystem: bound 32e10000.mipi_dsi (ops imx_sec_d
sim_ops)
[    1.258670] random: fast init done
```

图 12-10　开机启动信息

12.3.2　动态加载

12.3.1 节用的是静态编译方法，直接将 helloworld 加载到内核中，但是内核的扩展与维护很麻烦。

为了弥补内核扩展性与维护性的缺点，Linux 引入动态加载内核模块，模块可以在系统运行期间加载到内核或从内核卸载。这种机制称为模块（Module），模块具有如下特点：

（1）模块本身不被编译入内核映像，从而控制了内核的大小。

（2）模块一旦被加载，它就和内核中的其他部分完全一样。

如下两种方法可以动态编译。

方法 1：直接在内核配置时选择 M，这里以写好的 helloworld 做修改。

涉及指令包括：insmod（加载模块）、rmmod（卸载模块）、lsmod（查看模块）和 dmesg（查看缓冲区）。修改 driver/char/目录下的 Kconfig 文件。

```
root@ubuntu:/home/linux/chapter10/kernel-4.14.98# vim
drivers/char/Kconfig
```

在 config HELLO_MODULE 中将 bool 改成 tristate 三态：内建、模块、移除，然后保存退出。

```
config HELLO_MODULE
    tristate "Hello World Test"
    help
    This is a demo to test kernel experiment On imx8.
```

运行 make menuconfig 配置，按空格键选择 M 将其选择动态，保存退出。

```
root@ubuntu:/home/linux/chapter10/kernel-4.14.98# make menuconfig
 *** Unable to find the ncurses libraries or the
 *** required header files.
 *** 'make menuconfig' requires the ncurses libraries.
 ***
 *** Install ncurses (ncurses-devel) and try again.
 ***
scripts/kconfig/Makefile:202: recipe for target 'scripts/kconfig/
dochecklxdialog' failed
```

```
make[1]: *** [scripts/kconfig/dochecklxdialog] Error 1
Makefile:520: recipe for target 'menuconfig' failed
make: *** [menuconfig] Error 2
```

如果出现上面错误，是因为之前设置环境变量与当前内核配置冲突，重新打开终端，按 Ctrl + Shift+T 快捷键进行配置。

```
root@ubuntu:/home/linux/chapter10/kernel-4.14.98# export ARCH=arm64
root@ubuntu:/home/linux/chapter10/kernel-4.14.98# make menuconfig
```

进入配置目录，将[*]Hello World Test 改成[M]Hello World Test，如图 12-11 所示。

```
Device Drivers  --->
Character devices  --->
                        [M]Hello World Test
```

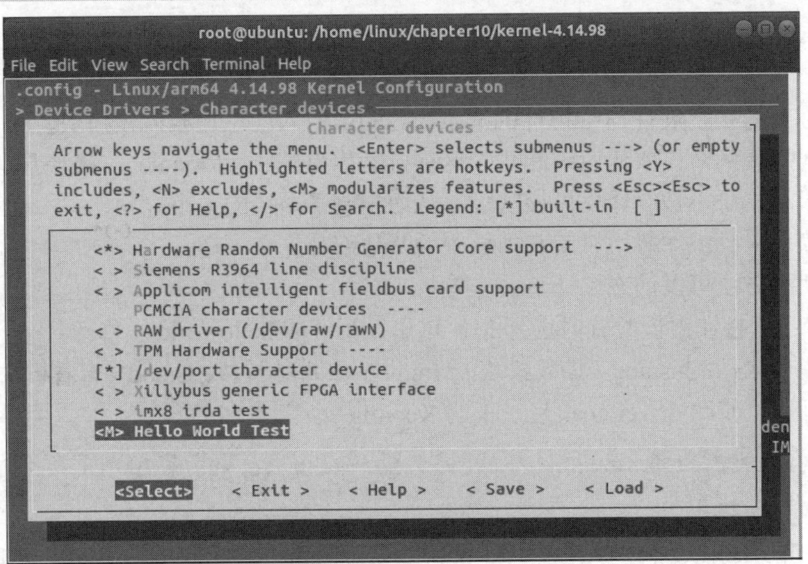

图 12-11　将[*]Hello World Test 改成[M]Hello World Test

完成上述操作后退出保存。

重新编译内核： 在内核源码的顶层目录下编译内核，返回第一终端，然后编译 LDFLAGS= "" CC="$CC" make。

```
root@ubuntu:/home/linux/chapter10/kernel-4.14.98#LDFLAGS="" CC="$CC" make
```

编译完后会有 arch/arm64/boot/Image，需要重新下载，drivers/char/目录下会生成 helloworld.ko。

将 helloworld.ko 复制到共享目录，如/imx8 下。

```
root@ubuntu:/home/linux/chapter10/kernel-4.14.98#cp drivers/char
/helloworld.ko /imx8/
```

将新生成的内核镜像文件复制到下载工具中进行下载。

用 NFS 挂载实验目录测试： 启动 imx8 实验系统，连好网线、串口线，输入 root 用户，通过串口终端挂载宿主机实验目录。

```
root@imx8mmevk:~# mount -t nfs 192.168.88.80:/imx8 /mnt/
```

进入目录，动态加载模块，使用指令 insmod：

```
root@imx8mmevk:~# cd /mnt/
root@imx8mmevk:/mnt# insmodhelloworld.ko
[   63.594877] ##############Hello, world############
root@imx8mmevk:/mnt#
```

如果查看模块可以用 lsmod、查看模块信息用 dmesg、去除模块用 rmmodhelloworld。

```
root@imx8mmevk:/mnt# lsmod
Module                  Size  Used by
helloworld             16384  0
8021q                  32768  0
garp                   16384  1 8021q
stp                    16384  1garp
mrp                    20480  1 8021q
crc32_ce               16384  0
crct10dif_ce           16384  0
brcmfmac               290816  0
brcmutil               16384  1brcmfmac
galcore                430080  16
root@imx8mmevk:/mnt# rmmodhelloworld
[  176.403933] ###############Goodbye, world#########
root@imx8mmevk:/mnt# dmesg | grep world
[   63.594877] ##############Hello, world############
[  176.403933] ###############Goodbye, world#########
```

方法 2：在任意目录编写驱动文件。

在/imx8/hello_driver 目录下编写 helloworld.c

```
root@ubuntu:/home/linux/chapter10/kernel-4.14.98#cd /imx8/
root@ubuntu:/imx8$ mkdir hello_driver
root@ubuntu:/imx8$ cd hello_driver/
root@ubuntu:/imx8/hello_driver$ vim helloworld.c
```

helloworld.c 内容如下，或者把上次的复制过来：

```
#include <linux/init.h>
#include <linux/module.h>
MODULE_LICENSE("Dual BSD/GPL");
//驱动程序入口函数
static int hello_init(void)
{
       printk(KERN_ALERT "##############Hello, world############\n");
       return 0;
}
//驱动程序出口函数
static void hello_exit(void)
{
```

```
        printk(KERN_ALERT "##############Goodbye, world#########\n");
        return 0;
}

module_init(hello_init);
module_exit(hello_exit);
```

在同一目录下编写 Makefile 文件，内容如下：

```
root@ubuntu:/imx8/hello_driver$ vim Makefile
obj-m        :=helloworld.o

KERNELDIR := /home/linux/chapter10/kernel-4.14.98
PWD := $(shell pwd)

all:
    $(MAKE) -C $(KERNELDIR) M=$(PWD) modules

clean:
      rm -rf *.o *.ko *.mod.* *.symvers
.PHONY: all clean
```

用 Make 编译，会生成 ko 文件 helloworld.ko。

```
root@ubuntu:/imx8/hello_driver$ LDFLAGS="" CC="$CC" make
```

用 NFS 挂载实验目录测试：启动 imx8 实验系统，连好网线、串口线，输入 root 用户，通过串口终端挂载宿主机实验目录。

```
root@imx8mmevk:~# mount -t nfs 192.168.88.80:/imx8 /mnt/
```

进入目录，动态加载模块，使用指令 insmod。

```
root@imx8mmevk:~# cd /mnt/hello_driver/
root@imx8mmevk:/mnt/hello_driver# insmodhelloworld.ko
[ 1088.416827] #############Hello, world###########
root@imx8mmevk:/mnt/hello_driver#
```

12.4 习题

1．设备有哪些类别？
2．内核空间和用户空间有哪些区别？
3．常用的驱动程序与外界接口函数包括哪些？作用是什么？
4．编程 hello world 程序，写一段 makefile 代码，用 printk 不同级别调试该代码。
5．如何添加自己的驱动程序到 Linux 内核中？

第 13 章 字符设备驱动

CHAPTER 13

字符设备指那些必须以串行顺序依次访问的设备，并且不需要缓冲，通常用于不需要大量数据请求传送的设备类型。

13.1 字符设备驱动基础

13.1.1 关键数据结构

1. file_operations 数据结构

内核中通过 file 数据结构识别设备，通过 file_operations 数据结构提供文件系统的入口函数，也就是访问设备驱动的函数。file_operations 定义在 linux/fs.h 中，其数据结构说明如下：

```
struct file_operations {
struct module *owner;
loff_t(*llseek)(struct file*,loff_t,int);
ssize_t(*read)(struct file*,char *,size_t,loff_t *);
ssize_t(*write)(struct file*,const char *,size_t,loff_t*);
int(*readdir)(struct file*,void *,filldir_t);
unsigned int(*poll)(struct file*,struct poll_table_struct*);
int(*ioctl)(struct inode*,struct file*,unsigned int,unsigned long);
int(*mmap)(struct file*,struct vm_area_struct*);
int(*open)(struct inode*,struct file*);
int(*flush)(struct file*);
int(*release)(struct inode *, struct file*);
int(*fsync)(struct file *, struct dentry *,int datasync);
int(*fasync)(int, struct file *,int);
int(*lock)(struct file *,int,struct file_lock*);
ssize_t(*readv)(struct file*,const struct iovec*,unsigned long,loff_t*);
ssize_t(*writev)(struct file*,const struct iovec*,unsignedlong,loff_t *);
ssize_t(*sendpage)(struct file*,struct page*,int,size_t,loff_t*,int);
unsigned long (*get_unmapped_area)(struct file*,unsigned long,unsigned long,
unsigned long, unsigned long);
};
```

file_operations 数据结构是整个 Linux 内核最重要的数据结构，它也是 file{}和 inode{}

数据结构的重要成员，表 13-1 说明了 file_operations 数据结构中的主要成员。

表 13-1　file_operations 数据结构中的主要成员

成　员	功　能
owner	module 的拥有者
llseek	移动文件指针的位置，只能用于可以随机存取的设备
read	从设备中读取数据
write	向字符设备中写入数据
readdir	只用于文件系统，与设备无关
ioctl	用于控制设备，是除读写操作外的其他控制命令
mmap	用于把设备的内容映射到地址空间，一般只有块设备驱动程序使用
open	打开设备进行 I/O 操作。如果返回 0，则表示成功；如果返回负数，则表示失败
flush	清除内容，一般只用于网络文件系统中
release	关闭设备并释放资源
fsync	实现内存与设备同步
fasync	实现内存与设备之间的异步通信
lock	文件锁定，用于文件共享时的互斥访问
readv	进行读操作前验证设备是否可读
writev	进行写操作前验证设备是否可写

一般编写驱动程序并不需要实现以上成员。

2．inode 数据结构

文件系统处理的文件所需的信息在 inode 数据结构中。inode 数据结构提供了关于特别设备文件/dev/DriverName 的信息。inode 数据结构包含大量关于文件的信息。作为一个通用的规则，这个数据结构只有两个成员对于编写驱动代码有用：

（1）dev_ti_rdev：表示设备文件的节点，这个成员包含实际的设备编号。

（2）struct cdev *i_cdev：struct cdev 是内核的内部结构，表示字符设备，这个成员包含一个指针，指向这个结构。

3．file 数据结构

file 数据结构主要用于与文件系统相关的设备驱动程序，可提供关于被打开的文件的信息，定义如下：

```
struct file {
struct list_head f_list;
struct dentry *f_dentry;
struct vfsmount *f_vfsmnt;
struct file_operations *f_op;
atomic_t f_count;
unsigned int f_flags;
mode_t f_mode;
loff_t    f_pos;
unsigned long f_reada,f_ramax,f_raend,f_ralen,f_rawin;
struct fown_struct    f_owner;
```

```
    unsigned int f_uid, f_gid;
    int f_error;
    unsigned long f_version;
    void *private_data;
    struct kiobuf *f_iobuf;
    long f_iobuf_lock;
    };
```

表 13-2 列出了 file 数据结构中与驱动相关的成员功能。

表 13-2　file 数据结构中与驱动相关的成员功能

成　　员	功　　能
f_mode	文件读写权限标识
f_pos	当前读写位置，类型为 loff_t，只读不能写
f_flag	文件标识，主要用于进行阻塞/非阻塞类型操作时检查
f_op	文件操作的结构指针，内核在 open 操作时对此指针赋值
private_date	open 操作调用，在调用驱动程序 open 前，此指针为 null，驱动程序可以将这个字段用于任何目的，一般用它指向已经分配的数据，在销毁 file 结构前要在 release 中释放内存
f_dentry	文件对应的目录项结构，一般在驱动中用 filp->f_dentry->d_inode 访问索引节点时用到

13.1.2　设备驱动开发的基本函数

1. 设备注册和初始化

设备的驱动程序在加载时首先需要调用入口函数 init_module()，该函数最重要的一个工作就是向内核注册该设备，对于字符设备调用 register_chrdev()完成注册。register_chrdev 的定义如下：

```
    int register_chrdev(unsigned int major,const char *name,struct file_
operations *fops);
```

其中，major 是为设备驱动程序向系统申请的主设备号，如果为 0，则系统为此驱动程序动态分配一个主设备号。name 是设备名，fops 是对各个调用的入口点说明。如果此函数返回 0 时，则表示成功；返回-EINVAL 时，则表示申请的主设备号非法，其主要原因是主设备号大于系统所允许的最大设备号；返回-EBUSY 时，则表示所申请的主设备号正在被其他设备程序使用。如果动态分配主设备号成功，则此函数将返回所分配的主设备号。如果 register_chrdev()操作成功，则设备名就会出现在/proc/devices 文件中。

Linux 在/dev 目录中为每个设备建立一个文件，用 ls -l 命令列出函数的返回值，若小于 0，则表示注册失败；若返回 0 或者大于 0 的值，则表示注册成功。注册成功以后，Linux 将设备名与主、次设备号联系起来。当有对此设备名的访问时，Linux 通过请求访问设备名得到主、次设备号，然后把此访问分发到对应的设备驱动，设备驱动再根据次设备号调用不同的函数。

当设备驱动模块从 Linux 内核中卸载，对应的主设备号必须被释放。字符设备在 cleanup_ module()函数中调用 unregister_chrdev()来完成设备的注销。unregister_chrdev()的定义如下：

```
int unregister_chrdev(unsigned int major,const char *name);
```

此函数的参数为主设备号 major 和设备名 name。Linux 内核把 name 和 major 在内核注册的名称之间进行对比，如果不相等，则卸载失败，并返回-EINVAL；如果 major 大于最大的设备号，则也返回-EINVAL。

2．open 函数

open 函数为驱动提供初始化后续操作的准备工作。在大部分驱动中，open 函数应当进行下面的工作：

（1）检查设备特定的错误，例如设备是否准备好，或者类似的硬件错误。

（2）如果它第一次被打开，初始化设备。

（3）如果需要，更新 f_op 指针。

（4）分配并填充要放进 filp->private_data 中的任何数据结构。

首先确定打开哪个设备，open 函数的原型如下：

```
int (*open)(struct inode *inode, struct file *filp);
```

在目标驱动程序中可实现如下：

```
static int mydevice_open(struct inode *inode,struct file *filp)
{
printk(“device open success!\n”);                //打开设备操作
return 0;
}
```

3．release 函数

release 函数的角色与 open 函数相反，release 函数实现设备关闭（device close），而不是设备释放（device release），该函数应当进行下面的任务：

（1）释放 open 函数分配在 filp->private_data 中的任何内容。

（2）在最后的 close 函数关闭设备。

```
static int mydevice_release(struct inode *inode,struct file *filp)
{
printk("device release success!\n ");              //关闭设备操作
return 0;
}
```

4．内存操作

作为系统核心的一部分，设备驱动程序在申请和释放内存时不是调用 malloc 和 free 函数，而是调用 kmalloc 和 kfree 函数，它们在 linux/kernel.h 文件中被定义为：

```
void * kmalloc(unsigned int len, int priority);
void kfree(void *obj);
```

参数 len 为希望申请的字节数；obj 为要释放的内存指针；priority 为分配内存操作的优先级，即在没有足够空闲内存时如何操作，一般由取值 GFP_KERNEL 解决。

5．read 函数和 write 函数

read 函数完成将数据从内核复制到应用程序空间，而 write 函数与其相反，其函数原型如下：

```
    ssize_t read(struct file *filp,char __user *buff,size_t count,loff_t *ppos);
    ssize_t write(struct file *filp, const char __user *buff,size_t count,loff_t
*ppos);
```

对于这两个方法，filp 是文件指针；count 是请求的传输数据大小；buff 参数指向持有被写入数据的缓存，或者放入新数据的空缓存；ppos 是一个指针，指向一个 long offset type 对象，它指出用户正在存取的文件位置；返回值是一个 signed size type。

read 函数的返回值由调用的应用程序解释：

（1）如果这个值等于传递给 read 系统调用的 count 参数，请求的字节数已经被传送。这是最好的情况。

（2）如果是正数，但是小于 count，说明只有部分数据被传送。这可能由于几个原因，具体原因依赖于设备。应用程序常常重新试着读取。例如，如果使用 fread 函数来读取，库函数重新发出系统调用直到请求的数据传送完成。

（3）如果值为 0，则说明到达了文件末尾（没有读取数据）。

（4）一个负值表示有一个错误。这个值指出了错误类型，根据 linux/errno.h 可知。出错的典型返回值包括-EINTR（被打断的系统调用）或者-EFAULT（无效地址）。

根据返回值的下列规则，write 函数可以传送少于要求的数据：

（1）如果值等于 count，则要求的字节数已被传送。

（2）如果为正值，但是小于 count，则说明只有部分数据被传送。程序最可能重试写入剩下的数据。

（3）如果值为 0，什么都没有写，则这个结果不是一个错误，不会返回一个错误码。

（4）一个负值表示发生一个错误，与读操作类似，有效的错误值定义于 linux/errno.h 中。

设备的读写操作在目标驱动程序中可实现方法如下：

```
    static ssize_t mydevice_read(struct file *filp,char *buffer,size_t count,
loff_t *ppos)
    {
        copy_to_user(buffer, drv_buf, count);           //设备读操作
        return count;
    }
    static ssize_t mydevice_write(struct file *filp,char *buffer,size_t count,
loff_t *ppos)
    {
        copy_from_user(buffer, drv_buf, count);         //设备写操作
        return count;
    }
```

6．ioctl 函数

大部分驱动除了需要具备读写设备的功能外，还需要具备对硬件控制的功能。例如，要求设备报告错误信息、改变波特率，这些操作无法通过 read 函数、write 函数来完成，而常通过 ioctl 函数来实现。

在用户空间，使用 ioctl 系统调用来控制设备，其原型如下：

```
int ioctl(int fd,unsigned long cmd,…)
```

其中，“…”代表一个可变数目的参数，实际是一个可选参数，其存在与否依赖于控制命令（第 2 个参数）是否涉及与设备的数据交互。

ioctl 驱动方法有和用户空间版本不同的原型：

```
int (*ioctl)(struct inode *inode,struct file *filp,unsigned int cmd,unsigned
long arg);
```

inode 和 filp 指针是对应应用程序传递的文件描述符 fd 的值，和传递给 open 方法的参数相同。cmd 参数从用户那里不改变地传下来，并且可选参数 arg 以 unsigned long 的形式传递，不管它是否由用户给定为一个整数或一个指针。如果调用程序不传递第 3 个参数，则被驱动操作收到的 arg 值是无定义的。

在编写 ioctl 代码之前，首先需要定义命令。为了防止对错误的设备使用正确的命令，命令号应该在系统范围内是唯一的。ioctl 命令编码被划分为几个位段，include/asm/ioctl.h 中定义了这些位段，包括类型、序号、传递方向和参数大小。documentation/ioctl-number.txt 文件中罗列了在内核中已经使用的类型。ioctl 命令编号方法根据如下规则定义，编号分为 4 个位段，这些定义可以在 linux/ioctl.h 中找到。

（1）type：type 类型，也称为幻数，表明是哪个设备的命令，为 8 位宽。

（2）number：表明是设备命令中的第几个，为 8 位宽。

（3）direction：数据传送方向，可能的值是_IOC_NONE（没有数据传输）、_IOC_READ 和_IOC_WRITE。数据传送是从应用程序的观点来看的，_IOC_READ 含义是从设备读取。

（4）size：用户数据的大小，这个成员的宽度依赖处理器而定。

头文件 asm/ioctl.h 包含在 linux/ioctl.h 中，定义宏来帮助建立命令，定义如下：

（1）_IO（type，nr）：是一个系统调用宏，用于在 Linux 内核中进行输入/输出操作。

（2）_IOR（type，nre，datatype）：用于从设备中读取数据。

（3）_IOW（type，nr，datatype）：用于从设备中写入数据。

（4）_IOWR（type，nr，datatype）：用于向设备中写入数据并从设备中读取数据。

type 和 number 成员作为参数被传递，并且 size 成员通过应用 sizeof 到 datatype 参数而得到。

定义好了命令，就可以实现 ioctl 函数，ioctl 函数的实现主要包括返回值、参数使用和命令操作 3 个技术环节。

ioctl 函数的实现常常是一个基于命令号的 switch 语句。但是当命令号没有匹配任何一个有效的操作时，内核函数通常返回-ENIVAL（Invalid argument）。如果返回值是一个整数，则可以直接使用；如果是指针，则必须保证该用户地址是有效的，因此在使用前需要对返回值进行正确性检查。参数校验由函数 access_ok 实现，它定义在 asm/uaccess.h 中，定义如下：

```
int access_ok(int type, const void *addr, unsigned long size);
```

其中，type 为 VERIFY_READ 或者 VERIFY_WRITE，依据该值判断要进行的动作是读用户空间内存区还是写用户空间内存区；addr 是要操作用户的空间地址；size 是操作的长度，是一个字节量，例如，如果 ioctl 需要从用户空间读一个整数，size 是 sizeof（int）；

access_ok 则返回一个布尔值，如果返回 1，则表示成功（存取没问题），如果返回 0，则表示失败（存取有问题），如果它返回假，则驱动应当返回-EFAULT。

7．阻塞型 I/O

程序进行读写操作时，有时会出现目标设备无法立刻满足用户的读写请求，例如，调用 read 函数时没有数据可以读但以后可能会有，或者一个进程试图向设备写数据，但设备暂时没有准备好接收数据。应用程序只是调用 read 函数或 write 函数并得到返回值，故应用程序不处理此类问题。此时驱动程序就应当阻塞进程，使它进入睡眠并等待条件满足，这就是阻塞型 I/O。

在 Linux 驱动程序设计中，可以使用等待队列来实现进程的阻塞，等待队列可以看作保存进程的容器。当阻塞进程时，将进程放入等待队列；当唤醒进程时，可以从等待队列中取出。

在 Linux 中，一个等待队列由一个等待队列头来管理，它是一个 wait_queue_head_t 类型的结构，定义在 linux/wait.h 中。一个等待队列头可被定义和初始化使用：

```
DECLARE_WAIT_QUEUE_HEAD(my_queue);
```

或者动态地使用：

```
wait_queue_head_t my_queue;
init_waitqueue_head(&my_queue);
```

任何睡眠的进程再次醒来时必须检查并确保它在等待的条件值为真。Linux 内核中睡眠的最简单方式是宏定义，称为 wait_event（有几个变体），它结合了处理睡眠的细节和进程在等待的条件的检查。wait_event 的形式如下：

```
wait_event(queue, condition)
wait_event_interruptible(queue,condition)
wait_event_timeout(queue,condition,timeout)
wait_event_interruptible_timeout(queue,condition,timeout)
```

在上面的所有形式中，queue 是等待队列头，Condition 是条件，如果调用 wait_event 前 Condition==0，则调用 wait_event 之后，当前进程就会休眠，反之不会休眠。

基本的唤醒睡眠进程的函数为 wake_up，它有如下两个主要形式：

```
void wake_up(wait_queue_head_t *queue);
void wake_up_interruptible(wait_queue_head_t *queue);
```

wake_up 唤醒所有的在给定队列上等待的进程，wake_up_interruptible 仅用于处理一个可中断的睡眠。

8．中断处理

设备驱动程序通过调用 request_irq 函数来申请中断，通过 free_irq 来释放中断。它们在 linux/sched.h 中的定义如下：

```
int request_irq(
unsigned int irq,
void (*handler)(int irq,void dev_id,struct pt_regs *regs),
unsigned long flags,
```

```
    const char *device,
    void *dev_id
    );
    void free_irq(unsigned int irq, void *dev_id);
```

其中：

（1）irq 表示所要申请的硬件中断号。

（2）handler 为向系统登记的中断处理子程序，中断产生时由系统来调用，调用时所带参数 irq 为中断号；dev_id 为申请时告诉系统的设备标识；regs 为中断发生时寄存器的内容。

（3）device 为设备名，将会出现在/proc/interrupts 文件中。

（4）flag 是申请时的选项，它决定中断处理程序的一些特性，其中最重要的是决定中断处理程序是快速处理程序（flag 中设置了 SA_INTERRUPT）还是慢速处理程序（不设置 SA_INTERRUPT）。

通常从 request_irq 函数返回的值为 0 时，则表示申请成功；返回负值，则表示出现错误。

13.1.3 设备文件和设备号

Linux 是一种类 UNIX 系统，UNIX 的一个基本特点是“一切皆为文件”，它抽象了设备的处理，将所有的硬件设备都像普通文件一样看待，也就是说硬件可以跟普通文件一样打开（open）、关闭（close）、读写（write）、删除（rm）、移动（mv）和复制（cp）。系统中的设备都用一个特殊文件代表，叫作设备文件。在 Linux 中，字符设备和块设备都可以通过文件节点来存取，而与字符设备和块设备不同的是，网络设备的访问是通过 socket 而不是设备节点，在系统中根本就不存在网络设备文件，所以对设备文件的操作主要是对块设备和字符设备文件的操作。

在文件系统中可以使用mknod命令创建一个设备文件或者通过系统调用mknod命令创建。该命令形式如下：

```
mknod Name { b | c } Major Minor
```

其中，Name 是设备名称；b 或 c 用来指定设备的类型是块设备还是字符设备；Major 指定设备的主设备号；Minor 是次设备号。

创建设备文件时，主设备号和次设备号是不可或缺的。传统方式的设备管理中，除了设备类型外，内核还需要一对主次设备号的参数，才能唯一标识一个设备。主设备号相同的设备使用相同的驱动程序，次设备号用于区分具体设备的实例。例如，PC 中的 IDE 设备，主设备号使用 3，Windows 下进行的分区，一般将主分区的次设备号设为 1，扩展分区的次设备号设为 2、3、4，逻辑分区使用 5、6……

关于 Linux 的设备号，很多设备在 Linux 下已经有默认的主次设备号，如帧缓冲设备是 Linux 的标准字符设备，主设备号是 29，如果 Linux 下有多个帧缓冲设备，那么这些帧缓冲设备的次设备号就从 0~31（Linux 最多支持 32 个帧缓冲设备）进行编号，例如 fb0 对应的次设备号是 0，fb1 为 1，以此类推。故用户创建设备文件时，需要注意用户使用的设备号不能与一些标准的系统设备号重叠。

创建设备文件，必须是超级用户权限。

下面举例说明创建设备文件的命令：

```
mknod /dev/fb10 c 29 10
```

其中，设备名称为/dev/fb10，c 代表字符设备；参数 29（帧缓冲设备）代表该设备的主设备号；10 代表该设备的次设备号。

```
mknod doc b 62 0
```

其中，doc 为定义的名字；b 指块设备；0 指的是整个 doc。如果把 0 换为 1，则 1 指的是 doc 的第 1 个分区，2 是第 2 个分区，以此类推。

创建完成后，可以通过如下命令查看：

```
[root@localhost root]# ls -l doc /dev/fb31
crw-r--r--    1 root     root      29,  31  1月  1 16:34 /dev/fb31
crw-r--r--    1 root     root       1,   1  1月  1 15:42 doc
```

13.1.4 加载和卸载驱动程序

1. 入口函数

在编写模块程序时，必须提供两个函数：一个是 int init_module()，在加载此模块时自动调用，负责进行设备驱动程序的初始化工作。如果 init_module()返回 0，则表示初始化成功；如果返回负数，则表示失败，它在内核中注册一定的功能函数。在注册之后，如果有程序访问内核模块的某个功能，内核将查表获得该功能的位置，然后调用功能函数。init_module()的任务就是为以后调用模块的函数做准备。

另一个是 void cleanup_module()，该函数在模块被卸载时调用，负责进行设备驱动程序的清除工作。这个函数的功能是取消 init_module()所做的事情，把 init_module()函数在内核中注册的功能函数完全卸载。如果没有完全卸载，在此模块下次调用时，将会因为有重名的函数而导致调入失败。

Linux 2.4 版本以上的内核提供了一种新的方法来命名这两个函数。例如，可以定义 init_my()代替 init_module()函数，定义 exit_my()代替 cleanup_module()函数，然后在源代码文件末尾使用下面的语句：

```
module_init(init_my);
module_exit(exit_my);
```

这样做的好处：每个模块都可以有自己的初始化和卸载函数的函数名，多个模块在调试时不会有重名的问题。

2. 模块加载与卸载

虽然模块作为内核的一部分，但并未被编译到内核中，它们被分别编译和链接成目标文件。Linux 中模块可以用 C 语言编写，用 gcc 命令编译成模块*.o，在命令行中加上-c 的参数和-D__KERNEL__-DMODULE 参数。然后用命令 depmod -a 使此模块成为可加载模块。模块用 insmod 命令加载，用 rmmod 命令卸载，这两个命令分别调用 init_module()和 cleanup_module()函数，还可以用 lsmod 命令来查看所有已加载的模块的状态。

insmod 命令可将编译好的模块调入内存。内核模块与系统中其他程序一样是已链接的目标文件，但不同的是，它们被链接成可重定位映像。insmod 将执行一个特权级系统调用

get_kernel_sysms()函数以找到内核的输出内容，insmod 修改模块对内核符号的引用后，将再次使用特权级系统调用 create_module()函数来申请足够的物理内存空间，以保存新的模块。内核将为其分配一个新的 module 结构，以及足够的内核内存，并将新模块添加在内核模块链表的尾部，然后将新模块标记为 uninitialized。

利用 rmmod 命令可以卸载模块。如果内核还在使用此模块，这个模块就不能被卸载。如果设备文件正被一个进程打开，卸载还在使用的内核模块，会导致对内核模块的读/写函数所在内存区域的调用。如果幸运，没有其他代码被加载到那个内存区域，将得到一个错误提示；否则，另一个内核模块被加载到同一区域，这就意味着程序跳到内核中另一个函数的中间，结果是不可预见的。

13.2 LED 设备驱动程序

LED 设备驱动程序实现 LED 设备在 Linux 系统中基于博创科技嵌入式人工智能教学科研平台验证，通过该实例可以了解 ARM 平台 Linux 系统下字符驱动程序的实现过程。

13.2.1 硬件电路

目标开发板带有 4 个用户可编程 I/O 方式的 LED，硬件原理图如图 13-1 所示，表 13-3 为 LED 对应的 I/O 端口。LED 控制采用低电平有效方式，当端口电平为低时点亮 LED 指示灯，输出高电平时 LED 熄灭。

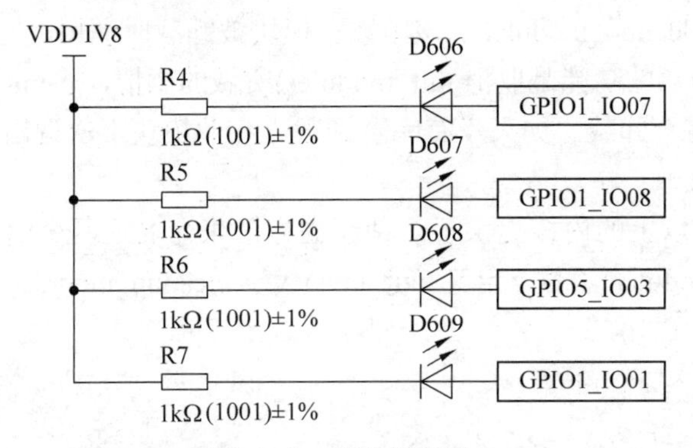

图 13-1 硬件原理图

表 13-3 LED 对应的 I/O 端口

名称	微处理器端口复用资源	名称	微处理器端口复用资源
LED1	GPIO1_IO07	LED3	GPIO5_IO03
LED2	GPIO1_IO08	LED4	GPIO1_IO01

通过 IMX8MM 数据手册，读者可以发现这个引脚有 4 种功能，这里用到 GPIO1_IO07，其余的为其他功能，如图 13-2 所示。

如何控制 IMX8 处理器的 GPIO 引脚的高低？比如是 GPIO1_07 这个引脚，整个流程如下：

（1）在设备树中定义，将引脚配置成 GPIO 模式，在内核 arch/arm64/boot/dts/freescale/fsl-imx8mm-evk.dts 中配置。

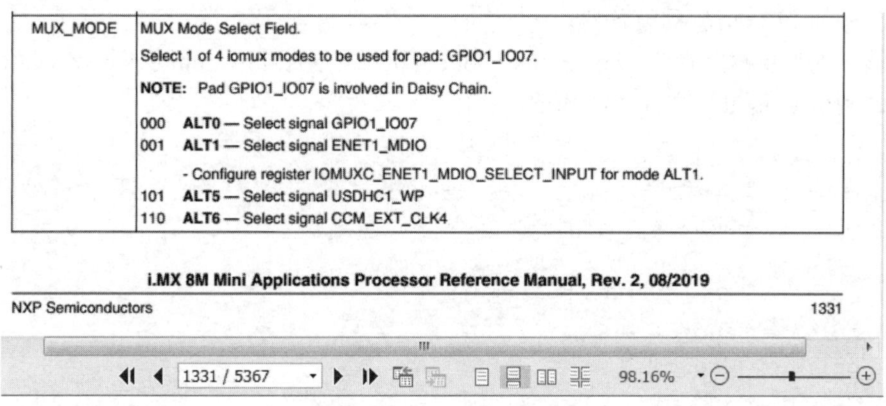

MUX_MODE	MUX Mode Select Field. Select 1 of 4 iomux modes to be used for pad: GPIO1_IO07. **NOTE:** Pad GPIO1_IO07 is involved in Daisy Chain. 000 **ALT0** — Select signal GPIO1_IO07 001 **ALT1** — Select signal ENET1_MDIO - Configure register IOMUXC_ENET1_MDIO_SELECT_INPUT for mode ALT1. 101 **ALT5** — Select signal USDHC1_WP 110 **ALT6** — Select signal CCM_EXT_CLK4

i.MX 8M Mini Applications Processor Reference Manual, Rev. 2, 08/2019

NXP Semiconductors 1331

1331 / 5367 98.16%

图 13-2 引脚对应寄存器

```
MX8MM_IOMUXC_GPIO1_IO07_GPIO1_IO07       0x19
```

（2）驱动程序中调用该引脚，初始化并控制，GPIO 常用的功能使用方法如下：

① 申请一个 gpio，检查该 gpio 是否空闲。

```
gpio_request(unsigned gpio, const char *tag)
```

② 设置 gpio 输入方向。

```
gpio_direction_input(unsigned gpio)
```

③ 设置 gpio 输出方向，并置 0 或 1，0 为低电平，1 为高电平。

```
gpio_direction_output(unsigned gpio, int value)
```

④ 向 gpio 设置值，0 或 1。

```
gpio_set_value(unsigned gpio, int value)
```

⑤ 读取 gpio 的值，0 或 1。

```
gpio_get_value(unsigned gpio)
```

⑥ 释放 gpio。

```
gpio_free (unsigned gpio):
```

更多功能可查看 include/linux/gpio.h 文件，本书中驱动程序主要用到：

```
gpio_request(led_table[arg],"ledCtrl");      //申请 gpio
gpio_direction_output(led_table[arg],1);     //设置输出，置高
gpio_free(led_table[arg]);                   //释放引脚
```

（3）应用程序调用测试，用 open 函数打开设备文件，用 ioctl 函数控制引脚。

13.2.2 驱动程序分析

Linux 系统下，应用程序不可直接操作底层硬件寄存器，必须经过驱动层来完成对硬件的操作。进入内核路径为/home/linux/chapter13/kernel-4.14.98。

```
root@ubuntu:/home/linux/chapter13/kernel-4.14.98#
```

（1）添加LED信息到设备树。

内核下的设备树路径为arch/arm64/boot/dts/freescale/fsl-imx8mm-evk.dts，添加LED配置信息。利用vi编辑该文件，添加如下代码：

```
1.  gpio-leds-test {
2.  compatible = "fsl,gpio-leds-test";
3.  pinctrl-names = "default";
4.  pinctrl-0 = <&pinctrl_gpio_leds>;
5.  gpio0 = <&gpio1 7 0>;  //LED1
6.  gpio1 = <&gpio1 8 0>;  //LED2
7.  gpio2 = <&gpio5 3 0>;  //LED3
8.  gpio3 = <&gpio1 0 0>;  //LED4
9.  };
10. …
11. pinctrl_gpio_leds: gpioledsgrp {
12. fsl,pins = <
13.  MX8MM_IOMUXC_GPIO1_IO07_GPIO1_IO7        0x19//配置成gpio模式
14. MX8MM_IOMUXC_GPIO1_IO08_GPIO1_IO8        0x19
15. MX8MM_IOMUXC_SPDIF_TX_GPIO5_IO3          0x19
16. MX8MM_IOMUXC_GPIO1_IO01_GPIO1_IO1        0x19
17.         >;
18.      };
```

程序分析：

第1行 子节点名称。

第2行 fsl厂商，gpio-leds-test匹配驱动。

第3行 引脚配置名称。

第4行 引脚配置定义，设置成gpio。

第5行 LED1表示GPIO1_IO07引脚，0为低电平，需要在设备树中先声明，然后驱动调用gpio0。

第6~8行 与第5行含义一致。

第11行 设备树中对应引脚配置与第4行呼应。如MX8MM_IOMUXC_GPIO1_IO07_GPIO1_IO7就是把GPIO1_IO07配置成GPIO1_IO7功能。引脚复用：GPIO1_IO07其他功能的定义可以查看include/dt-bindings/pinctrl/pins-imx8mm.h文件，里面是IMX8MM引脚的所有配置功能。例如：#define MX8MM_IOMUXC_GPIO1_IO07_ENET1_MDIO就把引脚配置成ENET1_MDIO功能。

```
#define MX8MM_IOMUXC_GPIO1_IO07_GPIO1_IO7
      0x044 0x2AC 0x000 0x0 0x0
#define MX8MM_IOMUXC_GPIO1_IO07_ENET1_MDIO
      0x044 0x2AC 0x000 0x1 0x0
#define MX8MM_IOMUXC_GPIO1_IO07_USDHC1_WP
     0x044 0x2AC 0x000 0x5 0x0
#define MX8MM_IOMUXC_GPIO1_IO07_CCMSRCGPCMIX_EXT_CLK4
     0x044 0x2AC 0x000 0x6 0x0
#define MX8MM_IOMUXC_GPIO1_IO07_ECSPI2_TEST_TRIG
```

```
    0x044 0x2AC 0x000 0x7 0x0
```

（2）编写驱动程序源码 imx8-leds.c，并添加到内核中。

驱动源码已经写好，在内核路径为 drivers/leds/imx8-leds.c，主要的功能是向内核中注册字符设备，然后通过 ioctl 控制 LED 灯，源码及程序分析如下：

```
1. #define DEVICE_NAME    "ledtest"
2. #define DEVICE_MAJOR 220
3. #define DEVICE_MINOR  0
4. struct cdev *mycdev;
5. struct class *myclass;
6. dev_tdevno;
```

第 1 行 是定义设备名称。

第 2 行 设置主设备号。

第 3 行 设置次设备号。

第 4 行 声明字符型设备指针。

第 5 行 自定义类。

```
7.  static unsigned int led_table [4] = {};
8.  static long uptech_leds_ioctl(
9.            struct file *file,
10.           unsigned int cmd,
11.           unsigned long arg)
12. {
13.           switch(cmd) {
14.           case 1:
15.       if (arg< 0 || arg> 3) {
16.           return -EINVAL;
17. }
```

第 7 行 设置一个数组，传递参数用。

第 8~11 行 该函数主要是控制引脚的高低，给应用层使用。

第 15 行 判断参数是否有问题。

```
18.           gpio_request(led_table[arg],"ledCtrl");
19.         gpio_direction_output(led_table[arg],0);
20.           gpio_free(led_table[arg]);
21.         break;
22.            case 0:
23.                 if (arg< 0 || arg> 3) {
24.                   return -EINVAL;
25.                }
26.              gpio_request(led_table[arg],"ledCtrl");
27.         gpio_direction_output(led_table[arg],1);
28.              gpio_free(led_table[arg]);
29.                   break;
30.           default:
```

```
31.                     return -EINVAL;
32.         }
33.  return 0;
34. }
```

第 18 行 注意一个引脚。

第 19 行 将引脚设置输出模式，并拉低。

第 20 行 释放一个引脚。

第 27 行 参数为 1，将引脚拉高。

```
35. static struct file_operationsuptech_leds_fops = {
36.             .owner                  =   THIS_MODULE,
37.             .unlocked_ioctl =   uptech_leds_ioctl,
38. };
```

第 35~38 行 file_operations 结构，led 结构体主要说明有哪些功能，这里有 ioctl 功能。

```
39. static int uptech_leds_init(void)
40. {
41.         int err;
42.         devno = MKDEV(DEVICE_MAJOR, DEVICE_MINOR);
43.         mycdev = cdev_alloc();
44.         cdev_init(mycdev, &uptech_leds_fops);     //初始化
45.         err = cdev_add(mycdev, devno, 1);         //增加 char 字符
46.         if (err != 0)
47.               printk("imx8 leds device register failed!\n");
48.        myclass = class_create(THIS_MODULE, "ledtest");//创建一个设备文件
49.        if(IS_ERR(myclass)) {
50.               printk("Err: failed in creating class.\n");
51.               return -1;
52.         }
53.        device_create(myclass,NULL, MKDEV(DEVICE_MAJOR,DEVICE_MINOR),
NULL, DEVICE_NAME);
54.         printk(DEVICE_NAME "leds initialized\n");
55.         return 0;
56. }
```

第 39 ~56 行 模块程序的初始化，注册字符设备。

第 42 行 注册一个设备号。

```
57. static int gpio_leds_probe(struct platform_device *pdev)
58. {
59.  unsigned int i;
60.  struct device *dev = &pdev->dev;    //定义设备树指针
61.  struct device_node *of_node;
62.  of_node = dev->of_node;             //调用设备中的节点
63.  if (!of_node) {
64.              return -ENODEV;
65.         }
```

```
66.  led_table[0] = of_get_named_gpio(of_node,"gpio0",0);
67.  led_table[1] = of_get_named_gpio(of_node,"gpio1",0);
68.  led_table[2] = of_get_named_gpio(of_node,"gpio2",0);
69.  led_table[3] = of_get_named_gpio(of_node,"gpio3",0);
70.  if(!gpio_is_valid(led_table[0])||!gpio_is_valid(led_table[1])||
         !gpio_is_valid(led_table[2]) || !gpio_is_valid(led_table[3]))
71.         {
72.                 return -ENODEV;
73.         }
74.  for (i = 0; i< 4; i++) {
75.                 gpio_request(led_table[i],"ledCtrl");
76.                 gpio_direction_output(led_table[i],1);
77.                 gpio_free(led_table[i]);
78.         }
79.  uptech_leds_init();                //leds 初始化函数
80.  return 0;
81. }
```

第 57~81 行 初始化各个引脚状态。

第 66~69 行 获取设备树中 gpio0。

```
82. static void uptech_leds_exit(void) {
83.             cdev_del(mycdev);         //释放资源
84.             device_destroy(myclass,devno);
85.             class_destroy(myclass);
86. }
```

第 82~86 行 模块退出函数。

```
87. static int gpio_leds_remove(struct platform_device *pdev)
88. {
89.             uptech_leds_exit();
90.         return 0;
91. }
```

第 87~91 行 模块移除函数。

```
92. static struct of_device_idgpio_leds_of_match[] = {
93.         { .compatible = "fsl,gpio-leds-test", }, { },};
94. MODULE_DEVICE_TABLE(of, gpio_leds_of_match);
```

第 92~94 行 匹配设备树中的信息。

第 93 行 通过 compatible，必须和设备树中的一模一样。

```
95. static struct platform_drivergpio_leds_device_driver = {
                                            //可查看 platform_driver 结构体
96.             .probe          = gpio_leds_probe,    //probe 入口，指针函数
97.             .remove         = gpio_leds_remove,   //移除入口
98.             .driver         = {
99.                     .name   = "gpio-leds-test",   //设备树中的名称
```

```
100.                    .owner  = THIS_MODULE,         //模块
101.                   .of_match_table = of_match_ptr(gpio_leds_of_match),
                                                       //匹配设备树
102.            }
103. };
```

第 95~103 行 是 led 结构体。

```
104. static int __initgpio_leds_init(void)
105. {
106.          return platform_driver_register(&gpio_leds_device_driver);
107. }
```

第 104~107 行 模块初始化，主要完成设备注册。

```
108. static void __exit gpio_leds_exit(void)
109. {
110.     platform_driver_unregister(&gpio_leds_device_driver);//删除设备
111. }
```

第 108~111 行 模块删除。

```
112. module_init(gpio_leds_init);
```

第 112 行 模块入口函数。

```
113. module_exit(gpio_leds_exit);
```

第 113 行 模块出口函数。

（3）修改 Kconfig，增加 LED 配置。

Kconfig 文件在内核路径为 drivers/leds/Kconfig，打开配置文件，在最后一行，添加信息如下：

```
config IMX8_LEDS
    bool "imx8mm leds"
    default y
    help
      Test Leds on imx8 board
```

（4）修改 Makefile，增加 LED 配置。

Makefile 文件在内核路径为 drivers/leds/Makefile，打开配置文件，在最后一行添加信息如下：

```
obj-$(CONFIG_IMX8_LEDS)                +=imx8-leds.o
```

（5）编写应用程序源码 ledtest.c。

应用程序主要的功能是打开字符设备，然后通过 ioctl 调用底层驱动程序 drivers/leds/imx8-leds.c，最后控制 LED 灯亮灭。分析源码如下：

```
#include <stdio.h>
#include <fcntl.h>
#include <stdlib.h>
```

```
#include <string.h>
/*main 函数，程序的入口*/
int main(int argc ,char* argv[])
{
    int fd;
    int ret;
    fd = open(argv[1],O_RDWR,0777);//打开驱动设备文件，可读可写，权限 0777
    if(fd<0)                        //如果打开失败，则打印消息，返回错误代码
    {
        printf("open device %s err",argv[1]);
        return -1;
    }
    ret = ioctl(fd,*argv[2]-'0',*argv[3]-'0');//传参，调用驱动中的 ioctl 操作
    if(ret <0)
    {
        printf("ioctl err\n");
        return -1;
    }
}
```

13.2.3 测试验证

测试验证步骤如下。

（1）进入目录。

```
root@ubuntu:/home/linux/chapter13/kernel-4.14.98# export ARCH=arm64
root@ubuntu:/home/linux/chapter13/kernel-4.14.98#  makemenuconfig
```

（2）配置内核。

```
Device Driver-->
    LED Support  --->
        [*]imx8mm leds
```

（3）编译项目。

```
root@ubuntu:/home/linux/chapter13/kernel-4.14.98# source /opt/fsl-imx-wayland/4.14-sumo/environment-setup-aarch64-poky-linux
root@ubuntu:/home/linux/chapter13/kernel-4.14.98# LDFLAGS="" CC="$CC" make
```

（4）编译完后会有 arch/arm/boot/Image 和 arch/arm64/boot/dts/freescale/fsl-imx8mm-evk-rm67191.dtb 将内核 zImage 和 fsl-imx8mm-evk-rm67191.dtb 写入开发平台。

（5）编译 LED 应用测试程序。

```
root@ubuntu:/home/linux/chapter13/led#  make clean
rm -f ledtest*.o
root@ubuntu:/home/linux/chapter13/led# ls
ledtestledtest.cledtest.oMakefile  testled.txt
```

当前目录下生成可执行程序 ledtest。

（6）NFS 挂载实验目录测试，启动嵌入式人工智能教学科研平台，连好网线、串口线。

通过串口终端挂载宿主机实验目录。

```
    root@imx8mmevk:~# mount -t nfs 192.168.88.80: /home/linux/chapter13/led
/mnt/
```

（7）进入串口终端的 NFS 共享实验目录。

```
    root@imx8mmevk:~# cd /mnt/led/
```

（8）执行应用程序测试该驱动及设备。

```
    root@imx8mmevk:/mnt/led# ./ledtest /dev/ledtest 1 0
    root@imx8mmevk:/mnt/led# ./ledtest /dev/ledtest 1 1
    root@imx8mmevk:/mnt/led# ./ledtest /dev/ledtest 1 2
    root@imx8mmevk:/mnt/led# ./ledtest /dev/ledtest 1 3
    root@imx8mmevk:/mnt/led# ./ledtest /dev/ledtest 0 3
```

可看到 4 个 LED 灯依次被控制点亮。

13.3 按键设备驱动程序

按键设备驱动程序实现 4 个按键的工作，通过该实例可以了解 ARM 平台 Linux 系统下的 GPIO 程序控制，以及硬件中断程序的工作机制。

13.3.1 按键模块硬件电路

电路图如图 13-3 所示，分别为 GPIO1_IO09、GPIO1_IO12、GPIO1_IO13 和 GPIO1_IO15。表 13-4 给出了按键占用的芯片引脚说明。

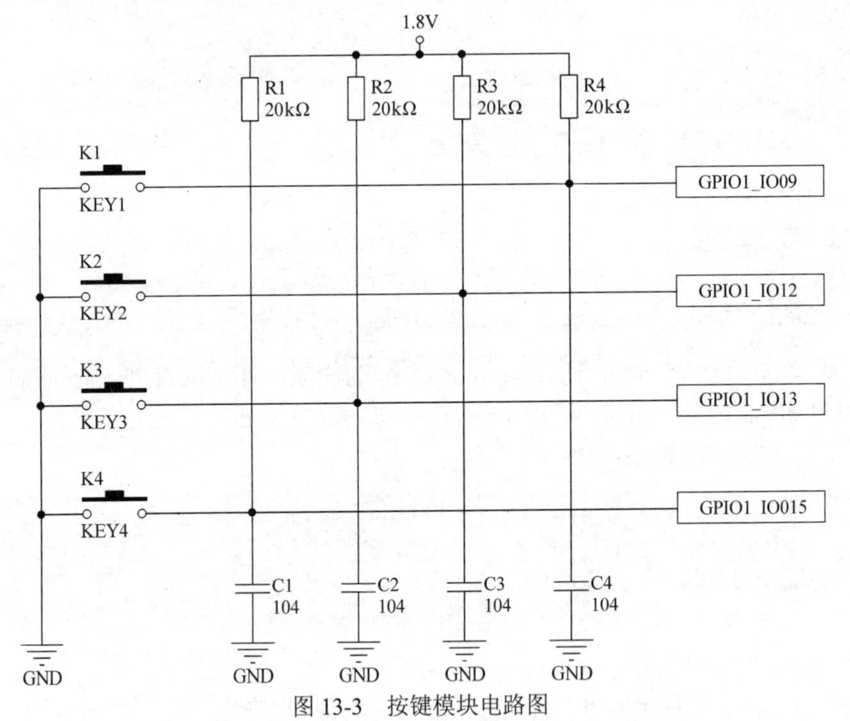

图 13-3　按键模块电路图

表 13-4 按键占用的芯片引脚说明

名称	微处理器端口复用资源	名称	微处理器端口复用资源
KEY1	GPIO1_IO09	KEY3	GPIO1_IO13
KEY2	GPIO1_IO12	KEY4	GPIO1_IO15

13.3.2 Linux input 子系统

Linux input 子系统是 Linux 中为支持输入设备而设计的驱动程序。输入子系统在内核中，由输入子系统的事件处理层、输入子系统的核心层和输入子系统的设备驱动层组成。对于 Linux 驱动开发人员而言，在基于输入子系统的事件处理层和输入子系统的核心层编写具体的输入设备驱动程序。输入子系统的一般工作机制：输入设备动作时使内核产生中断，在中断过程中驱动将输入设备产生的数据（比如触摸屏的坐标值）放到一个缓冲区中，并通知应用层，应用层通过 read 命令读取驱动层的数据。

Linux input 子系统的分层结构图，如图 13-4 所示。

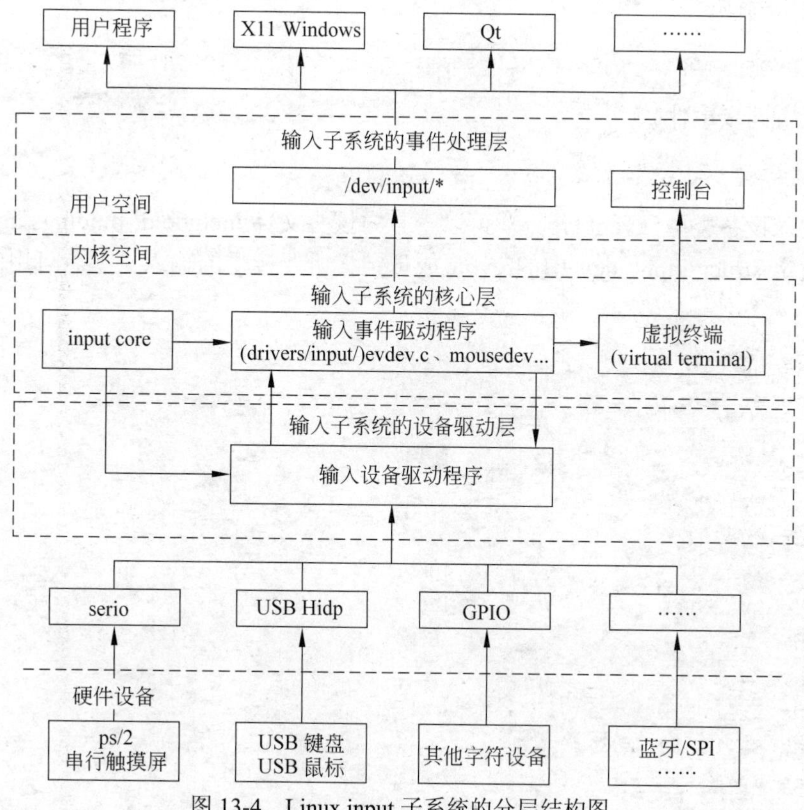

图 13-4 Linux input 子系统的分层结构图

下面介绍编写输入子系统具体的设备驱动程序需要关心的 API 和输入子系统比较重要的数据结构。重要的 API 函数如下：

（1）分配一个输入设备。

```
struct input_dev *input_allocate_device*(void);
```

（2）释放一个输入设备。

```
void input_free_device*( structinput_dev *dev);
```

（3）向输入核心层注册一个输入设备。

```
int input_register_device(struct input_dev *dev);
```

（4）向输入核心层注销一个输入设备。

```
int input_unregister_device(struct input_dev *dev);
```

（5）报告指定 type,code 的输入事件。

```
void input_event(struct input_dev *dev,unsigned int type,unsigned int code,
int value);
dev：指向 input device 的指针。
type：输入类型（EV_KEY、EV_ABS 等）。
code：输入按键（例如 EV_KEY 的 KEY_1）。
value：按键值(按下或抬起)。
```

（6）报告键值。

```
void input_report_key(struct input_dev *dev,unsigned int code,int value);
```

（7）报告同步事件。

```
void input_sync(struct input_dev *dev);
```

定义输入设备类型(event types)，可以查看内核头文件 include/dt-bindings/input/input.h。

可以设定 struct input_dev 中的 evbit 成员定义所要接受的输入类型。可用的输入类型如下：

```
#define EV_SYN              0x00
#define EV_KEY              0x01
#define EV_REL              0x02
#define EV_ABS              0x03
#define EV_MSC              0x04
#define EV_SW               0x05
#define EV_LED              0x11
#define EV_SND              0x12
#define EV_REP              0x14
#define EV_FF               0x15
#define EV_PWR              0x16
#define EV_FF_STATUS        0x17
#define EV_MAX              0x1f
#define EV_CNT          (EV_MAX+1)
```

定义输入设备代码（event codes)：下面是键盘部分的设备代码。

```
#define KEY_RESERVED        0
#define KEY_ESC             1
#define KEY_1               2
#define KEY_2               3
#define KEY_3               4
```

```
#define KEY_4                      5
#define KEY_5                      6
#define KEY_6                      7
#define KEY_7                      8
#define KEY_8                      9
#define KEY_9                     10
......
```

输入事件结构体：

```
struct input_event {
struct timeval time;
__u16 type;   //Event types
__u16 code;   //Event codes
__s32 value;  //Event value
};
```

一个 input_dev 结构体代表一个输入设备：

```
struct input_dev {
    const char *name;//名称，cat /proc/input/devices 可以看到每个输入设备的
                     //信息，其中 name 就是这里指定的
    const char *phys;
    const char *uniq;
    struct input_id id;

    unsigned long evbit[BITS_TO_LONGS(EV_CNT)];     //支持的事件类型
    unsigned long keybit[BITS_TO_LONGS(KEY_CNT)];   //支持键盘事件
    unsigned long relbit[BITS_TO_LONGS(REL_CNT)];
    unsigned long absbit[BITS_TO_LONGS(ABS_CNT)];
    unsigned long mscbit[BITS_TO_LONGS(MSC_CNT)];
    unsigned long ledbit[BITS_TO_LONGS(LED_CNT)];
    unsigned long sndbit[BITS_TO_LONGS(SND_CNT)];
    unsigned long ffbit[BITS_TO_LONGS(FF_CNT)];
    unsigned long swbit[BITS_TO_LONGS(SW_CNT)];
......
}
```

以上具体内容参见内核源码的 include/linux/input.h 文件。

13.3.3 驱动程序分析

1. 内核自带按键代码

这里使用内核自带的驱动，内核路径为 drivers/input/keyboard/gpio_keys.c。代码及分析如下：

入口函数 gpio_keys_init 采用了 platform bus 的方法设计驱动，注册 gpio_keys_device_driver。

```
1.  static int __init gpio_keys_init(void)
```

```
2. {
    return platform_driver_register(&gpio_keys_device_driver);
3. }
```

然后查看该函数，platform_driver 是用于平台驱动注册的结构体。

```
4.  static struct platform_drivergpio_keys_device_driver = {
5.  .probe          = gpio_keys_probe, /
6.  .driver          = {
7.  .name     = "gpio-keys",
8.  .pm     = &gpio_keys_pm_ops,
9.  .of_match_table = gpio_keys_of_match,
10. }
11. };
```

第 5 行 是驱动和设备匹配后调用该函数。

第 7 行 platform driver 和 platform device 通过 name 来匹配。

第 8 行 涉及了 dev_pm_ops 结构，结构体 gpio_keys_pm_ops 尚未具体赋值。

第 9 行 匹配列表。

当驱动和设备的.name 匹配，会去调用 gpio_keys_probe，为方便阅读只保留重要部分，完整代码可在内核源码中获取。probe 主要完成初始化引脚，注册输入设备 input_dev，在 sys 目录下产生相应的文件。

```
12. static int gpio_keys_probe(struct platform_device *pdev)
13. {
14. struct device *dev = &pdev->dev;
15. const struct gpio_keys_platform_data *pdata = dev_get_platdata(dev);
16. struct gpio_keys_drvdata *ddata;
17. struct input_dev *input;
```

第 15 行 获取具体的设备 platform_data 资源，可得知我们写的平台设备的 platform_data 成员应当提供 gpio_keys_platform_data 类型数据。

第 16 行 定义一个结构体，用来整合关联各类信息。

第 17 行 声明输入子系统结构。

```
18. input = devm_input_allocate_device(dev);
19. ddata->pdata = pdata;
20. ddata->input = input;
21. mutex_init(&ddata->disable_lock);
22. platform_set_drvdata(pdev, ddata);
23. input_set_drvdata(input, ddata);
```

第 18 行 实例化结构体。

第 19 行 将平台资源整合在 ddata 中。

第 20 行 将输入子系统设备整合在 ddata 中。

第 21 行 初始化 ddata 中的互斥锁。

第 22 行 把 ddata 保存在平台设备 pdev 中，pdev->dev->driver_data = ddata。

第 23 行 同理，input->dev->driver_data = ddata。

```
24. input->name = pdata->name ? : pdev->name; // 优先使用在设备资源中定义的 name
25. input->phys = "gpio-keys/input0";
26. input->dev.parent = &pdev->dev;
27. input->open = gpio_keys_open; // input 打开操作
28. input->close = gpio_keys_close; // input 关闭操作
29. input->id.bustype = BUS_HOST;
30. input->id.vendor = 0x0001;
31. input->id.product = 0x0001;
32. input->id.version = 0x0100;
33. if (pdata->rep)
34. __set_bit(EV_REP, input->evbit);
35. for (i = 0; i<pdata->nbuttons; i++) {
36.       const struct gpio_keys_button *button = &pdata->buttons[i];
37.       struct gpio_button_data *bdata = &ddata->data[i];
38.       error = gpio_keys_setup_key(pdev, input, bdata, button);
```

第 24~32 行 设置 input 相关属性。

第 35 行 根据按键数目循环设置所有按键。

第 38 行 初始化按键，将按键信息也保存在 ddata 中，详细信息参看第 90 行之后的代码。

```
39. }
40. error = sysfs_create_group(&pdev->dev.kobj, &gpio_keys_attr_group);
41. ...
42. error = input_register_device(input);
43. ...
44. device_init_wakeup(&pdev->dev, wakeup);
45. ...
46. }
```

第 42 行 注册 input 设备。

```
47. struct gpio_keys_platform_data {
48.             const struct gpio_keys_button *buttons;
49.             int nbuttons;
50.             unsigned int poll_interval;
51.             unsigned int rep:1;
52.             int (*enable)(struct device *dev);
53.             void (*disable)(struct device *dev);
54.             const char *name;
55. };
```

第 48 行 表示按键设置信息。

第 49 行 表示按键数目。

在 include/linux/gpio_keys.h 中还有 gpio_keys_button，定义了按键的属性。各项含义用 input 子系统实现按键时所进行的设置，显然这些都应该是设备资源的一部分。

```
56. struct gpio_keys_button {
57.             unsigned int code;
58.             int gpio;
59.             int active_low;
60.             const char *desc;
61.             unsigned int type;
62.             int wakeup;
63.             int debounce_interval;
64.             bool can_disable;
65.             int value;
66.             unsigned int irq;
67. };
```

第 57 行 按键对应的键码。

第 58 行 按键对应的一个 I/O 口。

第 59 行 低电平有效，低电平表示按下。

第 60 行 申请 I/O 口，申请中断时使用的名字。

第 61 行 输入设备的事件类型，按键用 EV_KEY。

第 62 行 表示按键按下时是否唤醒系统，这需要 I/O 口硬件上有该功能。

第 63 行 去抖动间隔的目的是防抖动以及间隔多长时间。

然后返回源码看 struct gpio_keys_drvdata *ddata;定义一个结构体，用来整合关联各类信息。

```
68. struct gpio_keys_drvdata {
69.             const struct gpio_keys_platform_data *pdata;
70.             struct input_dev *input;
71.             struct mutex disable_lock;
72.             unsigned short *keymap;
73.             struct gpio_button_data data[0];
74. };
```

第 69 行 平台设备资源。

第 70 行 指向定义的输入子系统设备。

第 71 行 定义一个互斥锁。

第 73 行 按键设置信息。它就是驱动定义的结构体，用来关联各设备的相关项，其内也有一个结构体 gpio_button_data。

```
75. struct gpio_button_data {
76. const struct gpio_keys_button *button;
77. struct input_dev *input;
78. struct gpio_desc *gpiod;
79. unsigned short *code;
80. struct timer_listrelease_timer;
81. unsigned int release_delay;    /* in msecs, for IRQ-only buttons */
82. struct delayed_work work;
83. unsigned int software_debounce;/*去抖动 in msecs, for GPIO-driven buttons */
```

```
84. unsigned int irq;
85. spinlock_t lock;
86. bool disabled;
87. bool key_pressed;
88. bool suspended;
89. };
```

第 76 行 为按键设置相关信息。

第 80 行 按键消除抖动定时器。

第 81 行 以 ms 为单位，仅用于 IRQ 按键。

初始化按键，将按键信息也保存在 ddata 中。

```
90.  static int gpio_keys_setup_key(struct platform_device *pdev,
91.            struct input_dev *input,
92.            struct gpio_keys_drvdata *ddata,
93.            const struct gpio_keys_button *button,
94.            int idx,
95.            struct fwnode_handle *child)
96.  {
97.  const char *desc = button->desc ? button->desc : "gpio_keys";
98.  struct device *dev = &pdev->dev;
99.  struct gpio_button_data *bdata = &ddata->data[idx];
100. irq_handler_tisr;
101. unsigned long irqflags;
102. int irq;
103. int error;
104. bdata->input = input;
105. bdata->button = button;
106. spin_lock_init(&bdata->lock);
107. if (child) { bdata->gpiod = devm_fwnode_get_gpiod_from_child(dev, NULL,
     child,  GPIOD_IN,  desc);
108. if (IS_ERR(bdata->gpiod)) {     error = PTR_ERR(bdata->gpiod);
109. if (error == -ENOENT) {
110. bdata->gpiod = NULL;
111. } else {
112. if (error != -EPROBE_DEFER)
113. dev_err(dev, "failed to get gpio: %d\n",error);
114. return error;
115. }
116. }
117. } else if (gpio_is_valid(button->gpio)) {
```

第 104 行 关联进 ddata。

第 117 行 如果设置的 IO 口有效，则根据 IO 脚设置；否则根据 IRQ 设置，都没有返回错误。

```
118. unsigned flags = GPIOF_IN;
119. if (button->active_low)
```

```
120. flags |= GPIOF_ACTIVE_LOW;
121. error = devm_gpio_request_one(dev, button->gpio, flags, desc);
122. if (error < 0) {
123. dev_err(dev, "Failed to request GPIO %d, error %d\n", button->gpio, error);
124. return error;
125. }
126. bdata->gpiod = gpio_to_desc(button->gpio);
127. if (!bdata->gpiod)
128. return -EINVAL;
129. }
130. if (bdata->gpiod) {
131. if (button->debounce_interval) {
132. error = gpiod_set_debounce(bdata->gpiod, button->debounce_interval * 1000);
133. if (error < 0)
134. bdata->software_debounce =    button->debounce_interval;
135. }
136. if (button->irq) {
137. bdata->irq = button->irq;
138.        } else {
139.               irq = gpiod_to_irq(bdata->gpiod);
140.               if (irq< 0) {
141.                   error = irq;
142.                   dev_err(dev,
143.                       "Unable to get irq number for GPIO %d, error %d\n",
144.                       button->gpio, error);
145.                   return error;
146.               }
147.               bdata->irq = irq;
148.        }
149.        INIT_DELAYED_WORK(&bdata->work, gpio_keys_gpio_work_func);
```

第137行 如果设置了中断号，则就使用该中断号；如果没有中断号，则就自动申请中断号。

第149行 定时器的超时处理函数，用于按键后信息上报。

```
150.        isr = gpio_keys_gpio_isr;
151.        irqflags = IRQF_TRIGGER_RISING | IRQF_TRIGGER_FALLING;
152.  } else {
153.        if (!button->irq) {
154.               dev_err(dev, "Found button without gpio or irq\n");
155.               return -EINVAL;
156.        }
157.        bdata->irq = button->irq;
158.        if (button->type && button->type != EV_KEY) {
```

第150行 按键中断处理。

第158行 设置按键产生哪一类事件。

```
    159.            dev_err(dev, "Only EV_KEY allowed for IRQ buttons.\n");
    160.            return -EINVAL;
    161.        }
    162.        bdata->release_delay = button->debounce_interval;
    163.        setup_timer(&bdata->release_timer, gpio_keys_irq_timer,
                        (unsigned long) bdata);
    164.        isr = gpio_keys_irq_isr;
    165.        irqflags = 0;
    166.  }
    167.  bdata->code = &ddata->keymap[idx];
    168.  *bdata->code = button->code;
    169. input_set_capability(input, button->type ?: EV_KEY, *bdata->code);
    170. error = devm_add_action(dev, gpio_keys_quiesce_key, bdata); //注册按
                                                                        //键中断
    171. if (error) {
    172.       dev_err(dev, "failed to register quiesce action, error: %d\n",
error);
    173.       return error;
    174.  }
```

第 170~174 行 安装自定义操作以取消释放计时器和工作队列项。

```
    175.  if (!button->can_disable)
    176.          irqflags |= IRQF_SHARED;
    177. error = devm_request_any_context_irq(dev, bdata->irq, isr, irqflags,
desc, bdata);
    178. if (error < 0) {
    179.          dev_err(dev, "Unable to claim irq %d; error %d\n",bdata->irq,
error);
    180.          return error;
    181. }
    182. return 0;
    183. }
```

第 175~183 行 如果平台指定按钮禁用，不共享中断线。

2. 修改 Kconfig

Kconfig 文件在内核路径为 drivers/input/keyboard/Kconfig，打开配置文件，如图 13-5 所示，添加第 214~219 行内容。

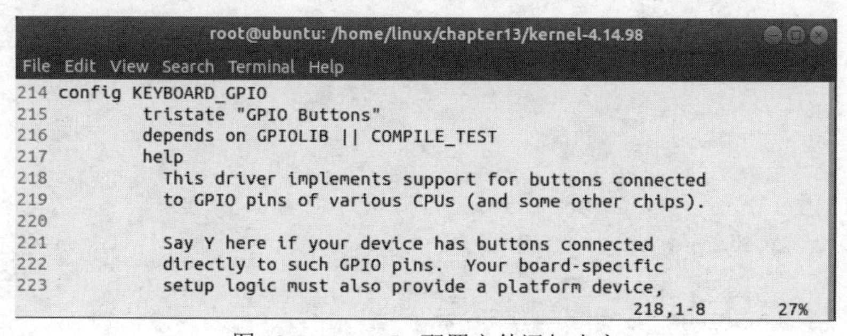

图 13-5 Kconfig 配置文件添加内容

```
root@ubuntu:/home/linux/chapter13/kernel-4.14.98# vi drivers/input/
keyboard/Kconfig
```

3. 修改 Makefile

Makefile 文件在内核路径为 drivers/input/keyboard/Makefile，打开配置文件，如图 13-6 所示，添加第 24 行内容。

```
root@ubuntu:/home/linux/chapter13/kernel-4.14.98# vi  drivers/input
/keyboard/Makefile
```

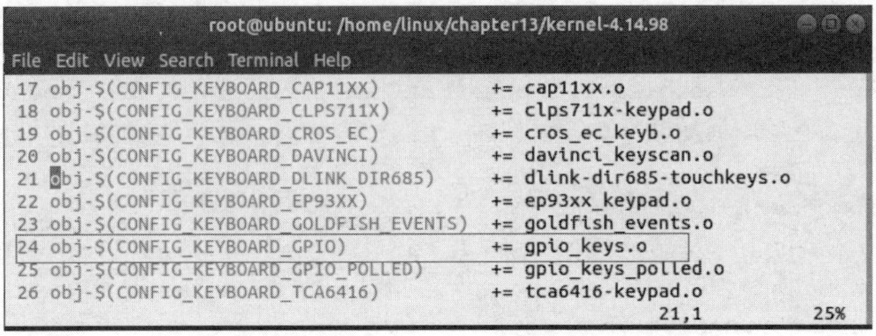
root@ubuntu: /home/linux/chapter13/kernel-4.14.98
File Edit View Search Terminal Help
17 obj-$(CONFIG_KEYBOARD_CAP11XX)   += cap11xx.o
18 obj-$(CONFIG_KEYBOARD_CLPS711X)   += clps711x-keypad.o
19 obj-$(CONFIG_KEYBOARD_CROS_EC)   += cros_ec_keyb.o
20 obj-$(CONFIG_KEYBOARD_DAVINCI)   += davinci_keyscan.o
21 obj-$(CONFIG_KEYBOARD_DLINK_DIR685)   += dlink-dir685-touchkeys.o
22 obj-$(CONFIG_KEYBOARD_EP93XX)   += ep93xx_keypad.o
23 obj-$(CONFIG_KEYBOARD_GOLDFISH_EVENTS) += goldfish_events.o
24 obj-$(CONFIG_KEYBOARD_GPIO)   += gpio_keys.o
25 obj-$(CONFIG_KEYBOARD_GPIO_POLLED)   += gpio_keys_polled.o
26 obj-$(CONFIG_KEYBOARD_TCA6416)   += tca6416-keypad.o
21,1 25%

图 13-6　打开配置文件，添加第 24 行内容

4. 设备树分析

路径 arch/arm64/boot/dts/freescale/fsl-imx8mm-evk.dts 是设备树文件，接下来对设备树进行分析。

```
gpio-keys {
    compatible = "gpio-keys";  //和驱动匹配
    pinctrl-names = "default";
    pinctrl-0 = <&pinctrl_gpio_keys>;

    up {
        label = "GPIO Key UP"; //按键名称
        gpios = <&gpio1 9 1>;  //gpio 值
        linux,code = <KEY_UP>; //向上功能，定义在./include/uapi/linux
/input-event-codes.h
    };

    down {
        label = "GPIO Key DOWN";
        gpios = <&gpio1 12 1>;
        linux,code = <KEY_DOWN>;
    };

    escbutton {
        label = "esc Button";
        gpios = <&gpio1 13 1>;
        gpio-key,wakeup;
        linux,code = <KEY_ESC>;
    };
```

```
    enter {
        label = "Enter Button";
        gpios = <&gpio1 15 1>;
        gpio-key,wakeup;
        linux,code = <KEY_ENTER>;
    };

  };
```

5. 应用程序编写

```
#include <stdio.h>
#include <sys/types.h>
#include <sys/stat.h>
#include <fcntl.h>
#include <linux/input.h>
#define NOKEY 0

int main(int argc,char *argv[])
{
    int keys_fd;
    char ret[2];
    struct input_event t;

    if(argc< 2)
    {
        printf("error, user ./key /dev/input/event*\n");
        return -1;
    }
    keys_fd = open(argv[1], O_RDONLY);
    if(keys_fd<=0)
    {
        printf("open %s device error!\n",argv[1]);
        return 0;
    }
    while(1)
    {
        if(read(keys_fd,&t,sizeof(t))==sizeof(t)) {
            if(t.type==EV_KEY)
                if(t.value==0 || t.value==1)
                printf("key %d %s\n",t.code,(t.value)?"Pressed":"Released");
        }
    }
    close(keys_fd);
   return 0;
}
```

13.3.4 测试验证

1. 编译 KEY 驱动程序

进入实验目录，内核默认已经配置好，这里重现当时的步骤：

```
root@ubuntu:/home/linux/chapter13/kernel-4.14.98# export ARCH=arm64
root@ubuntu:/home/linux/chapter13/kernel-4.14.98# make menuconfig
```

配置内核：

```
Device Driver-->
Input device support-->
            [*] Keyboard --->
                          <*>GPIO Buttons
```

编译项目：

```
root@ubuntu:/home/linux/chapter13/kernel-4.14.98# LDFLAGS="" make PLAT=
imx8mm
```

编译完后会有 arch/arm/boot/Image 和 arch/arm64/boot/dts/freescale/fsl-imx8mm-evk-rm67191.dtb，下载到开发板。

2. 编译 KEY 应用测试程序

进入目录：

```
root@ubuntu:/home/linux/chapter13/key#$ ls
key  key.ckey.o  key.txt  Makefile
```

清除中间代码，重新编译：

```
root@ubuntu:/home/linux/chapter13/key# source /opt/fsl-imx-wayland
/4.14-sumo/environment-setup-aarch64-poky-linux
root@ubuntu:/home/linux/chapter13/key# make
```

在当前目录下生成可执行程序 KEY。

3. NFS 挂载实验目录测试

启动嵌入式人工智能教学科研平台，连好网线、串口线。通过串口终端挂载宿主机实验目录：

```
root@imx8mmevk:~# mount -t nfs 192.168.88.80: /home/linux/chapter13/key
/mnt/
```

进入串口终端的 NFS 共享实验目录：

```
root@imx8mmevk:~# cd /mnt/key/
```

可以通过 proc/bus/input/devices 查看输入设备信息：

```
root@imx8mmevk:/mnt/keys/# cat /proc/bus/input/devices
… (省略部分打印信息)

I: Bus=0019 Vendor=0001 Product=0001 Version=0100
```

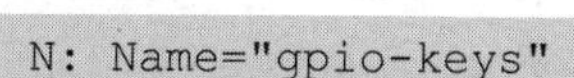

```
N: Name="gpio-keys"
P: Phys=gpio-keys/input0
S: Sysfs=/devices/platform/gpio-keys/input/input5
U: Uniq=
H: Handlers=kbd event3
B: PROP=0
B: EV=3
B: KEY=108000000000 10000002
```

从上面的打印信息，Name="gpio-keys"可知/dev/input/event3 是按键输入设备。

执行应用程序测试该驱动及设备：

```
root@imx8mmevk:/mnt/key# ./key /dev/input/event3
key 28 Pressed
key 28 Released
key 1 Pressed
key 1 Released
```

执行按键应用程序后，按下底板右下的 KEY 按键可看到打印信息。

key 28 代表是 KEY_ENTER 按键，可以在内核源码 include/dt-bindings/input/linux-event-codes.h 中查看到，如图 13-7 所示。Pressed 表示按键被按下，Released 表示按键被松开。

```
root@ubuntu: /home/linux/chapter13/kernel-4.14.98
File Edit View Search Terminal Help
 93 #define KEY_E                  18
 94 #define KEY_R                  19
 95 #define KEY_T                  20
 96 #define KEY_Y                  21
 97 #define KEY_U                  22
 98 #define KEY_I                  23
 99 #define KEY_O                  24
100 #define KEY_P                  25
101 #define KEY_LEFTBRACE          26
102 #define KEY_RIGHTBRACE         27
103 #define KEY_ENTER              28
104 #define KEY_LEFTCTRL           29
105 #define KEY_A                  30
106 #define KEY_S                  31
107 #define KEY_D                  32
108 #define KEY_F                  33
109 #define KEY_G                  34
110 #define KEY_H                  35
                                              101,1         11%
```

图 13-7　key 28 代表是 KEY_ENTER 按键，可在内核源码中查看到

按 Ctrl+C 快捷键可以终止程序。

13.4　习题

1. 字符设备关键的数据结构主要有哪些？
2. 常用的字符设备驱动开发函数主要有哪些？
3. 主设备号和次设备号的重要作用是什么？
4. 应用程序如何调用设备驱动程序接口？
5. 设备驱动程序的接口函数如何实现？
6. 结合本章 LED 和按键设备实例，编写一个由按键控制 LED 指示灯亮起的驱动程序。

第四部分
硬 件 平 台

第 14 章 硬件平台介绍

CHAPTER 14

近年来，随着人工智能技术的发展，智能充电桩、银行智能机器人、广告机、智能医疗设备、智慧城市、自动驾驶、防疫机器人等开始走入人们的生活。在工业 4.0 的趋势下，凡在电力物联网、工业控制、智能交通、智慧消防、智慧城市及智慧楼宇等行业应用也在飞速发展。作为这些技术的基础需要一款合适的开发平台，具备适合的 CPU、GPU 性能，本书中的所有案例在 NXP 公司 i.MX8MMINI 系列芯片的嵌入式人工智能教学科研平台得到了验证，书中的源代码具有通用性经过简单的编译工具修改就能应用于其他的硬件开发平台。硬件开发平台如图 14-1 所示。

图 14-1 硬件开发平台

本书中使用的嵌入式人工智能教学科研平台是北京博创智联科技有限公司开发，是全新一代 64 位 4 核处理器，运行速度高达 1.8GHz，配合 2GB 内存、16GB 高存储设备以及丰富的外围模块及接口资源。有着强大的处理性能、多媒体性能，为人工智能、物联网应用，满足嵌入式系统开发的需求。

14.1 硬件参数

硬件外观如图 14-2 所示。

（1）CPU：采用 64 位 4 核 ARM Cortex-A53 架构的 MIMX8MM6DVTLZAAZ 处理器，具有图像硬件加速器与原生千兆以太网，外加 ARM Cortex-M4。

（2）GPU：采用 3D GPU GC7000-NanoUltra 和 2D GPU GC520l。

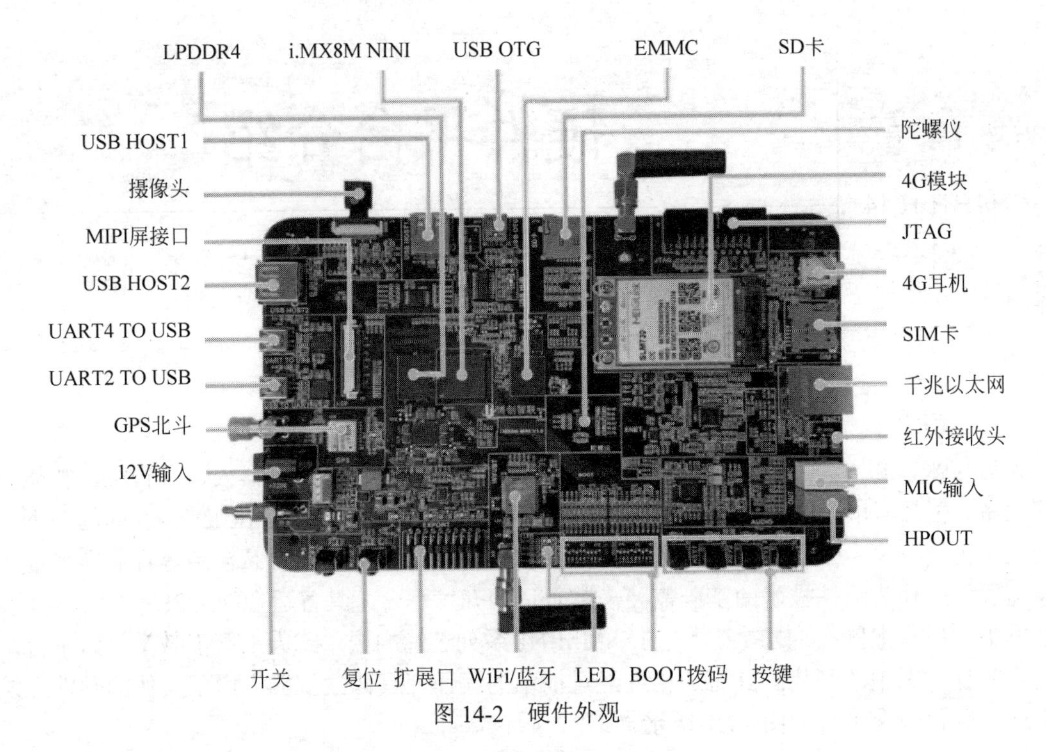

图 14-2　硬件外观

（3）主频：1.8GHz。

（4）内存：2GB LPDDR4；3000MTS。

（5）EMMC：16GB。

（6）显示：7 寸电容液晶屏。

（7）板载资源： USB2.0 接口、USB OTG 接口、SD 卡接口、USB 串口、WiFi 蓝牙模块、红外接收模块、KEY、LED、4G 模块、陀螺仪传感器、GPS/北斗模块、音频模块、千兆以太网模块、500 万摄像头模块、MIPI 屏。

14.2　软件参数

（1）操作系统：Linux + Qt 5.10.1（Kernel 4.14.98）。

（2）驱动程序，目前开发板实现的驱动代码包括 MIPI 驱动；电容触摸屏驱动；多媒体硬件编解码驱动；MIPI OV5640 摄像头驱动；屏幕旋转驱动；陀螺仪传感器驱动；千兆以太网驱动；PWM 驱动；KEY1~KEY4 按键驱动；音频 WM8962 驱动；RTC 实时时钟驱动；USB Device 驱动；USB host 驱动；USB OTG 驱动；WiFi 模块驱动；4G 模块驱动；蓝牙模块驱动；JPEG 硬件编解码驱动；3D、2D 硬件加速驱动；LED1~LED4 驱动。

（3）开发工具包括 VM 虚拟机；ubuntu18.04；超级终端/xshell 或其他串口调试工具；QT5.10.1 等。

14.3　可完成实验

该平台主要可以完成如下实验：

（1）嵌入式 Linux 开发基础，可以完成嵌入式 Linux 开发环境的建立实验。

（2）基础实验可以脚本实验，Linux 高级编程中涉及的所有实验，如读写文件、Linux 下的时间函数、进程、信号处理、进程间通信、多线程应用程序设计、串行端口程序设计等实验。

（3）本书没有讲解的 QT 应用实验。

（4）通信模块实验，如无线通信实验、GPS_BD 定位实验、4G 模块实验、WiFi 模块实验、蓝牙模块实验等。

（5）外设应用实验，如 LED、KEY、触摸屏、LCD、音频、陀螺仪、摄像头、SD 卡、U 盘以及其他用户自身的外扩 GPIO 控制等实验内容。

（6）u-boot、kernel、文件系统编译、驱动程序开发、系统移植等实验。

参 考 文 献

[1] 冯新宇. ARM 9 嵌入式开发基础与实例进阶[M]. 北京：清华大学出版社，2012.
[2] 黄智伟. ARM 9 嵌入式系统设计基础教程[M]. 北京：北京航空航天大学出版社，2008.
[3] 田泽. ARM 9 嵌入式开发实验与实践[M]. 北京：北京航空航天大学出版社，2006.
[4] 李驹光，等. ARM 应用系统开发详解[M]. 北京：清华大学出版社，2004.
[5] 杨树青，王欢. Linux 环境下 C 编程指南[M]. 北京：清华大学出版社，2010.
[6] 宋宝华. 设备驱动开发详解[M]. 2 版. 北京：人民邮电出版社，2010.
[7] 华清远见嵌入式培训中心. 嵌入式 Linux 应用程序设计开发标准教程[M]. 北京：人民邮电出版社，2010.
[8] 刘淼. 嵌入式系统接口设计与 Linux 驱动程序开发[M]. 北京：北京航空航天大学出版社，2015.
[9] LOVE R. Linux 内核设计与实现[M]. 陈莉君，康华，译. 北京：机械工业出版社，2007.
[10] COIBET J, RUBINI A, KROAH-HARTMAN. Linux 设备驱动开发[M]. 3 版. 魏永明，耿岳，钟书毅，译. 北京：中国电力出版社，2006.
[11] 韦东山. 嵌入式 Linux 应用开发完全手册[M]. 北京：人民邮电出版社，2010.
[12] 邓淼磊. Ubuntu Linux 基础教程[M]. 2 版. 北京：清华大学出版社，2021.
[13] 马小陆. 基于 ARM 的嵌入式 Linux 开发与应用[M]. 西安：西安电子科技大学出版社，2019.
[14] 邵国金. Linux 操作系统[M]. 4 版. 北京：电子工业出版社，2020.
[15] 黑马程序员. Linux 编程基础[M]. 北京：清华大学出版社，2017.